济钢年鉴

JIGANG YEAR BOOK

2023

《济钢年鉴》编纂委员会　编

冶金工业出版社

图书在版编目（CIP）数据

济钢年鉴 . 2023 ／《济钢年鉴》编纂委员会编 .

北京：冶金工业出版社，2025. 2. -- ISBN 978-7-5240-

0096-9

Ⅰ. F426. 31-54

中国国家版本馆 CIP 数据核字第 2025K3V310 号

济钢年鉴 2023

出版发行 冶金工业出版社	电　话　(010)64027926
地　址　北京市东城区嵩祝院北巷 39 号	邮　编　100009
网　址　www. mip1953. com	电子信箱　service@ mip1953. com

责任编辑　于昕蕾　美术编辑　彭子赫　版式设计　郑小利

责任校对　郑　娟　责任印制　禹　蕊

北京捷迅佳彩印刷有限公司印刷

2025 年 2 月第 1 版，2025 年 2 月第 1 次印刷

787mm×1092mm　1/16；19. 5 印张；10 彩页；486 千字；301 页

定价 128. 00 元

投稿电话　(010)64027932　投稿信箱　tougao@cnmip. com. cn

营销中心电话　(010)64044283

冶金工业出版社天猫旗舰店　yjgycbs. tmall. com

（本书如有印装质量问题，本社营销中心负责退换）

编 辑 说 明

  《济钢年鉴》(2023)由济钢集团有限公司办公室组织编纂,是自1987年创刊以来连续出版的第37部年度资料性文献。《济钢年鉴》(2023)全面记载了济钢集团有限公司2022年的生产经营建设、转型发展及党的建设等方面的情况,力求图文并茂,为读者提供认识、了解济钢的最新信息资料。

  本部年鉴框架设计均采用栏目、分目和条目分类法编排,设特载、会议报告、概况、大事记、专项工作、专业管理、党群工作、生产经营、先进与荣誉、媒体看济钢、统计资料、附录12个栏目。设中英文目录检索,为丰富年鉴的信息含量,卷内设反映集团公司重大事件和发展成就的彩色图片16面,全书约计50万字。

  本部年鉴入选资料均经撰稿单位专职编审人员和撰稿单位领导审核。主要数据由职能部门统计提供,计量单位采用中华人民共和国法定计量单位。

  《济钢年鉴》(2023)的编辑出版,得到了集团公司各级领导、各单位供稿人员、编辑人员和冶金工业出版社的大力支持与协助,凝聚着集体智慧和汗水。在此,对参与撰稿、编写人员所付出的辛勤劳动表示诚挚的谢意,并真诚地希望继续得到各方面的关心与支持,恳请批评指正。

《济钢年鉴》(2023)编辑部

2023年12月

"九新"价值创造体系新内涵

新使命： 建设全新济钢，造福全体职工，践行国企担当

新引领： 以新一代创新技术驱动企业转型和指数型增长

新目标： 打造全省研发成果转化、新旧动能转换、传统
企业转型的"三转"标杆

新战略： 高质量发展战略

战略主线：产城融合，跨界融合

战略支撑：人才专业化，管理现代化

战略路径：高端化、绿色化、智慧化、品牌化、国际化

新主线： 组织创效、科技创效、金融创效、资本创效、低碳创效

新变革： 效率变革、动力变革、质量变革

新动力： 使命引领、职业化改革、半军事化管理

新作风： 总部：精准授权、专业管理、高效服务，
"引领型"总部

干部：信念坚定、无私无畏，敢于斗争、敢于胜利，
"狮子型"干部

职工：立足本职、胸怀全局，创新领先、创效一流，
"双创型"职工

新纪律： 恪守"军规"，严守"禁令"，问题"去根"

"六大攻坚战军规"

（三项纪律　四项提倡　四项严禁）

一、一切行动以"九新"价值创造体系为指引。

二、无条件执行，满怀激情工作。

三、大局至上，克服本位主义。

四、问题导向，以解决问题为要。

五、价值导向，以创造价值为本。

六、目标导向，以结果论成败。

七、激励导向，以奋斗者为荣。

八、严禁"新官不理旧账"，不做历史遗留问题的制造者。

九、严禁造假、隐瞒、消极、懈怠。

十、严禁以"外部条件"不具备找借口。

十一、严禁推诿扯皮、敷衍塞责。

济钢集团有限公司党委书记、董事长　薄　涛

济钢集团有限公司党委副书记、总经理　苗　刚

同心协力　砥砺奋进

2022 年 1 月 19 日，济钢集团召开第二十一届职工代表大会第一次会议暨 2022 年度工作会议

2022 年 6 月 9 日，济钢集团工会召开第六次代表大会

各级领导　关心指导

2022年11月11日，山东省工业和信息化厅二级巡视员张登方一行来济钢集团调研产业链建设情况

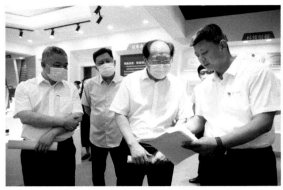

2022年5月24日，济南市人大常委会副主任、财经委主任委员刘大坤一行来济钢集团调研冶金研究院公司资产管理及生产经营情况

2022年3月2日，济南市国资委党委委员、副主任谢红兵一行来济钢集团就经理层任期制和契约化管理、济钢党校运行情况进行调研

2022年3月25日，济南市国资委党委委员、副主任张良通，一级调研员李峰一行来济钢集团调研疫情防控及企业运营、科技创新等工作

2022年5月29日，济南市历城区委副书记、区长续明一行到四新产业园调研项目建设情况

2022年8月2日，济南市历城法院党组书记、院长牟宗伟一行来济钢集团调研。济钢集团党委副书记、总经理苗刚接待了牟宗伟一行

战略合作　共赢发展

2022 年 6 月 6 日，济钢集团与章丘区人民政府举行战略合作协议签约仪式

2022 年 7 月 7 日，济钢集团与山东政法学院举行战略合作签约仪式

2022 年 7 月 19 日，国际工程公司与武汉科技大学举行"绿色智能焦化联合研究院"揭牌仪式

2022 年 8 月 18 日，集团公司领导参加空天信息产业发展高峰论坛，签约重点合作项目

2022 年 8 月 29 日至 30 日，济钢集团党委书记、董事长薄涛带队赴上海开展走访交流，与中核同创（上海）科技发展有限公司等企业，共商项目合作，共谋未来发展

2022 年 11 月 11 日，济钢集团与江苏深蓝航天有限公司举行深化合作签约仪式

党建引领　凝心聚力

2022年1月5日，济钢集团党委举办党的十九届六中全会精神宣讲报告会

2022年1月28日，济钢集团召开2022年度党风廉政建设和反腐败工作会议

2022年2月24日，济钢集团召开党史学习教育总结与思想政治工作暨2021年度党组织书记述职评议会议

2022年6月30日，济钢集团召开庆祝中国共产党成立101周年暨"七一"表彰大会，为先进集体、先进个人代表颁奖，向"光荣在党50年"老党员代表颁发荣誉纪念章

在中国共产党成立101周年和济钢建厂64周年之际，济钢集团党委理论学习中心组走进山东省档案馆开展集体参观交流学习

2022年10月10日，中共济南市委党校市国资委分校、中共济南市国资委党校揭牌仪式在济钢集团举行

2022 年 5 月 28 日，中国共产党山东省第十二次代表大会开幕。济钢集团党委书记、董事长薄涛作为党代表参加大会，与出席省第十二次党代会的济南团代表一起就加快省会经济圈同城化、深入推进经济圈一体化发展展开讨论

2022 年 6 月 15 日，山东省精品旅游促进会党建大课堂在济钢集团举行，省第十二次党代会代表，省精品旅游促进会副会长，集团公司党委书记、董事长薄涛作了省第十二次党代会精神宣讲

2022 年 6 月 30 日，济钢集团党委举行"初心永恒，使命无疆"党内法规知识竞赛

表彰激励　争先创优

济钢集团召开 2022 年庆祝"五一""五四"暨先进集体先进个人表彰大会

济钢集团召开 2021 年度"六大攻坚战"暨创新表彰大会

社会责任　国企担当

济钢集团举行升国旗仪式，激发干部职工的爱国主义情怀和担当作为的干事创业热情

济钢集团党委书记、董事长薄涛代表济钢集团向"希望小屋"爱心项目捐款

济南市历城区鲍山学校党委书记、校长冉德峰到济钢集团赠送锦旗，衷心感谢济钢集团对鲍山学校的关心、支持和帮助

济钢集团职工子女暑假爱心托管班

济钢青年志愿服务队在行动

济钢顺行公司"小荷车队"、爱心助考车队

职工活动　丰富多彩

2022"初心永恒，使命无疆"新春联欢会

三八妇女节活动

2022 年趣味运动会

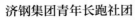

济钢集团青年长跑社团　　　　　　　　迎新春活动

目　录

特　载

共青团济南市委书记张熙来集团公司调研
　　产业发展和青年工作…………………………3
济南市国资委党委委员、副主任谢红兵来
　　集团公司调研…………………………………3
党委书记、董事长薄涛参加中国共产党
　　济南市第十二次代表大会……………………3
济南市人大常委会副主任、财经委主任
　　委员刘大坤来集团公司调研 …………………3
党委书记、董事长薄涛参加中国共产党
　　山东省第十二次代表大会……………………4
山东省精品旅游促进会党建大课堂在集团
　　公司举行　党委书记、董事长薄涛作省
　　第十二次党代会精神宣讲……………………4
集团公司受邀参加第八届（济南）电子
　　商务产业博览会………………………………4
集团公司领导参加空天信息产业发展高峰
　　论坛……………………………………………4
济南市管工商贸企业安全生产知识竞赛
　　预赛在集团公司举行…………………………5
中共济南市委党校市国资委分校、中共
　　济南市国资委党校在集团公司落成揭牌
　　…………………………………………………5
济南市发改委党组成员、总经济师金岩
　　一行来集团公司调研 …………………………5

会 议 报 告

在集团公司党的十九届六中全会精神宣讲
　　报告会上的讲话………………………………9
在集团公司二十一届一次职工代表大会
　　闭幕式暨年度工作会议上的讲话 ……………17

凝心聚力再出发　昂首奋进新征程　奋力
　　谱写新济钢高质量转型发展的新篇章
　　——在济钢集团第二十一届职工代表大会
　　　　第一次会议上的工作报告 ………………23
在济钢集团2022年度党风廉政建设和反
　　腐败工作会议上的讲话 ………………………33
担当新责任　护卫新发展　为高质量转型
　　发展汇聚风清气正新动力
　　——在济钢集团2022年度党风廉政建设
　　　　和反腐败工作会议上的报告 ……………38
贯彻"十大创新"　聚力践行"九新"
　　全力以赴在加速企业创新上走在前
　　——在集团公司创新大会暨"九新"
　　　　新内涵发布会上的讲话提纲 ……………44
直面挑战　勇往直前　为加快推动新济钢
　　高质量发展而不懈奋斗
　　——在济钢集团庆祝"五一""五四"
　　　　暨先进集体先进个人表彰大会上的
　　　　讲话提纲 …………………………………51
逐梦新征程　奋进向未来　以高质量党建
　　引领济钢高质量转型发展
　　——在济钢集团党史学习教育总结与思想
　　　　政治工作暨2021年度党组织书记
　　　　述职评议会议上的讲话提纲 ……………56
在济钢集团2021年度"六大攻坚战"暨
　　创新表彰大会上的讲话提纲 …………………59
坚定信心　砥砺奋进　担当作为　顶压
　　前行　坚定不移完成职代会确定的全年
　　目标任务
　　——在济钢集团有限公司第二十一届
　　　　一次职代会代表团长、工会主席
　　　　联席会议上的工作报告 …………………64
在济钢集团有限公司审计专题培训大会上的
　　讲话提纲 ………………………………………72

深入学习贯彻党的二十大精神　以新作风
　　护航济钢高质量发展新征程 ………… 74
做实动力变革　开展质量变革　为开创高
　　质量发展新局面而奋勇前进 ………… 85

概　　况

济钢集团有限公司发展概述 ………… 95
济钢集团有限公司组织机构图 ………… 98
济钢集团有限公司机构与人事 ………… 99

大　事　记

2022 年 1～12 月 ………… 107

专　项　工　作

党建品牌化建设 ………… 121
"动力变革" ………… 121

专　业　管　理

综合事务管理 ………… 127
董事会建设与规范运作 ………… 128
生产运营管理 ………… 130
资产管理 ………… 132
发展规划管理 ………… 133
财务管理 ………… 135
人力资源管理 ………… 136
安全环保管理/应急管理 ………… 138
治安保卫管理 ………… 140
审计管理 ………… 141
风险管理 ………… 143
离退休职工管理 ………… 144

党　群　工　作

组织工作 ………… 149
纪检监察工作 ………… 149
宣传思想/统战/武装工作 ………… 151

工会工作 ………… 153
共青团工作 ………… 156

生　产　经　营

济南济钢人力资源服务有限公司 ………… 163
济钢防务技术有限公司 ………… 164
时代低空（山东）产业发展有限公司
　 ………… 166
济南空天产业发展投资有限公司 ………… 167
济钢国际物流有限公司 ………… 167
山东济钢顺行新能源有限公司 ………… 169
济钢集团国际工程技术有限公司 ………… 171
山东省冶金科学研究院有限公司 ………… 172
济南萨博特种汽车有限公司 ………… 174
济钢四新产业发展（山东）有限公司
　 ………… 176
济钢集团山东建设工程有限公司 ………… 176
山东济钢城市服务有限公司 ………… 177
山东济钢保安服务有限公司 ………… 179
山东济钢泰航合金有限公司 ………… 181
山东济钢环保新材料有限公司 ………… 182
山东济钢矿产资源开发有限公司 ………… 184
济钢城市矿产科技有限公司 ………… 185
济南鲁新新型建材股份有限公司 ………… 187
济钢供应链（济南）有限公司 ………… 189
山东济钢型材有限公司 ………… 190
济钢国际商务中心有限公司 ………… 192
山东济钢众电智能科技有限公司 ………… 193
山东济钢气体有限公司 ………… 194
济钢（马来西亚）钢板有限公司 …… 196

先进与荣誉

获市级及以上先进集体荣誉称号 ……… 201
获市级及以上先进个人荣誉称号 ……… 204
济钢集团有限公司授予各类先进集体 … 207
济钢集团有限公司授予各类先进个人 … 214

媒体看济钢

山东省党代表薄涛：为开创新时代社会
　主义现代化强省建设新局面贡献
　"济钢力量" ……………………… 223
济钢集团："抗疫"不容辞，生产有增量
　国企发展敢为亦有为 …………… 223
赋能新发展　激发新动能　国企改革发展
　媒体行暨企业家访谈活动：走进济钢
　集团 ……………………………… 225
济钢集团党委书记、董事长薄涛：以高质量
　党建引领和保障济钢转型发展 …… 228
疫情防控不松劲　生产发展不停步　济钢
　集团坚持完成全年目标任务不动摇 … 229
改革创新｜来自太空的万亿产业必有属于
　山东济南的精彩 ………………… 230
腾"钢"换"智"：从"靠钢吃饭"到
　"无钢发展" …………………… 231
改革创新｜山东济南：空天信息产业
　"链"上开花 …………………… 235
济钢主业关停转型发展五年重回中国企业
　500强，制造业500强第256位 …… 235
无钢胜有钢！重回中国企业500强，济钢

做对了什么? …………………… 236
一线调研·济钢的"无钢"转型记 … 239

统 计 资 料

主要产品介绍 …………………… 245
2022年主要产品产量业务量完成情况
　统计表 …………………………… 256
2022年末专业技术人员基本情况
　统计表 …………………………… 258
2022年末专业技术人员职称情况
　统计表 …………………………… 259
2022年末职工队伍状况统计表 …… 259
2022年授权专利 ………………… 261
2022年科技进步奖 ……………… 268
2022年济钢专利奖 ……………… 270
2022年管理创新成果获奖名单 …… 271
2022年职工合理化建议优秀成果 …… 274

附 录

一、2022年公司文件目录 …………… 287
二、《济钢年鉴》（2023）组稿人员
　名单 ……………………………… 300

Contents

Important Notes

Zhang Xi, Secretary of the Jinan Municipal Party Committee of the Communist Youth League, Came to the Group Company to Investigate Industrial Development and Youth Work ⋯⋯⋯⋯⋯⋯ 3

Xie Hongbing, Member of the Party Committee and Deputy Director of Jinan State-Owned Assets Supervision and Administration Commission, Came to the Group Company for Investigation ⋯⋯⋯⋯ 3

Bo Tao, Secretary of the Party Committee and Chairman of the Board of Directors, Attended the 12th Congress of the Communist Party of China in Jinan ⋯⋯⋯⋯ 3

Liu Dakun, Deputy Director of the Standing Committee of the Jinan Municipal People's Congress and Chairman of the Financial and Economic Committee, Came to the Group Company for Investigation ⋯⋯⋯ 3

Bo Tao, Secretary of the Party Committee and Chairman of the Board of Directors, Attended the 12th Congress of the Communist Party of China in Shandong Province ⋯⋯⋯⋯⋯⋯⋯⋯⋯⋯⋯ 4

Shandong Provincial Boutique Tourism Promotion Association Party Building Classroom Was Held in the Group Company, and Bo Tao, Secretary of the Party Committee and Chairman of the Board of Directors, Gave a Speech on the Spirit of the 12th Party Congress of the Province ⋯⋯⋯⋯⋯⋯ 4

The Group Company Was Invited to Participate in the 8th (Jinan) E-commerce Industry Expo ⋯⋯⋯⋯ 4

The Leaders of the Group Company Participated in the Aerospace Information Industry Development Summit Forum ⋯⋯⋯⋯⋯⋯⋯⋯⋯⋯⋯⋯⋯ 4

The Preliminaries of the Jinan Pipe Industry and Trade Enterprise Safety Production Knowledge Contest Were Held in the Group Company ⋯⋯⋯⋯⋯ 5

The Party School of the Jinan Municipal Committee of the Communist Party of China, the Municipal SASAC Branch, and the Party School of the Jinan SASAC of the Communist Party of China Were Completed and Unveiled in the Group Company ⋯⋯⋯⋯⋯⋯⋯⋯⋯⋯⋯⋯⋯⋯ 5

Jin Yan, Member of the Party Group and Chief Economist of Jinan Development and Reform Commission, and His Party Came to the Group Company for Investigation ⋯⋯⋯⋯⋯⋯ 5

Conference Reports

Speech at the Sixth Plenary Session of the 19th Central Committee of the Communist Party of China ⋯⋯⋯ 9

Speech at the Closing Ceremony of the First Employee Congress and Annual Work Conference of the 21st Session of the Group Company ⋯⋯⋯⋯⋯⋯ 17

Concentrate on Starting Again, Forge Ahead on a New Journey, and Strive to Write a New Chapter in the High-Quality Transformation and Development of Xinjigang

——The Work Report at the First Meeting of the 21st Workers' Congress of Jinan Iron and Steel Group ⋯⋯⋯⋯⋯⋯⋯⋯⋯⋯⋯ 23

Speech at the 2022 Annual Work Conference on the Construction of Party Style and Clean Government and Anti-Corruption of Jinan Iron and Steel Group ⋯⋯⋯⋯⋯⋯⋯⋯⋯⋯⋯⋯⋯⋯⋯⋯⋯ 33

Shoulder New Responsibilities and Safeguard New Development to Form Clean New Driving Force for High-quality Development

——Report at the Work Conference on Party Conduct and Fight against Corruption in 2022 of Jigang Group ⋯⋯⋯⋯⋯⋯⋯⋯⋯⋯ 38

Implement the "Ten Innovations" and Focus on the Practice of "Nine New" Go All Out to Take the Lead in Accelerating Enterprise Innovation

——The Outline of The Speech at the Group

Company's Innovation Conference and the "Nine New" New Connotation Conference ············ 44

Facing Challenges and Moving Forward Bravely to Accelerate the High-Quality Development of Xinjigang
——Outline of the Speech at The Jinan Iron and Steel Group Celebration of "May Day" and "May Fourth" and the Commendation Conference for Advanced Collectives and Individuals ················· 51

Pursue Dreams and New Journeys, Forge Ahead to the Future, Lead the High-Quality Transformation and Development of Jigang with High-Quality Party Building
——Speech Outline at the Summary of Party History Study and Xi Education and Ideological and Political Work of Jigang Group and the 2021 Party Organization Secretary's Debriefing and Evaluation Meeting ················· 56

Outline of the Speech at the 2021 "Six Tough Battles" and Innovation Commendation Conference of Jinan Iron and Steel Group ················· 59

Strengthen Confidence, Forge Ahead, Take Responsibility, Move Forward under Pressure, and Unswervingly Complete the Annual Goals and Tasks Determined by the Workers' Congress
——The Work Report at the Joint Meeting of the Head of the 21st Workers' Congress and the Chairman of the Trade Union of Jinan Iron and Steel Group Co., Ltd. ················· 64

Outline of the Speech at the Audit Training Conference of Jinan Iron and Steel Group Co., Ltd. ················· 72

In-Depth Study Xi Implementation of the Spirit of the 20th National Congress of the Communist Party of China, Escorting the New Journey of High-Quality Development of Jinan Iron and Steel with a New Style ················· 74

Solidly Implement Changes in Terms of Driving Force, Carry out Changes in Terms of Quality, and Bravely Move Forward to Create a New Situation of High-quality Development ················· 85

General Situation

Summary of the Development of Jinan Iron and Steel Group Co., Ltd. ················· 95

Organization Chart of Jinan Iron and Steel Group Co., Ltd. ················· 98

Institutions and Personnel of Jinan Iron and Steel Group Co., Ltd. ················· 99

Chronicle of Events

January to December 2022 ················· 107

Activities for the Major Theme

Party Building Brand Building ················· 121

Momentum Change ················· 121

Professional Management

General Affairs Management ················· 127

The Construction and Standardized Operation of the Board of Directors ················· 128

Production and Operation management ················· 130

Asset Management ················· 132

Development Planning Management ················· 133

Financial Management ················· 135

Human resource Management ················· 136

Safety and Environmental Management/Emergency Management ················· 138

Public Security Management ················· 140

Audit Management ················· 141

Risk Management ················· 143

Retired Staff Management ················· 144

Party-Mass Working

Organization Work ················· 149

Discipline Inspection Work ················· 149

Propaganda and Ideological Work (Including United
Front Work and Armed Work) ·················· 151
Trade Union Work ································· 153
Komsomol Work ··································· 156

Production and Operation

Jinan Jigang Human Resources Service Co., Ltd. ··· 163
Jigang Defense Technology Co., Ltd. ·············· 164
Times Low Altitude (Shandong) Industrial Development
Co., Ltd. ······································ 166
Jinan Aerospace Industry Development Investment
Co., Ltd. ······································ 167
Jinan Steel International Logistics Co., Ltd. ······ 167
Shandong Jigang Shunxing Taxi Co., Ltd. ········· 169
Jigang International Engineering Co., Ltd. ········· 171
Shandong Metallurgical Research Institute Co., Ltd.
······································ 172
Jinan Sabo Special Automobile Co., Ltd. ········· 174
Jigang Sixin Industrial Development (Shandong)
Co., Ltd. ······································ 176
Jigang Group Shandong Construction Engineering
Co., Ltd. ······································ 176
Shandong Jigang City Service Co., Ltd. ··········· 177
Shandong Jigang Security Services Co., Ltd. ······ 179
Shandong Jigang Taihang Alloy Co., Ltd. ········· 181
Shandong Jigang Environmental Protection New Materials
Co., Ltd. ······································ 182
Jinan Baode Metallurgical Limestone Co., Ltd. ··· 184
Jigang City Mineral Technology Co., Ltd. ········· 185
Jinan Lu Xin Materials Co., Ltd. ················· 187
Jigang Supply Chain (Jinan) Co., Ltd. ············ 189
Shandong Jigang Section Co., Ltd. ················ 190
Jigang IBC PTE. Ltd. ····························· 192
Shandong Jigang Zhongdian Intelligent Technology
Co., Ltd. ······································ 193
Shandong Jigang Gas Co., Ltd. ···················· 194
Jigang (Malaysia) Dimensi Sdn. Bhd. ·············· 196

Honors and Remarks

Won the Honorary Title of Advanced Collective at
the Municipal Level and above ·················· 201

Won the honorary Title of Advanced individual at the
Municipal Level and above ························ 204
Jinan Iron and Steel Group Awarded all Kinds of
Advanced Collectives ···························· 207
Jinan Iron and Steel Group Awarded all Kinds of
Advanced Individuals ··························· 214

Jigang in the Eye of Medium

Bo Tao, Party Representative of Shandong Province:
Contribute to the "Power of Jigang" to Create a
New Situation in the Construction of a Strong
Socialist Modern Province in the New Era ······ 223
Jinan Iron and Steel Group: "Anti-epidemic" is
Unavoidable, and There is an Increase in
Production, and the Development of State-Owned
Enterprises is also Promising ···················· 223
Empowering New Development and Stimulating New
Momentum State-Owned Enterprise Reform and
Development Media Tour and Entrepreneur
Interview Activity: Entering Jinan Iron and Steel
Group ·· 225
Bo Tao, Secretary of the Party Committee and
Chairman of Jinan Iron and Steel Group, Leads and
Guarantees the Transformation and Development of
Jinan Iron and Steel Group with High-Quality
Party Building ································· 228
Epidemic Prevention and Control is not Relaxed,
Production and Development do not Stop Jinan
Iron and Steel Group Insists on Completing the
Annual Goals and Tasks Unswervingly ··········· 229
Reform and Innovation | The Trillion-Dollar Industry
from Space must Have the Excitement of Jinan,
Shandong ······································· 230
Teng "Steel" for "Wisdom": from "Relying on
Steel to Eat" to "Steel-Free Development"
······································· 231
Reform and Innovation | Jinan, Shandong: Aerospace
Information Industry "Chain" Blossoms ········· 235
After Five Years of Shutting Down, Transformation
and Development, Jinan Iron and Steel Returned
to the top 500 Chinese Enterprises and Ranked 256th

among the Top 500 Manufacturing Enterprises ··· 235

Steel-Free Is Better than Having Steel！Returning to the Top 500 Chinese Enterprises，What did Jinan Iron and Steel Do Right? ·························· 236

Front-Line Research：Jinan Steel's "Steelless" Transformation ····························· 239

Statistic Documents

Key Product Introductions ····················· 245

Statistical Table of the Completion of the Output and Business Volume of Major Products in 2022

···································· 256

Statistical Table of the Basic Situation of Professional and Technical Personnel at the End of 2022

···································· 258

Statistical Table of Professional and Technical Personnel Titles at the End of 2022 ··············· 259

Statistical Table of the State of the Workforce at the End of 2022 ····························· 259

Patents were Granted in 2022 ················· 261

Scientific and Technological Achievement Award in 2022 ···························· 268

Jinan Iron and Steel Patent Award in 2022 ········· 270

Management Innovation Achievement Winners in 2022 ···························· 271

Outstanding Results of Employee Rationalization Proposals in 2022 ····················· 274

Appendix

1. Jigang Documents Index 2022 ················· 287

2. Authors Name List for Jigang Yearbook 2023 ······ 300

特载

会议报告

概况

大事记

专项工作

专业管理

党群工作

生产经营

先进与荣誉

媒体看济钢

统计资料

附录

特 载

TEZAI

"九新"价值创造体系(新内涵)

新使命:
建设全新济钢,造福全体职工,践行国企担当

共青团济南市委书记张熙来集团公司调研
产业发展和青年工作

2月24日，共青团济南市委书记张熙到集团公司调研产业发展和青年工作情况，并进行座谈交流。党委书记、董事长薄涛，党委副书记、董事、工会主席王景洲热情接待张熙一行。共青团济南市委副书记孙华，学少部部长董玲，青年发展部部长张晨，集团公司团委及相关部门单位负责人等参加座谈。

济南市国资委党委委员、副主任谢红兵来集团公司调研

3月2日，济南市国资委党委委员、副主任谢红兵一行来集团公司就经理层任期制和契约化管理、济钢党校运行情况进行调研。集团公司党委副书记、总经理苗刚，党委副书记、董事、工会主席王景洲接待了谢红兵一行。集团公司相关部门人员参加座谈。

党委书记、董事长薄涛参加中国共产党济南市
第十二次代表大会

4月9日，中国共产党济南市第十二次代表大会在济南市委党校会议中心隆重开幕，大会确定了今后五年济南的奋斗目标和主要任务，描绘了未来经济社会发展蓝图。党委书记、董事长薄涛作为党代表参加会议，并为济南市未来五年发展建言献策。

济南市人大常委会副主任、财经委主任委员
刘大坤来集团公司调研

5月24日，济南市人大常委会副主任、财经委主任委员刘大坤一行来集团公司调研冶金研究院公司资产管理及生产经营情况。集团公司党委副书记、总经理苗刚，研究院公司主要负责人接待了刘大坤一行。

党委书记、董事长薄涛参加中国共产党山东省第十二次代表大会

5月28日至6月1日，集团公司党委书记、董事长薄涛作为代表参加了中国共产党山东省第十二次代表大会，紧紧围绕实现"走在前、开新局"、奋力开创新时代社会主义现代化强省建设新局面，建言献策。

山东省精品旅游促进会党建大课堂在集团公司举行党委书记、董事长薄涛作省第十二次党代会精神宣讲

6月15日，山东省精品旅游促进会党建大课堂在我公司举行，党委书记、董事长薄涛作了省第十二次党代会精神宣讲，山东省委原副秘书长、省旅促会专家委员会主任杜文彬等省旅游促进会领导嘉宾，省十强产业代表，省旅促会党建示范单位代表、会员单位党组织负责人等，以及集团公司党政领导、各单位各部门负责同志参加宣讲会。省旅促会副会长、省政协委员、沃尔德集团董事长林擘主持宣讲会。

集团公司受邀参加第八届（济南）电子商务产业博览会

8月13日，以"发展高质量电商，服务新经济格局"为主题的第八届中国（济南）电子商务产业博览会在山东国际会展中心开幕，集团公司受邀参加，受到业界同行和参会各方的高度关注。

集团公司领导参加空天信息产业发展高峰论坛

8月18日，以"空天赋能 智创未来"为主题的2022年空天信息产业发展高峰论坛举行。集团公司党委书记、董事长薄涛，党委副书记、总经理苗刚及相关单位负责同志参加论坛，集团公司签约重点合作项目。

济南市管工商贸企业安全生产知识竞赛预赛在集团公司举行

9月30日，"争当济南安全守护人"市管工商贸企业安全生产知识竞赛在集团公司举行。集团公司党委副书记、总经理苗刚致辞。集团公司安全总监江永波，市应急局工商贸处处长邹宗玉等相关部门负责同志，各参赛市管企业分管领导、安全总监观看了比赛。

中共济南市委党校市国资委分校、中共济南市国资委党校在集团公司落成揭牌

10月10日，中共济南市委党校市国资委分校、中共济南市国资委党校揭牌仪式在集团公司举行。济南市委党校（济南行政学院）分管日常工作的副校长（副院长）扈书乘，市国资委党委书记、主任张海平，党委委员、副主任王志军，二级巡视员谢红兵，集团公司党委书记、董事长薄涛，党委副书记、总经理苗刚，党委副书记、工会主席王景洲，以及市国资委领导班子成员、市属企业党委负责同志、市国资委党建工作领导小组成员、集团公司相关部门负责同志等参加揭牌仪式。

济南市发改委党组成员、总经济师金岩一行来集团公司调研

11月14日，济南市发改委党组成员、总经济师金岩，市发改委空天信息产业推进组处长、一级调研员张晖宇，副处长、三级调研员史晓楠和历城区重点项目服务中心副主任苏琦等一行，来集团公司开展空天信息产业调研。集团公司副总经理徐强和相关部门单位的负责同志陪同调研。

特载

会议报告　

概况

大事记

专项工作

专业管理

党群工作

生产经营

先进与荣誉

媒体看济钢

统计资料

附录

会议报告

HUIYI BAOGAO

"九新"价值创造体系（新内涵）

新引领：

以新一代创新技术驱动企业转型和指数型增长

在集团公司党的十九届六中全会精神
宣讲报告会上的讲话

党委书记、董事长 薄 涛
（2022 年 1 月 5 日）

同志们：

党的十九届六中全会是在我们党成立一百周年的重要历史时刻，在党和人民胜利实现第一个百年奋斗目标、全面建成小康社会，正在向着全面建成社会主义现代化强国的第二个百年奋斗目标迈进的重大历史关头召开的。全会听取和讨论了习近平总书记受中央政治局委托作的工作报告，审议通过了《中共中央关于党的百年奋斗重大成就和历史经验的决议》（以下简称《决议》）。习近平总书记在全会上发表了重要讲话。

为深入宣传学习贯彻党的十九届六中全会精神，根据中央、省委市委统一部署，集团公司党委成立了贯彻党的十九届六中全会精神宣讲团，在全公司范围内开展宣讲活动，按照集团党委宣讲工作方案的安排，今天我从六个方面为大家进行宣讲。

一、深刻认识总结党的百年奋斗重大成就和历史经验的重大意义

这次全会把着力点放在总结党的百年奋斗重大成就和历史经验上，以推动全党增长智慧、增进团结、增加信心、增强斗志。当今世界正经历百年未有之大变局，我国进入新发展阶段，我们党要团结带领人民在新时代坚持和发展中国特色社会主义、开创全面建设社会主义现代化国家新局面，需要在对历史的深入思考中认清历史方位、把握历史规律，教育引导全党深刻认识中国共产党为什么能、马克思主义为什么行、中国特色社

会主义为什么好。总结党的百年奋斗重大成就和历史经验，是在建党百年历史条件下开启全面建设社会主义现代化国家新征程、在新时代坚持和发展中国特色社会主义的需要；是增强政治意识、大局意识、核心意识、看齐意识，坚定道路自信、理论自信、制度自信、文化自信，做到坚决维护习近平同志党中央的核心、全党的核心地位，坚决维护党中央权威和集中统一领导，确保全党步调一致向前进的需要；是推进党的自我革命、提高全党斗争本领和应对风险挑战能力、永葆党的生机活力、团结带领全国各族人民为实现中华民族伟大复兴的中国梦而继续奋斗的需要。

二、深刻认识党的百年奋斗的初心使命和重大成就

《决议》分 4 个历史时期，对党的百年奋斗和辉煌成就进行了全面总结。

（一）党领导人民浴血奋战、百折不挠，创造了新民主主义革命的伟大成就。我们党在新民主主义革命时期面临的主要任务是，反对帝国主义、封建主义、官僚资本主义，争取民族独立、人民解放，为实现中华民族伟大复兴创造根本社会条件。在革命斗争中，以毛泽东同志为主要代表的中国共产党人，把马克思列宁主义基本原理同中国具体实际相结合，对经过艰苦探索、付出巨大牺牲积累的一系列独创性经验作了理论概括，开辟了农村包围城市、武装夺取政权的

正确革命道路，创立了毛泽东思想，为夺取新民主主义革命胜利指明了正确方向。毛泽东思想是马克思主义中国化的第一次历史性飞跃。

（二）党领导人民自力更生、发愤图强，创造了社会主义革命和建设的伟大成就。党在社会主义革命和建设时期面临的主要任务是，实现从新民主主义到社会主义的转变，进行社会主义革命，推进社会主义建设，为实现中华民族伟大复兴奠定根本政治前提和制度基础。在这个时期，以毛泽东同志为主要代表的中国共产党人提出关于社会主义建设的一系列重要思想。党领导建立和巩固工人阶级领导的、以工农联盟为基础的人民民主专政的国家政权，完成社会主义改造，建立社会主义制度，实现了中华民族有史以来最为广泛而深刻的社会变革，实现了一穷二白、人口众多的东方大国大步迈进社会主义社会的伟大飞跃。

（三）党领导人民解放思想、锐意进取，创造了改革开放和社会主义现代化建设的伟大成就。党在改革开放和社会主义现代化建设新时期面临的主要任务是，继续探索中国建设社会主义的正确道路，解放和发展社会生产力，使人民摆脱贫困、尽快富裕起来，为实现中华民族伟大复兴提供充满新的活力的体制保证和快速发展的物质条件。党的十一届三中全会实现了新中国成立以来党的历史上具有深远意义的伟大转折。以邓小平同志为主要代表的中国共产党人、以江泽民同志为主要代表的中国共产党人、以胡锦涛同志为主要代表的中国共产党人，从新的实践和时代特征出发坚持和发展马克思主义，科学回答了建设中国特色社会主义的发展道路、发展阶段、根本任务、发展动力、发展战略、政治保证、祖国统一、外交和国际战略、领导力量和依靠力量等一系列基本问题，形成中国特色社会主义理论体系，实现了马克思主义中国化新的飞跃。

（四）党领导人民自信自强、守正创新，创造了新时代中国特色社会主义的伟大成就。党在中国特色社会主义新时代面临的主要任务是，实现第一个百年奋斗目标，开启实现第二个百年奋斗目标新征程，朝着实现中华民族伟大复兴的宏伟目标继续前进。党的十八大以来，以习近平同志为核心的党中央，以伟大的历史主动精神、巨大的政治勇气、强烈的责任担当，统筹国内国际两个大局，贯彻党的基本理论、基本路线、基本方略，统揽伟大斗争、伟大工程、伟大事业、伟大梦想，坚持稳中求进工作总基调，出台一系列重大方针政策，推出一系列重大举措，推进一系列重大工作，战胜一系列重大风险挑战，解决了许多长期想解决而没有解决的难题，办成了许多过去想办而没有办成的大事，全面建成小康社会目标如期实现，党和国家事业取得历史性成就、发生历史性变革，彰显了中国特色社会主义的强大生机活力，党心军心民心空前凝聚振奋，为实现中华民族伟大复兴提供了更为完善的制度保证、更为坚实的物质基础、更为主动的精神力量。中国共产党和中国人民以英勇顽强的奋斗向世界庄严宣告，中华民族迎来了从站起来、富起来到强起来的伟大飞跃。

三、深刻认识中国特色社会主义新时代的历史性成就和历史性变革

《决议》重点对中国特色社会主义新时代的历史性成就、历史性变革和新鲜经验进行总结，对于全党全国坚定信心、再接再厉，更好续写发展新篇章，具有重大意义。

（一）深入把握我国发展新的历史方位。中国特色社会主义新时代是我国发展新的历史方位。中国特色社会主义新时代是承前启后、继往开来、在新的历史条件下继续夺取中国特色社会主义伟大胜利的时代，是决胜全面建成小康社会、进而全面建设社会主义现代化强国的时代，是全国各族人民团结奋斗、不断创造美好生活、逐步实现全体人民共同富裕的时代，是全体中华儿女勠力同心、奋力实现中华民族伟大复兴中国梦的时代，是我国不断为人类作出更大贡献的时代。这些重要论述，深刻阐明了中国特色社会主义新时代的科学内涵，指明了全党全国人民在新时代的前进方向和奋斗目标。

（二）深入把握习近平新时代中国特色社会主义思想这一马克思主义中国化最新成果。党的十八大以来，以习近平同志为主要代表的中国共产党人，坚持把马克思主义基本原理同中国具体实际相结合、同中华优秀传统文化相结合，坚持毛泽东思想、邓小平理论、"三个代表"重要思想、科学发展观，深刻总结并充分运用党成立以来的历史经验，从新的实际出发，创立了习近平新时代中国特色社会主义思想。习近平同志对关系新时代党和国家事业发展的一系列重大理论和实践问题进行了深刻思考和科学判断，就新时代坚持和发展什么样的中国特色社会主义、怎样坚持和发展中国特色社会主义，建设什么样的社会主义现代化强国、怎样建设社会主义现代化强国，建设什么样的长期执政的马克思主义政党、怎样建设长期执政的马克思主义政党等重大时代课题，提出一系列原创性的治国理政新理念新思想新战略，习近平新时代中国特色社会主义思想是当代中国马克思主义、21世纪马克思主义，是中华文化和中国精神的时代精华，实现了马克思主义中国化新的飞跃。党确立习近平同志党中央的核心、全党的核心地位，确立习近平新时代中国特色社会主义思想的指导地位，反映了全党全军全国各族人民共同心愿，对新时代党和国家事业发展、对推进中华民族伟大复兴历史进程具有决定性意义。

《决议》在党的十九大报告的基础上，用"十个明确"对习近平新时代中国特色社会主义思想的核心内容作了进一步概括：明确中国特色社会主义最本质的特征是中国共产党领导；明确坚持和发展中国特色社会主义，总任务是实现社会主义现代化和中华民族伟大复兴；明确新时代我国社会主要矛盾是人民日益增长的美好生活需要和不平衡不充分的发展之间的矛盾；明确中国特色社会主义事业总体布局是经济建设、政治建设、文化建设、社会建设、生态文明建设"五位一体"，战略布局是全面建设社会主义现代化国家、全面深化改革、全面依法治国、全面从严治党四个全面；明确全面深化改革总目标是完善和发展中国特色社会主义制度、推进国家治理体系和治理能力现代化；明确全面推进依法治国总目标是建设中国特色社会主义法治体系、建设社会主义法治国家；明确必须坚持和完善社会主义基本经济制度，使市场在资源配置中起决定性作用，更好发挥政府作用；明确党在新时代的强军目标是建设一支听党指挥、能打胜仗、作风优良的人民军队，把人民军队建设成为世界一流军队；明确中国特色大国外交要服务民族复兴、促进人类进步，推动建设新型国际关系，推动构建人类命运共同体；明确全面从严治党的战略方针，提出新时代党的建设总要求，全面推进党的政治建设、思想建设、组织建设、作风建设、纪律建设。

（三）深入把握新时代的历史性成就和历史性变革。《决议》从13个方面分领域对党的十八大以来党治国理政采取的重大方略、重大工作、重大举措进行了系统阐述，重点总结其中的原创性思想、变革性实践、突破性进展、标志性成果。

第一，在坚持党的全面领导上。党的十八大以来，党中央权威和集中统一领导得到有力保证，党的领导制度体系不断完善，党的领导方式更加科学，全党思想上更加统一、政治上更加团结、行动上更加一致，党的政治领导力、思想引领力、群众组织力、社会号召力显著增强。

第二，在全面从严治党上。《决议》指出，经过坚决斗争，全面从严治党的政治引领和政治保障作用充分发挥，党的自我净化、自我完善、自我革新、自我提高能力显著增强，管党治党宽松软状况得到根本扭转，反腐败斗争取得压倒性胜利并全面巩固，消除了党、国家、军队内部存在的严重隐患，党在革命性锻造中更加坚强。

第三，在经济建设上。党的十八大以来，我国经济发展平衡性、协调性、可持续性明显增强，国内生产总值突破百万亿元大关，人均国内生产总值超过一万美元，国家经济实力、科技实力、综合国力跃上新台阶，我国经济迈上更高质量、更有效率、更加公平、更可持续、更为安全的发展之路。

第四，在全面深化改革开放上。党的十八大以来，党不断推动全面深化改革向广度和深度进军，中国特色社会主义制度更加成熟更加定型，国家治理体系和治理能力现代化水平不断提高，党和国家事业焕发出新的生机活力。

第五，在政治建设上。党的十八大以来，我国社会主义民主政治制度化、规范化、程序化全面推进，中国特色社会主义政治制度优越性得到更好发挥，生动活泼、安定团结的政治局面得到巩固和发展。

第六，在全面依法治国上。党的十八大以来，中国特色社会主义法治体系不断健全，法治中国建设迈出坚实步伐，法治固根本、稳预期、利长远的保障作用进一步发挥，党运用法治方式领导和治理国家的能力显著增强。

第七，在文化建设上。党的十八大以来，我国意识形态领域形势发生全局性、根本性转变，全党全国各族人民文化自信明显增强，全社会凝聚力和向心力极大提升，为新时代开创党和国家事业新局面提供了坚强思想保证和强大精神力量。

第八，在社会建设上。党的十八大以来，我国社会建设全面加强，人民生活全方位改善，社会治理社会化、法治化、智能化、专业化水平大幅度提升，发展了人民安居乐业、社会安定有序的良好局面，续写了社会长期稳定的奇迹。

第九，在生态文明建设上。党的十八大以来，党中央以前所未有的力度抓生态文明建设，全党全国推动绿色发展的自觉性和主动性显著增强，美丽中国建设迈出重大步伐，我国生态环境保护发生历史性、转折性、全局性变化。

第十，在国防和军队建设上。党的十八大以来，在党的坚强领导下，人民军队实现整体性革命性重塑、重整行装再出发，国防实力和经济实力同步提升，一体化国家战略体系和能力加快构建，建立健全退役军人管理保障体制，国防动员更加高效，军政军民团结更加巩固。人民军队坚决履行新时代使命任务，以顽强斗争精神和实际行动捍卫了国家主权、安全、发展利益。

第十一，在维护国家安全上。党的十八大以来，国家安全得到全面加强，经受住了来自政治、经济、意识形态、自然界等方面的风险挑战考验，为党和国家兴旺发达、长治久安提供了有力保证。

第十二，在坚持"一国两制"和推进祖国统一上。《决议》指出，有中国共产党的坚强领导，有伟大祖国的坚强支撑，有全国各族人民包括香港特别行政区同胞、澳门特别行政区同胞和台湾同胞的同心协力，香港、澳门长期繁荣稳定一定能够保持，祖国完全统一一定能够实现。

第十三，在外交工作上。《决议》指出，经过持续努力，中国特色大国外交全面推进，构建人类命运共同体成为引领时代潮流和人类前进方向的鲜明旗帜，我国外交在世界大变局中开创新局、在世界乱局中化危为机，我国国际影响力、感召力、塑造力显著提升。

四、深刻认识党的百年奋斗的历史意义和历史经验

《决议》从5个方面总结了党百年奋斗的历史意义。一是党的百年奋斗从根本上改变了中国人民的前途命运；二是党的百年奋斗开辟了实现中华民族伟大复兴的正确道路；三是党的百年奋斗展示了马克思主义的强大生命力；四是党的百年奋斗深刻影响了世界历史进程；五是党的百年奋斗锻造了走在时代前列的中国共产党。

《决议》指出，一百年来，党领导人民进行伟大奋斗，在进取中突破，于挫折中奋起，从总结中提高，积累了宝贵的历史经验。一是坚持党的领导；二是坚持人民至上；三是坚持理论创新；四是坚持独立自主；五是坚持中国道路；六是坚持胸怀天下；七是坚持开拓创新；八是坚持敢于斗争；九是坚持统一战线；十是坚持自我革命。这十条历史经验是系统完整、相互贯通的有机整体，揭示了党和人民事业不断成功的根本保证，揭示了党始终立于不败之地的力量源泉，揭示了党始终掌握历史主动的根本原因，揭示了党永葆先进性和纯洁性、始终走在时代前列的根本路径。《决议》强调，这十条历史经验是经过长期实践积累的宝贵经验，是党和人民共同创造的精神财富，必须加倍珍惜、长期坚持，并在新时代实践中不断丰富和发展。

五、深刻认识以史为鉴、开创未来的重要要求

《决议》对新时代的中国共产党提出明确要求。全党要牢记中国共产党是什么、要干什么这个根本问题。

（一）全党必须坚持马克思列宁主义、毛泽东思想、邓小平理论、"三个代表"重要思想、科学发展观，全面贯彻习近平新时代中国特色社会主义思想，用马克思主义的立场、观点、方法观察时代、把握时代、引领时代，不断深化对共产党执政规律、社会主义建设规律、人类社会发展规律的认识。

（二）全党必须永远保持同人民群众的血肉联系，践行以人民为中心的发展思想，不断实现好、维护好、发展好最广大人民根本利益，团结带领全国各族人民不断为美好生活而奋斗。

（三）全党必须铭记生于忧患、死于安乐，常怀远虑、居安思危，继续推进新时代党的建设新的伟大工程，坚持全面从严治党，坚定不移推进党风廉政建设和反腐败斗争，做到难不住、压不垮，推动中国特色社会主义事业航船劈波斩浪、一往无前。

（四）必须抓好后继有人这个根本大计，坚持用习近平新时代中国特色社会主义思想教育人，用党的理想信念凝聚人，用社会主义核心价值观培育人，用中华民族伟大复兴历史使命激励人，培养造就大批堪当时代重任的接班人。

六、从党的百年奋斗历程中汲取智慧和力量

党的十八大以来，习近平总书记多次就学习总结党史发表重要讲话、提出明确要求，目的都是号召全党同志从党的奋斗历程中汲取智慧和力量。

（一）坚定历史自信，自觉坚守理想信念。党百年奋斗的重大成就，是一代又一代中国共产党人用理想和信仰书写的，用鲜血和生命铸就的，用拼搏和奉献赢得的。放眼中华文明五千多年历史，只有在中国共产党领导下，我们的国家才彻底改变积贫积弱的面貌、向着现代化目标迈进，我们的民族才彻底从沉沦中奋起、迎来伟大复兴的光明前景，我们的人民才彻底摆脱备受剥削压迫的地位、真正掌握自己的命运。历史和人民选择了中国共产党，中国共产党也没有辜

负历史和人民的选择。

（二）坚持党的政治建设，始终保持党的团结统一。历史和现实都证明，党的团结统一是党和人民前途和命运所系，是全国各族人民根本利益所在，任何时候任何情况下都不能含糊、不能动摇。治理好我们这个世界上最大的政党和人口最多的国家，必须坚持党的集中统一领导，维护党中央权威，确保党始终总揽全局、协调各方。

（三）坚定担当责任，不断增强进行伟大斗争的意志和本领。党的十八大以来，我们清醒认识到，新时代坚持和发展中国特色社会主义是一场艰巨而伟大的社会革命，各种敌对势力绝不会让我们顺顺利利实现中华民族伟大复兴，必须进行具有许多新的历史特点的伟大斗争，必须准备付出更为艰巨、更为艰苦的努力，必须高度重视和切实防范化解各种重大风险。

（四）坚持自我革命，确保党不变质、不变色、不变味。我们党历史这么长、规模这么大、执政这么久，如何跳出治乱兴衰的历史周期率？毛泽东同志在延安的窑洞里给出了第一个答案，这就是"只有让人民来监督政府，政府才不敢松懈"。经过百年奋斗特别是党的十八大以来新的实践，我们党又给出了第二个答案，这就是自我革命。

我们党之所以伟大，不在于不犯错误，而在于从不讳疾忌医，敢于直面问题，勇于自我革命。党的十八大以来，我们党以前所未有的勇气和定力全面从严治党，打了一套自我革命的"组合拳"，形成了一整套党自我净化、自我完善、自我革新、自我提高的制度规范体系，特别是以猛药去疴、重典治乱的决心，以刮骨疗毒、壮士断腕的勇气，坚定不移"打虎""拍蝇""猎狐"，清除了党、国家、军队内部存在的严重隐患，党在革命性锻造中更加坚强。

习近平总书记对抓好全会精神贯彻落实提出明确要求，强调各级党委（党组）要把学习宣传贯彻全会精神作为当前和今后一个时期的重大政治任务，广泛深入开展宣传宣讲和研究阐释，用全会精神统一思想、凝聚共识、坚定信心、增强斗志。

习近平总书记强调，要把学习贯彻全会精神同促进经济社会发展紧密结合起来，全面落实党中央把握新发展阶段、贯彻新发展理念、构建新发展格局、推动高质量发展、促进共同富裕的部署和要求，统筹国内国际两个大局、统筹疫情防控和经济社会发展，坚持稳中求进工作总基调，做好宏观政策跨周期调节，从严从实抓好保稳定、护安全工作，关心群众生产生活，办好各项民生实事。

党中央号召，全党全军全国各族人民要更加紧密地团结在以习近平同志为核心的党中央周围，全面贯彻习近平新时代中国特色社会主义思想，大力弘扬伟大建党精神，勿忘昨天的苦难辉煌，无愧今天的使命担当，不负明天的伟大梦想，以史为鉴、开创未来，埋头苦干、勇毅前行，为实现第二个百年奋斗目标、实现中华民族伟大复兴的中国梦而不懈奋斗。我们坚信，在过去一百年赢得了伟大胜利和荣光的中国共产党和中国人民，必将在新时代新征程上赢得更加伟大的胜利和荣光！

下面围绕学习贯彻党的十九届六中全会精神，结合济钢转型发展实际，我谈以下几点。

一是从党百年奋斗的历史进程中感悟初心使命，以实际行动践行国有企业的使命担当。

党的十九届六中全会总结党的百年奋斗重大成就和历史经验，通过了百年党史上第三个历史决议《中共中央关于党的百年奋斗重大成就和历史经验的决议》，这是新时代中国共产党人牢记初心使命、坚持和发展中国特色社会主义的政治宣言，是以史为鉴、开创未来，实现中华民族伟大复兴的行动指南。

学习贯彻党的十九届六中全会精神是当前和今后一个时期的重大政治任务。各级党组织和广大党员干部要深刻认识总结党的百年奋斗重大成就和历史经验的重大意义，用心把握"三个需要"的战略考量，弄清楚中国共产党为什么能、马克思主义为什么行、中国特色社会主义为什么好的历史逻辑、理论逻辑、实践逻辑。要全面把握党的十九届六中全会精神的丰富内涵和核心要义，学深悟透党的百年奋斗的初心使命和重大成就，深刻认识党的十八大以来党和国家事业取得的历史性成就、发生的历史性变革，领会好原创性思想、变革性实践、突破性进展、标志性成果。要把旗帜鲜明讲政治作为第一准则，深刻理解"两个确立"的决定性意义，坚定不移把"两个维护"作为最高政治原则和根本政治规矩，把学习贯彻习近平新时代中国特色社会主义思想作为首要政治任务，不断提高政治判断力、政治领悟力、政治执行力，更加坚定自觉地忠诚核心、拥护核心、跟随核心、捍卫核心。要把党的十九届六中全会精神与习近平总书记重要指示要求联系起来把握、统筹起来推进、贯通起来落实，深化拓展党史学习教育，在学思践悟中不断增强对马克思主义、共产主义的信仰，不断增强对中国特色社会主义的信念，不断增强对实现中华民族伟大复兴的信心。要从党百年奋斗的历史进程中感悟初心使命，牢记国有企业的使命本色，深入思考国家所需、济钢所能、职工所盼、未来所向，把济钢发展融入党和国家的大事业大棋局，提升产业兴国、实业报国的精气神，在实现中华民族伟大复兴的历史进程中，建设全新济钢，造福全体职工，展现国企担当，贡献济钢力量。这是我们作为国有企业应有的责任担当和家国情怀，也是我们对于党的初心使命的最好诠释和忠实践行。

二是从党百年奋斗的历史意义中坚定必胜信念，挺起济钢"二次腾飞"的精神脊梁。

100年来，中国共产党带领亿万中国人民，在没有路的地方走出来一条自己的路。在这条路上，中国共产党立足中国大地，高举社会主义旗帜，奔着民族复兴，以一种新的社会实践、一种新的政治制度、一种新的发展方式，在百年奋斗历程中写下不朽传奇，形成了以伟大建党精神为源头的精神谱系。

星光不问赶路人，历史属于奋斗者。在深入学习党的百年奋斗历程的同时，不禁又让我想到了脚下这片土地。济钢作为共和国缔造的第一批地方骨干钢铁企业，从诞生的那一天起，就与祖国的发展建设同频共振、同向同行。60多年的风雨历程描绘了一幅波澜壮阔的历史画卷，铸就了自我加压、争创一流的"济钢精神"，积淀了自强不息、厚德载物的"济钢底蕴"，培育形成了敢为人先、敢闯敢拼、具有奋斗特质的"济钢基因"。特别是在历经产能调整、主业关停的淬炼洗礼之后，我们不忘初心、秉承传统，将这一基因灌注到加快推动转型发展之中，靠奋斗应对挑战，靠奋斗"杀出一条血路"，靠奋斗推动新济钢在栉风沐雨中不断壮大，向上级党委和职工群众交出了一份不辱使命的答卷。

当前，济钢又站在了新的历史起点。前路不会平坦，但前景光明辽阔。只要我们以伟大建党精神为旗帜，以60多年生生不息的济钢精神底蕴为灵魂，继承发扬党的优良传统和作风，以不懈奋斗的铮铮铁骨，挺起济钢"二次腾飞"的精神脊梁，带领全体干部职工，风雨无阻、高歌行进，就没有战胜不了的困难，没有成就不了的事业。各级党组织要把党员干部作风建设作为当前第一课题，以机关部门作风建设为突破口，持续提升干部队伍的战斗力、号召力和凝聚力，以好的作风振奋精神、激发斗志、凝聚人心。"作风问题根本上讲是党性问题",讲政治,不能仅仅是口头上"说政治",关键是要把"讲政治"体现到贯彻落实党的路线方针政策的实际行动上,体现到为党分忧、为企尽责的实际行动上,体现到推动新济钢高质量转型的实际行动上。

党员领导干部要以不用扬鞭、我自奋蹄的担当精神以上率下。我们这一代人的心血全部挥洒在济钢,济钢就是我们的生命,建设好发展好新济钢是我们义不容辞的责任和使命。凡是涉及复杂的、跨多个领域的、下级人员很难处理的问题,主要领导同志都要靠前指挥,要有一竿子插到底的劲头,"给我上"变为"跟我上",才能将"层层甩锅"变成"层层发力",把应该落实的工作不打折扣地完成好。

要以信心满满、扭转乾坤的气魄鼓舞士气。关键时刻领导干部敢于挺身而出、迎难而上,职工群众才能有标杆和底气。面对前进道路上的各种困难挑战,各级领导干部要大力弘扬济钢人敢于斗争、敢于胜利的优良作风,切实发挥好带领职工、凝聚职工、鼓舞职工的重要作用,用心用情用力解决好职工群众的"急难愁盼"问题,有力托举起广大职工对"更好的日子还在后头"的坚定信心。

要以坦坦荡荡、携手共进的胸怀团结协作。部门之间要避免"铁路警察各管一段"的观念,加强系统性风险的研判,"捏紧五指攥成拳",提高效率、发挥合力。面对复杂棘手的问题,除了下达任务,上级领导和部门要为下级单位配备必要的政策条件、资源保障体系、容错机制,对于关键的堵点难点和重要转折点,要把控方向甚至是全过程协作;总部部门要为二级单位提供精准指导和优质服务,在服务支持中做好监管。

要以顺势借力、共创共赢的智慧把握机遇。此次济钢整体划转济南,为济钢二次腾飞、重塑辉煌提供了宝贵的发展窗口和政策

机遇。黄河重大国家战略、济南新旧动能转换起步区等平台建设,也赋予了新济钢发展的重大历史机遇。各级领导干部要舍得花时间、下一番苦功夫,学习领会中央、省市委和政府的各项决策部署"是什么""为什么"。只有自己学明白,才能给下级讲明白,带领广大干部职工把工作干明白,把机遇把握住,把发展的主动权牢牢掌握在我们自己手中。

要以高瞻远瞩、脚踏实地的本领推动发展。各级领导干部在新发展时期尤其要加强科技、金融、产业知识的学习,不了解不重视这些方面的前沿知识,就无法领导企业发展,甚至难以与政府部门、合作单位谈到一块去。只有不断提高专业素养,才能做到心中有数,关键时刻才能果断处置。

这五个方面的要求我之前提到过,之所以重提,是因为有的同志已经把这些话抛之脑后了,要时不时做下对照,时刻提醒自己。

三是从党百年奋斗的历史经验中吸取智慧力量,奋力开创新济钢高质量发展新局面。

党的百年奋斗取得的伟大成就和历史经验,书写了中华民族几千年历史上最恢宏的史诗。细数党的十九届六中全会精神要点,从"三个需要"到"两个确立",从"五个方面"的历史意义到"十个坚持"的历史经验,从"四个伟大飞跃"到"四个必须",为我们揭示了党从小到大、从弱到强、不断从胜利走向胜利的基因密码,揭示了党始终立于不败之地的力量源泉。

济钢转型发展4年以来,我们在应对各种风险挑战的奋斗实践中,也积累了宝贵的发展成就和发展经验。从"建设全新济钢,造福全体职工"使命目标的应运而生,到"实力突出、价值卓越、活力迸发、正气充盈、幸福和谐"五大提升目标的精准指向;从"一个中心""两个基地""三个产业

园"产业布局的初步构想，到三大主业的基本确立；从"九新"价值创造体系的破冰引领，到"横向拓展+纵向提升""高端引领+跨界融合""变革突破+机制赋能"三大战略支撑举措的逐步夯实，我们的转型发展之路越走越宽广，发展脚步越走越坚实。

历史在见证，职工在期待。立足转型发展的全新起点，我们要以习近平新时代中国特色社会主义思想为指导，把学习贯彻党的十九届六中全会精神同习近平总书记在深入推动黄河流域生态保护和高质量发展座谈会上的重要讲话精神及考察山东重要指示精神结合起来，同不久前召开的中央经济工作会精神结合起来，真正把学习成果转化为加强党的政治建设、推动新济钢高质量转型、持续增进职工福祉、推进全面从严治党的良好成效。

全体干部职工，要从党百年奋斗的历史

经验中吸取智慧力量，全面总结济钢4年来转型发展的成果经验，深入挖掘自身在发展模式、管理理念、文化底蕴、攻坚克难等方面的成功逻辑和典型案例，成为我们面向未来、迎接挑战、应对风险的制胜法宝，推动新济钢各项工作不断取得新成效、开创新局面。要锚定高质量转型发展方向，坚持稳中求进的工作总基调，完整、准确、全面贯彻新发展理念，融入新发展格局，深入对接黄河重大国家战略、省市新旧动能转换重大工程，以产城融合为主线，以"五化"为战略实施路径，加快打造全省研发成果转化、新旧动能转换、传统企业转型的"三转"标杆，以实际行动在推动省市高质量发展中，展现更大作为，贡献"济钢力量"，以扎扎实实的工作业绩，迎接党的二十大胜利召开。

谢谢大家！

在集团公司二十一届一次职工代表大会闭幕式暨年度工作会议上的讲话

党委书记、董事长　薄　涛

（2022年1月19日）

各位代表：

经过大家的共同努力，集团公司二十一届一次职工代表大会圆满完成了既定的各项任务，即将胜利闭幕。为了响应各级党委精文减会的要求，下午我们一并召开年度工作会议，就下一阶段的工作进行安排部署，请大家一并做好贯彻落实。

大会期间，全体代表共同听取并审议了苗刚总经理所作的工作报告，讨论审议了集团公司党政领导班子2021年述职报告，生产经营、财务预算、投资计划、绩效管理等专项报告，以及《济钢集团有限公司集体

合同（草案）》《济钢集团有限公司女职工特殊权益保护专项集体合同（草案）》，并形成了大会决议。

大会期间，各位代表认真履行职责，积极建言献策，对加快推动集团公司高质量转型发展提出了许多宝贵的意见和建议，进一步统一了思想、坚定了信心、凝聚了力量，形成了团结一致干事业、聚精会神谋发展的强大合力。这是一次团结的大会、鼓劲的大会、胜利的大会。在此，我代表集团公司党委和集团公司，对大会的成功召开，对各位代表和为开好大会辛勤工作的同志们，表示

衷心的感谢！对新获集团公司"幸福和谐企业"称号的 3 家单位表示热烈的祝贺！

各位代表、同志们！

2021 年是济钢历史上具有里程碑意义的一年。按照省委省政府的决策部署，我们于 2021 年 12 月整体划转济南市，成为济南市市属一级企业。

一年来，我们以习近平新时代中国特色社会主义思想为指导，在上级党委的坚强领导下，聚焦"高质量转型"发展新内涵和二十届四次职代会确定的任务目标，深入践行"九新"价值创造体系，用汗水浇灌收获，以实干笃定前行，圆满完成了各项目标任务，实现了"十四五"开门红，成功夺取了"两步走"第一步战略目标，朝着"建设全新济钢，造福全体职工"的使命目标迈出了坚实步伐。我们以"动力变革"为牵引，进一步明确改革思路、目标和举措，加快推进职业经理人、混合所有制改革等变革举措，持续推动强大总部建设，建立集团资金管理中心、科技创新中心，推动国家级科技创新平台，国家、省市"专精特新"中小企业，省市级瞪羚企业、高新技术企业等各级各类科创平台加速集聚，集团现代化治理水平和科技创新能力持续提升，发展动力日趋强劲。我们牢牢把握"产城融合"这一战略主线，以"五化"为战略路径，积极融入国家"双碳"目标，深入推动"嫁接式跨界融合"发展，逐步形成以接续产业、新增产业、未来产业为支撑的绿色可持续发展产业架构，实现了与城市和谐共生、友好共赢。我们始终坚持把保护职工群众生命安全摆在首位，不折不扣贯彻党中央和上级党组织疫情防控决策部署，时刻保持高度警惕，全面精准落实常态化疫情防控措施，快速有序推进新冠疫苗接种工作，有力维护了职工群众生命健康安全。我们始终坚持把"造福全体职工"作为我们的不懈追求，依法保障职工合法权益，以职工收入持续稳定增长为出发点和落脚点，积极推进薪酬制度改革，持续高标准创建"幸福和谐企业"，扎实开展"我为群众办实事"实践活动，及时妥善解决职工关注的热点、疑点、难点问题，广大职工的获得感、幸福感、安全感有了新的提升。我们扎实推进党史学习教育，在全公司范围内开展党的十九届六中全会精神宣讲，成功召开庆祝中国共产党成立 100 周年表彰大会暨"初心永恒，使命无疆"红歌演唱会；大力实施党建强基工程、头雁工程、"双培养"工程，持续强化党委创特色、支部树品牌，务实推进监督体系建设，风清气正、干事创业的氛围愈加浓厚。

一年来的工作殊为不易。各单位各部门高效落实、靶向攻坚，在应对各种复杂局面和风险挑战中展现出战略定力和坚强韧性，广大干部职工上下一心、执行有力，用实际行动诠释了自我加压、争创一流的"济钢精神"，彰显了敢为人先、敢闯敢拼的"济钢基因"和价值追求。

在应对一系列风险挑战的实践中，我们进一步积累了做好转型发展各项工作的经验启示。那就是，必须坚持党的全面领导和加强党的建设贯穿企业转型发展全过程，推动全面从严治党向纵深发展，以高质量党建保障企业高质量发展；必须坚持以"产城融合"为发展路径，以"跨界融合"为发展支撑，充分依托原有竞争优势，培育新的效益增长点，服务和融入国家和地方经济建设，实现高质量转型发展；必须坚持深化改革创新，坚决破除一切不合时宜的思想观念和体制机制弊端，充分激活干部职工敢闯敢试的基因，以精神面貌的"蜕变"，带动发展质效的"聚变"；必须坚持统筹发展与安全，把"双基双线一提升"贯穿企业发展全过程和各环节，全力推进本质安全型企业建设，有效防范和化解各种潜在风险，始终保持企业持续健康发展和大局和谐稳定；必须坚持把"造福全体职工"作为一切工作的出发点和落脚点，回答好转型发展为了谁、依靠谁、发展成果与谁共享的根本问题，筑牢企业与职工的"责任共同体"和"命运共同体"。

同志们！

时间的书页不断掀开，发展的命题日新月异。当前，在世纪疫情的冲击下，百年变局加速演进，外部环境更趋复杂严峻。应该说经过4年的转型发展奋斗实践，我们在发展模式、管理理念、文化底蕴、攻坚克难等方面都积累了显著的成绩和丰富的经验，企业创新力日益突出，核心竞争力不断增强，发展向心力持续汇聚，对此我们在12月24日的中层会上已经系统做了总结和回顾。成绩固然可喜，但距离我们的预期目标还有一定差距，"建设全新济钢，造福全体职工"是我们这代济钢人必须面对和完成的使命任务，是不可推卸的历史责任和时代担当。要让新济钢在划归济南市后，全面快速融入城市的发展建设，顺利实现"两步走"第二步战略目标，让广大干部职工过上更好的日子，我们不能满足于眼前的成绩，还有很长的路要走。

今年将迎来党的二十大，我们山东省新旧动能转换也到了"五年取得突破"的紧要关口，刚刚划转济南，且以争当省市"新旧动能转换试验田"为己任的济钢集团，有责任有义务，在助推我省新旧动能转换实现"五年突破"和省市高质量发展的进程中，展现国企担当、贡献"济钢力量"。集团公司第二十一届一次职代会，对于抓好今年各项工作进行了系统部署，指出我们今年要立足新起点，打开新局面，谱写新篇章。全体干部职工要在济南市委市政府的坚强领导下，增强锚定高质量发展目标、意气风发走向未来的勇气和力量，肩负发展使命，把准前进航向，吹响向"两步走"第二步战略目标进军的号角，在新的"赶考之路"开好局、起好步，为全面融入济南市的城市发展，加快打造全省研发成果转化、新旧动能转换、传统企业转型的"三转"标杆，打下更为坚实的基础，奋力谱写新济钢高质量发展的崭新篇章。

要重点围绕"开好局、起好步"，在以下六个方面下更大功夫。

——要在高效对接、政策落地上下更大功夫。

大家知道，为支持济钢转型发展，济南市政府专门制定出台了支持济钢转型发展的26条具体举措，将在投融资、财税政策、工资总额、土地资源利用、历史遗留问题解决等各方面，给予我们大力的支持和帮助。这26条支持政策的出台，将为我们的后续发展提供坚实的后盾与保障，但政策的落地时间和效率则直接影响着我们全年乃至未来几年的发展节奏和成效。

为推动济南市各项支持政策按期、高效落地，集团公司前期专门制定工作方案，成立领导小组和工作小组，归口对接、挂图推进。在这里我要再重点做下强调，这些政策能否落地，攸关我们企业发展的速度和节奏，甚至攸关企业的生死，各责任领导和责任部门要高度重视，把这项工作当成首要任务，与对口上级部门保持密切沟通，理清政策执行的标准和程序，建立常态化热线联系，精准对接、及时跟进，全力推动各项扶持政策高效兑现，最大程度把26条支持政策转化为助推新济钢发展的实效。在此基础上，要密切关注宏观政策的走势和变化，及时准确掌握最新政策动态，不失时机争取政府和上级部门的关心关爱，借势借力、善抓机遇，努力在政策支持、项目支持、资金争取上实现更大突破。

——要在产业聚焦、主业培育上下更大功夫。

经过四年的转型发展和实践探索，我们的产业结构和产品结构持续优化，逐步形成以国铭铸管、冷弯型钢、萨博汽车、国际物流等为代表的接续产业，以环保材料、顺行出租、城市矿产、创智谷等为代表的新增产业和以济钢防务、微波电真空、时代低空、齐鲁卫星等为代表的未来产业，"三驾马车"并驾齐驱的绿色可持续发展的产业框架初具雏形。尽管如此，主业培育距离"一企一业，一业一环"的产业布局要求还有差距，随着资源配置和权属背景变化，对"三大产业"还需要再聚焦、再优化。

目前，集团公司正着手制定产业结构优化方案，各有关部门要紧锣密鼓、高效推进，务必于今年一季度前完成此项工作。要重点把好几个原则，一要聚焦3个"融入"，要将新济钢的产业链体系全面融入国家"双碳"目标，着力构建新济钢绿色低碳循环发展经济体系；全面融入省市高质量发展战略，把目标定位和产业方向与省市规划、需求有机融合；全面融入济南市重点产业链建设，瞄准主导产业，为"工业强市"战略注入"济钢力量"。二要围绕3个"关键"，重点围绕关键基础材料、关键核心技术和关键核心资源产业，拉动集团公司现有产业的整合和聚焦，寻找产业发展潜力区，通过优势产业集中布局、集聚发展，形成产业发展增长极，推动各子分公司既有业务发生化学反应，实现资源聚集，优势互补，形成核心竞争力，推进新济钢产业高质量转型发展。

——要在深化改革、"动力变革"上下更大功夫。

今年，是国企改革三年行动的收官之年。经过前期的夯基垒台，我们在深化改革上走出了一条"使命引领+职业化改革+半军事化管理"三位一体、一贯到底、具有济钢特色、符合济钢发展特点的改革发展之路。使命引领，依托60余年积淀的光荣传统和政治优势，以"建设全新济钢，造福全体职工"的共同使命和"九新"价值创

造体系坚定发展信心、汇聚发展合力，让济钢的发展定位既有高度又有温度；职业化改革实现了企业经理层、权属公司及新上项目的市场化选聘、契约化管理、差异化薪酬，有效治理了"干部能上不能下、职工能进不能出、收入能增不能减"的国企"通病"，解放了被制约、被束缚的发展潜力；半军事化管理把制约企业发展的关键环节作为攻坚主战场，让企业内部各个环节的"动力"强劲，"压力"精准，以硬核的落实力确保重点任务如期完成。当前，我们的改革已经进入"一个行动胜过一打纲领"的关键阶段，也是改革乘数效应最大的阶段。但我们的一些干部职工，直至今日思想观念还不能完全适应发展需要，有的职工对岗位"挑三拣四"，宁愿保持低收入，也不愿意到艰苦的岗位多挣"辛苦钱"；有的部门人员官僚思想作祟，不主动为基层提供服务，坐等基层人员上门求助；有的单位漠视市场的变化，滞缓了对市场变化的响应。这些思想问题一定程度上阻碍了发展动能的激活，"淤滞"了发展潜力的释放。深化改革不能仅仅是"自上而下"命令式推动，还要是"由下而上"内生动力的自然迸发，真正实现从"要我改"到"我要改"的转变，绝不能"激动一阵子，过后老样子"，这也是为什么我们要再打一年"动力变革"的原因所在。要着力解决人员的思想问题，不能"带病"进入"质量变革"。

各有关部门要以全面实施"动力变革"为牵引，进一步加大干部职工作风能力建设。要坚决落实国有企业领导人员"20字"要求，参照济南市"四看八不唯"选人用人新理念，结合十九届六中全会宣讲会上提出的干部作风建设五个方面的要求，扩大选人用人视野，以干部使命、责任、能力建设为主导，以市场化、契约化、职业化管理为手段，持续优化干部人才梯队建设，着力培育一批对党忠诚、勇于创新、治企有方、兴

企有为、清正廉洁，具有济钢特质的优秀"企业家"。要健全完善领导人员末位调整机制，用好"禁令"否决机制，有序推进管理人员轮岗交流，根据年度考核结果，按照不低于6%的比例予以末位调整交流，要形成常态化机制，治病于末节，打通末位阻碍点，盘活整个"脉络系统"。要稳妥推进薪酬制度改革，以职工收入持续稳定增长为出发点和落脚点，建立与岗位管理相匹配的岗位绩效工资体系，坚决杜绝"干好干坏一个样"，实现"能者上、优者奖、庸者下、劣者汰"，找到让职工眼睛冒光、真正把企业放在心上的"金钥匙"。

要继续推进深化改革。职能部门要强化"授权+管理+服务"的思想，主动从集团公司的高度、专业管理的角度和二级单位的维度考虑问题、推进工作，做到精准授权、差异化管理，在引领中实现服务，在服务中实现监管。要积极稳妥、分层分类深化混合所有制改革，积极引入对济钢有高认同感、与产业有高匹配度、高协同性的战略投资者，推动混改由"量"向"质"提升。混改引入的不应仅仅是资本，更重要的是引入先进理念，注入竞争元素，植入改革基因，不断释放"鲇鱼"效应，从体制机制上持续增强企业发展活力。要在内部引入市场化机制，促进公平竞争。要优化董事会治理机制，逐步构建专业化、多维度优势互补的董事会结构，尽快组建设立专门委员会，依法明确董事会对经理层的授权原则、管理机制、事项范围、权限条件等主要内容，充分发挥董事会、经理层的活力和协同性，全面提升公司治理体系和治理能力现代化水平。

——要在科技创新、引育人才上下更大功夫。

产品和技术是企业安身立命之本。面向未来，我们只有与时俱进、重视创新，才能在这个挑战层出不穷、风险日益增多的时代，不断提升核心竞争力，在激烈的竞争中立于不败之地。科技创新工作要聚焦"一企一业、一业一环"的发展目标，围绕产业链部署创新链，以"关键核心技术攻坚+科技成果转化"双轮驱动，持续提升产业核心竞争力。要健全研发投入刚性增长约束机制，保持一定的研发投入年均增速，探索实施重大科技项目攻关"揭榜挂帅"等制度，全面提升新济钢自主研发能力。要继续加强对外科技合作，以技术研发为纽带，积极拓宽科技合作渠道，与国内外优秀院校、科研机构、企业建立联合研发平台，从事关键共性技术和重大技术研发，形成优势互补、分工明确、风险共担的长效合作机制，推进产学研深度融合。重大科技项目、核心技术攻坚，科技成果转化，今年必须实现突破。要以品牌创效为基础，继续挖掘专利技术、标准、产品品牌和科技成果的价值，持续提升知识产权挖掘培育水平，开拓知识产权价值创造新领域。要以"穿透管理"+"中枢总部"为核心任务，加快推进数字化转型进程，着力打造"监督一屏掌控、管控一管到底、数据一键获取、预警一有即出"的智慧型"总部大脑"，为集团公司的高质量转型发展提供强有力的支撑。

推进科技创新，有赖于人才给力、机制发力。有关部门要深入实施"人才强企"战略，把组织配置的"严"和市场选择的"活"有机结合，抓好专业技术人才、高技能人才及特殊领域紧缺人才队伍建设，完善人才引进、培养、使用长效机制，让优秀人才"出得来""用得活""长得快""留得住"。要坚持与时俱进，针对"90后""00后"的青年职工群体，研究制定相应的政策措施，在干部培训中引入行为科学的学习，让领导干部善于跟青年职工"打交道"，关注他们的思想动态，呵护他们的创新热情，当好青年职工的"娘家人"和引路人。要通过创新机制、改善环境、精心服务，培养支持青年人才挑大梁、当主角，为他们提供更多发展机遇，搭建更多展示平台，创造更大发展空间，努力增强青年职工对企业的归属感、荣誉感、幸福感。要坚持尊重劳动、尊重知识、尊重人才、尊重创造的方针，进一步深化科技奖励制度等改革，做好绩效考核"上不封顶"文章，真正让为企业作出创新性贡献的人员名利双收，经济上有实惠、工作上有奔头、地位上受尊敬，让更多"千里马"奔腾在新济钢的广阔"草原"。

——要在本质安全、大局稳定上下更大功夫。

企业发展要在安全保障下实现，安全水平也要在发展基础上不断提升。企业要安身立命，每一名职工也要安身立命，这是大局。事业越前进、越发展，新情况新问题也会越多，越是取得成绩的时候，就越需要如履薄冰的谨慎和居安思危的忧患。当前，新冠疫情对我们的外部发展环境产生了深刻影响，保持安全稳定的发展大局比过去任何时候都更为重要，树牢安全发展理念比过去任何时候都更为关键。各级领导干部一定要坚持底线思维、增强风险意识，对那些可能迟滞甚至阻断新济钢可持续发展的风险隐患精准研判、重点防控，既要应对防疫，更要安全稳定，争取做到防疫安全和安全运营并驾齐驱。

各单位要坚持"底线思维、极限目标"，深入贯彻《安全生产法》《山东省安全生产条例》等法律法规，牢记"松懈麻痹是安全管理最大的敌人"，扎实推进"双基双线一提升"和"去根"治理，提高警惕，压实责任，履职尽责，升维管控，持续提升本质安全管控水平。要始终紧绷疫情防控这根弦，坚决克服麻痹、侥幸心理，切实把疫情防控工作作为当前一项重要政治任务，从严从紧落实各项防控措施，维护好职工群众生命安全和身体健康，坚决守住来之不易的疫情防控成果。要持续提升应急防范

和处置能力，深入开展卫生、消防、地震等安全应急知识宣传教育，提高职工群众对突发公共事件的认知水平和预防、自救、互救能力；构建统一指挥、专常兼备、反应灵敏、上下联动的应急管理体系，加强应急设备、物资备用管理和应急人员的应急备勤，确保对突发事件的快速反应、有效处置。要持续完善风险防控机制，建立健全风险研判机制、决策风险评估机制、风险防控协同机制、风险防控责任机制等，切实打好防范和化解各类风险挑战的主动仗。要扎牢信访稳定保障网，依法依规、妥善化解各类信访事项，坚决完成国家重大活动和敏感节点期间的维稳任务，积极营造和谐稳定的内外部发展环境。

——要在强"根"固"魂"、凝心聚力上下更大功夫。

国有企业作为党执政兴国的重要支柱和依靠力量，是"国有"和"企业"的统一体。"家国情怀"既是济钢作为国有企业的政治素养，也是我们建厂至今60多年始终不变的独特政治优势，更是企业核心竞争力和"济钢精神"的重要组成部分。面对前进征程上各种可以预料和难以预料的风险挑战，我们要在鉴往知来中砥砺前行，在乱云飞渡中把准航向，必须坚定不移坚持党的领导，加强党的建设，把这个独特优势发挥好，保障新济钢始终沿着正确方向勇往直前。

各级党组织和广大党员要坚持以习近平新时代中国特色社会主义思想为指引，全面贯彻落实党的十九大和十九届历次全会精神，始终胸怀"两个大局"，不断增强"四个意识"、坚定"四个自信"、做到"两个维护"，捍卫"两个确立"，牢记"国之大者"，始终保持济钢事业就是党的事业的家国情怀，始终保持转型发展以来壮士断腕、自我革命的自强气节，牢记国有企业的使命本色，提升产业兴国、实业报国的精气神，把济钢发展融入党和国家的伟大事业，在实

现中华民族伟大复兴的历史进程中，展现国企担当，贡献济钢力量。要坚持以习近平总书记关于新时代国有企业党的建设重要论述为行动指南，全面落实新时代党的建设总要求，坚持全面从严治党方针，传承"三型"党组织建设，全面打造和建强自上而下的"赋能型"党组织，持续深化党委创特色、支部树品牌工作，探索形成具有济钢特色的"强根铸魂"党建工作新模式，为实现"建设全新济钢，造福全体职工"的共同使命持久赋能。要聚焦济钢高质量转型发展目标任务，全力推进企业文化建设，丰富"九新"价值创造体系的时代内涵，构建具有时代特征、国企特质、济钢特色的企业文化体系，为济钢文化注入新鲜"血液"。要深入践行"以人民为中心"的理念，纵深推进产业工人队伍建设改革，持续优化"幸福和谐企业"创建载体，巩固深化"我为群众办实事"实践活动成果，更好地为职工谋福祉、办实事，要让职工群众真真切切地感受到"造福全体职工"不仅仅是一个

使命，一个口号，更是看得见、摸得着、真实可感的事实，才能最大程度上激发斗志，最大范围凝聚力量！

各位代表，同志们！

2022年，没有停歇的脚步，只有奋进的号角，我们的主基调就是前进、前进、前进进！全体干部职工要更加紧密地团结起来，在济南市委市政府的正确领导下，统一思想、振奋精神，锚定高质量发展方向，凝聚万众一心的伟力，保持勇毅笃行的坚定，展现虎虎生威的雄风，奋发自强、笃行不息，一起向着实现"两步走"第二步战略目标奋勇前进，开局绽现新气象，起步彰显新作为，为新济钢发展赢得主动、赢得优势、赢得未来打下更加坚实的基础，以优异成绩向党的二十大献礼！

再过几天，就是新春佳节，在这里我代表集团公司党委、集团公司提前给大家送上新春祝福：祝大家身体健康、阖家幸福、万事如意！

谢谢大家。

凝心聚力再出发　昂首奋进新征程
奋力谱写新济钢高质量转型发展的新篇章

——在济钢集团第二十一届职工代表大会第一次会议上的工作报告

总经理　苗　刚

（2022年1月19日）

各位代表：

现在，我代表济钢集团向大会报告工作，请各位代表审议，并请列席的同志提出意见。

一、2021年工作回顾

2021年是党和国家历史上具有里程碑

意义的一年，中国共产党迎来百年华诞，第一个百年奋斗目标成为现实。这一年，也是济钢发展史上具有特殊重要意义的一年，12月23日，济南市政府召开济钢划转济南市移交会议，宣布了省委省政府关于将济钢整体划转济南市的决定，济钢集团正式成为济南市市属一级企业，把发展的主动权牢牢把

握在了我们自己手中。

一年来，面对深刻复杂变化的外部发展环境和艰巨繁重的转型发展任务，全体干部职工以习近平新时代中国特色社会主义思想为指导，在集团公司党委的坚强领导下，紧紧围绕二十届四次职代会确定的目标任务，聚焦"动力变革"和"高质量转型"发展新内涵，深入践行"九新"价值创造体系，坚定发展信心，保持战略定力，积极有效应对一系列风险挑战，坚决打赢"效益保卫战"，圆满完成各项目标任务，成功夺取"两步走"第一步战略目标，实现了"十四五"开门红，为全面实现"两步走"战略和"建设全新济钢，造福全体职工"使命目标打下了坚实基础。

——经营质效加速跃升。全年预计，完成营业收入 377.7 亿元，超目标 78.72 亿元，较上年增长 28.66%，集团体量规模超越停产前水平；完成考核净利润 4.05 亿元，超目标 3746 万元，较上年增长 10.36%；完成考核归属母公司净利润 3 亿元，超目标 6006 万元，较上年增长 31.75%；实现归属母公司净资产收益率 7%，较契约化目标提升 1.54 个百分点，较上年增长 0.73 个百分点；安全环保连续 7 年实现"八个零"目标。

——转型项目加速落地。空天信息产业基地一期项目、低空监视服务网试验验证项目，入选济南市空天信息产业发展专项扶持项目；环保新材料绿色矿山建设、萨博汽车方舱产线智能化（一期）改造提升、冷弯型钢产线效率提升改造等项目，按节点落地投用。

——动力活力加速释放。"动力变革"全面铺开、扎实推进；职业经理人、混合所有制改革、薪酬分配等改革举措全部完成节点目标；降本增效、六大存量攻坚战、全员绩效评价、对标提升等重点专项工作成效显著，发展动力活力有效激发。

——创新能力加速提升。全年实施完成科技创新项目 31 项，研发投入同比增长 68.54%；新获授权专利证书 28 件；获得山东优质品牌 2 个；主持和参与制定发布国家标准 3 项、行业标准 7 项、团体标准 3 项。新增国家级高新技术企业 1 家、专精特新"小巨人"企业 1 家、省级科技领军企业 1 家、高端品牌培育企业 1 家，省市级"专精特新"中小企业 3 家、瞪羚企业 2 家、全员创新企业 2 家，市级企业技术中心、工程研究中心、"一企一技术"研发中心等 8 家。

——职工福祉持续增进。职工收入较 2020 年同比增长 11.15%，较职代会目标提高 3.15 个百分点；产业工人队伍素质持续提高；"我为群众办实事"实践活动成效显著，解决各类"急难愁盼"问题 90 余项，获得了职工和社区群众的高度认可；帮扶救助送温暖工作扎实推进，全年发放救助金 629 万元；12 家单位通过"幸福和谐企业"评审，职工获得感、幸福感、安全感有了新的提升。

——政治生态持续向好。庆祝中国共产党成立 100 周年系列活动成功举行，党史学习教育取得扎实成效；党建"强基工程"全面发力，党委创特色、支部树品牌成效显著；重点事项、关键环节监督持续加力；党建创新工作水平全面提升。

——新济钢影响力持续显现。集团公司当选"2021 山东社会责任企业"，连续 3 年荣登"影响济南"经济人物领奖台，成功承办全钢团指委二届五次常务会议暨第 35 次大钢团委书记联席会，济钢"学习强国"学习经验被济南市委重点推广；济钢防务荣获"山东省新旧动能转换综合试验区建设先进集体"，萨博汽车荣获"影响济南年度领军品牌"，山东省"齐鲁最美职工"发布仪式在瑞宝电气举行，山东新旧动能转换高质量发展干部管理学院现场教学点落户济钢创智谷，保安公司擦亮济钢安检"金字招牌"；人民日报、新华社等主流媒体刊播集团公司转型发展报道400余篇，新济钢新形象得到充分展现。

一年来，我们主要做了以下工作：

一是保持攻坚态势，"动力变革"取得实效。推进落实"动力变革"三年行动计划，围绕"提升人员的动力、产业的生命力和激发组织的活力"，以"一企一业"、投资拉动、创新驱动、人才支撑、分配激励、体系保障等六方面为切入点，建立目标分解、评价考核、典范引领、督导督查四大体系，靶向发力、集中攻坚，50项攻坚任务基本完成全年目标。坚持将价值创造贯穿"动力变革"全过程，全年开展价值创造项目525项，创效1.67亿元。构建董事长责任制、经理层契约化和员工绩效评价"三位一体"的绩效管理架构，建立权属公司契约化"五档+翻番"选择性目标体系，完善权属公司工资总额联动机制，绩效考核系统性、适应性不断提高。强化组织机制建设，建立"选、育、管、用、退"干部管理机制，稳妥推行管理人员末位调整、轮岗交流，加强后备干部队伍培养，初步实现干部"能进能出、能上能下、能再上能再下"。扎实抓好"三基"管理，建立基本管理单元日常监督、风险提示和评价考核机制，有序推进工程项目、财务、人力资源、运营、行政五大管理诊断，本质化运营水平稳步提升。

二是持续深入挖潜，运营质效全面提升。充分发挥"六大攻坚战"平台中枢作用，优化运营管控模式，深挖提质增效潜力，建立"效益保卫战"调度机制，推动规模与效益同步增长。生产加工板块完成产量1379.35万吨、同比增长43.83%，22家子分公司营业收入超计划26.12%。其中，济钢防务实现持续快速健康发展，成功取得3项军工资质，连续两年实现盈利；环保新材料主产品产量超计划27.9%；冷弯型钢产量同比增长13.7%；济钢物流涂镀类产品出口贸易继续保持同行业第一，新成立的供应链公司实现营收40亿元；国际工程聚焦"专精特优"市场需求，全年签订合同额同比提高20%；研究院标准物质国际业务、军工业务实现"零"突破；合金炉料一体化运营公司打造可持续发展的合金炉料工贸综合体，"济钢合金炉料"品牌影响力持续提升；城市矿产构建形成以钢材废钢贸易及加工为主、物流仓储运输为辅的稳定发展格局；济钢文旅不断创新经营模式，"事业合伙人"项目实现落地；济（马）钢板克服海外疫情影响，保持安全稳定运行。以财务管理、工程项目等为突破口，推进降本增效年度攻坚任务24项，预计创效3.7亿元。利用优质资源开展融资业务，全年累计增加融资6.65亿元。充分发挥内部协同效应，全年协同业务量完成89.29亿元，同比提升5.31%。不断提高政策利用实效性，全年享受政策补贴、费用减免3000余万元。

三是加快项目建设，主业培育稳步推进。持续深入对接省市新旧动能转换重大工程，聚焦济钢"十四五"发展规划，以"五化"为战略路径，初步构建"一企一业、一业一环"的产业发展新格局。完善固定资产投资体系，建立实施投资项目负面清单动态调整机制，全年完成固定资产投资3.03亿元。其中，空天产业基地一期项目完成主体结构封顶；行波管一期提升项目进入施工阶段；首辆车载要地净空防御系统完成交付；卫星遥感项目完成4家遥感影像数据建模并交付使用，体适能产品获得市场认可；环保新材料产业园用时5个半月完成矿山基建施工，创国内同类大型矿山建设工期最短纪录，投产当年即实现达产达效；萨博汽车方舱线智能化改造实现一期投产，泡沫消防车已通过检测；冷弯型钢产线效率提升改造项目建成投用；瑞宝电气智能装配产线进入试运行阶段；鲍德气体易地搬迁项目完成投产；济钢顺行综合服务区和新能源充电站建成投用，巡游出租车总量达 580 辆，在济南市行业排名第 2 位；城市矿产日照金属废钢项目入围工信部《废钢铁加工行业准入条件》企业名单；创智谷"工北 21 号科创综合体园区"入驻企业达 150 余家。土地管理取得重要突破，主厂区剩余土地实现"现状移交"，土地回款累计 1.71 亿元。

四是深化改革创新，发展活力加速释放。贯彻落实国企改革三年行动实施方案，"倒计时"推动各项重点改革任务，全部完成年度目标。混改工作取得阶段性成果，鲁新建材完成混改；国铭铸管完成股份制改造，上市工作有序推进，已提报证监会上会材料；僵尸企业处置、亏损企业治理、非主业清理等重点工作全部完成进度目标，集团公司资产质量持续优化。建立完善职业经理人管理机制，试点单位职业经理人社会化选聘工作稳步推进。持续推动强大总部建设，成立集团公司资金中心、科技创新中心，据实调整总部部门职能，总部管控能力、管控效率进一步提升。坚持把创新摆在高质量转型的关键位置，强化顶层设计，初步建立了上下联动、产技融合的研发机构组织体系和科技成果转移转化体系，持续深化与中国科学院空天信息创新研究院等科研院所的合作，实现了产业链创新链有效对接。其中，济钢防务面向环保新材料数字矿山建设需求，成功研制高精度北斗定位产品和数字地球三维可视化平台；齐鲁卫星公司针对卫星媒体融合等 8 个领域开展技术研发，形成了齐鲁星惠产品体系；萨博汽车圆满完成检定车、移动通信基站等新产品研制工作，"飒风"牌军用运输车被认定为山东优质品牌；鲁新建材与济南大学合作，成功研制两种农用稀土转光剂；冷弯型钢成功开发高强度建筑机械用产品；研究院牵头编制国家标准 3 项、行业标准 4 项，成功研制含铁尘泥系列

标准样品，填补国内市场空白。积极培育研发主体，集团公司科技创新中心下设的 4 家分中心全部正式运行。加快"智慧济钢"建设，构建"业务财务一体化信息化平台"，已完成 5 家单位的运营管控和 ERP 系统上线运行；大力发展"智能制造"，完成瑞宝电气等 3 家试点单位智能单元建设。深入实施平凡创新工程，推广新型"导师带徒"体系，落实工匠培养计划，基层创新创造活力持续迸发。

五是坚守发展底线，转型大局保持稳定。树牢"红线意识"，坚守"底线思维"，始终把"安全"作为一切工作的基本前提，全面落实全员安全生产责任制，持续深入开展安全生产大排查大整治、安全生产专项整治三年行动，抓牢抓实"双基双线一提升"，大力实施安全隐患"去根"治理，本质安全治理水平巩固提升；创新开展安全管理互查，融合推进安全生产标准化、安全基层基础和双重预防体系建设，车间、班组一次验收合格率分别达到 97.6% 和 96.2%，16 家单位双重预防体系评估得分在 80 分以上。从战略高度重视和推进"双碳"工作，系统深入开展碳排查和碳核算，基本掌握了济钢"碳家底"；规范环保基础管理，创新推行"环保管家服务"，在 9 家单位推广应用绿色低碳技术 19 项，环保新材料产业园通过省级绿色矿山验收，全集团继续保持环保"零"罚款。始终坚持"人民至上、生命至上"，不折不扣贯彻党中央和上级党组织疫情防控决策部署，时刻保持高度警惕，层层压实防控责任，全面精准落实常态化疫情防控措施，快速组织风险人群核酸检测，全力推进新冠疫苗接种工作，有力维护了职工群众生命健康安全。妥善化解和处置各类信访事项，未发生上级考核的信访事件，连续 5 年实现"五个不发生"目标，为"庆祝建党 100 周年"、全国两会、全省两会等重大活动的顺利举行营造了良好环境。

六是强化党建引领，发展合力持续汇聚。深入学习贯彻习近平总书记在庆祝中国共产党成立100周年大会上的重要讲话精神，开展党的十九届六中全会精神宣讲，党的政治建设得到全面加强。扎实推进党史学习教育，举行庆祝建党100周年系列活动，深入开展党史学习教育"升国旗"仪式、"我来讲党课"传承弘扬活动等，促进了学习效果全面提升。积极开展"我为群众办实事"实践活动，自筹资金1700余万元，全力做好改善职工工作环境、建设锻炼活动场地、翻修公共卫生间、修建免费停车场、发放生日贺卡和蛋糕卡等事项，用心用情为职工群众办实事解难事。全面落实新时代党的建设总要求，坚定不移坚持和加强党的全面领导，印发集团公司党委《研究决定、前置研究讨论事项清单及负面清单》，党组织法定地位更加牢固；大力实施党建"强基工程""头雁工程""双培养工程"，持续强化党委创特色、支部树品牌工作，党建工作基础更加扎实；创新开展"党支部结对共建"活动，63个支部完成共建，其中47个支部完成外部结对共建。驰而不息推进党风廉政建设和反腐败斗争，加大内部巡察工作力度，强化问题"去根"治理，实现了"以巡促治"；深入开展"强化纪律作风建设，赋能护航动力变革"专项整治，建立完善澄清保护工作机制，风清气正、干事创业的氛围更加浓厚。坚持党管宣传、党管意识形态，宣传阵地建设取得明显进步，济钢微信公众号、抖音企业号浏览量大幅提高，济钢声音、济钢镜头在各大媒体精彩亮相。各级工会、共青团、武装、统战等组织，离退休及内退职工管理、治安保卫、生活后勤等单位部门，充分发挥自身优势，主动作为，服务大局，为新济钢高质量转型发展作出了积极贡献。

各位代表！

艰难方显勇毅，磨砺始得玉成。这些成绩的取得，得益于上级党委的坚强领导，得益于各级领导和社会各界的大力支持，得益于全公司广大干部职工的勠力同心、艰苦奋斗。在此，我代表集团公司向奋战在各条战线上的广大干部职工，向时刻关心支持济钢发展的广大离退休职工及职工家属，向关心帮助我们的上级领导和社会各界朋友，致以崇高的敬意和衷心的感谢！

在充分肯定去年成绩的同时，我们也必须清醒地看到，工作中还存在不少困难和问题。一是作风建设长效机制尚未完全形成，干部队伍作风状态跟不上高质量发展的节奏，个别领导干部习惯待在"舒适区"，缺乏敢于担当、较真碰硬的"战斗作风"，形式主义、官僚主义等问题依然没有杜绝；二是主业培育距离"一企一业，一业一环"的产业布局要求还有差距，子分公司一定程度上还存在资源分散、各自为战的现象，产业链建设推进力度不足，产业发展没有完全形成合力；三是个别重点项目推进力度和效率还要再提高，部分新项目距离"投产即达产，达产即达效"的要求仍有差距，项目储备依然不足；四是创新工作对高质量转型的引领和支撑作用发挥不够，个别单位创新不创效、研发投入不足，创新人才队伍建设不能满足发展需要，高端技术和领军人才依然匮乏；五是党建工作与转型发展深度融合方面还有差距，党建品牌化载体不够突出，基层党建还存在发展不平衡现象，监督体系建设仍需进一步加强。以上问题务必引起我们的高度重视，采取更加有力有效的措施，认真加以改进和解决。

二、2022年工作总体要求和主要目标

2022年是党的二十大召开之年，也是新济钢整体划转济南市后，乘势而上向"两步走"第二步战略目标奋勇迈进的起步之年。开局关系全局，起步决定后势。做好今年各项工作，使命重大、意义深远。站在新的发展起点上，我们必须认真审视新济钢面临的新环境、新形势，既要看到有利条件，增强发展信心，又要充分估计形势的复杂性和严峻性，做好应对困难和挑战的准备，始终把发展的主动权牢牢掌握在自己手中。

宏观方面，当前，世界百年变局和世纪疫情交织影响，外部发展环境更趋复杂严峻，不稳定、不确定、不平衡特点突出。国内经济发展面临多年未见的需求收缩、供给冲击、预期转弱三重压力，改革发展稳定任务艰巨繁重，前进道路上仍然面临着许多难关和挑战。同时也要看到，我国实现"十四五"良好开局，经济发展和疫情防控保持全球领先地位，经济运行总体平稳，社会大局保持稳定，党和国家各项事业取得新的重大成就，仍然处于发展的重要战略机遇期。山东省延续高质量发展良好态势，新旧动能转换蓄势突破，创新发展优势加快形成，新时代现代化强省建设的成果不断展现。济南市贯彻落实黄河重大国家战略，新旧动能转换起步区建设全面起势，"强省会""工业强市"等战略强力推进，特别是战略性新兴产业发展迅速，空天产业在全国走在了前列。需要着重强调的是，济南市政府十分重视济钢发展，已将济钢产业发展、片区开发纳入了济南市"十四五"规划，并专门制定出台了支持济钢转型的 26 条政策举措，这对于我们立足新起点，以更高标准、更高效率推动"产城融合"发展提供了强有力的支撑和保障。

从内部看，济钢隶属关系变化后，尚需要一段时间的调整适应，划转移交、改革发展等各项工作千头万绪、任务繁重，我们在新征程上将面临许多新问题、新情况、新挑战。但更应当看到，当前济钢主业培育在夯基垒台中积厚成势，"产城融合发展"逐渐进入黄金发展期，集团经营质效持续向好，企业发展根基更加牢固。尤其是，广大干部职工在经过济钢发展"二次转折期"以及"动力变革""效益保卫战""常态化疫情防控"等大战大考的淬炼洗礼后，应对风险挑战的本领更加过硬，干事创业的信心和底气更加充足，企业与职工责任共同体、命运共同体的意识在职工心中落地生根，这些都为新济钢在新征程上开好局、起好步打下了良好基础。

综合判断，经过 4 年时间转型发展的积累，划转济南市后的新济钢已经站上新的历史起点，到了可以大有作为，也应该大有作为的关键时期。尽管机遇与挑战并存，但时与势依然在我们一边。新征程上，只要我们坚定信心、担当作为，最大限度把握有利因素、控制潜在风险，准确识变、科学应变、主动求变，以敢战能胜的奋进姿态，加倍努力做好自己的事，始终牢牢把握发展的主动权，就完全有基础、有能力实现新济钢二次腾飞、基业长青。全公司上下要进一步统一思想认识，切实增强紧迫感、责任感、使命感，继承发扬 60 多年生生不息的"济钢精神"和转型发展 4 年来积累的宝贵经验，进一步坚定发展信念、保持战略定力，全力以赴做好当前和今后一个时期各项工作，凝心聚力再出发，昂首奋进新征程，在崭新的历史起点上，奋力谱写新济钢高质量转型发展的新篇章！

2022 年的总体工作要求是：以习近平新时代中国特色社会主义思想为指导，全面贯彻落实党的十九大和十九届历次全会精神，在济南市委市政府的坚强领导下，弘扬伟大建党精神，坚持稳中求进工作总基调，完整、准确、全面贯彻新发展理念，锚定高质量转型发展方向，深入对接黄河重大国家战略、省市新旧动能转换重大工程，坚定不移践行"九新"价值创造体系，持续聚焦"动力变革"，以"产城融合"发展为战略主线，以"五化"为战略实施路径，加速培育以"三大主业"为主攻方向，以核心基础材料、核心关键技术等为重要支撑的新产业集群，全力打造全省研发成果转化、新旧动能转换、传统企业转型的"三转"标杆，做实、做好、做优省市"新旧动能转换的试验田"，以实际行动在推动省市高质量发展中，展现国企担当、贡献"济钢力量"，以扎扎实实的工作业绩，迎接党的二十大胜利召开。

2022 年的主要目标是：

（1）实现营业收入 461 亿元；

（2）完成利润总额 6.64 亿元，完成净利润 5 亿元，完成归属母公司净利润 3.75 亿元；

（3）实现职工人均收入在 2021 年基础上提升 8%；

（4）实现安全环保"八个零"，不发生上级考核的信访事件；

（5）深化改革取得全面突破，职业经理人、混合所有制改革、薪酬分配等改革举措按照时间节点全部完成；

（6）重点项目按节点推进，按计划落地投产，全年完成固定资产投资 5.11 亿元；

（7）幸福和谐企业建设继续深化。

瞄准新目标，迈步新征程。今年是集团公司划转济南市后运营的第一年，"首因效应"尤为关键。我们要站在讲政治、顾大局的高度，聚焦目标、靶向发力，立足新起点，打开新局面，全力以赴实现首季乃至首年生产经营"开门红"，以实际行动充分展现新济钢继续勇毅前行的强大意志和责任担当，向上级党委和全体职工交上一份亮眼的高分答卷！要围绕全年中心任务，重点做好以下三篇文章。

一要做好"融合"的文章。"产城融合"是城市钢厂转型的优选之路，也将是新济钢构建全新发展格局，全面融入济南市发展建设、实现基业长青的必由之路。要在划转济南的大背景下，深入贯彻落实济南市"强省会""工业强市"战略，积极服务地方经济建设，充分利用地方政策优势，进一步释放产业发展潜力，全面开创"产城融合"新局面。

二要做好"赋能"的文章。今年，集团公司将继续全面实施"动力变革"，目的就是要在去年基础上，再动员、再部署、再加力、再攻坚，用一贯到底、快速反应的执行力体系，强化提升人员的政策反应力、市场应变力、风险防控力，为各项事业发展持续赋能，为"质量变革"和迈向高质量发展新阶段打下更加坚实的基础。

三要做好"凝聚"的文章。"建设全新济钢，造福全体职工"是我们始终不渝的目标使命。要坚定不移把"造福全体职工"作为一切工作的出发点和落脚点，在不断满足职工群众对美好生活的需要中担当作为，用有效的制度措施依法保障职工合法权益，让职工充分享受企业发展带来的成果，不断增强广大职工的组织归属感和生活幸福感，最大程度凝聚同心同德、和衷共济的发展合力。

三、2022 年重点工作

（一）坚持战略引领、聚势突破，构筑产业发展新格局。

一是打造集群发展高地。牢牢把握政府需求点，瞄准产业发展潜力区，对照"一企一业，一业一环"产业布局，进一步确定新济钢三大主业定位；通过"嫁接式跨界融合"以及建链、补链、强链、扩链等方式，拉动现有产业板块进一步整合聚焦，加快构建具有新济钢特质的产业集群。一季度前，要拿出更加具体可行的实施方案，尽快落地推进。要切实发挥项目对产业集群化发展的支撑作用，重点做好空天产业基地一期（二步）、环保新材料纳米碳酸钙、鲁新泉州高性能掺合料、萨博汽车消防车产线（二期）、鲍德气体外供氧气管道等新项目建设工作，推动新项目实现"投产即达产，达产即达效"。要强化政策供给和要素保障,积极靠上对接政府,建立高效联络渠道,形成长效工作机制,推进支持集团公司产业发展的政策举措落地见效,借势借力提升新济钢发展能级。

二是做强企业发展平台。拓展对外产业合作平台,主动服务和融入济南市"全市一盘棋"发展格局,加强与优秀属地企业的战略合作,打造以新济钢为标签的省会产业"朋友圈"。要延伸内部产业协同平台,探索推进在权属公司之间构建产业链条,建设内部经济联合体,开展业务整合重组,实现资源优势互补,举全集团之力打造一批产业龙头骨干企业,引领带动产业"无中生有、有中做实"。要建立完善权属公司梯度培育体系,培育发展一批创新能力强、发展后劲大的"专精特新""隐形冠军""瞪羚企业"等科技型企业,进一步建强产业发展的"主力军"和"后备队"。要加大"四新"产业园、空天产业基地、创智谷等产业园区招大引强力度,吸引符合航空航天、高端装备制造等产业发展方向的重点企业和优秀项目落户发展,让新济钢成为高端产业聚集的"黄金地段"。

三是强化人才发展支撑。大力实施"人才强企"战略,精准对接产业发展需求,深入开展产业"人才+"行动,聚焦空天、金融、投资等重点领域,分类制定供给路径,形成系统高效的外部人才引进机制,持续精准开展招才引智。要建立健全一整套符合企业发展要求的人才制度体系,加快形成有利于人才成长的培养机制、人尽其才的使用机制、各展其能的激励机制和脱颖而出的竞争机制,有针对性地培养一批重点领域领军人物。要纵深推进产业工人队伍建设改革,建立完善专业技术人才和操作技能人才成长选拔体系,进一步畅通职工职业发展通道,精心培养首席专家、首席技师,全力打造可支撑产业高质量发展的"知识型、技能型、创新型"高素质职工队伍。

(二)坚持目标导向、综合施策,厚植市场竞争新优势。

一是全力提升运营质效。坚持高目标引领,系统研判市场形势,瞄准高成长性、高附加值产品及服务,不断拓展新的业务增长点,持续打好生产经营、降本增效攻坚战,充分释放经营绩效提升潜力,高质量完成全年目标任务。要优化生产经营模式,健全责权利相统一的授权链条,对权属公司实施更加市场化的差异化管控,充分调动各单位创业创效的积极性。要大力提升投资与资本运营能力,进一步盘活存量资产、提升资产质量;发挥资金利用价值,建立差异化的资金利用价值评价系统,聚集资源投入高效产业,实现高效产出;要积极开展多渠道融资,利用发行企业债券、申报产业链基金、增加授信额度等方式,充实资金来源,优化资本结构,为集团高质量转型注入新鲜血液。

二是不断夯实基础管理。提升科学治理能力,对照中国特色现代国有企业制度要求,持续提高公司治理体系和治理能力现代化水平。要继续抓好"三基"管理,深入聚焦基本业务单元,进一步完善制度、固化程序、优化流程,着力消灭亏损单元,持续提升基层基础管理水平。要发挥契约化考核引导作用,完善权属公司经营绩效考核体系,将新业务开拓、产业链延伸、实体产业产值占比等作为重点指标,引导各单位心无旁骛攻主业,实现健康可持续发展。

三是加快建设"智慧济钢"。着力打造科学高效的新济钢运营管理生态体系,以"智慧管理"和"智能制造"为主攻方向,以"穿透管理"和"中枢总部"为核心任务,将新一代信息技术、管理技术、工业技术深度融合,全面实现"生产智能化、管理智慧化、决策科学化"。要加快新济钢数字化转型进程,重点建设"管控一体化信息平台""财务管理信息化系统""安环管理云平台""智慧档案信息平台"等项目，推动企业向智能协同方向发展。要深入开展智能化升级建设，在前期试点基础上，不断提升关键生产单元的智能制造水平，着力建设一批智能制造示范项目，加快打造新济钢"数字化"生态体系，让"智慧济钢"成为企业最鲜明的标识之一。

（三）坚持深化改革、创新驱动，培育成长壮大新动能。

一是纵深推进"动力变革"。锚定"动力变革"三年行动总目标，继续以"六大攻坚战"为实战平台，有针对性开展重点任务攻坚，推动实现"产业结构明显优化、科技创新力度明显加大、信息化建设明显加快、干部职工创造能力明显提升、公司发展动力明显增强"的五大突破性目标，为高质量转型持续赋能。要不断完善工作推进机制，根据形势变化及时进行预调微调，突出重点、把握关键、深入攻坚，确保"动力变革"三年行动务期必成，为下一步实施"质量变革"打好基础。

二是持续深化改革攻坚。稳步推进混改三年工作计划，以国际工程等试点单位为突破口，加快经营机制转换，实现资源优势互补；对照节点加快推进国铭铸管上市工作，"一企一策"积极培育新的上市资源。要探索实施管理新架构改革，持续开展强大总部建设，不断完善权属公司法人治理结构，让企业时刻保持良好的灵活性和适应性。要持续强化组织机制建设，稳妥推进干部末位调整机制，积极开展管理人员轮岗交流，全面实施岗位管理，健全全员考评机制，统筹解决好干部职工"上下进出"问题。要持续推进薪酬制度改革，逐步建立与岗位管理相匹配的岗位绩效工资体系，不断完善市场化薪酬分配，充分调动和激发广大干部职工干事创业的积极性。

三是全面提升创新实力。以技术研发为核心、以科技成果转移转化为落脚点，健全完善开放多元、适应发展需要的新济钢科技创新体系，推动技术与产业深度融合，奠定高质量转型的科技基础。要瞄准产业发展需求，进一步梳理、明确各单位研发方向和重点，有针对性开展科技攻关，逐步形成技术创新、成果转化和高新技术产业化相配套的梯次研发结构。要加强产学研用合作，与高等院校、科研机构、上下游企业等合作成立联合研究中心、联合实验室，建立完善优势互补、分工明确、风险共担的长效合作机制，实现共创共享共赢。

（四）坚持底线思维、筑牢防线，迈上安全绿色发展新台阶。

一是严守安全发展底线。深刻认识安全工作的极端重要性，严格落实安全生产主体责任，始终坚持"党政同责、一岗双责、齐抓共管、失职追责"原则和"三管三必须"要求，以对职工生命安全高度负责的态度，带着感情、责任和使命做好安全工作，以高水平安全工作保障高质量转型发展。要持续开展安全生产专项整治三年行动，系统推进"双基双线一提升"，构建完善安全生产长效机制，巩固提升"去根"治理成果，加快推进安全管理向安全治理转变。要深化安全基层基础建设，落实全员安全生产责任制，强力推进"穿透式"安全管理，确保管控力度直达最基层。要把提升本质化安全水平摆在更加突出位置，推进生产现场本质化安全条件建设，创新安全数字化管控措施，加快实现安全治理能力现代化，为企业高质量转型筑牢安全根基。

二是加快绿色低碳发展。积极融入国家"双碳"目标，重点实施能源绿色低碳转型、节能降碳增效、绿色低碳科技创新等项目，优化升级现有产业，加快培育绿色低碳新兴产业，让"绿色低碳"成为高质量转型发展的"底色"。要密切跟踪行业趋势及政策动向，加强低碳清洁能源技术研究，重点关注与绿色低碳有关的财税、金融、土地等政策，让企业最大限度享受"双碳"红利。要持续规范环保基础管理，继续推行环保管家服务，强力推进环保设施升级改造，创建绿色工厂、绿色矿山，积极申报环保绩效 A、B 级企业，推动企业绿色发展迈上新台阶。

三是提升风险防控水平。坚持依法合规治企，持续完善风险合规体系，建立健全风险防控机制、风险研判机制、决策风险评估机制和风险防控协同机制，持续提升法律风险防控能力，加快推进审计管理体系建设，全面构建经营合规、管理规范、守法诚信的"法治济钢"。要从严从紧做好常态化疫情防控工作，严格执行上级防控要求，不断巩固疫情防控成果，坚决守住疫情防控底线，确保企业发展大局稳定。

（五）坚持党建引领、凝心聚力，汇聚推动发展新合力。

一是全面加强党的建设。始终把政治建设摆在首位，认真落实意识形态工作责任制，巩固拓展党史学习教育成果，始终胸怀"两个大局"，深刻把握"国之大者"，把捍卫"两个确立"、增强"四个意识"、坚定"四个自信"、做到"两个维护"，落实到具体行动上、体现在工作实效中，切实增强办实事、开新局的思想自觉和行动自觉。要找准党建工作与全局发展的契合点，建立建强上下贯通的组织力、执行力体系，纵深推进党建与生产经营深度融合，着力打造"赋能型"党组织。要全面开展党建品牌化建设，持续深化党委创特色、支部树品牌工作，继续深入推进党建"三大工程"，进一步激发党建工作动力活力，为改革发展各项事业提供坚强组织保证。

二是深化全面从严治党。健全完善落实全面从严治党主体责任推进机制，持续保持正风肃纪高压态势，不断加大监督执纪问责力度，一体推进"不敢腐、不能腐、不想腐"，切实挺起管党治党的担当脊梁。要进一步深化监督体制机制改革，织密立体监督网络，对重点事项、敏感时段、重要岗位、关键环节实施"四查四监督"，让各级管理人员习惯"在监督下工作"，以新的监督质效护航高质量转型发展。

三是提升干部作风建设。把干部作风建设作为当前第一课题，以总部机关作风建设为突破口，系统构建作风建设长效机制，不断提高作风建设科学化水平。要树立正确用人导向，着眼于激励干部担当作为，进一步完善干部考核评价、提拔任用等相关制度机制，真正让想干事、能干事、干成事的干部得到褒奖和重用，从根本上促进干部作风转变。各级党组织、广大党员干部要迅速行动起来，拿出刀刃向内的勇气，知责于心、担责于身、履责于行，把难事办成，把要事办好，以作风建设的新实践、新成效，再创一个激情燃烧、干事创业的火红年代，以实际行动为新济钢高质量转型发展作出新的更大贡献。

四是广泛凝聚共进力量。广大职工是决定新济钢前途命运的根本力量。要继续坚持紧紧依靠职工、不断造福职工、牢牢植根职工，充分尊重广大职工的民主权利，持续推进厂务公开，在重大问题决策上充分听取职工意见，切实保障职工合法权益。要聚焦"扎实推动共同富裕"，关心关注一线基层职工收入，着力构建困难帮扶、送温暖走访、互助保障等相互衔接、层次清晰的常态化帮扶格局，有力托举起广大职工对"更好的日子还在后头"的坚定信心！

各位代表！

道阻且长，行则将至，行而不辍，未来可期！在新的历史方位下，推动新济钢二次腾飞、基业长青，我们一诺千金、使命必成！让我们更加紧密地团结起来，在济南市委市政府的坚强领导下，紧紧依靠全体干部职工，携手拼搏启新程，齐心协力谋发展，为实现"建设全新济钢，造福全体职工"的历史使命，共同创造"实力突出、价值卓越、活力迸发、正气充盈、幸福和谐"的新济钢而不懈奋斗，以高质量转型的优异成绩迎接党的二十大胜利召开！

谢谢大家。

在济钢集团 2022 年度党风廉政建设和反腐败工作会议上的讲话

党委书记、董事长　薄　涛

（2022 年 1 月 28 日）

同志们：

每年春节前召开党风廉政建设和反腐败工作会议，是济钢党委 20 多年来的优良传统，是全集团每年工作的重要内容，是全年工作健康起步的有力保证。今年的这次会议，是在济钢发展新的转折点召开的一次重要会议，刚才景洲同志作的工作报告，对 2021 年工作的总结实事求是，对 2022 年工作的部署重点突出，针对性很强。这个报告已经通过集团公司党委会审议，各单位各部门要认真抓好贯彻落实。

过去的一年，集团党委坚持以习近平新时代中国特色社会主义思想为指导，在上级党委的正确领导下，积极运用党史学习教育成果，有效应对各种风险挑战，以"起跑就是冲刺，开局就是决战"的奋斗姿态，深挖潜力、强力攻坚，超额完成全年奋斗目标；各级党组织、纪检组织牢记初心使命，强化政治担当，一刻不停、一以贯之推进党风廉政建设和反腐败工作，风清气正、干事创业、改革创新的政治生态更加巩固，廉洁高效、执行有力、保障有序的管理秩序日益规范，为集团公司"十四五"开好局、起好步提供了坚强政治保障和纪律保证；全公司各级纪检干部，以责任履行使命，以担当诠释忠诚，出色完成纪律作风监督、巡察问题组织整改和违规违纪核查处置等任务，充分展现了纪律部队的责任与担当。

一是有效的创新监督在转型发展中发挥了积极的护航作用。监督的目的是保障企业健康发展，企业的发展也需要以规范化、标准化的监督来促进和提升。产能调整 4 年来，我们逐步将监督与发展融为相互促进、相辅相成、相得益彰的共同体。针对在政治担当、作风形象、经营行为等方面出现的问题或苗头性倾向，先后制定实施了《军规》《经营管理行为禁律》《招标采购工作行为禁令》《混合所有制改革工作禁律》等禁戒性行为规范，护卫转型发展健康向前。4 年来，逐步形成了以高质量转型发展为目标，以政治监督、纪律规矩为导向，以执纪问责、监督检查为护栏，以纪律作风建设为推动力，以容错免责为托底保障的"监督赋能'济钢高速体系'"，较好解决了监督与发展如何融合的问题，避免了"一管就死、一放就松"，通过严明的纪律、严格的监督，为企业高速发展赋能，为其他企业创造了经验。

二是"去根"治理新机制促进了基础管理大整改、大提升。出现问题不可怕，但反复出现相同的问题很可怕，问题"去根"才是硬道理。多年以来，集团公司纪委牵头，在问题"去根"方面进行了积极探索，建立了"去根"的思维流程和工作方法，在工作实践中不断完善优化形成了初步成果。特别是在 2021 年巡察整改工作中，面对产能调整后自上而下人员严重流失、原始资料缺失、管理结构再造、基础管理滑坡等实际情况，集团纪委主动担当，创新采用多维度立体化的巡察整改"去根"治理新方式，在全公司掀起了基础管理大提升的浪潮，消除了一批影响"动力变革"的障碍性、潜在性问题和隐患，促进了党建工作的进一步加强、企业管理水平的进一步提升和转型发展工作的有力推进。

三是狠抓作风是各个时期取得胜利的根本保证。作风建设是党的建设的永恒主题，关系到党的形象、威望和发展大业的兴衰成败。从国家层面讲，改革开放以来的实践经验充分表明，一个地区经济发展的快与慢，与这个地区党员干部工作作风的好坏密切相关。从济钢发展实际看，强化作风建设是济钢创业壮大、转型发展取得瞩目成绩的关键。去年，集团公司纪委牵头开展"强化纪律作风建设，赋能护航动力变革"专项整治，取得了预期效果，保证了"动力变革"各项攻坚措施落地见效。今天我们站在了更广阔的发展平台上，形势更为复杂、目标更为远大、任务更为艰巨，需要以更加优良的作风、更加昂扬的斗志、更加务实的举措争取更大的胜利。

同志们！

党风廉政建设是国有企业改革发展不可或缺的政治保障和制度优势，济钢的党风廉政建设事业始终与党的建设同步、与济钢改革发展同行，充分发挥了清弊除障、保驾护航积极作用，党委是满意的。济钢产能调整以来，各级纪检组织和纪检干部忠诚履行监督执纪问责职责，维护党章、维护大局、预防腐败、惩恶扬善的行动更加有力，济钢长期向好的政治生态和发展成绩，也是各级党组织、纪检组织通过坚定不移推进党风廉政建设和反腐败工作来保障和维护的。在此，我代表集团公司党委、集团公司向辛勤工作的广大纪检干部、向认真履行管党治党责任的全体党员干部表示衷心感谢和诚挚问候！

在刚刚召开的十九届中央纪委六次全会上，习近平总书记从党和国家事业发展全局的高度，深刻总结新时代党的自我革命的成功实践，深刻阐述全面从严治党取得的历史性开创性成就、产生的全方位深层次影响，对把全面从严治党向纵深推进、迎接党的二十大胜利召开作出战略部署。贯彻落实中央纪委全会精神，特别是习近平总书记重要讲话精神，是全集团各级党组织当前一项重要政治任务。要深入学习领会，把握精神实质，始终同党中央保持高度一致，增强政治敏锐性和鉴别力，坚决付诸行动，不断推动党风廉政建设和反腐败斗争走向深入。

2022 年是济钢成为济南市属一级企业的开局之年，同时，今年将召开党的二十大，做好各项工作意义重大。各级党组织和领导干部要认清形势，适应结构之变，跟上节奏之变，顺势借力，深入学习和运用党的百年奋斗历史经验，增强全面从严治党永远在路上的政治自觉和思想自觉，坚持把忠诚拥护"两个确立"切实转化为推动新济钢高质量转型发展的具体行动，以改革的思维、发展的举措应变局、开新局，锚定既定目标，主动担当作为，加快打造"三转"标杆，以实际行动在推动省市高质量发展中，展现更大作为，贡献"济钢力量"。

结合今年工作和转型发展要求，我讲四点意见。

一、以"两个确立"凝心聚力，奋力谱写新济钢党风廉政建设和转型发展新篇章

党的十九届六中全会开创性地提出"两个确立"，这是历史的选择，是民心之所向。我们要从"两个确立"中汲取时代伟力，走好济钢高质量转型新发展的攻坚之路、奋进之路，实现二次腾飞、重塑辉煌。

要把忠诚捍卫"两个确立"切实转化为践行"两个维护"的政治自觉。各级党组织和党员领导干部要不断深化对"两个确立"的理解和把握，时刻向习近平总书记的重要指示要求和党中央的重大决策部署对标看齐。要深学、笃信、力行习近平新时代中国特色社会主义思想，坚持用其中蕴含的立场、观点、方法破解难题、提升工作，勇敢践行国有企业的使命担当。

要把忠诚捍卫"两个确立"切实转化为全面从严治党的务实举措。济钢从诞生的那一天起，就高擎党旗、坚定跟党走。特别是转型发展以来，各级党组织和广大共产党员始终牢记党赋予国有企业的重要历史使命，奋力推动浴火后的济钢重生壮大，更加辉煌。我们应当清醒地认识到，新济钢的发展道路可能非常坎坷，但也必将光明辽阔。各级党组织和党员领导干部要以全面从严治党永远在路上的执着，坚决把党风廉政建设和反腐败斗争进行到底；要充分发挥监督保障执行、廉洁护卫发展作用，扎实推动党中央和省委、市委各项重大决策部署在济钢落地落实。

要把忠诚捍卫"两个确立"切实转化为推动济钢高质量转型发展的生动实践。各级党组织和党员领导干部要牢牢把握济钢整体划转济南市的重要战略窗口，牢牢把握省委省政府和市委市政府黄河重大国家战略、济南新旧动能转换起步区等平台建设赋予新济钢发展的历史机遇，充分研究、利用好市政府专门制定出台的支持济钢转型发展26条举措，在新济钢高质量发展的新阶段，保持政治清醒和政治定力，增强全面从严治党永远在路上的政治自觉，不在成绩和赞扬中陶醉，不被困难和问题吓倒，不让自我满足束缚，难不住、压不垮、劈波斩浪、一往无前。

二、以"'三不'一体"推进"去根"治理，奋力提升正风肃纪反腐效能

习近平总书记指出："要始终抓好党风廉政建设，使不敢腐、不能腐、不想腐一体化推进有更多的制度性成果和更大的治理成效"。"三不"机制是一个有机整体，不是三个阶段，也不是三个环节，要统筹协调、同步推进、一起抓、全面抓。各级党组织和纪检组织要深刻把握一体推进"三不"的内涵要求，积极探索一体推进的有效载体和实践路径，不断提高正风肃纪反腐治理效能，为新济钢转型发展提供坚强保障。

要全面从严、一严到底，保持不敢腐的震慑。必须清醒看到，在我们济钢，个别党员干部违规违纪甚至违法的案例仍然存在，不收敛、不收手、不知止、要小聪明的侥幸心理仍然存在。有的利用公家的渠道做自己的生意，有的与管理服务对象勾肩搭背、投资分红，有的还在收受不当利益，必须引起我们高度警觉。深化"三不"一体推进，必须坚持严字当头，保持永远在路上的恒心和韧劲。一直以来，集团党委对党风廉政建设高度重视、毫不放松，对反腐败斗争旗帜鲜明、态度坚决。2021年集团纪委配合地方纪委监委，查办了济钢转型发展以来的"留置第一案"，彰显了集团公司党委对腐败现象零容忍、查处惩治腐败行为一刻也不放松的坚定决心。今后，凡是腐败问题，不管涉及谁，不管发生的时间有多久，不管查处的难度有多大，都要坚决查处、一查到底、决不姑息。

要查改并进、固本培新，扎牢不能腐的笼子。要加强对权力集中、资金密集、资源富集、资产聚集的部门和岗位的监督检查，盯紧物资购销、工程建设、股权改制、财会统计等重点领域和关键岗位，通过专项巡察、审计检查、督办督查等监督方式，畅通手机、网络、通信等信息渠道，让违规违纪行为无处藏身。要深化以案促改，深刻剖析典型案件，从案件中发现管理薄弱环节，改进管理行为，堵塞管理漏洞，消除监督盲区，铲除滋生违规违纪的土壤。巡察整改要

继续多维度立体发力，溯本清源，"去根"治理，改出成效，决不能"雷声大雨点小""雨过地皮湿"。会后集团公司纪委还要组织全公司层层签订今年的党风廉政建设责任书，责任不仅要写在纸上，更要写进心里，落实到手上，要履信践诺、落实到位，要看结果、看实效。

要筑牢堤坝、强化教育，形成不想腐的自觉。要在全公司开展以案释纪专题警示教育，不要板子不打在自己身上就不知道疼，要用典型案例当头棒喝，让党员干部受警醒、明底线、知敬畏，守得住清白，管得住行为。要加强廉洁文化建设，把廉洁文化融入济钢精神谱系，纪委要着力打造在济南市叫得响的廉洁品牌，宣传部门要强化廉洁阵地建设，有条件的单位要建设廉洁文化长廊，在全公司深入涵养清廉文化，让不敢腐、不能腐、不想腐在党员干部思想深处真正扎下根。

三、以作风建设破题创新，奋力营造新济钢发展强大合力

加强党员干部作风建设是党风廉政建设和反腐败工作的重要基础工程，是我们党整体建设的重要内容，也是我们党加强自身建设的重要方法和途径。近年来，集团公司在作风建设方面取得了积极的成效，但距离实现根本性好转还任重道远。刚才的工作报告中指出了影响新济钢发展的"七种"不良作派，很形象、很准确，振聋发聩，引人深思。我们的干部要把问题作为镜子，照照里面有没有自己的影子？要把问题作为尺子，比比自己是否存在类似情况？要把问题作为哨子，时常对自己吹吹警示的声音。作风问题本质上是政治问题，政治问题任何时候都是根本性的大问题，容不得半点含糊和懈怠。在济钢发展的新阶段必须对"七种"不良作派高度警惕，深刻认识严重危害，切实增强防范和遏制这些不良作派的政治自觉

和政治担当，以好的作风振奋精神、激发斗志、凝聚士气，助推新济钢高质量转型发展。

狠抓作风建设，首先要坚定理想信念。习近平总书记指出，信念是本，作风是形，本正而形聚，本不正则形必散。检验一个干部理想信念坚定不坚定，主要看干部是否能在重大政治考验面前有政治定力，是否能做到始终在状态、有激情，是否能在急难险重任务面前敢担当，是否能经得起权力、金钱等的诱惑。目前少数党员干部的精神状态与干事创业的要求还不匹配，使命担当意识和责任感不强。有的工作不在状态、不思进取，有的面对难点问题选择性忽视，有的只要待遇不讲贡献，甚至个别党员干部对党的六大纪律还不了解，还片面认为只要不贪不占就不是违纪，还没有认识到不作为、慢作为的危害性和严重性。一切迷惘迟疑的观点，一切及时行乐的思想，一切贪图私利的行为，一切无所作为的做派，都是与党的要求和济钢形势任务格格不入的。每名党员干部必须始终牢记自己的第一身份是共产党员，要切实增强党员意识，不断提高党性修养，自觉加强党性锻炼，始终保持共产党人的蓬勃朝气、昂扬锐气、浩然正气。

狠抓作风建设，必须要敢管真管严管。习近平总书记指出，从严是我们做好一切工作的重要保障。共产党人最讲认真，讲认真就要严字当头。做事不能应付，做人不能对付，要把讲认真贯彻到一切工作中去，作风建设更是如此。一切"何必当真"的观念，一切"应付了事"的做法，一切"得过且过"的心态，都是对党的事业有大害而无一利，都是对新济钢转型发展有大害而无一利，都是万万要不得的。作风问题大都是顽疾，要真正解决，必须有抛开面子、揭短亮丑的勇气，必须有动真碰硬、敢于交锋的精神，必须有深挖根源、触动灵魂的态度，必须以最严格的标准、最严厉的举措综合治

理。要坚持把政治纪律和政治规矩挺在前面，着力解决个别领导干部存在的忽视政治、淡化政治、不讲政治等问题，大力整治少数党员干部搞"包装式""洒水式""一刀切"落实等行为，严厉打击造假、隐瞒、虚报、欺骗等行为，确保落实执行集团公司决策部署不偏向、不变通、不走样。

狠抓作风建设，必须要弘扬新风正气。今年要把党员干部作风建设作为第一课题，以总部部门作风建设为突破口，坚决纠正不良风气。总部各部门要结合济钢划转工作部署，进一步明晰权责、强化监督、优化服务，少坐在办公室要材料，多深入一线了解实际情况，多帮助基层单位解决实际问题。各级党组织和纪检组织，既要惩治违纪，严肃问责，又要保护干部，激励作为。要鼓励先进，宣传先进，发挥先进的示范作用，及时发现廉洁典型，挖掘廉洁事迹，讲好济钢廉洁故事，营造浓厚廉洁舆论氛围。要深化运用"四种形态"，特别是"第一种形态"。大家必须明确，"四种形态"不是纪委的专利，首要责任在各级党组织、主要责任也在各级党组织，要坚持"惩前毖后、治病救人"方针，本着对组织、对同志负责的态度，经常性地开展约谈函询、警示教育，使抓早抓小、红脸出汗成为常态，让党员干部习惯在监督和约束下工作，欣然接受约束才能成为有能力的自由人。要认真抓好容错纠错和澄清保护机制落实，按照《党员干部澄清保护实施办法（试行）》明确的"五步澄清工作法"，坚持"三个区分开来"原则，鼓励党员干部在攻坚路上敢于突破障碍，轻装上阵，大胆创新，破解难题。

四、以"头雁效应"示范引领，奋力锻造敢打硬仗、能打胜仗的干部队伍

全面从严治党永远在路上。在济钢，没有"太平官"，不要"老好人"。各级党员

领导干部特别是主要领导干部，要笃行"九新"、恪守"军规"，加强修养、敢于斗争、敢于胜利；要忠诚履职、敢于担当、以身作则、率先垂范；要慎独慎微、慎初慎友、严于律己、不失小节。要深怀敬畏之心，严守廉洁自律底线，珍惜政治生命，时刻绷紧纪律这根弦。做政治上的明白人、事业上的实干家、廉洁上的排头兵。

执纪者必先守纪，律人者必先律己。各级纪检组织和纪检干部，身处全面从严治党和党风廉政建设前线，肩负着维护党章党规党纪、维护新济钢转型发展大局稳定的重要职责，要政治铸魂、业务强身、正风护体、铁规律己；要知责于心、担责于身、履责于行；要顶得住压力、守得住清贫、忍得住寂寞。要持纪律之剑，守责任担当，做新济钢建设忠诚护卫者和模范实践者。

各级党组织要切实履行好党风廉政建设主体责任，全力支持纪检工作；要把敢抓管理、敢于担当的优秀人才选拔到纪检队伍中来，坚持政治上激励、工作上支持、生活上关心、健康上关爱，共同开创济钢党的建设、党风廉政建设和转型发展新局面。

春节将至，节日期间也是各类"四风"问题易发期。各级党组织要扛牢主体责任，把正风肃纪工作摆上日程，强化对职责范围内党员干部的教育管理，将自觉遵规守纪意识传递到每名党员。各级纪检组织要抓住重要时间和关键节点，深挖隐形变异"四风"，对顶风违纪行为露头就打，严防"四风"反弹回潮。各级党员干部要强化自我约束、率先垂范、以身作则，严格遵守廉洁自律各项规定，自觉抵制不良习俗和奢靡之风，远离快递送礼、电子红包等侵蚀，洁身自好，过一个清廉、勤俭、文明、快乐的春节。

同志们！击鼓催征开新篇，奋楫扬帆启新程。承载着几代人光荣与梦想的"济钢号"巨轮已扬帆驶入新航程。我们要在传

承红色基因中涵养清风正气，在攻坚克难中砥砺初心使命，在转型发展中坚守济钢情怀，在敢于斗争中守护海晏河清，以共产党员的忠诚、干净、担当续写济钢波澜壮阔的新华章，以优异成绩迎接党的二十大胜利召开！

过几天就是春节，借此机会，我代表集团公司党政领导班子向全公司广大干部职工、离退休老同志以及职工家属拜个早年，祝大家新年快乐、阖家幸福、身体健康、万事如意！

谢谢大家！

担当新责任　护卫新发展
为高质量转型发展汇聚风清气正新动力

——在济钢集团 2022 年度党风廉政建设和反腐败工作会议上的报告

党委副书记　王景洲
（2022 年 1 月 28 日）

2021 年是伟大的中国共产党成立 100 周年和"十四五"规划开局之年，也是济钢高质量转型发展升级提速之年。一年来，集团公司有效应对各种风险挑战，稳中求进、开拓创新，超额完成全年奋斗目标；一年来，党风廉政建设和反腐败工作围绕中心服务大局，监督保障执行、廉洁护卫发展，各项工作纵深推进；一年来，济钢各级纪检组织深入贯彻落实集团公司党委各项决策部署，以高度的政治自觉担负起"两个维护"重大政治责任，紧紧围绕"动力变革"中心任务，以监督执纪问责的新成效，为集团公司转型发展清弊除障、赋能护航。

一、2021 年工作回顾

（一）政治监督保障护航，压紧压实全面从严治党"两个责任"。

聚焦建党百年华诞和党史学习教育，深刻学习领会"两个一百年"的重大历史意义，强化政治监督，做到"两个维护"，确保建党 100 周年、党史学习教育各项决策部署落实落细。深入贯彻落实党的十九届五中全会精神，全面从严治党、党风廉政建设党委主体责任、纪委监督责任和党委书记第一责任人责任、领导班子成员"一岗双责"协同推进、高效落实。集团公司党委会专题研究党风廉政建设工作、党委理论学习中心组专题学习研讨，党委书记薄涛同志针对《济钢纪委关于反腐败案件情况的通报》开展警示教育，对党风廉政建设和反腐败工作、落实中央八项规定精神提出严格要求。集团公司纪委组织各单位认真落实集团公司党委工作要求，在管理和机构变革的特殊时期，提高警惕、正风反腐、接受考验，监督检查工作前压，防微杜渐保障稳定。

扛牢护航济钢高质量转型发展政治责任，从主体责任直至廉洁从业责任，组织签订党风廉政建设责任书 2127 份，做到了压力层层传递，责任层层压实。对 31 个党组织和 154 名领导干部落实党风廉政建设责任制情况进行测评考核，向各单位逐一反馈整改意见建议 113 条，督促落实整改。济钢纪委在山钢集团纪委年度考核中名列前茅，被评为"优秀"等级。

（二）治病纠错强身健体，内部巡察汇聚转型发展的澎湃新动力。

提高质量标准，以"回头看+再查找"方法实施巡察监督，保障重要决策部署落地落实。加大资源投入，总部机关11个管理部门联动，巡察阵容最强、力度最大、机构最全，实现职能监督全覆盖。拓展深度精度，紧盯重点环节和问题，明确137项具体巡察事项。创新方式方法，探索采用"巡察组+协调组"新方式，把好巡察工作"质量关"。

落实"去根"治理的指导思想，创新实施"多维度立体发力的巡察整改'去根'治理"新机制。从人、事、管理及环境因素等多个层面对439个问题追根溯源，制定整改措施729条。集团公司党委书记、董事长和总经理亲自指挥，党委副书记靠前调度，4位副总经理深入基层督导推进，抓"面"整改；巡察办牵头组织协调督促，穿"线"整改；各专业部门审核把关、联动各单位，聚"点"整改，上下贯通协同，在全公司掀起了抓基本、打基础、强基层的大整改热潮，清除党的建设和生产经营上的弊端障碍，培育高质量转型发展的澎湃动力。

（三）严肃执行钢规铁纪，维护企业稳健有序的经营管理生态。

快查严办，不敢腐的震慑持续高压。全年共核查处置纪检信访举报和问题线索26件，查结案件9起，党纪处分9人。先后查处了利用职务便利盗卖企业物资、违规从事营利活动、违规向管理服务对象借款、违规收受消费卡、利用职务便利收受他人财物等问题，对发生违法行为的党员追究纪律责任，释放执纪越来越严的强烈信号，严明了党的纪律，维护了企业管理秩序。

查案治本，提升案件查办"附加值"。以监督促进治理，对产能调整以来案件情况进行综合分析，从8个角度剖析案发规律，查找监督机制、制度建设、教育管理等方面

存在的问题，提出改进建议和措施。通过"纪律检查建议"方式，形成研判问题、分析成因、推进整改、效果评价、监督问责的工作闭环。定期开展对整改情况"回头看"，取得了"发出一份建议、完善一套制度、解决一类问题"的治本效果。

鼓励担当，健全澄清保护机制。完善"12573"容错免责工作机制，印发《党员干部澄清保护实施办法（试行）》，建立"五步澄清工作法"，对已查明的不实举报问题及时进行澄清，不断引导党员干部大胆工作、敢于担当、勇于创新，为建设全新济钢聚集正能量。

（四）监督做深做实做细，护航改革转型发展大局。

做深管理监督，迎难而上、勇于担当，探索建立经营管理问题核查问责工作机制，开展资产核销复核，查清事实、公正定责，确保资产核销依法合规，为企业卸下包袱、轻装前进保驾护航。做实重点监督，针对企业改革发展中的重点工作进行专题调研重点监督，保障改革依规依纪依法推进；针对库存管理等关键环节，内查外调发现大量管理问题和风险隐患，督促整改落实。做细专项监督，强化重点领域的纪律约束，在已实施的经营管理行为26项禁律基础上，制定执行混改工作10项严禁、营销领域廉洁从业12条纪律，织密织细监督网络，扎紧扎牢廉洁篱笆，持续规范权力运行。立足"监督的再监督"，协同财务部完成"四项资金占用"压减目标，坚决维护国有资产保值增值。

贴身监督到岗到事。发挥"派"的权威和"驻"的优势，派驻监督下沉到基层、进岗位，嵌入驻在单位管理流程。探索完善"1+N"派驻监督制度体系和工作机制，对基层单位落实全面从严治党、落实党风廉政建设、廉洁从业、疫情防控等情况，开展监督检查74次，完成问题线索处置7件，协

办案件 6 起，提出改进建议 19 项并跟踪完成整改，追回违规所得 27.69 万元。特约监督员反馈信息 136 项、提出建议 202 条，对维护各单位健康稳定的管理秩序发挥了积极作用。

（五）强化纪律作风建设，强力助推"动力变革"。

深入开展专项整治。将纪律作风建设植入"动力变革"，在全公司开展"强化纪律作风建设，赋能护航动力变革"专项整治。转换视角创新思路，采取问卷调查方式大范围查找在"动力变革"推进过程中存在的作风和管理问题。问卷调查全匿名、全线上、全覆盖，大范围、高效率、获实情，共收集不同层级干部职工的调查问卷 3279 份，公司全体职工参与率达 85.9%，规模创多年来各类调查摸底活动之最。梳理形成 4 大类 30 余项突出问题，各部门、各单位对照检视、整改整治。各级纪检组织结合工作实际，开展专项监督检查 266 次，督促各级党员干部在转型发展非常之时扛起非常之责，维护"动力变革"高效推进。

持之以恒纠治"四风"。坚持重大节日集中发力、日常时段持续用力，开展纪律作风监督检查，形成"长短结合、突出重点、严新细实"的监督模式。落实中央八项规定精神，春节、中秋等关键时间节点明察暗访，通过查找不良习惯行为"小切口"，做实党风廉政建设"大文章"。各级纪检组织深入开展查纪律、查"四风"、查防疫、查节约"四查"行动，共开展"四不两直"监督检查 206 次，动态覆盖重点区域和关键岗位，督促落实整改，让风清气正、崇廉尚俭化风成俗。

持续强化廉洁管理。严把"任前廉洁关"，"逢提必考"出题严、监考严、评卷严、执行严，全年组织考试 15 批 70 人，以考促学、以学促廉，让学廉洁、守廉洁成为党员干部的思想自觉和行为习惯。严把

"廉洁审核关"，对干部选拔任用、评先选优等方面共审核集体 305 个、个人 967 人，提出否定性意见 4 次，防止干部"带病提拔""带病评优""带病上岗"。严把"日常监督关"，动态加强领导人员廉洁从业管理和事项申报工作，专题培训解疑释惑，审核检查规范管理，共健全领导人员廉洁从业档案 191 份，做到了管理 6 级及以上领导干部和后备干部一人一卷。14 名领导人员报告个人重大事项，党员干部主动接受监督、自觉改进作风成为常态。

培育浓厚廉洁文化。组织开展"学党史悟思想新纪律新作风"主题宣教活动，全公司共开展各类活动 516 次，营造了正风肃纪、崇廉尚廉的浓厚氛围，新纪律、新作风促进了"动力变革"高效推进。聚焦廉洁从业，组织管理 6 级以上领导人员观看案例警示教育片、到省廉政教育馆接受教育，开展警示教育 198 次，廉洁谈话 388 人次；集团公司各级党政领导班子成员 111 人进基层上廉洁党课 128 次，听课人数 2499 人次。加强廉洁文化建设，创作"清廉济钢"短视频、书画等廉洁文化作品 267 件，开展"廉洁书香"读书活动 55 次，发放廉洁书籍 1109 本。以案明纪警钟长鸣，持续编发《每周一题》25 期，不断加强党员干部党规党纪学习教育，提高拒腐防变的思想自觉。

（六）着力打造执纪铁军，建设适应高质量转型发展的过硬队伍。

持续强化自身建设。勇于自我革新，不断锤炼政治过硬、作风过硬、本领过硬，努力做到政治站位、思想建设、作风形象、工作质效、专业能力、队伍建设"六个走在前列"。坚持"每月一会、每会一学、每学一考"，定期开展培训和测试，为专业纪检干部配备最新业务书籍；先后派出 3 名业务骨干参加上级纪委监委留置案件查办，联合办案实战练兵，积累了办案经验。通过指导基层纪委办案，持续提高两级纪检干部的理

论水平和工作技能。

理论研究、管理创新再获新成果。《监督赋能的"济钢高速体系"探索与实践》等3项中层干部"六大攻坚战"攻坚课题顺利结题。《国有企业以问题"去根"为目标的管理提升》等多项工作获得管理创新成果奖。在全国钢铁企业纪检监察工作研究会第十七次年会上作了工作经验交流，选送的成果论文在本次年会上获得二等奖1项，三等奖3项，创出13年来的最好成绩。

二、存在的问题和不足

一年来，党风廉政建设和反腐败工作守正创新、突破推进，纪律检查工作清弊除障、赋能护航，为集团公司"动力变革"和转型发展提供了坚强的政治保障和纪律保证。但也要清醒地看到，距离济钢高质量发展的新要求还存在差距。一是在形成"不想腐"的自觉方面工作手段还不够丰富，措施还不够有力，效果还不够明显。二是个别党员干部廉洁自律意识还不够强，拒腐防变的警惕性、自觉性和抵抗力还不够过硬，违纪问题仍有发生。三是监督衰减问题尚未根除，基层组织对党员干部日常教育、监督还不到位，党员醉驾等违法行为仍未杜绝。这些问题必须高度重视，采取有效措施，坚决加以解决。

三、2022年主要工作

习近平总书记在十九届中央纪委六次全会上深刻指出：我们要保持清醒头脑，永远吹冲锋号，牢记反腐败永远在路上。2022年是济钢划归济南市属企业开局之年，也是济钢"动力变革"全面收官、"质量变革"积势蓄能、乘势而上向"两步走"第二步战略目标奋勇迈进的起步之年。按照全面从严治党、党风廉政建设和反腐败工作新要求，面对集团公司打造全省"三转"标杆（研发成果转化、新旧动能转换、传统企业转型）新任务，各级纪检组织和纪检干部要忠实履行党章赋予的政治责任，捍卫"两个确立"、增强"四个意识"、坚定"四个自信"、做到"两个维护"，牢记"国之大者"，准确把握集团公司在新格局下的发展战略和工作布局，更加突出维护集团公司高质量转型发展这一主线，更加突出发挥执纪问责和监督治理效能。

2022年纪律检查工作的总体思路是：以习近平新时代中国特色社会主义思想为指导，全面贯彻党的十九大和十九届二中、三中、四中、五中、六中全会精神，学习贯彻十九届中央纪委六次全会精神，认真落实上级纪委工作部署，强化政治监督，坚持变中求新、稳中求进，深入推进集团公司全面从严治党、党风廉政建设和反腐败工作，紧紧围绕新时期济钢高质量转型发展中心任务，加速推进"监督赋能的'济钢高速体系'"，大力开展党员干部队伍纪律作风建设，立足"五个坚持"，实现"三项突破"，以全新的监督执纪问责效能担当新责任、护卫新发展。2022年，重点抓好以下几个方面的工作。

（一）围绕"一条主线"。

紧紧围绕济钢高质量转型发展这条主线，加强政治监督，保障上级纪委和集团公司党委各项决策部署一贯到底。始终把打造"三转"标杆作为全年的工作轴心、目标指向和衡量标准，创新监督治理方式方法，细化推进"监督赋能的'济钢高速体系'"，放大执纪问责治本效应，强化党员干部队伍纪律作风建设，以高度的政治自觉、深厚的济钢情怀、有力的担当作为聚集全面从严治党正能量，全时段、多方位励正纠偏、护卫发展。

（二）强化"五个坚持"。

一是坚持旗帜鲜明讲政治。以政治建设为统领，聚焦政治监督，把绝对忠诚、绝对纯洁、绝对可靠融入血脉，以具体化常态化的政治监督坚决做到"两个维护"。不断增强政治监督的自觉性和精准度，以铁的纪律推动集团公司政治生态持续优化。不断培土加固中央八项规定精神堤坝，不断清除一切损害党的先进性纯洁性、侵蚀济钢健康肌体的各类病毒，不断提高各级党组织的凝聚力、向心力和战斗力。

二是坚持聚焦发展强监督。集团公司发展战略指引到哪里，监督检查就跟进到哪里，确保党委各项决策部署落实落细。立足监督的再监督，从讲政治、强作风、谋发展的高度，对济南市政府支持济钢转型发展26条政策举措的落实情况跟进监督，对贻误战机、影响发展的不作为、慢作为行为严肃追责问责。持续推进监督体系建设，提高监督治理效能。聚焦企业混改、阳光购销等重要事项，聚焦纪律软点、作风弱点、管理难点、廉洁痛点、效益漏点，以充沛顽强的斗志同各种顽瘴痼疾、顶风违纪行为作坚决斗争，做济钢转型发展的卫士、清弊除障的工兵、正风肃纪的先锋。

三是坚持正风反腐常高压。以永远在路上的坚韧和执着一体推进"三不"机制建设，不断强化"不敢腐"的震慑、织密"不能腐"的笼子，增强"不想腐"的自觉。聚焦权力集中、资金密集、资源富集、资产聚集等重要领域和关键环节，坚决查处损害党的形象、影响济钢发展的违法乱纪行为，持续加大"不敢腐"的震慑力。针对企业改制、上市、转型发展的新情况，不断细化完善廉洁从业纪律要求，形成从个人到行业、从管理制度到思想意识"不能腐"的防范体系。采取多种方式加强纪法宣教和警示教育，让广大党员干部明白纪法有多严、红线有多远，深刻理解纪比法严、纪在法前是防范私欲膨胀之害、挽救于违法犯罪之前的严管厚爱，知敬畏、存戒惧、守底线，真正增强"不想腐"的自觉。

四是坚持防微杜渐筑屏障。始终绷紧党风廉政建设这根弦，强化主动性监督和制度性预防，严控"小微风险"，让权力运行始终与济钢发展同向、同频、同步共进。聚焦经营风险、廉洁风险、"四风"风险和疫情风险，主动监督、提前防治各类苗头性、倾向性问题。对顶风违纪行为严打痛击，对隐形变异现象严查快处，坚决防止由风及腐、由风变腐。严把入党、任用、评优、提拔廉洁关口，做细廉洁、作风明察暗访，抓好典型案件警示教育，持续加固廉洁屏障，不断增强党员干部拒腐防变的强大抗体。

五是坚持"三个过硬"建铁军。深入学习党的十九届六中全会和十九届中央纪委六次全会精神，学习贯彻好《中国共产党纪律检查委员会工作条例》，不断加强政治理论、党纪法规学习和纪检实务锻炼，系统提高监督执纪问责工作能力。各级纪检组织和纪检干部要以强烈的使命感、责任感和紧迫感，持续锤炼"三个过硬"：政治过硬，做正风肃纪的排头兵；作风过硬，做捍卫纪律的铁面人；本领过硬，做践行"九新"的先行者，以忠诚干净担当的新作为，当好济钢打造"三转"标杆的坚强卫士。

（三）建立"两个格局"。

建立"联合式执纪"纪检工作新格局。适应济钢归属新变化，加强与济南市纪委、公检法机关和相关部门的工作衔接，快速适应上级纪委管理方式，调整健全集团公司纪检机构新组织体系、新管理体系和新制度体系，深化推进联合办案、联合执纪，持续加强预防性监督、规范化执纪、精准化问责。

建立"一体化执法"监察工作新格局。适应派驻监察新机制，探索建立新的监察体系。扩大审查调查权限，畅通问题线索来源渠道，动态提高监督压强，实现对公权力监督全覆盖。

（四）实现"三个突破"。

靶向整治，实现监督效能新突破。2022年，围绕集团公司发展大局，各级纪检组织要不断强化大局观念、系统思维，把主体责任、监督责任、协助职责统筹起来，把监督体系与治理体系对接起来，把正风肃纪反腐与深化改革、促进治理、推动发展贯通起来，深化运用"监督赋能的'济钢高速体系'"，努力做到监督对象覆盖率100%、问题核查完成率100%、诬告陷害实施澄清保护100%、违反中央八项规定精神问题"零"发生、问题线索处置"零"申诉，为"三转"清弊除障、赋能护航。

换土培根，实现以案促治新突破。深入开展"一案四查五提升"，以案促治取得实质性成效。对严重违纪违法典型案件，深入查找主体责任、监督责任、第一责任人责任、"一岗双责"以及企业管理方面存在的问题，摸清找准问题根源和诱发因素，深挖问题背后的问题、责任人背后的责任人，综合分析、系统治理，"拔烂树""治病树""正歪树""培新土"，做好案件查办"后半篇文章"，释放执纪问责最大效能，使集团公司的"效益木桶"短板补齐、管理系统板缝压实、改革发展加固扩容。

鼓励担当，实现容错保护新突破。监督执纪不仅是面对面、背对背，更是心连心、肩并肩。在新发展阶段，要理解党员干部工作压力之大、创新突破之难和闯关夺隘之险，不断增强与党员干部的共创意识和共情能力。要紧扣济钢发展主题，深入贯彻落实"三个区分开来"，该容则容，查容同步，恰当处置，做到查办有力度、处置有温度，大力推进容错免责和澄清保护，让党员干部干得开心拼得安心，促进挑重担啃硬骨的"狮子型"党员干部队伍不断发展壮大。

（五）赓续济钢精神血脉，旗帜鲜明防治不良作派。

在济钢二次腾飞的重要历史关口，新机遇、新问题、新风险不断聚集叠加，迫切需要锐意进取、奋发有为，关键时刻拉得出、顶得住、打得赢的党员干部队伍。广大党员干部要明大德、守大义、保大局、成大我。按照集团公司党委强化纪律作风建设的要求，顺应济钢产业结构和工作节奏的新变化，2022年强化党员干部队伍纪律作风建设，要继承济钢优秀传统文化，发扬产能调整的战斗精神，预防为主、防治结合，旗帜鲜明地坚决防治影响济钢新发展的"七种"不良作派：坚决防治政治意识淡薄、重指标轻党建，专而不红的"一条腿"作派；坚决防治漠视"军规"禁律、落实集团公司决策部署敷衍应付，我的地盘我做主的"山大王"作派；坚决防治不忠不实、数据造假，隐瞒风险、报喜不报忧的"两面人"作派；坚决防治不干实事、推诿扯皮，只愿当官不愿担责的"耍滑头"做派；坚决防治不贪也不干、只要收入不降低、多一事不如少一事的"太平官"做派；坚决防治避重就轻、避实就虚，调门高行动少、表面应付的"耍把式"做派；坚决防治世故圆滑、不得罪人，栽花不栽刺、不敢斗争的"老好人"做派。请广大党员干部认真对照查摆，有则改之、无则加勉，防之于未萌、察之于未发、治之于初起。广大党员干部要焕发斗志、抖擞精神、积极作为，在济钢涅槃重生的伟大实践中经风雨、见世面、壮筋骨、长才干，使各项工作都能够体现时代性、符合规律性、富于创造性，以全新的状态、全新的作为、全新的成效助推济钢"三转"高质量发展。

不负时代，唯有前行！新的一年，集团公司各级纪检组织和纪检干部要以政治建设为统领，永葆"赶考初心"，永续"奋进之志"，永挑"担当之责"，埋头苦干、锐意创新、勇毅前行！用纪律规矩修竹储润、养正培新，为济钢二次腾飞、重塑辉煌汇聚发展新动能，以党风廉政建设和反腐败工作新成绩迎接党的二十大胜利召开！

贯彻"十大创新" 聚力践行"九新"
全力以赴在加速企业创新上走在前

——在集团公司创新大会暨"九新"新内涵发布会上的讲话提纲

党委书记、董事长 薄 涛

（2022 年 3 月 24 日）

同志们：

今天我们召开集团公司创新大会暨"九新"新内涵发布会，主要任务是，深入学习贯彻山东省、济南市 2022 年工作动员大会精神，紧扣省委"十大创新"任务、市委"12 项改革创新行动"工作部署，围绕丰富提升"九新"价值创造体系这一课题，总结回顾我们过去在转型发展的不凡历程中，提出、学习和践行"九新"的宝贵经验，在此基础上，立足新时期新阶段，为"九新"价值创造体系注入全新内涵，并聚焦践行"九新"新内涵，对做好全年和今后一个时期的各项工作进行再动员、再部署、再推动，为高质量完成各项目标任务，全面实现"两步走"战略目标打牢基础、争取主动。

一、省市 2022 年动员大会关于创新工作的相关部署

（一）学习山东省 2022 年工作动员大会精神。2 月 7 日，全省 2022 年工作动员大会召开，会议以习近平新时代中国特色社会主义思想为指导，围绕增强经济社会发展创新力作出全面安排部署。会议指出，"当前，山东经济社会发展正处在关键时期，既面临难得发展机遇，也面临不少风险挑战，关键要把创新摆在发展全局的核心位置，持续增强经济社会发展创新力。在增强

经济社会发展创新力上走在前，是实现'稳中求进'的有力抓手，也是推动山东高质量发展的必然要求。有了强大的经济社会发展创新力，服务和融入新发展格局就有了充沛动力和活力，推动黄河流域生态保护和高质量发展就有了坚实基础和支撑。抓住了经济社会发展创新力，就抓住了新时代社会主义现代化强省建设的'牛鼻子'。"会议强调，增强经济社会发展创新力，必须找准切入点和突破口，一是从巩固拓展比较优势上，强化创新、寻求突破；二是从补齐克服短板弱项上，强化创新、寻求突破；三是从有效激发社会和市场的动力活力上，强化创新、寻求突破。会议指出，增强经济社会发展创新力，必须重点抓好"十大创新"，分别是科技研发创新、人才引育创新、营商环境创新、数字变革创新、产业生态创新、要素保障创新、民生改善创新、风险防控创新、文化宣传创新、推进落实创新。会议强调，"企业是创新的主体，企业家是创新发展的探索者、组织者、引领者。要大力弘扬企业家精神，构建亲清新型政商关系，充分调动广大企业家的积极性主动性创造性，为企业家创新创业营造良好环境。希望广大企业家敢为人先、开拓进取，争当创新先锋，努力把企业打造成为强大的创新主体，不断增强企业创新能力和核心竞争力，带动全社会形成创新发展的浓厚氛围。"

全省工作动员大会对于动员和激励全省广大党员干部群众牢记使命、不负嘱托，时不我待、只争朝夕，坚定不移推动山东高质量发展在新起点上实现新突破，奋力开创新时代社会主义现代化强省建设新局面，具有十分重要的意义。会上提出的"十大创新"内涵丰富，涵盖科技、制度、管理、文化等诸多方面，抓住了事关山东高质量发展的关键和要害，体现了对山东经济社会发展的前瞻性思考、全局性谋划，为全省上下指明了创新的方向和重点。

（二）学习济南市 2022 年工作动员大会精神。2 月 9 日，济南市 2022 年工作动员大会召开。会议紧扣省委"十大创新"提出了"12 项改革创新行动"，向全市上下作出了"全面增强济南经济社会发展创新力"的动员部署，"创新"二字贯彻始终。这"12 项改革创新行动"分别是，"科技引领发展"改革创新行动、"人才队伍建设"改革创新行动、"重点区域突破"改革创新行动、"产业质效升级"改革创新行动、"数字经济发展"改革创新行动、"深化开放协作"改革创新行动、"重点要素保障"改革创新行动、"发展环境优化"改革创新行动、"生态环境提升"改革创新行动、"民生福祉改善"改革创新行动、"风险隐患防控"改革创新行动、"文化宣传引导"改革创新行动。会议强调，"要提高政治站位，始终胸怀'国之大者'，自觉站在服务和融入新发展格局、推动黄河流域生态保护和高质量发展的全局高度，深刻认识增强经济社会发展创新力的极端重要性，用好改革'关键一招'，把改革创新有机融入现代化建设的各领域、各方面、各环节，塑造更多依靠创新驱动、更多发挥先发优势的引领型发展，努力在'走在前'中作出示范、当好标杆，以实际行动坚定拥护'两个确立'、坚决做到'两个维护'"。

随着省市动员大会的召开，"创新是引领发展的第一动力"已成为深入人心的山东共识、济南共识、济钢共识。全公司上下要迅速行动起来，深入学习贯彻省市动员会精神，提高政治站位、主动对标对表、狠抓贯彻落实，坚决把创新摆在高质量转型发展全局的核心位置，奋力推动新济钢在提升企业创新力上走在前。

二、关于转型发展以来新济钢在践行"九新"、改革创新方面的实践探索及成功经验

求新、求变是济钢人始终不渝的价值追求。回顾 4 年以来的转型历程，从起步之初的艰难探索到击水中流的坚定豪迈，济钢转型的每一步前行、每一个脚印都镌刻着"创新"的烙印。这其中最能代表新济钢创新精神的，就是"九新"价值创造体系。

2017 年 8 月 25 日，在钢铁产线安全平稳停产、济钢发展走到重要历史节点、干部职工对未来发展迷茫无措的特殊背景下，集团党委在当天举行的中层干部会上，首次提出了"九新"价值创造体系。这一价值创造体系，核心是"创新"，关键是"创造"，它以"新主线、新主业、新核心"，指明了转型发展的方向路径，以"新作风、新纪律、新风险"指出了"知识结构""心力不足""消极""懈怠"等阻碍发展的突出障碍和潜在风险，以"新架构、新动力、新秩序"指出了发展建设新济钢的要素保障。转型发展 4 年多以来，全体干部职工从倡导"九新"，到践行"九新"，从学习理念，到付诸行动，全面解放思想，改革创新突破，全员价值创造，奋力蹚出了一条不同于前人、也不同于他人、具有"济钢特色"的守正创新之路。

——2018 年，我们把践行"九新"的突破点放在靶向攻坚上，重新燃起了干部职工的奋进士气。全面打响"六大攻坚战"，以指挥部作战室为统领，以"军规"为纪律保障，以"作战任务+价值创造+课题攻关"为作战平台，强力推动各项重点任务落实落地，培养选树了冷弯型钢、萨博汽车、城市矿产、济钢物流、冶金研究院等不同维度的攻坚标杆，带动形成了自觉践行"九新"、主动攻坚克难的浓厚氛围，推动实现了转型发展首年度经营绩效的显著提升和新济钢发展的全面起势。这一年，正值济钢建厂60周年，我们胜利召开了济钢第六次党代会，首次提出"两步走"战略目标，绘就了建设"实力突出、价值卓越、活力迸发、正气充盈、幸福和谐"新济钢的美好蓝图，用"续燃一团火，再造新济钢"的坚定决心，再次燃起了全体干部职工"建设全新济钢，造福全体职工"的奋进热情。

——2019年，我们把践行"九新"的着眼点放在筑牢根基上，为转型发展打下了决定性基础。主动顺应省市新旧动能转换、科研成果转化、传统企业转型的"三转"大势，优化提升现有产业、加速培育主导产业，大胆实施"嫁接式跨界融合"工程，与中国科学院空天信息创新研究院合作成立济钢防务公司，引进空天信息这一未来产业，为转型发展注入全新动能。我们全面推进"九新"融入企业的经营管理之中，突出抓好制度创新，夯实价值创造管理根基，推动"使命引领+职业化改革+半军事化管理"上下贯通、一贯到底的管理新架构逐步形成。我们健全完善"容错+问责"机制，为敢担当撑腰，向不作为开刀，唤醒领导干部的"狮子"精神，为推动经营绩效大幅增长、发展潜力持续释放，提供了有力支撑。

——2020年以来，我们把践行"九新"的发力点放在动力转换上，推动集团现代化治理水平和创新活力快速提升。主动把握疫情防控下的内外部发展新形势，立足于"解放生产力，优化生产关系"，全方位推进"效率变革""动力变革"，将"价值创造"贯穿于"变革"全过程，加快推进职业经理人制度、三项制度改革、混合所有制改革等变革举措，持续推动强大总部建设，设立集团资金管理中心、科技创新中心，推动国家级科技创新平台、国家、省市"专精特新"中小企业、省市级瞪羚企业、高新技术企业等各级各类科创平台加速集聚，集团现代化治理水平和科技创新能力持续提升，发展动力日趋强劲。

发展理念源于发展实践，反过来又深刻影响发展实践。以创新创造为核心的"九新"价值创造体系，彰显了济钢人独有的"基因"标识和最深层次的价值追求，为积极有效应对一系列风险挑战，成功夺取"两步走"第一步战略目标，发挥了至关重要作用。

三、深入贯彻"十大创新"和"12项改革创新行动"工作部署，立足新时期新阶段，为"九新"注入全新内涵，奋力推动新济钢在加速企业创新上走在前

年初召开的二十一届一次职代会上，集团公司立足整体划转济南全新起点，肩负发展使命，把准前进航向，吹响了向"两步走"第二步战略目标进军的号角，这标志着，前进中的济钢又一次踏上了新的征程，进入了一个新的发展阶段。理念是行动的先导，与时俱进优化企业发展理念，从根本上影响着新济钢前进的步伐，决定着新时期新阶段企业发展的新成效。基于这一背景，集团党委和集团公司坚持以习近平新时代中国特色社会主义思想为指导，完整、准确、全面贯彻新发展理念，深入贯彻山东省、济南市2022年工作动员大会精神，紧扣省委"十大创新"任务、市委"12项改革创新行动"工作部署，充分吸取济钢60多年积淀的智慧成果和转型发展4年来的经验启示，经过审慎研究和精心酝酿，为"九新"价值创造体系注入了全新内涵。

"九新"价值创造体系的全新内涵：

（一）新使命：建设全新济钢，造福全体职工，践行国企担当

回望济钢建厂60多年来不平凡的发展历程，从筚路蓝缕、革命加拼命的建设岁月，到"小步快跑，滚动前进""自我加压，争创一流"的改革年代，从"组织使命勇担当，无私无畏真党性"的产能调整，到"建设全新济钢，造福全体职工"的转型发展，一代代济钢人用忠诚奋斗生动诠释着"家国情怀"和"国企担当"的深刻内涵。新征程上，面对挑战层出不穷、风险日益增多的外部环境，以及改革创新、做大做强、安全稳定等艰巨繁重的发展任务，"家国"永远是我们奋发进取的方向坐标和攻坚克难的信心所系。因此，把"建设全新济钢，造福全体职工，践行国企担当"作为新时期新济钢的新使命，就是对济钢建厂60多年始终不渝的"家国情怀"的精准诠释，是新一代济钢人"初心永恒，使命无疆"的内心写照，也是激励全体济钢人，在鉴往知来中砥砺前行，在乱云飞渡中把准航向，敢于斗争、敢于胜利的力量源泉。

（二）新引领：以新一代创新技术驱动企业转型和指数型增长

"抓创新就是抓发展，谋创新就是谋未来"，不创新就会被时代所淘汰，就没有发展后劲儿。新的"赶考路"上，摆在我们面前的既有千载难逢的发展机遇，也有前所未有的严峻挑战，济钢要保持基业长青、实现永续发展，必须坚持创新驱动发展，核心就是以"四新"中的新一代创新技术（含信息技术、工艺技术、管理技术等）为首选动能，带动新产业、新业态、新模式的产生，进而驱动企业转型和指数型增长，以快于竞争对手的速度主动适应市场需要，适应未来发展需要，最终实现高质量发展。要聚焦省委"十大创新"任务要求和市委"12

项改革创新行动"，提高政治站位，提升境界标准，自觉站在服务和融入新发展格局、推动省市高质量发展的全局高度推动各项工作。要把改革创新有机融入新济钢发展的各领域、各方面、各环节，补短板、强弱项，充分激发全体干部职工创新创造的动力活力，广泛凝聚新济钢继往开来、勇往直前的信心底气，努力在加速企业创新上走在前，为推动省市高质量发展和"工业强市"战略贡献新的"济钢力量"。

（三）新目标：打造全省研发成果转化、新旧动能转换、传统企业转型的"三转"标杆

转型发展4年来，我们在上级党委和政府的关心支持下，牢牢把握"三转"大势，借力发力、抢抓机遇，积极探索从"靠钢吃饭"到"无钢发展"的转型之路，奋力推动新济钢在栉风沐雨中不断壮大，为全省乃至全国同类型企业的转型发展贡献了"济钢经验"和"济钢模式"。去年12月份召开的济钢划转济南市移交会议上，市发改委传达了市委市政府《支持济钢集团转型发展的实施意见》，明确提出要举全市之力推动济钢转型发展，"努力将济钢集团打造成为全省研发成果转化、新旧动能转换、传统企业转型的'三转'标杆"。这既是上级党委和政府对济钢转型发展4年来取得成绩的肯定，也为新时期新济钢的新发展指明了前进方向。我们要在市委市政府的坚强领导和大力支持下，继续坚持牢牢把握研发成果转化、新旧动能转换、传统企业转型"三转"大势，加快推动科技研发、产业重塑、组织变革，最终实现企业的脱胎换骨，走上高质量发展的金光大道。

（四）新战略：高质量发展战略

战略主线：产城融合，跨界融合

战略支撑：人才专业化，管理现代化

战略路径：高端化、绿色化、智慧化、品牌化、国际化

加快推动新济钢高质量发展是对"转型发展"质的提升和飞跃，是历经产能调整硝烟洗礼后的新济钢从"断臂求生"的高效突围到转型发展的开放性创新，再上一个新台阶的必然选择，更是我们新时期新阶段快速融入省市高质量发展进程，继续保持与党和国家的发展大势同频共振的必然要求。在推动新济钢实现高质量发展的进程中，我们要坚持以"产城融合、跨界融合"这一开放性创新举措为战略主线，以"五化"为战略路径，紧紧抓住山东省"十强"产业集群和济南"工业强市"战略给企业发展带来的重大机遇，聚焦3个"融入"（融入国家"双碳"目标、融入省市高质量发展战略、融入济南市重点产业链建设），围绕3个"关键"（关键基础材料、关键核心技术和关键资源产业），加速培育以数字信息、智能制造、园区运营为龙头的新产业集群，夯实高质量发展主体力量。要坚持以人才专业化、管理现代化为战略支撑。随着企业的持续发展，"专业化人才"紧缺已经成为制约新济钢发展的主要"瓶颈"，现有的老班底和自有力量，已经不足以支撑未来济钢的基业长青。这一问题解决不了，新济钢就无法前进，高质量发展就无从谈起。对此我们必须要有清醒的认识、知耻而后勇、知不足而奋进，通过深化"人才引育"体制机制改革，从招才引智、自主培养、人尽其才三向发力，着力提升人员的专业化水平，为加快推动新济钢高质量发展铸造人才资源竞争优势。要持续完善现代企业制度建设，加快提升集团治理体系和治理能力现代化水平，着力打造新济钢科学高效的运营管理生态，为早日实现高质量发展提供坚实保障。

（五）新主线：组织创效、科技创效、金融创效、资本创效、低碳创效

推进新济钢高质量发展，要紧扣省委"十大创新"任务，在"五大创效"上进一步聚焦聚力：要在组织创效上聚焦聚力，立足新时期新要求，着力构建快速适应集团内外部变化需要的组织架构、组织机制和运营模式，全面升级现有制度流程体系、授权管理体系、考核监督体系等，突出集团总部的战略引领、资本运作、人力资源、监督统筹等核心职能，充分激发各经营主体的主动性和创造性，为集团战略落地和高质量发展提供有效的组织支撑和机制保障。"指挥部"（六大攻坚战指挥部、应急指挥部、疫情防控指挥部等）作为组织中枢，要充分发挥组织创效的核心作用，进一步强化指挥协调、督导问效、节奏把控、风险辨识等职能，眼观六路、耳听八方，拉升强度、精准点穴，进一步畅通组织经脉，推动组织肌体运转高效顺畅，执行决策快速响应、到底到边。要在科技创效上聚焦聚力，把科技创新作为提升企业核心竞争力的有力武器，围绕产业链部署创新链，加快推进关键核心技术攻坚和科技成果转化应用，健全研发投入刚性增长约束机制，建立完善重大项目"双总"（总指挥/总师）工作机制，全面提升新济钢科技创新能力；要继续加强对外科技合作，以技术研发为纽带，积极拓宽科技合作渠道，与国内外优秀院校、科研机构、企业建立联合研发平台，形成优势互补、分工明确、风险共担的长效合作机制，推进产学研深度融合。要在金融创效上聚焦聚力，深化产融结合，立足服务主业、创造价值，全面提高企业金融业务运作能力，引导资金向高效产业和运营主体配置，合理增加企业中长期贷款，全面降低融资成本，尽快发行企业债券，不断提高企业抗风险能力，着力构建新济钢"金融体系"，努力把金融业务打造为价值创造的新亮点，为高质量发展注入源源不断的"资金血液"。要在资本创效上聚焦聚力，坚持生产经营与资本运营"双轮驱动"，加速提升投资与资本运营专业能力，以国家产业政策和市场需求为导向，深

度对接市委市政府战略意图、省会产业发展需求，对具有较强竞争力且有利于实施资本运作的产业项目、产业公司，坚定不移通过资本运营做大做强，通过资本聚集实现效益最大化；要聚焦构建产业链生态，通过供应链一体化打通内外资本通道，通过产业园运营实现固有资本与外来资本的有效融合，着力培育专精特新、瞪羚、独角兽等为代表的高成长创新型企业，增强集团核心竞争优势。要在低碳创效上聚焦聚力，充分发挥济钢抓循环经济、节能降耗的传统底蕴和宝贵经验，把"双碳"工作纳入新济钢高质量发展全局，以环保新材料国家级绿色矿山建设、纳米碳酸钙产品研发应用、光伏发电及氢能源技术的引入及推广运用为重点，优化升级现有产业，加快培育绿色低碳新兴产业，着力构建新济钢绿色低碳循环发展经济体系；要正确处理长远目标与短期目标的关系，克服急功近利、急于求成的思想，把握好降碳的节奏和力度，不搞齐步走、"一刀切"，实事求是、循序渐进，扎扎实实把党中央和上级党委的决策部署落到实处。"五大创效"以组织创效为统领，相互贯通、互为支撑，是新时期新阶段加快推动新济钢高质量发展，在加速企业创新上走在前的核心抓手，要一体坚持、统筹推进、协同发力。

（六）新变革：效率变革、动力变革、质量变革

变是天地之道。以"守"应变，终会为时势所淘汰；以"变"应变，才能顺天应势，精进臻善。转型发展以来，为有效应对转型进程中的矛盾问题，我们坚持从难点入手、向短板发力，全方位推进"效率变革""动力变革"，把价值创造贯穿"变革"全过程，有效释放了被制约、被束缚的发展潜力。当前，国际形势继续发生深刻复杂变化，百年变局和世纪疫情相互交织，经济全球化遭遇逆流，大国博弈日趋激烈，世界进入新的动荡变革期。新济钢要在如此复杂多变的外部形势下实现高质量发展，不仅要与风险"共舞"、承压力前行，更要继续坚持"变革"赋能，在前期完成"效率变革"的基础上，继续深入推进"动力变革"，向"质量变革"迈进，推动新济钢尽快实现从"量变"到"质变"的发展飞跃。要把"供应链一体化布局""关键核心技术自主化""产业园'特区'机制建设"作为撬动"质量变革"的三大重点工程，以点带面、点面结合，推动集团在"产业布局结构优化""科技创新和信息化建设""干部职工创造能力和企业发展动力"等三方面实现新突破。要举全集团之力，全要素资源配置，大胆突破、先行先试，形成在省市可复制可推广的运营模式和成果经验，为加快构建具有新济钢特色的现代化产业体系，不断提升集团产业发展水平和核心竞争力，蹚出新路子，作出新示范。

（七）新动力：使命引领、职业化改革、半军事化管理

实现高质量发展，需要外力推动，更要内力驱动。"使命引领+职业化改革+半军事化管理"是一贯到底、具有济钢特色、符合高质量发展需要的创新支撑举措，是新时期推动新济钢高质量发展的动力保障。使命引领，是干事创业、推动发展的原动力，是防止一切短期行为的有力保障。干部职工的使命感越强，发现问题就越敏锐，直面问题就越勇敢，解决问题就越高效。新时期新阶段，要聚焦新使命新战略，进一步完善科学、严谨、规范的制度体系，实现企业管理使命化、使命具体化，引导广大干部职工自觉牢记使命、践行使命，以饱满的精神状态和坚韧不拔的意志，全力推动各项事业持续健康发展。职业化改革，是优化干部人才梯队建设，提升个人与组织竞争力的有效途径。要坚持以提升干部职工的职业化素养为主导，纵深推进市场化选聘、契约化管理、

差异化薪酬，常态化推进领导干部和管理人员轮岗交流及末位调整机制，畅通职工职业发展通道，持续提升人员的活力、动力、成长力。关于半军事化管理，管理效率最高的组织是军队，最有执行力的组织是军队，最值得信赖的组织还是军队。高质量发展新的主战场上，要不折不扣完成好党和国家赋予的新使命新任务，必须把"一切行动听指挥""自带动力"的"济钢新铁军"建设得更加坚强有力，以硬核的落实力确保各项任务目标如期完成，不断从胜利走向新的胜利。

（八）新作风

总部：精准授权、专业管理、高效服务，"引领型"总部

干部：信念坚定、无私无畏，敢于斗争、敢于胜利，"狮子型"干部

职工：立足本职、胸怀全局，创新领先、创效一流，"双创型"职工

发展是硬道理，作风是硬条件；没有好作风，就没有战斗力。总部部门作为集团的运行中枢，工作作风代表着集团的整体形象。要坚持高站位、高标准，主动从集团的高度、专业的角度和二级单位的维度统筹考虑问题、推进工作，锤炼精准授权、专业管理、高效服务的作风本领，切实做到在引领中实现服务，在服务中实现监管。各级领导干部作为新济钢各条战线上的"主心骨"和"顶梁柱"，影响面广、关注度高、示范性强，一言一行都对职工群众产生强烈的导向作用。要一如既往保持毅力、一以贯之忠诚履职，永葆"杀出一条血路"的魄力，勇做信念坚定、无私无畏、敢于斗争、敢于胜利的"狮子型"干部，机遇面前不犹豫，困难面前不低头，挑战面前不退缩，以"向我看齐"的决心和风范，练就担当作为、支撑发展的硬脊梁、铁肩膀。广大职工是全新济钢的创造者、建设者，要进一步增强创新创效的责任感和紧迫感，主动掌握新知识、锻造新技能，立足本职、胸怀全局、创新领先、创效一流，在加快推动新济钢高质量发展的不懈奋斗中，勇当主力军、彰显新作为，创造新价值、收获新幸福！

（九）新纪律：恪守"军规"，严守"禁令"，问题"去根"

六大攻坚战"军规"是转型发展以来我们提升整体战斗力、做好各项工作的重要保证；"禁令"否决机制，聚焦"关键少数"，亮出行为"戒尺"，让领导干部"知畏知止"。"军规"如铁，"禁令"如山。新时期新阶段，全公司上下要把恪守"军规"、严守"禁令"的权威性和严肃性，聚焦到问题"去根"上，不打折扣、不讲条件，严禁的事项要"去根"，不能一再重犯，否则就要"摘帽子"。不能以"过去都是这么干"为理由，要站在新时期新形势下审视问题、思考问题、解决问题，以坚强的纪律保障形成良好的执行秩序，聚焦一个思路，形成一种声音，护航新济钢高质量发展。

各级党组织和有关部门要把建设"自带动力、敢打必胜"的"济钢新铁军"作为当前和今后一个时期的重要课题，综合运用"新动力""新作风""新纪律"，培养干部、带好队伍，全面提升干部职工队伍的意志力、战斗力、执行力，以新作风树立新形象、催生新作为，为我们战胜挑战、加快推动实现新济钢高质量发展提供强有力的支撑保障。

理念快人一步，发展才能高人一筹。"九新"价值创造体系新内涵，立足新时期新阶段，阐释了我们要建设和发展什么样的济钢，以及怎样建设和发展济钢，展现了新济钢以"创新"为核心、以"奋斗"为底色、以"家国"为己任的价值追求，为我们积极应对复杂多变的内外部发展环境，不断增强发展动力、持续提升核心竞争力、牢

牢把握发展主动权提供了全新思路和行动方案。

全集团上下，要把学习贯彻"九新"新内涵作为新时期新阶段坚持创新驱动发展的全新引擎，在深刻理解、把握精髓中统一思想，在知行合一、学用结合中凝聚力量，以创新思维、创新行动深入探索加快推动新济钢高质量发展的新路径、新方法、新策略，增强锚定既定奋斗目标、意气风发走向未来的勇气和力量，不断战胜前进道路上的各种风险挑战，为企业持续健康发展提供不竭动力。各有关部门要抓好统筹推进、强化督导检查，综合运用目标引领、平台实践、绩效考核等手段，推动"九新"新内涵内化于心、外化于行、固化于制，在新济钢落地生根、开花结果。

同志们！

莫道前路多险阻，再闯关山千万重！回首过去，我们围绕践行"九新"，走出了一条极富"济钢特色"的守正创新之路；展望未来，我们还要继续践行"九新"，乘势而上、接续奋斗。让我们在济南市委市政府的坚强领导下，锚定高质量发展方向，进一步统一思想、凝聚力量，坚定不移扛起"建设全新济钢，造福全体职工，践行国企担当"的历史新使命，撸起袖子加油干，全力打造全省研发成果转化、新旧动能转换、传统企业转型的"三转"标杆，做实、做好、做优省市"新旧动能转换的试验田"，为了新济钢的美好未来，在高质量发展的金光大道上，奋勇前进、前进、前进，以优异的发展成绩回报市委市政府的支持与厚爱，迎接党的二十大胜利召开！

谢谢大家。

直面挑战　勇往直前
为加快推动新济钢高质量发展而不懈奋斗

——在济钢集团庆祝"五一""五四"暨先进集体先进个人表彰大会上的讲话提纲

党委书记、董事长　薄　涛

（2022 年 5 月 13 日）

同志们、青年朋友们：

今天我们组织专题会议，共同庆祝全世界工人阶级、劳动群众和广大青年的光辉节日，表彰全集团各条战线上的先进集体、先进个人，动员全集团上下深入学习市第十二次党代会和市两会精神，深刻领会新时代济南新的历史方位，给新济钢发展提出的新要求、赋予的新使命，以先进典型为榜样，深入践行"九新"全新内涵，立足岗位、扎实工作、拼搏进取、奋发有为，为加快推动

新济钢高质量发展而不懈奋斗！

首先，我谨代表集团党委、集团公司，向受到表彰的先进集体、先进个人，致以热烈的祝贺和崇高的敬意！向奋战在全集团各条战线、各个岗位上的广大职工和团员青年，向长期以来为济钢发展作出贡献的老劳模、老先进工作者、离退休老同志，致以诚挚的问候和良好的祝愿！

2021 年，我们在上级党委的坚强领导下，聚焦"动力变革"和"高质量转型"

发展新内涵，深入践行"九新"价值创造体系，坚定发展信心，保持战略定力，积极有效应对一系列风险挑战，坚决打赢"效益保卫战"，圆满完成各项目标任务，实现了"十四五"开门红，成功夺取"两步走"第一步战略目标，开启了向"两步走"第二步战略目标进军新征程。

今年以来，我们立足整体划转济南全新起点，在济南市委市政府的坚强领导下，对照集团公司二十一届一次职代会及年度工作会议确定的任务目标，坚定不移践行"九新"价值创造体系全新内涵，以"敢于斗争、敢于胜利"的攻坚姿态，抓实抓细疫情防控各项举措，深挖生产经营各环节潜力，持续提升运营质效，超额完成了集团公司下达的各项任务目标。1~4月份，克服疫情防控的艰巨性复杂性影响，完成营业收入110.36亿元，较去年同期增长8.21%，较目标增长4.23%。

成绩的取得来之不易，饱含着全集团广大职工的辛勤汗水和无私奉献，凝聚着不同岗位职工的集体智慧和创造精神。今天受到表彰的先进集体和先进个人，就是其中的杰出代表。你们立足本职、埋头苦干、勤勤恳恳、无私奉献，在平凡的岗位上创造出了不平凡的业绩，为全体干部职工树立了标杆和榜样。在你们身上，集中展现了新一代济钢人自我加压、争创一流，敢于斗争、敢于胜利的精神风貌。你们是济钢人的优秀代表，是新时期新济钢的领跑者，全体职工敬重你们，集团党委和集团公司感谢你们！荣誉既是鼓励，更是砥砺前行的动力。希望你们珍惜荣誉、保持本色，谦虚谨慎、戒骄戒躁，不断战胜前进道路上的各种艰难险阻，继续发挥示范带头作用，在加快推动新济钢高质量发展的主战场上，再立新功、再创佳绩，作出新的更大贡献！

同志们、青年朋友们！

不久前，济南市第十二次党代会和市两会相继胜利闭幕，为及时学习贯彻会议精神，集团党委第一时间研究制定宣贯方案，通过编发形势任务教育材料、组织党委理论学习中心组集体学习、各级领导干部撰写学习心得、媒体宣贯等方式，组织了多轮学习。在此基础上，各级党组织和各单位要充分结合当前实际，深入组织学习贯彻，引导全体干部职工深刻理解、准确把握市第十二次党代会和市两会精神实质，坚持讲政治、讲忠诚、讲使命、讲担当、讲发展、讲情怀，真正做到用会议精神武装头脑、指导实践、推动工作。

——要深刻领会济南在全国发展大局中的责任使命，在新时代济南新的历史方位下践行国企担当、贡献"济钢力量"。我市第十二次党代会立足新时代新征程，坚持从更高站位、时代大势中审视济南发展，从新发展格局、国家重大区域发展战略布局、新时代社会主义现代化强省建设大局三个方面，明确了新时代济南新的历史方位（在新发展格局中，打造国内大循环的战略节点、国内国际双循环的战略枢纽；在国家重大区域发展战略布局中，打造链接京津冀协同发展和长三角一体化发展的核心节点、引领黄河流域生态保护和高质量发展的核心增长极；在新时代社会主义现代化强省建设大局中，打造加快新旧动能转换的龙头、引领山东半岛城市群发展的龙头），绘就了"奋力开创新时代社会主义现代化强省会建设新局面"的美好蓝图，充分展现了市委市政府"勇当排头兵，开创新局面"的坚定意志和立足全局、服务大局的使命担当。济钢作为市属一级国有企业，要牢记国有企业的使命本色，在新时代济南新的历史方位下，深入思考济南所需、济钢所能、未来所向，进一步提升产业兴国、实业报国的精气神，继续保持与城市发展的同频共振，为助推我市奋力开创"强省会"建设新局面，冲锋在前，走在前列，践行国企担当，贡献"济钢力量"。

——要充分认识贯彻落实会议精神，对于推动新时期新济钢，破解发展难题、增强发展优势，全面融入济南城市发展的重要意义。近年来，我市坚定不移实施"工业强市"战略，取得了显著成效。2021年我市GDP达到1.1万亿元，位列全国城市第18位。展望未来，实施"工业强市"战略仍是济南谋划发展所推出的一项关键性举措。为此，市委市政府在十二次党代会报告和政府工作报告中围绕实现未来五年奋斗目标，提出了"纵深推进新旧动能转换""实施'领航企业'培育行动""推动21家市属国有企业做大做活做专"等一系列有力举措，既彰显了市委市政府坚持"工业强市"战略不动摇，巩固壮大实体经济根基的坚强决心，又为我市国有企业，特别是以济钢为代表的制造类企业，在新时代济南新的历史方位下破解发展难题、激发发展动力、增强发展优势，指明了前进方向、找准了发展着力点。

同志们、青年朋友们！

当前，在世纪疫情的冲击下，百年变局加速演进，外部环境更趋复杂严峻。经历了近5年转型发展实践探索的新济钢，尽管在发展模式、管理理念、文化底蕴、攻坚克难等方面都积累了显著的成绩和丰富的经验，但面对日趋复杂多变的外部形势，我们的生存危机尚未从根本上解除，仍然需要"披荆斩棘"，仍然需要"杀出重围"，仍然需要"攻坚突破"！为第一时间把市第十二次党代会和市两会精神，转化为推动新济钢发展的全新强动力，集团党委于市党代会后立即成立工作专班，坚持高目标引领，高站位布局，在前期制定的"十四五"发展规划的基础上，进一步修订完善战略举措，聚焦加快推动新济钢高质量发展，研究形成三年行动计划（2023—2025）。这一行动计划，核心任务就是紧紧抓住济南第十二次党代会和市两会召开给济钢发展带来的重大机遇，

锚定高质量发展方向，拿出在市属企业"走在前"的境界格局、思路理念和标准要求，对标对表，奋力争先，利用3年时间，推动新济钢产业体系构建完成，产业集群加速崛起，规模体量实现跨越，为省市高质量发展和开创"强省会"建设新局面作出突出贡献。

机遇拥抱济钢，奋斗成就未来。全体干部职工要迅速把思想行动统一到集团党委和集团公司的决策部署上来，充分发挥主力军作用，以新时代新济钢的斗争精神、劳动精神、创造精神，不遗余力地肩负起加快推动新济钢高质量发展的使命担当，一步一个脚印把既定的战略决策、工作部署变为现实，全力以赴推动新济钢在千帆竞发、百舸争流的时代洪流中勇立潮头，在不进则退、不强则弱的激烈竞争中赢得优势，不断从胜利走向新的胜利！

——要聚焦加快推动新济钢高质量发展，坚定信心，勇担使命。

最大的信心产生最高的智慧。济钢近5年来的转型实践充分证明，济钢人是一个有信心、有智慧、有能力的坚强战斗集体，没有什么风雨能阻挡我们前进的脚步，没有什么困难能动摇我们发展济钢的决心。面对前进路上的压力和挑战，我们要有"不破楼兰终不还"的意志、要有"越是艰险越向前"的精神，要有"目标就是责任，责任就是使命，使命就是生命"的气概，坚定必胜信念，保持战略定力，紧紧抓住时代赋予我们的发展条件，特别是发展机遇，知难而进、迎难而上，聚焦聚力"建设全新济钢，造福全体职工，践行国企担当"的使命追求，以济钢人"敢于斗争，敢于胜利"的铮铮铁骨，唱响新时代的济钢奋斗者之歌，在加快推动新济钢高质量发展的新征程上留下无悔的奋斗足迹。各级领导干部要坚持以上率下，把准正确方向，树牢底线思维，克服麻痹思想，积极应对重大挑战、抵

御重大风险，深刻认识"失于一物之细，疏于一事之微"可能带来的毁灭性后果，时刻保持如履薄冰的谨慎、如临深渊的自觉，从根本上解决思想作风不适应的问题；要进一步提升统筹抓好疫情防控和生产经营的能力水平，切实做到"疫情要防住、经济要稳住、发展要安全"，最大限度减少疫情对企业发展的影响，年初职代会确定的奋斗目标坚决不能变，各方面必须完成的任务一项不能少，投入力度一分不能减，坚定不移推动各项目标任务落实落地。

——要聚焦加快推动新济钢高质量发展，践行"九新"，开拓创新。

"大疫当前，百业艰难，但危中有机，唯创新者胜。"面对前进路上的压力和挑战，我们要进一步增强创新创造的责任感和紧迫感，把深入践行"九新"全新内涵，作为新时期新阶段坚持创新驱动发展的有力引擎，以创新思维、创新行动深入探索加快推动新济钢高质量发展的新路径、新方法、新策略，为企业持续健康发展提供不竭动力。要聚焦主导产业、关键环节，把科技创新作为提升企业核心竞争力的有力武器，围绕产业链部署创新链，探索建立创新资源共享机制，实施科技创新"强载体"倍增计划，健全研发投入刚性增长约束机制，完善科技成果转移转化机制，加快推进关键核心技术攻坚和科技成果转化应用，全力以赴在提升企业创新力上走在前。要引育更多创新型人才。深入实施"人才强企"战略，加大总师/总顾问、职业经理人和博士后人才等高端急需紧缺人才的引进力度，进一步畅通内部人才成长发展通道，优化人才使用环境，尽快消除"专业化人才"紧缺这一制约新济钢发展的关键"瓶颈"。

——要聚焦加快推动新济钢高质量发展，改革攻坚，强劲动力。

发展没有穷尽，改革也没有穷尽。面对前进路上的压力和挑战，我们要在推动企业

规模做大、体制机制做活、主业做专上下更大功夫，集聚要素资源，发挥产业优势，构建以空天信息、先进材料、特种车辆制造等为代表的一批具有行业领先地位的特色优势产业；要以构建"工贸金"一体化供应链服务体系为抓手，快速壮大企业体量；以国家产业政策和市场需求为导向，加速提升投资与资本运营专业能力，积极稳妥深化混合所有制改革，不断充实"上市企业资源库"，加快推进企业上市进程。要聚力提升组织创效能力，充分发挥"指挥部"组织中枢作用，突出集团总部的战略引领、资本运作、人力资源、监督统筹等核心职能，优化集团对权属公司的授权监督管理体系，确保我们的组织机体高效顺畅、组织有力。要纵深推进体制机制改革，持续完善领导干部末位调整和禁令否决机制；全面推行经理层任期制和"经营目标+产业发展目标"双契约管理模式；以财务部、资本运营部为试点，积极推进集团总部由职能管理型向价值创造型总部转型；支持符合条件的企业结合实际情况申报实施关键人才中长期激励，持续提升人员的活力、动力、成长力。

——要聚焦加快推动新济钢高质量发展，锤炼本领，躬身实干。

一个行动胜过一打纲领。面对前进路上的压力和挑战，各级党组织和有关部门要以"动力变革"为牵引，以建设"自带动力、敢打必胜"的"济钢新铁军"为目标，培养干部、带好队伍，全面提升干部职工队伍的意志力、战斗力、执行力，以新作风树立新形象、催生新作为、推动新发展。要以推进产业工人队伍建设改革为主抓手，重点抓好职工思想政治引领、导师带徒体系升级、职工职业素质提升等工作，着力造就"有理想守信念、懂技术会创新、敢担当讲奉献"的新济钢产业工人队伍。要大力弘扬劳模精神、劳动精神、工匠精神，持续深化

劳模工匠培育工程，努力挖掘培育更多立得住、叫得响、职工公认的先进典型，用榜样的力量营造崇尚劳动的浓厚氛围和爱岗奉献的敬业风气。

"素质是立身之基，技能是立业之本。"广大干部职工要以先进为榜样，积极适应当今世界科技革命和产业变革的需要，树立终身学习的理念，及时学习掌握政治理论知识和专业技术知识，勤学苦练、深入钻研，勇于创新、躬身实干，不断提高自身理论水平和技术技能水平，将个人奋斗融入企业发展，在加快推动新济钢高质量发展的新赛道上奋勇争先、拼搏进取，用实干托起我们的美好明天，奋力推动新时期的新济钢，一步一个脚印，继续奋勇前行！

——要聚焦加快推动新济钢高质量发展，上下同欲，汇聚合力。

最是团结见力量，只有更好地团结起来、凝聚起来，济钢的发展才能不惧山高路险，风雨无阻稳步前进。一段时间以来，面对新一波疫情传染性强、隐蔽性强、传播速度快等突出特点，各级党组织和广大干部职工，坚决贯彻省市政府疫情防控政策和集团党委决策部署，不折不扣落实各项疫情防控措施，坚决打好疫情防控主动仗，无论坚守岗位还是居家办公，无论冲锋在前还是留守后方，大家都是好样的！都以实际行动积极履行社会责任，践行国企担当，展现出众志成城、上下同欲、全力以赴、共克时艰的济钢正能量！

当前，疫情防控、生产经营仍处于关键阶段，形势依然严峻复杂。但任何挑战都压不弯济钢人的脊梁，更阻挡不了济钢发展的步伐。面对前进道路上的压力和挑战，我们要继续弘扬众志成城、共克时艰的团结精神，扎实做好当前各项工作，筑牢阻击疫情的铜墙铁壁，汇聚推动发展的强大合力，积力以制胜、汇众智而成功，坚定不移推动新济钢"杀出重围"、破浪前行！各级党组织和群团组织要始终把"造福全体职工"作为一切工作的出发点和落脚点，以更加昂扬的斗志、务实的作风、扎实的举措，持续提升服务职工的温度和力度，强信心、聚民心、暖人心；要高度重视疫情防控期间的基层服务工作，把解决职工的"急难愁盼"问题放到心上，当好身边群众的贴心人和主心骨，把组织的温暖和关怀体现在方方面面；要关心关爱建厂元勋，用心用情做好离退休、内退职工和老干部工作，既引导支持老同志们老有所为、发光发热，又要让老同志们充分感受到"济钢温度"和"济钢担当"；要扎实推进"幸福和谐企业建设"，巩固深化"我为群众办实事"实践活动成果，真正做到发展为了职工、发展依靠职工，特别是成果要与职工共享。

同志们、青年朋友们！

今年是中国共产主义青年团成立100周年。一百年来，中国共青团始终与党同心、跟党奋斗，团结带领一代代中国青年在中国共产党的旗帜下，在"爱国、进步、民主、科学"的五四精神感召下，把青春奋斗融入党和人民事业，为争取民族独立、人民解放和实现国家富强、人民幸福而贡献力量，谱写了中华民族伟大复兴进程中激昂的青春乐章。

中华民族的复兴之路，刻印着青年的足迹；新济钢的美好未来，寄望于青春的力量。各级党组织要站在济钢薪火相传、后继有人的战略高度，倾注极大热忱研究青年职工成长规律和时代特点，拿出更多精力关心关注青年职工成长进步，支持共青团组织按照群团工作特点和规律创造性地开展工作。各级团组织要切实做到党旗所指就是团旗所向，进一步增强引领力、组织力、服务力，敏于把握青年脉搏，依据青年工作生活方式新变化新特点，探索团组织建设新思路新模式，做好团员青年从校园到企业心身衔接管理课题研究，积极引导青年职工认真学习领悟"九新"新内涵，广泛开展"九新杯"系列青工技能大赛、青年创新创效"金点子"大赛等，努力为青年实践创新搭建更宽阔的平台，为青年塑造人生提供更丰富的机会，为青年建功立业创造更有利的条件，让青年职工真切感受到集团党委的关爱就在身边、关怀就在眼前！

"奋斗是青春最亮丽的底色，行动是青年最有效的磨砺。有责任有担当，青春才会闪光。"青年职工作为同新济钢一起成长的新时代济钢人，既拥有施展才华的辽阔舞台，也肩负着加快推动新济钢实现高质量发展的时代担当，正可谓"生逢其时、重任在肩"！希望你们珍惜韶华、向上向善、奋发有为，继承发扬济钢60多年积淀的丰厚历史底蕴、政治优势和家国情怀，立大志、明大德、成大才、担大任，把个人价值的实现融入新济钢的发展建设之中，在加快推动新济钢高质量发展的新征程上勇当开路先锋、争当事业闯将，争做"有理想、敢担当、能吃苦、肯奋斗的新时代好青年"，以青春之我、奋斗之我，为振兴济钢铺路架桥、添砖加瓦，用青春和汗水创造出让社会刮目相看的济钢新奇迹！

同志们、青年朋友们！

济钢是全体济钢人的济钢，济钢的发展终究要靠济钢人自己的不懈奋斗来实现。让我们更加紧密地团结起来，在市委市政府的坚强领导下，深入贯彻落实我市第十二次党代会和市两会精神，锚定高质量发展方向，积极践行"九新"全新内涵，直面挑战、勇往直前，敢于斗争、敢于胜利，以辛勤劳动和执着奋斗，为助推我市奋力开创"强省会"建设新局面，展现国企担当，贡献"济钢力量"，以无愧于党、无愧于职工、无愧于时代的发展业绩，迎接党的二十大胜利召开！

谢谢大家！

逐梦新征程　奋进向未来
以高质量党建引领济钢高质量转型发展

——在济钢集团党史学习教育总结与思想政治工作暨2021年度党组织书记述职评议会议上的讲话提纲

党委书记、董事长　薄　涛

（2022年2月24日）

同志们：

刚才高忠升、谭学博、郭晓光三位同志对履行全面从严治党责任和抓基层党建工作进行了述职；党委副书记王景洲同志对集团公司党史学习教育进行了总结。听取了大家的发言明确感受到，近一年来，在集团公司党委及各级党组织精心谋划、周密部署下，集团公司广大干部职工以庆祝建党百年为契机，上下联动、一体推进，深入扎实开展党史学习教育，做到了规定动作到位、自选动作出彩，广大党员干部接受了一次全面深刻的政治教育、思想淬炼、精神洗礼，各单位党组织的创造力、凝聚力、战斗力持续提升，履行全面从严治党主体责任水平迈上新台阶，达到了学党史、悟思想、办实事、开新局的目的。尽管取得了一定成绩，但对照上级党组织关于履行全面从严治党责任和抓基层党建工作责任，以及党史学习教育方面的要求还有一定差距，在创新工作模式、构建党史学习教育长效机制等方面还需进一步提升和加强。当前，济钢正处于立足新的历史起点，奋力开创新济钢高质量转型发展新局面的关键时期，二十一届一次职代会确立的新目标新任务对于进一步巩固党史学习教育成效，抓好全面从严治党工作提出了更高要求，需要我们找准党建工作与全局发展的契合点，建立建强上下贯通的组织力、执行力体系，纵深推进党建与生产经营深度融合，着力打造"赋能型"党组织，全面开展党建品牌化建设，进一步激发党建工作动力活力，为改革发展各项事业提供坚强组织保证。

下面我代表集团公司党委讲三个方面的意见。

一、坚持政治淬炼为先，夯实党建引领的思想根基

我们要按照习近平总书记要求，"进一步感悟思想伟力，增强用党的创新理论武装全党的政治自觉"，在政治淬炼中坚持把党的政治建设摆在首位，不断提高政治判断力、政治领悟力、政治执行力，把"两个确立"转化为"两个维护"的思想自觉、政治自觉、行动自觉，有效提升党建工作为济钢高质量发展赋能水平。

要进一步强化思想政治工作领导力。深用笃学习近平新时代中国特色社会主义思想，始终胸怀"两个大局"，不断增强"四个意识"、坚定"四个自信"、做到"两个维护"，捍卫"两个确立"，牢记"国之大者"，夯实信仰之基。要推进党史学习教育常态化长效化，巩固拓展党史学习教育成果，进一步做到学史明理、学史增信、学史崇德、学史力行。要加强和改进两级党委理论学习中心组学习，落实好"第一议题"

制度，建立职工"第一学习"制度，争创"学习强国"省级及以上品牌。要深化强基工程、头雁工程、"双培养"工程，强化党委创特色体系建设，进一步打造"赋能型"党组织。

要进一步强化思想政治工作引领力。紧紧围绕新时代国有企业的历史使命和济钢高质量转型发展目标任务，广泛深入开展中国特色社会主义和中国梦宣传教育。要赓续60多年来形成的济钢优秀文化底蕴，赋予"九新"价值创造体系时代新内涵，全力构建具有时代特征、国企特质、济钢特色的企业文化体系；运用"1+N"模式，学习+研讨、理论+实践、展示+分享，持续建设鲍山论坛，学思践悟习近平新时代中国特色社会主义思想，推进社会主义核心价值观在济钢落实落地。

要进一步强化思想政治工作凝聚力。围绕思想工作"两个巩固"的根本任务，严格落实意识形态工作责任制，坚持主旋律引领舆论，将线上传播与线下宣讲有机结合，做好党和国家方针政策、济钢改革发展战略决策的宣贯。要建立完善先进典型"选、树、宣"机制，推进实施"领心"工程，促进新时期产业工人队伍建设改革，引导广大职工进一步弘扬劳模精神、劳动精神、工匠精神和创新精神，切实把理想信念、必胜信心转化为实际行动，凝心聚力造就一支有理想守信念、懂技术会创新、敢担当讲奉献的产业工人队伍。

二、坚持作风建设为要，筑牢党建引领的基础保障

风清则气正，气正则心齐，心齐则事成。作风建设是抓全面从严治党和抓基层党建的基础工程，也是汇聚"敢于斗争，敢于胜利"强大精神力量的实践源泉。逆水行舟，一篙不可放缓，作风建设不可能一蹴而就，也不会一劳永逸，必须努力实现制度化、规范化、常态化，一抓到底、常抓不懈。

要抓实抓牢干部作风。"正确的路线确定之后，干部就是决定的因素"。要持续强化组织机制建设，严格落实领导干部末位调整机制和"禁令"否决机制，全面规范干部任期管理，常态化推进干部能上能下、能再上能再下。要树牢问题意识、整改意识、斗争意识，发扬"组织使命勇担当，无私无畏真党性"的价值追求，营造风清气正、干事创业、改革创新浓厚氛围，用作风建设新成效凝聚起攻坚决胜的强大正能量，以"敢于斗争，敢于胜利"的强大精神力量推进济钢高质量转型发展。

要持之以恒正风肃纪。紧紧围绕新时期济钢高质量转型发展中心任务，加速推进"监督赋能的'济钢高速体系'"。要精准高压惩治，保持"不敢腐"的震慑；规范权力运行，扎牢"不能腐"的笼子；筑牢思想道德防线，增强"不想腐"的自觉，把惩治、制度和教育贯通起来，一体推进、同向发力。要大力开展党员干部队伍纪律作风建设，推动中央八项规定精神落实、驰而不息纠治"四风"。坚持预防为主、防治结合，旗帜鲜明地坚决防治影响济钢新发展的"七种"不良做派。要坚持靶向整治，实现监督效能新突破；换土培根，实现以案促治新突破；鼓励担当，实现容错保护新突破，营造和保持好风清气正、干事创业、改革创新的浓厚氛围。

三、坚持管党治党为重，深耕党建引领的实践沃土

审视我们工作中存在的不足，无论是党的建设方面，还是生产经营方面，从本质上讲都是对习近平总书记的重要指示要求理解不深、领会不透、做得不实，必须超常规严格履行管党治党责任，深耕党建引领的实践沃土，推动以党建促生产经营、以党建促改革发展。

要持续推进党建与生产经营融合共进。坚持以习近平总书记在全国国有企业党的建设工作会议上的重要讲话为行动指南，进一步树牢"抓党建就是最大政绩"的观念，始终保持家国情怀、自强气节，把济钢发展融入党和国家的伟大事业。各单位要坚持把党的领导融入公司治理各个环节，把党的建设与中心工作深度融合，一体推进党建、改革和发展。要坚持用党的创新理论指导改革发展，清醒认识济钢所处的发展阶段，准确、全面贯彻新发展理念，提高政治站位，锚定深化改革、动力变革三年行动总目标，坚持不懈以"六大攻坚战"为实战平台，突出重点、把握关键、深入攻坚，推动实现"产业结构明显优化、科技创新力度明显加大、信息化建设明显加快、干部职工创造能力明显提升、公司发展动力明显增强"的五大突破性目标，为实施"质量变革"打好基础，为济钢高质量改革发展不断提供坚强保障。

要忠实践行"以人民为中心"理念。坚持把职工群众对美好生活的向往，作为一切工作的出发点和落脚点。扎实开展"我为群众办实事"实践活动，持续开展联系职工"大走访"、深化基层难题"大排查"、推动服务群众"大提升"，真正把好事做实、把实事办好，着力解决基层的困难事、职工的烦心事，巩固深化"我为群众办实事"实践活动成果，更好地为职工谋福祉、办实事。要让职工群众真真切切地感受到"造福全体职工"不仅仅是一个使命，一个口号，更是看得见、摸得着，真实可感的工作实效，最大程度激发斗志，最大范围凝聚力量！

同志们，今年是党的二十大召开之年，新时代社会主义现代化强省会建设进入关键时期，国企改革三年行动进入收官阶段，我们的改革发展任务依然任重道远。希望同志们紧抓重要历史机遇期，锚定"走在前列、

全面开创""三个走在前"的总遵循、总定位、总航标，深入贯彻落实济南市"强省会""工业强市"战略，结合集团公司改革发展实际，找准自身定位，在以高质量党建推动高质量发展的新征程中，再立新功勋，再做新贡献！

在济钢集团2021年度"六大攻坚战"暨创新表彰大会上的讲话提纲

党委书记、董事长　薄　涛

（2022年6月10日）

同志们：

今天，我们召开会议，隆重表彰在践行"九新"、科技创新、管理创新方面作出突出贡献的先进集体和先进个人。希望大家向先进学习，继续发扬"敢于斗争，敢于胜利"的作风，不辱使命，"三军"奋进，不断攀登新的发展高峰。

首先，我代表集团公司党委、集团公司，向受到表彰的先进集体、团队和个人表示热烈的祝贺！向实干担当、奋力攻坚的广大干部职工，向奋战在新济钢建设一线的科技工作者表示衷心的感谢！

2021年以来，集团公司坚持创新引领发展，聚焦"人员的动力、产业的生命力和组织的活力"，以"一企一业"、投资拉动、创新驱动、人才支撑、分配激励、体系保障六个方面为主要切入点，全速推进"动力变革"，以新一代创新技术为主要驱动引擎全力推进产业升级，依托"六大攻坚战"平台全面推进高质量转型发展，成功实现了"两步走"的第一步战略目标，正不断朝着"建设全新济钢，造福全体职工，践行国企担当"的使命目标大踏步迈进，主要取得了以下成绩。

一是扎实推进"动力变革"，增强发展动力。

围绕"提升生产力，优化生产关系"，建立"动力变革"目标分解、评价考核、典范引领、督导督查四大体系，形成自上而下、贯通一体、步调一致的攻坚态势。

——大力实施"组织机制建设"，持续提升人员的动力。以干部使命、责任和能力建设为突破口，从健全完善组织架构、干部选拔任用、轮岗交流、末位调整等入手，明确规则标准，科学公正评价，实现领导干部能进能出、能上能下、能再上能再下，初步建成了一支忠诚干净担当、专业化、职业化、年轻化的干部队伍。以职工收入持续稳定增长为出发点和落脚点，不断完善岗位绩效工资体系，坚持多劳多得，职工收入较2020年同比增长11.15%，广大职工真正把企业放在"心"上，与企业同心同德、苦干实干，"我要奋斗"的理念在集团上下已蔚然成风。

——大力推进主业聚焦，持续提升产业的生命力。结合我省培育壮大"十强"现代优势产业集群和济南市十二大产业链建设，加速培育以数字信息产业为引领、智能制造产业为重点、现代服务产业为支撑的现代产业体系，环保新材料绿色矿山建设、萨博汽车方舱产线智能化（一期）改造提升、型材公司产线提升改造等项目按节点落地投用，空天信息产业基地一期项目加速推进。实施"效益效率攻坚"，建立基本业务单元日常监督机制、风险提示机制和评价考核机制，引导各基本业务单元加快培育"无中生有、有中做实"的价值创造能力，实现亏损业务单元压减50%以上；通过签订军令状、开展劳动竞赛等方式坚决打赢"效益保卫战"，全面完成年度生产经营目标，为实现高质量发展积蓄了力量。

——大力深化改革，持续激发组织的活力。今年以来，集团公司累计调整22家单位、58名中层领导干部，推动实施济钢供应链与型材公司重组、国际工程与铁焦技术一体化运营，充分激发子分公司的发展活力；建立健全"授权＋管理＋服务"协调机制，2022年对选择契约化利润超9500万元的国际工程和供应链公司进行再放权，放权事项扩大到18项，为子分公司发展充分赋能。分层分类深化混合所有制改革，鲁新建材完成混改，研究院正高速推进混改工作；国铭铸管完成股份制改造，上市工作正有序推进，已提报证监会上会材料；不断优化董事会治理机制，组建设立专门委员会工作组，建立经理层向董事会报告工作制度，公司治理体系和治理能力现代化水平得到进一步提升。

二是全面增强创新意识，激发全员的创新活力。

——坚持将提升科技硬实力作为驱动发展的基础要素。不断加大创新投入，整合优化科技资源配置，打造"原创性科技攻关＋合作研发"相配合的模式，持续加强研发成果转移转化、重大科技创新载体建设等工作，集团科技硬实力得到进一步强化。加快推动产业链与技术链相融合，初步构建以技术研发为核心、以科技成果转移转化为落脚点，自主创新与协同创新有机结合，适应高质量发展需要的新济钢科技创新体系。2021年，集团实施技术创新项目31项，返还利润483万元；积极推进科技型企业和高等级科技创新平台建设，并取得丰硕成果，新增

国家级科技型企业称号2个（研究院：国家专精特新"小巨人"企业；济钢防务：国家高新技术企业），省级科技型企业称号5个（鲁新建材：省瞪羚企业、省"专精特新"中小企业；萨博汽车：省"专精特新"中小企业、省科技领军企业；瑞宝电气：省"专精特新"中小企业），市级科技型企业称号2个（萨博汽车：市"瞪羚"企业、市"专精特新"中小企业），市级科技创新平台8个（萨博汽车：市"一企一技术"研发中心、市企业技术中心、市工程研究中心、市工业设计中心；研究院：市服务业创新中心；国际工程：市工业设计服务中心；国铭铸管：临沂市"一企一技术"研发中心、临沂市企业重点实验室）。

——坚持把"价值创造"贯穿"动力变革"全过程。坚定不移推进"创造创造再创造"，同时着力向基本管理单元深入拓展，带动广大职工在"知行合一"中成长成才、担当作为。2021年总部及各权属单位开展价值创造项目525项，创效1.67亿元，在创新研发水平和人才聚集效应等方面取得新突破。

——坚持将"课题攻坚"作为攻坚克难、激发动力活力的常态化管理工具。坚持问题就是资源，以课题攻关着力解决制约"动力变革"、管理提升等方面的突出问题，全年开展集团公司点题课题6项、中层领导干部课题46项，顺利解决了环保材料提高资源产品附加值等一批突出问题。

三是深耕精细化管理，增强内生动力。

——以"管理诊断"赋能精益管理。通过自我变革和借智借力有序推进工程项目诊断、财务诊断、人力资源诊断、运营诊断和行政诊断等五大管理诊断，堵漏洞、补短板、精管理，推动企业竞争力、控制力和抗风险能力不断增强。特别是堵漏洞工作，基本上每年堵一个大漏洞，已经从领导督导抓，逐步转变为基层自己抓，基层进行自我

剖析堵漏洞。

——以"管理提升"夯实管理基础。构建"全面覆盖、上下联动、内外协同、循环往复"的问题"去根"治理机制，针对基本性问题、制度性问题、流程性问题分类施治，强基固本，初步实现管理方式向集约化、精益化转变。基础性工作、基本性工作、强基固本工作是永恒的话题，在当前的一段时间内坚决不能放松；人员结构、专业结构、岗位机构要在对号入座的基础上逐步走向精耕细研，为实现济钢基业长青、永续发展奠定管理基础。

——以"管理创新"提升管理质量。以基本管理单元创造力的培育推动"动力变革"取得显著成效，以创新型思维开展非主业资产清理优化股权投资结构，构建"品牌+供应链"运营模式，擦亮集团公司钢铁品牌，深化实施强大总部建设，实现了集团与子分公司双向赋能。

同志们！

回望过去这一年，面对深刻复杂变化的外部发展环境和艰巨繁重的转型发展任务，以刚才获奖的先进集体、团队和先进个人为代表的广大干部职工，深入践行"九新"价值创造体系新内涵，以"动力变革"为抓手，以创新技术为驱动，乘势而上，锐意创新，高质量完成了集团公司下达的各项任务目标。集团公司整体划转济南市，成为市属一级企业，牢牢把握住了转型发展主动权，到了可以大有作为也应该大有作为的关键时期。这期间每一点变化、每一个成就，都凝聚着广大干部职工的辛勤付出和汗水。

成绩固然可喜，但我们也要清醒地认识到工作中的差距和不足。一是践行"九新"价值创造体系新内涵、以全员全要素价值创造激发活力动力的能力有待提高；二是在推进"动力变革"过程中，引导作用发挥不充分，发现问题、分析问题、解决问题的精准性不足，聚焦问题横向联手、纵深推进的

能力与"动力变革"的要求还有较大差距，"动力变革"仍需加挡提速；三是锐意攻坚的军事化作风需要加强，避实就虚、要"两面派"的作风问题有所抬头，突破性、创造性开展工作的动力和能力不足；四是制约科技创新能力提升的问题没有彻底解决，创新活力激发还不够，技术研发的动力不足，还没有从"要我创新"完全转变到"我要创新"上来。

以上四个问题，提纲挈领就两个问题，一是创造力不足。什么是创造力？创造力就是把"不可能变为可能"。济钢自转型发展以来就是靠"把不可能变为可能"走到今天，干了很多看似不可能成功的事情，但是成功了，回头看过，我们都为自己而骄傲，这是济钢的核心竞争力。这种核心竞争力大家都得具备，绝对不能丧失。要把具有"创造力"变成一种必须具备的能力，去应对未来可能出现的新的创造需求。二是动力不足。尽管我们现在有动力，但距离"自带动力"还有差距。用老济钢的企业文化解释，就是自我加压不足。干工作不能被动等待领导加压，要自我加压、自己充电，面对任何困难，跌倒后再爬起来，实现"三军"齐头并进。未来对我们的要求越来越高，希望引起大家重视，只要解决了"创造力"和"动力"的问题，济钢就能无往而不胜。

今年将召开党的二十大，是我国全面实施"十四五"规划、开启全面建设社会主义现代化国家新征程的重要一年，也是新济钢整体划转济南市后，乘势而上向"两步走"第二步战略目标奋进的起步之年。站在新的起点，我们要深入贯彻落实山东省第十二次党代会和济南市第十二次党代会精神，围绕新时代社会主义现代化强省建设和新时代社会主义现代化强省会建设的各项行动目标，锚定高质量发展方向，砥砺奋发，笃行不怠，坚决扛起新时代新征程光荣使

命。广大干部职工要以先进为榜样，立足本职、苦练本领，干部要争做"狮子型"干部，职工要争做"双创型"职工，将个人奋斗融入企业发展，为加快济钢高质量发展贡献智慧力量！

一是要深入践行"九新"价值创造体系新内涵，为高质量发展提供坚实保障。

——要围绕"九新"新内涵，升级企业文化。新的时代要有新的文化。随着时代和环境的改变，要挖掘企业发展的"基因"动力。转型发展不是一蹴而就，也必将不会一劳永逸，要坚定"建设全新济钢，造福全体职工，践行国企担当"的使命目标坚决不动摇，在深刻理解新内涵过程中统一认识、汇聚力量、靶向攻坚。要严格执行"军规"，严肃半军事化管理，提升斗争本领。要抓住根本性问题，采取针对性措施，自我加压、自我突破，不断挑战极限，在与各项问题的斗争过程中一路向前，推动企业全面地提质增效。

——要以"九新"价值创造体系新内涵为指导，统筹推进疫情防控与生产经营。事实一再提醒我们，抗"疫"是一个长期的过程。以前我们是坚决打好"防御战"，后续要坚决打好"统筹仗"。要学会在疫情防控下统筹把握经济发展，处理好"一以贯之、科学精准防控疫情"与"稳字当头、稳中求进推动发展"之间的辩证关系。要研究疫情状态下确保人流、物流、信息流、资金流安全畅通的措施，建立共存的管理秩序，将疫情对企业发展和广大干部职工身心健康造成的影响降至最低。要关注行业状态，分析市场走向，抓住"黑天鹅"背后的机遇，以攻为守才能杀出重围、转危为安。

二是要全面实现"动力变革"攻坚任务目标，为高质量发展提供持续不断原动力。

——持续发挥"变革"的突破和赋能作用。要在 2021 年变革成效基础上，进一步解放生产力、进一步优化生产关系。"人员的动力"方面，要全面深化组织机制建设和三项制度改革，健全完善契约化发展维度指标，大力引进"总师""总顾问"等人才，要根据企业发展规划和当前实际，各类人才合理流动，实现内外双循环；末位调整机制要更加合理，更加畅通，实现"干部能上能下、人员能进能出、收入能增能减"常态化；要推进作风能力建设，最大限度增强干部队伍"敢于斗争、敢于胜利"和职工队伍"创新领先、创效一流"的能力。"产业的生命力"方面，要扎实落实"产城融合、跨界融合"战略主线，锚定"数字信息、智能制造、现代服务"三大产业方向，力争成为济南市"领航企业"；要聚力打造一批利润过亿级的二级企业和有长期稳定竞争力的品牌企业，产业链建设初具雏形；要"一企一策"精准推进混合所有制改革和企业上市，在资本市场崛起"济钢板块"。"组织的活力"方面，要建设"引领型"总部，构建专业化、多维度优势互补的公司治理体系，基本形成与企业发展定位相适应的现代企业管理水平和治理能力；健全信息化管控体系，构建横向协同、纵向贯通的"智慧济钢"整体架构。通过两年的"动力变革"，集团公司在"产业布局结构优化""科技创新力度""信息化建设""干部职工创造能力""公司发展动力"五个方面要实现明显突破，"五大创效"能力要实现明显提升，要破除扫清一批制约动力提升的制度机制障碍，有效化解一批制约高质量发展的结构性矛盾，为下一步转向以"质量变革"为主导，"三大变革"三位一体、良性互动的变革攻坚奠定坚实基础。

——以价值创造提供"动力变革"的内生动力。将"价值创造"和"创造价值"贯穿于"动力变革"全过程，多维度拓展价值创造路径，大力推进"无中生有"的创新创造，深挖价值创造点，持续提升全员价值发现能力和创新创造能力，这就是目前我们需要做的。要围绕构建转型发展新秩序、不断挖掘内生动力、增强风险抵御能力、科学构建新架构等方面破题攻坚，提升价值创造的精准性。定期开展管理论坛，让价值创造过程中产生的管理理念、创新成果实现全覆盖、共享共用，全面提升管理人员应对挑战、战胜困难的能力。

——以高效的督导督查提供"动力变革"的系统保障。持续强化"六大攻坚战"平台督导作用，把问题责任明确到位、措施制定到位、工作落实到位、问题解决到位。要"一竿子到底"深入基层，加大调查研究力度，健全信息沟通分析机制，切实反映、解决一线问题，推动基层发展与集团公司战略更加契合。实施重点工作穿透，破除"部门墙"，整合专业资源力量，建立跨部门督查机制，对重点专项任务实施联合督查，确保实时、准确掌握各项工作进度和各类数据，为决策提供支持。

——以政府扶持政策赢得发展主动。用好集团公司整体划转济南市的窗口期，持续强化与各级政府、部门沟通力度，全面推动济南市支持济钢发展26条政策落地，全面实现市国资委2022年度15项重点目标任务，全面融入省市强省会战略行动，以"潜力无限""动力十足"的奋斗姿态展现济钢新形象，不断获取各级政府支持，为集团公司高质量发展提供外部动力。

三是要系统推进创新能力提升工程，不断增强高质量发展驱动力。

——加快推动集团公司向战略创新迈进，为企业发展赢得未来赢得主动。没有传统的企业，只有传统的思维；没有疲软的市场，只有疲软的思想。面对日益严峻的内外部发展环境，企业要想生存下来没有别的出路，必须学会创新，这不仅仅是战术上的创新、科技上的创新、管理上的创新，更应该是战略上的创新，是面向未来，以未来的战略方向来决定现在应该如何行动。一方面要

基于资源选择未来产业方向，在原来的基础上升级、改造、赋能，像目前的研究院、国际工程、萨博汽车、环保材料，这都是传统企业升级的典范，立足于现有资源的最大化，现有技术的进一步升级，现有产品的进一步研发，全线进行智能化改造，使旧产业焕发生机，这是一个维度，是正向思维。另一方面，要逆向思维，基于时代特点、国家需求，基于时事给我们提供的机会，勇敢地捕捉机会，谋求超常规的发展与常规发展的辩证组合，以快速的行动提前占领未来市场，赢得未来的主动，这就是"跨界融合"。新旧动能转换起步区正在逐步形成，济南市产业结构将会发生脱胎换骨的变化，我们一定要抓住机会。未来的发展需求和我们当前的状态之间差距很大，要有紧迫感。我们选择空天信息产业，就是要抢占未来产业发展制高点。战略创新、跨界融合，这是对我们这一代济钢人智慧的考验，我们要对未来负责，新旧结合，抓住关键，重点突破。

——围绕产业链部署创新链，构建协同创新体系。公司已明确三大主业作为主攻方向、以重大科研项目为着力点，综合采取"揭榜挂帅""军令状""定向委托"等方式，选拔攻坚团队开展核心技术攻关。这里要强调一下，济南市下文让各个企业报送攻关难题，由济南市科技局组织社会力量为各个企业揭榜挂帅、破解难题。但我们第一轮只征集上来一个课题，难道咱没有难题吗？难道咱们没有需要科技攻关的课题吗？济南市帮着咱们揭榜挂帅，但是咱们自己不思考、不提供！多好的机会，多好的路径，为什么不动脑子？为什么不报课题？下步济钢要自己组织"揭榜挂帅"，基于发展实际提需求，把攻关难题面向社会征集，谁能上谁上，解了就是市场，解了就能突破瓶颈，这是一种双向的科技创新，既可以获取外部科技创新人才，也可以充分激发内部人才的攻坚积极性，聚四海之气、借八方之力，迅速

形成我们自己的、基于解决现实问题的攻坚力量，把这种攻坚力量纳为己用，合作共赢、共同发展。

——全面深化科技改革，破除体制机制障碍。持续深化"放管服"改革，英雄不问出处，谁有本事谁揭榜，谁最能干谁挑梁。要强化创新激励力度，探索激励方式，优化评价体系；畅通成果转化通道，及时把研发成果有效转化为市场化，打通技术成果转化"最后一公里"。特别要注意建立科技人才的长效激励机制。目前来济钢的高科技人才十分认可济钢的"家国情怀"，这是济钢的魅力所在。新济钢企业文化的建设要提速。要在原有知识库的基础上，对内容进行完善，将今天表彰大会的成果全部入库，供大家共享，为后人提示，少走弯路，传承下来，实现知识的循环利用。

——深入实施"人才强企"战略，全面夯实创新根基。要完善"高精尖缺"人才精准培养引进机制，特别是要加大总师/总顾问、职业经理人和博士后人才等高端急需紧缺人才的引进力度，畅通内部人才成长发展通道，引进一个总师培养三个徒弟。任何一个专业只要你钻下去，不出三年就成专家。要引入一批能解决集团公司发展重大难题、一锤定音的"专家"，培育一批业务精通、善于钻研、专业领域具有较强影响力的"大师"。要营造尊重知识、尊重人才的浓厚氛围，多举措建立健全"留住人才"工作机制。要给各类人才信任，要给各类人才机会，要给各类人才舞台，要培养支持青年人提前挑大梁，早进入角色，早锻炼锻炼筋骨，一代一代人踩着肩地往上上，目的就是为了企业的发展，为了我们的未来。

同志们！

站在新的历史起点上，我们已经拥有更大的产业发展主导权，已经迎来了前所未有的大好发展机遇。让我们把思想行动进一步统一到"建设全新济钢，造福全体职工，践行国企担当"上来，在上级领导的坚强领导下，深入践行"九新"价值创造体系新内涵，牢牢把握"产城融合，跨界融合"战略主线，全面融入济南市产业链建设，全力以赴提升企业创新力，价值创造力，在经营绩效、科技创新、做强先进制造业等各个领域勇当济南市市属企业的排头兵，为省市高质量发展和开创"强省会"建设新局面不断贡献"济钢力量"，以优异的发展成绩向党的二十大献上一份厚礼！

谢谢大家。

坚定信心　砥砺奋进　担当作为　顶压前行
坚定不移完成职代会确定的全年目标任务

——在济钢集团有限公司第二十一届一次职代会代表团长、工会主席联席会议上的工作报告

总经理　苗　刚

（2022 年 7 月 29 日）

同志们：

今天，我们召开集团公司第二十一届一次职代会代表团长、工会主席联席会议，总结报告上半年工作，动员全公司广大干部职

工进一步坚定信心、砥砺奋进，担当作为、顶压前行，坚定不移完成职代会确定的全年目标任务。

一、关于上半年主要工作情况

今年以来，面对新冠疫情带来的严峻考验和复杂多变的发展环境，我们认真贯彻落实济南市委市政府的各项决策部署，紧紧围绕集团公司二十一届一次职代会确定的任务目标，聚焦"动力变革"和"九新"价值创造体系新内涵，发扬"两敢"作风精神，高效统筹疫情防控、生产运营、改革发展各项重点工作，在十分困难的条件下，较好完成了上半年各项任务目标，保障了企业持续健康稳定发展。

上半年预计，集团公司实现营业收入210.41亿元，较进度预算目标增加41.72亿元，完成年度预算的52.05%；实现利润总额2.54亿元、净利润1.89亿元、归属母公司净利润1.56亿元。安全环保实现"八个零"目标。未发生上级考核的信访事件。

回顾上半年的工作，主要呈现出以下特点与亮点。

一是动力变革深入推进。聚焦激发人员动力、组织活力、提升产业生命力，结合济南市支持济钢发展相关政策，深入推进"一企一业"、投资拉动、创新驱动、人才支撑、分配激励、体系保障等6方面变革攻坚，55项作战任务基本完成节点目标。坚持"高目标引领、强激励导向"，构建完善"规模、效益、效率"和"董事长责任制、经理层契约化、员工绩效评价"两个"三位一体"的绩效管理架构，创新实施"经营目标+产业发展目标"双契约管理模式，推动实现权属公司主要指标、重大事项与总部部门绩效挂钩，绩效考核体系更加科学高效。持续优化干部人才选拔、培养、管理、使用体系，稳妥完成管理干部集中末位调整和公开竞岗工作，进一步实现了干部能上能下、能再上能再下，营造了人尽其才、人岗相适、充满活力的良好选人用人环境。

二是运营质效稳中向好。咬定全年目标不动摇，扎实开展"保营收、保盈利"专项攻坚，加强市场开拓，增加订单储备，不断拓展新的效益增长点，实现生产运营提质增效。生产加工板块完成产量693.2万吨、同比增产5.49%，实现工业产值51.1亿元、超计划13.33%，23家子分公司累计实现收入200.5亿元、超计划31.82亿元。济钢防务大力培育市场竞争力，低空监视网产品、遥感监测系统、净空防御系统、大宗商品贸易等订单持续增长，实现收入27.37亿元；济钢物流完成全年契约化指标的62.54%，主要经营指标均创历史新高；石灰石公司打造营销铁军，实现以销促产、以销定产，完成收入、利润分别超计划11.87%和40%；国际工程强化市场开拓，完成新签合同62项、合同额9.98亿元，实现利润同比提高32.15%；研究院成功开发食品添加剂标准溶液等非冶金领域标样产品，加快向产品多样化、技术高端化转型；炉料公司强化过程风险管控，创新实施客户"准入+动态"双评价机制，业务结构持续优化；创智谷园区新增入孵企业6家；济钢文旅食品加工产业面食、烘焙、配餐三大中心项目已取得市场准入并落地运营。全面推进"五大创效"，累计实现"降本增效"1.64亿元，价值创造创效8156万元；完成产业协同业务额1.86亿元；积极拓展融资渠道，新增银行授信18亿元，综合融资成本较年初降低0.78个百分点；通过置换高成本融资、搭建票据贴现平台等方式，实现资金创效3580万元，资产负债率较年初降低5.17个百分点。构建完善风险防控、审计和两级法务全覆盖体系，建立形成财务、招标、采购、销售等9大类专项管理风险清单，实现了重点领域、重大决策专项风险评估和法律服务制度化、常态化，企业风险防控和化解能力得到提升。

三是产业培育聚势而起。积极响应济南市"工业强市"战略和创建"领航企业"号召，聚焦"产城融合"，强化顶层设计，确立了以数字信息、智能制造、现代服务为龙头的三大产业体系，初步形成了支撑高质量发展的产业主体框架。实施产业项目落地专项攻坚：空天信息产业基地一期一步项目实现整体竣工，一期二步建设方案编制完成；环保材料绿色矿山建设提升项目进入施工阶段；炉料公司年产2400吨无缝包芯线产线顺利投产；萨博汽车方舱产线二期项目完成安装调试；供应链公司189线铣切锯改造项目竣工投用。上半年累计完成新项目立项11个、立项金额3638.49万元，累计完成固定资产投资3.03亿元，完成全年计划的60.7%。积极融入我市空天信息产业布局建设，完成空天投公司股权并购，中科卫星增资扩股项目取得阶段性进展。优化海外资源配置，成立济钢国际商务中心，启动海外战略布局策划，促进国际供应链产业链延伸。全力推动济南市支持济钢发展26条政策落地落实，协调取得市级产能调整资金，完成23宗土地使用权恢复，实现土地回款3314.29万元。

四是发展活力持续激发。锚定国企改革三年行动目标，聚焦关键领域，实施重点突破，涉及五大领域的28项重点任务、80余项节点目标基本完成。其中，国铭铸管IPO项目提前获得证监会反馈意见的正式回复，水文公司、二汽改厂顺利完成公司制改制，国际工程混改项目稳步推进，研究院成功入选国务院国企改革"科改示范行动"，成为我省8家"科改"示范企业之一。加强董事会建设和规范运作，组建4个董事会专门委员会，设置董事会专门委员会办公室/工作组，5位外部董事全部配齐到位；建立实施董事会向经理层授权、总经理向董事会报告等工作机制，初步形成界面清晰、流程顺畅的董事会运行模式；11家权属公司完成董事会建设，实现"应建尽建"目标。持续打造"引领型""价值创造型"集团总部，完成总部机构整合调整，同比压减岗位定员5.3%；强化精准授权、差异化管理，建立实施重大事项报告制度，对两家契约化高目标引领单位进行再放权、形成管理放权事项18项，总部管理效能进一步提升。围绕产业链部署创新链，萨博汽车智能新能源环卫车、鲁新建材稀土转光剂等科技创新项目全面铺开，国际工程"绿色智能焦化联合研究院"等科技创新平台建设加快推进。"智慧济钢"规划设计基本完成，新OA系统、资金管理系统、合并报表系统等数字化转型项目提速推进。加快实施"人才强企"战略，构建总指挥、总师（总顾问）"双总"机制，加大市场化选人用人力度，引进集团总投资顾问1名、产业链总师2名、职业经理人3名；加强校企合作，引进应届高校毕业生61人、较上年增长25%。

五是集团大局安全稳定。坚持"人民至上、生命至上"，不折不扣贯彻党中央和上级党委疫情防控决策部署，毫不动摇坚持"外防输入、内防反弹"总策略和"动态清零"总方针，适时启动疫情防控Ⅰ级应急响应，开启封闭管控，实行双线办公，科学组织全员核酸检测，扎实做好社区联防联控，团结带领全体干部职工勠力同心、并肩作战，共同经受住了2020年"疫情防控阻击战"以来最为严峻的抗疫考验，有力维护了广大职工群众的生命安全和身心健康，得到各级政府部门充分肯定，集团保卫部和团委战疫团队荣获2022济南"战疫榜样"优秀团队称号。认真贯彻落实市安委会安全生产提升年行动工作部署，扎实开展安全生产专项整治三年行动，深入推进问题隐患去根治理，本质化安全水平持续提升；抓好安全生产"八抓20项"创新举措学习培训，全员安全责任意识进一步增强；在市应急局上半年安全生产考评中，集团公司综合排名位居市管工贸企业第二位。依法依规、妥善化解各类信访事项，圆满完成冬奥会、冬残奥会、全国两会、省市两会、省市党代会等重大活动和敏感节点的维稳任务，为企业改革发展营造了和谐稳定的发展环境。

六是党建保障坚强有力。突出抓好党的政治建设这一根本性建设，建立实施"第一议题""第一学习"制度，引导广大党员干部深刻领会"两个确立"的决定性意义，更加自觉增强"四个意识"，坚定"四个自信"，做到"两个维护"。认真学习贯彻各级两会、省市党代会精神，深入开展系列宣讲活动，与时俱进为"九新"价值创造体系注入全新内涵，用"建设全新济钢，造福全体职工，践行国企担当"的使命目标和"目标就是责任，责任就是使命，使命就是生命"的精神追求，砥砺奋进信念、凝聚发展共识，在集团上下引起强烈共鸣。坚持抓基本、打基础、强基层、创特色，积极推进基层党支部评星定级，创建选树五星级支部 24 个、四星级支部 71 个，打造出"新愚公""匠铸红心，智绘蓝图"等一批特色鲜明、立得住、叫得响的支部党建品牌，有效提升了济钢党建工作的软实力和硬形象。坚持"三不"一体推进，严把领导干部选拔任用廉洁关口，启动"一台账、两清单、双责任、双问责"政治监督机制建设，开展防治"七种不良作派"专项整治、酒驾醉驾等问题"去根"治理，有力维护了企业风清气正的良好氛围。多措并举强化宣传阵地建设，济钢转型发展实践经验在我省《三个走在前》学习读本刊发，新华社、央广网、济南日报等全国、省市重要媒体累计刊登集团公司发展报道 300 余篇，充分展现了新济钢新作为新形象；内宣新闻紧跟集团发展动态，全方位多角度挖掘宣传亮点，新闻质效不断提高，进一步营造了强信心、暖人心、聚民心的良好舆论环境。济

钢工会第六次代表大会胜利召开，新一届工会委员会圆满完成换届；"幸福和谐企业"建设深入推进，"我为群众办实事"实践活动进一步巩固，广大职工群众获得感、幸福感、安全感更加充实。集团公司荣获 2021 年山东省责任企业，"学习强国"成绩始终保持我市第一名，企业影响力进一步提升。

同志们，上半年的工作成绩，是在疫情起伏反复、外部环境复杂严峻的背景下取得的，来之不易、成之惟艰。这是济南市委市政府坚强领导的结果，是集团党委带领全体干部职工团结拼搏、接续奋斗的结果。在此，我谨代表集团公司，向奋战在各个岗位上的广大干部职工，向关心支持济钢发展的离退休职工及家属，表示衷心的感谢和崇高的敬意！

在充分肯定成绩的同时，我们也要清醒地认识到，工作中还存在诸多挑战和不足。一是个别单位生产运营受疫情、市场等因素影响较大，工作中缺乏系统性、突破性的应对举措，契约化指标完成情况距离预算目标有较大差距。二是产业培育尚需持续加力，个别重点项目推进效率有待提高，济南市 26 条支持政策的推动落实力度还不够，要抓住窗口期，创造性、突破性寻找破解举措。三是创新工作对高质量发展的引领支撑作用发挥不够，研发技术领域相对单一，关键核心技术攻坚和科技成果转化应用不够深入，创新创效潜能没有充分释放。四是风险管理制度、体系、架构还不够完善，系统性风险防控能力还要进一步提升。五是精益管理的基本功还不扎实，部分单位对于加强基础管理的急迫性、重要性认识依然不足，忽视、轻视管理的现象依然存在，弄虚作假、迟报瞒报的问题尚未杜绝，这也是集团公司为什么要实施重大事项报告制度的原因所在。六是面对困难挑战，总部部门主动站位集团高度谋划发展、推动工作的意识依然不足，干部队伍逆势而上、攻坚克难的精气神

不够，敢于担当、较真碰硬的"战斗作风"仍需进一步提升。以上问题务必引起我们的高度重视，采取有力有效措施，主动加以改进和解决。

二、关于下半年面临的形势及总体工作要求

下半年，我们面临的形势依然复杂严峻。从大环境看，国内经济恢复基础不稳固，发展环境中的不确定因素较多，稳住经济大盘需要继续付出艰苦努力。从我们自身看，受外部多重不利因素持续影响，企业运营压力有增无减，完成全年目标任务还有很多困难和挑战，容不得有丝毫的盲目乐观。

严峻形势面前更要看到积极有利因素。宏观方面，我国经济总体运行在合理区间、拥有很强韧性，复工达产加快推进，稳增长政策逐步发力显效，重点地区疫情得到有效管控，国内经济长期向好的基本面没有改变；我省率先探索内外循环双向互促、供给需求协同发力的路径模式，聚焦增强经济社会发展创新力，以"十大创新"引领全方位创新，成为国家高水平自立自强的重要支撑；我市坚定不移实施"工业强市"战略和"12项改革创新行动"，黄河重大国家战略落地起势，新旧动能转换力开新篇，现代产业体系加快构建，营商环境进一步优化。国家、省市加快推动国有企业创新驱动高质量发展的战略红利叠加释放，为我们带来了前所未有的历史性发展机遇。集团内部，济钢划转济南市后，已基本平稳度过"磨合期"，三大主业发展方向在上级指导下进一步明晰，以空天信息为代表的一批产业项目加快落地成长，"产城融合发展"全面驶入提质增效快车道，企业高质量发展的基础进一步稳固。

综合判断，新济钢已进入转型发展以来最为关键的发展阶段，当前面临的冲击影响是阶段性的、暂时的，我们有底气有信心共克时艰、战胜风险挑战，继续奋勇前进。全集团上下要坚定发展信心不动摇，做好打硬仗的充分准备，以"一刻不松、半步不退"的勇毅担当，克服一切困难，想尽一切办法，咬紧牙关，奋力攻坚，全力冲刺，确保完成全年既定目标任务，把发展的主动权牢牢掌握在自己手中！

下半年的总体工作要求是：坚持以习近平新时代中国特色社会主义思想为指导，坚决贯彻落实习近平总书记关于"疫情要防住、经济要稳住、发展要安全"重要指示要求，紧紧抓住省第十二次党代会、市第十二次党代会召开赋予济钢发展的重大机遇，锚定高质量发展方向，拿出在市属企业"走在前"的境界格局、思路理念和标准要求，在上级党委的坚强领导下，聚焦二十一届一次职代会各项部署要求，深学笃用"九新"价值创造体系新内涵，纵深推进"动力变革"，目标不变、标准不降，以"严真细实快"的工作作风抓好落实，确保完成全年目标任务，奋力谱写新济钢创新驱动高质量发展的崭新篇章，在助推我市奋力开创"强省会"建设新局面中，担当更大责任，发挥更大作用，以扎扎实实的工作业绩，回报组织的信任，迎接党的二十大胜利召开！

三、关于下半年的重点工作

（一）聚焦经营提质增效，坚决完成全年目标任务。

一是全力以赴提高经营绩效水平。强化全面预算引领，抓住经济恢复重要窗口期，高效统筹抓好疫情防控和生产经营重点任务，深化开源节流，纵深推进"五大创效"，坚定不移完成全年经营目标。要积极开展高层营销，深入了解客户需求，大力推介技术产品，努力促成商业合作，不断提升产品知名度和品牌影响力，让广大客户、合作伙伴重新认识济钢，吸引和聚集更多优质发展资源。要大力提高贸易发展质效，建立实施贸易业务准入许可和退出机制，在确保风险可控基础上提升盈利水平，对风险评价高、毛利率低的业务坚决退出，促进贸易结构进一步优化，让优势资源流向效益高地。要切实增强"等不起、慢不得、坐不住"的紧迫感危机感，紧紧抓住政策窗口期，扎实推动济南市 26 条支持政策落地落实，争取更多政策和资金向济钢倾斜。

二是多措并举提高资金管理水平。做好过紧日子的准备，统筹做好资金管理、存量盘活、应收账款清理等工作，建立高效完善的融资担保主体及授信体系，进一步提高资金集中度和使用效率，全力保障资金链安全。要优化融资结构，拓展融资渠道，严控贸易融资规模，加快替换高成本融资，积极推动有条件的公司上市融资，全面提升集团融资能力。全年融资金额要达到 40 亿元，融资成本要降至 5.5% 以下。要建立健全资本管理体系，有效利用多层次资本市场，通过股权运作、并购重组、基金投资、培育孵化等方式，提高资本流动性和回报率，促进国有资产保值增值。

三是持之以恒提高精益管理水平。坚持向管理要质量、要效益、要发展，全方位、全流程加强精益管理，深入查找管理工作中存在的突出问题，制定落实专项提升计划，推动管理水平实现"螺旋式"上升。要扎实开展库存管理专项行动，借助信息化手段，创建"标准仓""规范库"，形成闭环管理和工作改进长效机制。要积极开展对标提升行动，就业务管控、商业模式、市场布局等积极对标国内优秀企业，加快构建具有济钢特色的管理体系和管理机制，推进管理方式向集约化、精益化转变，全面提升企业综合竞争力。

（二）聚焦做大做活做专，坚决塑强产业发展优势。

一是高站位、高标准推进优势产业链建设。强化顶层设计与路径规划，积极融入和服务地方经济建设，按照"龙头带动，资源聚合，高端引领、链式发展"的理念，抢抓政策机遇，集聚优势资源，加速培育以数字信息产业为引领、智能制造产业为重点、现代服务产业为支撑的现代产业体系，为省市做强先进制造业贡献力量。要在推动企业规模做大、体制机制做活、主业做专上下更大功夫，发挥现有产业基础优势，找准切口、精准布局，快速在细分领域中锁定制高点，加快构建以空天信息、先进材料、特种车辆制造、现代科创服务等为代表的，具有行业领先地位和济钢特色的优势产业链条，形成上下游、左右链集聚的产业生态。各单位要主动对号入座，奋力争先进位，争当"链主"、争做"龙头"，推动产业发展快速破局，形成更多响亮的"济钢名片"，打造更多更强的"单项冠军"，加快形成新济钢产业集群，不断开创"产城融合"发展新局面。

二是高质量、高效率推进重点产业项目建设。持续发挥项目对产业发展的支撑引领作用，重点做好空天信息产业园一期二步及二期项目、20 万吨纳米碳酸钙项目、海砂项目、富勒烯项目、萨博汽车研发中心等重点项目落地推进工作，确保项目安全、投资、质量、工期全受控，最大限度把项目建设成效转化为高质量发展新的增长点。全年固定资产投资要达到 5.11 亿元。要抓实项目招引，聚焦补链强链、招优引强，全力引进"链主""龙头"企业、关键环节企业和相关配套企业，全力招引产业层次高、带动潜力足的产业项目；同时坚持抓大不放小，积极引进科技含量高、成长性强的科技型中小企业，通过"孵化+引进"模式，赋能产业升级和新主业培育，努力成长为我市制造产业的"种子孵化器"和"集聚承载体"。要抓细项目建设，不断提高工程项目全生命周期管理水平，强化节点管控和过程监督，及时发现和解决重点项目建设中存在的问题，确保项目建设质量与效益同步提升，形成"储备一批、开工一批、建设一批、达效一批"的良好局面。

三是高目标、高水平推进科技创新体系建设。始终把科技创新作为提升企业核心竞争力的有力武器，积极响应市委"12项改革创新"行动，系统实施创新能力提升工程，多措并举做好科技赋能文章，全力在"创新"大考中交好"济钢答卷"。要以三大主业为主攻方向、以重大科技成果转化项目为着力点，建立健全研发投入刚性增长约束机制，加快推进关键核心技术攻坚，不断完善科技成果转移转化体系，加大科技型企业及平台培育力度，促进产业链创新链深度融合。全年研发投入要努力完成4.8亿元目标。要全面深化科技改革，压实科技创新主体责任，综合采取"揭榜挂帅""军令状""定向委托"等方式，组建攻坚团队开展核心技术攻关，持续健全完善协同创新、项目实施、开放合作、成果转化、长效激励等机制，坚决破除一切束缚科技创新的思想障碍和制度藩篱，不断开创集团科技工作新局面。

（三）聚焦全面深化改革，坚决打赢国企改革三年行动收官战。

一是不折不扣完成各项改革任务。锚定国企改革三年行动各项收官任务，全面盘点、对标补差，确保任务圆满收官，以"改革之为"更好服务高质量发展。要统筹抓好"动力变革"攻坚、混合所有制改革、"三项制度"改革、薪酬制度改革、亏损企业治理、历史遗留问题处置等重点难点任务，紧盯时限要求，实行清单化推进、台账式管理，不断提升改革质效，为"质量变革"和迈向高质量发展新阶段打下坚实基础。要持续完善领导干部末位调整和禁令否决机制，深入推进经理层任期制和"经营目标+产业发展目标"双契约管理模式，构

建更加科学高效的绩效考核体系，实现上下联动、同向发力，真正建立起干部职工同企业共同发展的"命运共同体"。

二是系统全面提升公司治理水平。对照中国特色现代国有企业制度要求，不断完善公司治理基本制度和配套运行机制，全面提升公司治理体系和治理能力现代化水平，把济钢国企制度优势更好转化为治理效能。要加快推进高水平董事会建设，紧紧围绕"定战略、作决策、防风险"的职责定位，优化董事会治理机制，不断提高董事履职能力，全面落实董事会授权制度，进一步发挥董事会、经理层的活力和协同性。要全方位提升集团总部战略管理能力、决策能力、服务指导能力和引领科学发展能力，建立更加适应市场的决策审批及执行机制，"一企一策"优化对权属公司的授权监督管理，构建形成目标明确、边界清晰、权责对等、精简高效的组织体系。

三是深入实施"人才强企"战略。完善市场化选人用人机制，拓展人才引进渠道，加大高端人才引育力度，综合运用"项目引才""柔性引才""站点引才"模式，按需求、分层次、定制化引进一批领军型人才和创新创业团队。要以重大项目为载体，采取合作方式，借助高校、科研机构人才力量，推动"产学研"融合发展，凝聚强大人才合力。要进一步健全"双总"服务保障体系，构建"选聘引进、服务保障、评价管理"的闭环管理，不断提高"双总"服务集团重大战略的能力。要优化薪酬分配激励机制，统筹运用多种中长期激励方式，鼓励支持知识、技术、管理等要素有效参与分配，大力激发人才创新创造活力，切实把人才优势转化为高质量发展动力。

（四）聚焦安全稳定大局，坚决守住高质量发展底线。

一是毫不松懈抓好疫情防控工作。始终坚持"人民至上、生命至上"，深刻、完

整、全面认识党中央确定的疫情防控方针政策，时刻保持清醒头脑，毫不动摇坚持"动态清零"总方针，严格落实上级党委、属地政府疫情防控决策部署，全力守住来之不易的抗疫成果。要科学精准打好疫情防控"统筹仗"，处理好"一以贯之、科学精准防控疫情"与"稳字当头、稳中求进推动发展"之间的辩证关系，研究落实疫情状态下，确保人流、物流、信息流、资金流安全畅通的有力措施，构建科学安全高效的运营管理秩序，将疫情对企业发展和广大干部职工身心健康造成的影响降至最低。

二是扎扎实实抓好安全环保工作。提高政治站位，深刻领悟当前做好安全生产工作的重要意义，坚决扛起安全生产政治责任、主体责任，切实筑牢安全防线、守住安全底线，为党的二十大胜利召开营造安全稳定的良好环境。要始终坚持"底线思维、极限目标"，严格落实全员安全生产责任制，扎实开展安全生产诊断和安全生产大检查活动，持续推进"双基双线一提升"和问题"去根"治理，不断提升本质安全水平。要巩固环保基础管理，扎实开展第二轮环保管家诊断服务，加强"双碳"政策研究，完善"双碳"推进机制，积极探索产业园区"低碳""零碳"发展模式，推动实现高质量绿色发展。

三是全面系统抓好风险防范化解工作。牢固树立风险防控意识，密切跟踪国内外疫情、经济等形势变化，因时因势调整工作着力点和应对举措，切实抓好各类风险的监测预警、识别评估和研判处置工作，坚决守住不发生重大风险的底线。要持续提升系统风险防范能力，建立完善风险防控体系，不断提高重大风险评估及法律服务的制度化、科学化水平，进一步筑牢"三道防线"、健全"四个机制"，精准推动企业风险管控关口前移。要强化内部审计监督工作，不断健全和完善审计体制机制，实现审计监督常态

化、全覆盖，推动形成审计监督与纪检监督、作风监督等贯通融合的监督体系，加快构建审计工作新格局。

（五）聚焦全面从严治党，坚决筑牢高质量发展坚强政治保障。

一是打造国企党建新高地。以迎接党的二十大、学习宣传贯彻党的二十大精神为主线，在学懂弄通做实习近平新时代中国特色社会主义思想上下更大功夫，切实把拥护"两个确立"、做到"两个维护"内化于心、落实于行。要巩固拓展党史学习教育成果，健全常态化长效化制度机制，把党史学习教育融入日常、抓在经常。要锲而不舍推进正风肃纪反腐，用好"四种形态"，深化标本兼治，不断提高"三不腐"的综合功效，巩固发展良好政治生态。要持续打造济钢"强根铸魂"党建工作新模式，深入推进党委创特色、支部树品牌工作，把党建品牌化建设作为全面提升党组织赋能水平的有效途径，把党支部评星定级作为巩固"强基工程""头雁工程"工作成效的有力抓手，全面塑强具有新济钢特色的党建工作新高地。

二是树立作风建设新形象。坚持问题导向，聚焦解决企业改革发展过程中的痛点、难点、堵点问题，继续发扬济钢"两敢"精神和半军事化管理优势，大力倡树严肃严格、求真较真、细致细究、务实扎实、高效快捷的工作作风，坚决杜绝软弱涣散、弄虚作假、粗枝大叶、脱离实际、推诿扯皮等作风问题，将作风建设新成效转化为干事创业的凝聚力、执行力和战斗力，转化为对外合作的吸引力、产业项目的竞争力和高质量发展的推动力，不断擦亮"济钢作风"这张"金色名片"。要全方位提升选人用人工作质量，树牢重实干重实效重实绩的风向标，注重在急难险重一线培养、考察和识别干部，持续提高各级干部的综合素质和能力。要坚持"三个区分开来"，健全完善容错纠错机制，科学设置考核评价体系，坚决对混

日子、假作为的干部打板子、挪位子，为敢担当、真作为的干部鼓劲撑腰，真正实现"干与不干不一样、干多干少不一样、干好干坏不一样"。全集团广大党员干部要进一步树立"目标就是责任，责任就是使命，使命就是生命"的精神追求，严明纪律规矩、严格工作标准，说实话、办实事、求实效，始终保持一股拼劲冲劲韧劲，在困难面前敢闯敢试、敢为人先，在矛盾面前敢抓敢管、敢于碰硬，在风险面前敢作敢为、敢于担责，坚定不移扛起高质量发展的历史使命和时代担当。

三是汇聚企业发展新合力。始终把"造福全体职工"作为一切工作的出发点和落脚点，深入推进"幸福和谐企业建设"，持续巩固"我为群众办实事"实践成果，切实解决一批职工群众最关心最直接最现实的问题，让职工群众有更多的获得感、幸福感和安全感，坚决完成职工人均收入较上年提升8%的目标。要聚焦践行"九新"价值创造体系新内涵，深耕厚植具有时代特征、国企特质、济钢特色的企业文化，引导全体干部职工进一步统一思想、凝聚力量，以更

加坚定的信心和定力向着既定目标奋勇前进。要以服务大局为导向，办好济钢职工运动会、济钢"春晚"等群众性活动，更好满足职工群众多层次、多样化需求，不断增强各级党组织和群团组织的生机与活力。要始终坚持"全心全意依靠职工办企业"，加强企业民主管理，落实厂务公开和合理化建议工作，积极拓展职工参与民主管理、民主监督的渠道，不断增强职工群众对企业的信任感和归属感，广泛汇聚起推动高质量发展的强大合力。

同志们！难走的路都是上坡路。回顾济钢60余年波澜壮阔的发展史，每一次风险挑战，都是又一次跨越发展的新机遇。让我们更加紧密地团结起来，在济南市委市政府的坚强领导下，拿出越是艰险越向前、不达目的不罢休的劲头，付出更为艰巨、更为艰苦的努力，坚定不移完成全年目标任务，坚定不移推动新济钢创新驱动高质量发展迈出更大步伐，朝着实现"两步走"第二步战略目标奋勇前进，以一域之光为全局添彩，以实际行动和优异成绩迎接党的二十大胜利召开！

谢谢大家！

在济钢集团有限公司审计专题培训大会上的讲话提纲

党委副书记、董事、总经理　苗　刚

（2022 年 8 月 10 日）

同志们：

根据集团公司安排，今天我们召开审计专题培训大会，主要任务是通报集团公司近期开展的任期经济责任审计及 2021 年度绩效审计情况，安排部署下步审计整改工作，推动领导干部在整改中彰显作风、强化担当、提高效能，以系统性的问题整改促进基础管理水平提升和企业高质量发展。

转型发展以来，集团公司党委始终高度重视审计与风险内控工作。党委书记、董事长薄涛同志在不同场合会议中多次强调内审部门要全面落实省委、市国资委对审计工作的要求，认真践行审计工作的初心和使命，依法履行职责，发挥监督作用，不断提高审计工作质量和水平。审计部/风险控制部本着全面独立、客观公正、依法合规的审计原

则，组织选聘外部审计机构对权属单位离任领导及2021年度经营绩效完成情况开展了审计，此次审计范围广，审计内容全面，在充分展示各单位成绩亮点的同时，也暴露出许多问题。刚才，刘富增部长通报了我们在内部控制、运营管理、财务管理、资产物资管理、合同管理、招投标管理、工程项目、诉讼管理等方面存在的各项问题。通过梳理分析这些审计问题，发现大部分单位所犯的低级错误居多，暴露出公司管理水平及基础管理还存在不少问题。深化剖析审计查处的这些问题，既有客观方面因素，也有主观方面缘由。从客观方面讲，存在主要问题有：内部分工、职责不清，对决策事项、决策流程不清晰；单位各部门之间缺乏有效沟通，信息不能共享；市场开拓、信息掌控、市场分析、研判能力不足，不能根据市场变化随时调整应对策略；公司处于转型发展时期，管理力量薄弱，业务素质偏低，专业胜任能力有待提高，等等。从主观方面讲，存在主要问题有：管理制度不健全、流程不合规；思想上没有红线意识，制度执行不力，有章不循、有规不守、流于形式；单位负责人对管理重视力度不够，执行过程中缺乏监督和考核机制；个别人员责任心不强，主动意识不足，纪律观念淡漠，监督反省缺位；个别领导存在侥幸心理，以不了解财经法规、不知情为挡箭牌，逃避责任，等等。

审计的目的不仅仅是发现问题，更重要的是要做好审计"后半篇文章"，充分发挥好审计"治已病、防未病"的作用。在完善制度层面上下功夫，查找制度漏洞和管理短板，从体制机制层面打牢"补丁"，有效防范同类问题"屡审屡犯"，力争审计整改"去根治理"。同时强化审计成果的运用，强化责任追究，对不配合整改、不按规定要求整改和整改不到位的，该考核的考核，该问责的严肃问责。为加强审计监督、落实审计整改，使审计工作在推动集团公司高质量发展上取得更大实效，下面，我提四点工作要求：

一是统一思想、提高认识。审计整改工作，具有特殊的政治属性，是落实全面从严治主体责任的重要内容，是提升企业现代化治理能力的重要抓手。各单位，特别是"一把手"，要从讲政治的高度来认识和把握审计整改工作，坚决贯彻集团公司对审计工作的重要指示精神，切实把审计整改工作摆在发展大局中去谋划、去推动，以最坚决的态度、最有力的举措，推动审计整改动真格、见实效。要树立正确问题观。主动直面问题，摆正态度，强化问题意识，坚持问题导向，对每一个问题，坚决做到不折不扣、不遗漏，照单全收、照单全改，确保整改不留盲区、不留死角。要树立"去根"思维。自觉从思想上查找根源，从行动上查找差距，深入分析问题原因，对症下药提出整改方案，全方位、深层次、精准落实整改要求，确保整改成效经得起实践检验。

二是明确责任、严格标准。审计整改是否能抓到位，压实责任是关键。要明确主体责任。各单位主要负责人是审计整改"第一责任人"，要切实履行主体责任，对审计整改工作负总责、亲自抓、亲自过问、全面整改。要牢固树立"旧官不欠账、新官理旧账"思维。各级领导干部要不回避、不遮掩、不护短，逐一拉出清单，明确整改标准及时限，按照"责任不落实的坚决不放过、问题不解决的坚决不放过、整改不到位的坚决不放过"原则，从快从实推进整改工作，避免"小错酿大错、大错酿大祸"。要严格整改标准。要以"真认账、真反思、真负责、真整改"的态度推进审计整改，做到整改落实既要"过得去"又要"过得硬"。

三是强化措施，形成合力。要强化动态管控。把审计整改当作一项常态化、长期性工作，被审计单位要定期汇报整改进度及整改成效，以公开促整改，直至所有问题见底清零。审计部/风险控制部要不定期督导检查，全过程动态跟踪问题整改情况，做好协调推进，增强审计监督合力和效率。要强化部门联动，审计部与组织部/人力资源部、财务部、纪委、法务部等部门协调联动，通过联合会议、联合督导等方式，形成联动抓整改的工作机制，加快形成工作合力，推动审计问题尽快整改解决。要强化举一反三，对于共性问题，被审计单位深入剖析问题根源，进一步健全制度机制，进一步强化风险管理，把审计整改与风险内控管理紧密结合，保持企业持续健康发展。对于个性问题，有的单位虽然没被审计出来，但也不要有侥幸思想，要把握主动，着眼规范，立即排查，发现类似问题立即整改。要强化培训学习。结合单位实际，有计划有步骤有重点地加强职业化培训，切实增强干部的宏观思维、辩证思维、法治思维，努力培养专业能力和专业精神；锲而不舍抓好作风建设，敢于担当作为、坚持原则，严肃查处问题，真正做到对历史和企业负责。

四是标本兼治，健全机制。要完善审计监督体系。根据《济南市国资委关于加强市属企业内部审计监督工作的实施意见》，集团公司探索成立党委审计委员会，在集团公司党委领导下，逐步构建完善"统一管理、分级负责"的审计监督体系。要建立工作约谈机制，凡是未在规定时间内完成整改，又未说明原因或原因不充分的，或对审计发现问题屡犯不改的，由集团公司纪委牵头，约谈被审计单位负责人，并对该单位审计整改工作进行专项督查督办。要建立考核机制，制定审计整改专项考核办法，将审计整改情况纳入考核，并将考核结果运用到评先评优和干部选拔任用上。

同志们！

审计整改是审计工作的出发点也是落脚点。抓好审计整改是规范企业经营行为、防范内外部风险的重要举措，对促进企业健康发展、推动国有资产提质增效有重要意义。让我们在集团公司党委的正确领导下，持续深入践行"九新"价值创造体系新内涵，以高度的政治自觉、强烈的使命担当，由表及里、由点及面，标本兼治、常态长效，认真答好审计整改这道"必答题"，努力将高质量整改成果转化为高质量发展成效，以优异成绩向党的二十大胜利召开献礼！

深入学习贯彻党的二十大精神
以新作风护航济钢高质量发展新征程

党委书记、董事长　薄　涛

（2022 年 12 月 15 日）

同志们：

在全国上下深入学习贯彻党的二十大精神之际，今天我们召开集团公司干部能力提升大会，主要任务是以学习贯彻党的二十大精神为动力，吹响新济钢高质量发展的奋进号角，动员全集团广大党员干部，聚焦"质量变革"，深入践行"九新"，弘扬"两敢"精神，锤炼过硬本领，以全新的作风形象和精神状态，迈向高质量发展新征程，以实际行动贯彻落实党的二十大精神。

刚才，苗刚总经理对高质量发展和"质量变革"作了解释。转型发展以来，集团公司结合实际，分阶段实施"三大变革"，"效率变革"是围绕"做大"，提升企业规模，"动力变革"是围绕"做活"，提升企业活力，"质量变革"则是围绕"做专"，提升企业的专业性和产业的聚焦性。高质量发展的标志就是实现"做大、做活、做专"三要素的协同融合发展，对此一定要把握好节奏、把握好定位、把握好思想。"质量变革"推进的效率和效果，某种程度上决定着我们进入高质量发展的时点，对此要有清醒的思路和认识。

下面谈几点意见。

一、结合学习贯彻党的二十大精神，谈谈为什么要进一步强化干部队伍的作风能力建设

党的二十大是在全党全国各族人民迈上全面建设社会主义现代化国家新征程、向第二个百年奋斗目标进军的关键时刻召开的一次十分重要的大会。大会的主题是：高举中国特色社会主义伟大旗帜，全面贯彻习近平新时代中国特色社会主义思想，弘扬伟大建党精神，自信自强、守正创新，踔厉奋发、勇毅前行，为全面建设社会主义现代化国家、全面推进中华民族伟大复兴而团结奋斗。大会明确宣示了党在新征程上举什么旗、走什么路、以什么样的精神状态、朝着什么样的目标继续前进，对全面建成社会主义现代化强国两步走战略安排进行宏观展望，科学谋划了未来五年乃至更长时期党和国家事业发展的目标任务和大政方针，对于鼓舞和动员全党全军全国各族人民坚持和发展中国特色社会主义、全面建设社会主义现代化国家、全面推进中华民族伟大复兴具有重大意义。全集团上下要深刻理解党的二十大的鲜明主题，深入学习党的二十大报告和党章等重要文件，深入领会蕴含其中的重要思想、重要观点、重大战略、重大举措，更加紧密地团结在以习近平同志为核心的党中央周围，凝心聚力、砥砺前行，为把我国建设成为富强民主文明和谐美丽的社会主义现代化强国、实现中华民族伟大复兴的中国梦而努力奋斗！

在认真听取学习党的二十大报告后，我的最大感受就是：无比自豪、充满信心！

无比自豪的是：中国特色社会主义进入新时代以来，党和国家所取得的历史性成就、发生的历史性变革。习近平总书记在报告中指出"十年来，我们经历了对党和人民事业具有重大现实意义和深远历史意义的三件大事：一是迎来中国共产党成立100周年，二是中国特色社会主义进入新时代，三是完成脱贫攻坚、全面建成小康社会的历史任务，实现第一个百年奋斗目标。这是中国共产党和中国人民团结奋斗赢得的历史性胜利，是彪炳中华民族发展史册的历史性胜利，也是对世界具有深远影响的历史性胜利。"这十年，党面临形势环境的复杂性和严峻性、肩负任务的繁重性和艰巨性世所罕见、史所罕见。特别是从党的十九大到二十大，这是"两个一百年"奋斗目标的历史交汇期，在党和国家事业发展进程中极不寻常、极不平凡。以习近平同志为核心的党中央统筹中华民族伟大复兴战略全局和世界百年未有之大变局，以伟大的历史主动精神、巨大的政治勇气、强烈的责任担当，统揽伟大斗争、伟大工程、伟大事业、伟大梦想，团结带领全党全军全国各族人民有效应对严峻复杂的国际形势和接踵而至的巨大风险挑战，以奋发有为的精神把新时代中国特色社会主义不断推向前进。新时代十年的伟大变革，是全方位、划时代的，彰显了中国特色社会主义的强大生机活力，为实现中华民族伟大复兴提供了更为完善的制度保证、更为坚实的物质基础、更为主动的精神力量！

同样令人无比自豪的是：党的十九大以来，始终与党和国家的发展保持同频共振、同向同行的新济钢，也取得了不辱使命的发

展成绩！还记得，党的十九大是 2017 年 10 月召开的，大会的主题紧扣初心使命，指出"中国共产党人的初心和使命，就是为中国人民谋幸福，为中华民族谋复兴"。济钢是 2017 年 7 月关停的钢铁产线，面对当时干部职工对未来发展的迷茫无措，以及集团新旧交替、破立交织的复杂局面，我们坚定地把党的领导挺在了最前面，在党的十九大精神的指引下，在"不忘初心、牢记使命"的力量感召下，义无反顾踏上了"建设全新济钢，造福全体职工"的全新征程。五年来，我们在上级党委和各级政府的坚强领导下，坚定不移贯彻新发展理念、融入新发展格局，坚持稳中求进工作总基调，攻坚克难、承压奋进，以忠诚奋斗践行国有企业的政治担当和发展担当，奋力蹚出了一条城市钢厂绿色转型的新路子，企业经营规模以年均 37% 的速度递增，用四年时间恢复到停产前水平。特别是划转济南市以来，我们在市委市政府的坚强领导和大力支持下，高效统筹疫情防控、生产经营、改革发展各项重点工作，确立了新一代信息技术、智能制造和现代服务三大产业领域，成为我市空天信息产业链主企业，企业实力持续增强，成功跻身中国企业 500 强，被省市改革办作为国企改革创新以及山东省新旧动能转换五年突破的典型案例上报中央改革办，受到中央及各地方媒体和社会各界的广泛关注。

今天，我们可以自豪地说，我们用五年转型发展的奋斗实绩，用"完成供给侧改革去产能任务""实践新旧动能转换绿色低碳之路""重返中国企业 500 强行列"这三件"大事儿"，书写了"济钢人"不忘初心、牢记使命，坚决贯彻落实党的十九大精神的生动篇章！

祖国的发展强大为企业的发展壮大提供了坚强保障和广阔舞台。党的二十大向全党发出了"务必不忘初心、牢记使命，务必谦虚谨慎、艰苦奋斗，务必敢于斗争、善于斗争"的伟大号召，明确了"从现在起，中国共产党的中心任务就是团结带领全国各族人民全面建成社会主义现代化强国、实现第二个百年奋斗目标，以中国式现代化全面推进中华民族伟大复兴"。

乘着二十大胜利召开的东风，新济钢也即将踏上高质量发展的全新征程。我们学习宣传党的二十大精神，要把聚焦点和着力点放在加快推动新济钢高质量发展上，这是未来三年我们发展的中心任务，是党和国家赋予国有企业的责任与使命，必须全力以赴、务期必成。刚才，规划部通报了《高质量发展三年行动计划》，苗总就下步推进"质量变革"作出了安排部署，我们的目标就是要用三年时间，实现新济钢的"千亿之跃"，到 2025 年，实现营收过千亿元，工业产值 200 亿元以上，年进出口额突破 200 亿元，稳居中国企业、制造业双 500 强。

新的赶考之路上，只要我们始终坚持以党的二十大精神为指引，"自信自强、守正创新，踔厉奋发、勇毅前行"，就一定能在上级党委和各级政府的坚强领导下，有效应对严峻复杂的外部环境和接踵而至的风险挑战，以新济钢高质量发展的实绩，铸就"建设全新济钢，造福全体职工，践行国企担当"的发展使命，为奋力谱写全面建设社会主义现代化国家新篇章，贡献"济钢力量"，交上优异答卷。对此我们坚定不移、充满信心！

同志们！

"正确的路线确定之后，干部就是决定因素"。重视和加强干部队伍建设，是我们党的优良传统，也是济钢建厂 60 多年始终坚持的发展经验。正是因为源源不断培养造就一批又一批优秀干部，济钢的建设事业才能始终充满生机活力。转型发展五年来，我们注重以党的创新理论凝心铸魂，引导各级党员干部坚决捍卫"两个确立"，坚定做到"两个维护"，自觉从习近平新时代中国特色社会主义思想的源头活水中坚定政治立场、汲取政治营养，不断提高"政治三力"，筑牢对党绝对忠诚的思想政治根基。我们注重以使命引领砥砺奋进力量，紧扣"全员"战略重塑，创造性提出"九新"价值创造体系，以"六大攻坚战"为实战平台，以"军规"为纪律保障，把解决阻碍发展的突出问题作为干部培育的磨刀石，让初心和使命找到现实承载体，有效激发干部队伍为企尽责的担当自觉。我们牢牢把握正确用人导向，注重以体制机制创新规范选育管用，建立了三个序列"纵向可晋升、横向可转换"机制，打通了各层次各领域干部职工职业发展通道，分层分类对排名末位6%范围内的领导干部进行调整，实现干部能上能下、能再上能再下。我们注重以职业化改革激发生机活力，实施"经营目标+产业发展目标"双契约管理，集团及权属单位经理层契约化覆盖率已达到100%；以"市场化选聘、契约化管理、差异化薪酬、市场化退出"为原则，稳妥推进职业经理人的社会化引进，通过市场化选聘方式，引进职业经理人9名。我们注重以作风建设提升干部精神境界，唤醒领导干部的"狮子"精神，把敢不敢扛事、愿不愿做事、能不能干事作为识别干部、评判优劣、奖惩升降的重要标尺，创新工作思路，实施由廉洁管理向廉洁治理转变，在全公司范围内开展全员军事化训练，为聚焦一个思路、发出一种声音、形成良好的执行秩序，奠定了坚实基础。

尽管我们在干部队伍建设上取得了一些成绩，但也必须清醒看到，问题依然突出，主要是我们的能力与形势的发展之间的差距。转型之初，我们就在"九新"中提出"客观认知，知识结构，心力成长"是干部队伍的三个大缺陷，蕴含着巨大风险，影响着企业发展的速度和质量。时至今日，这三种缺陷有所改善但依然存在。随着企业规模

发展的提升，干部三大能力有所提升，但参差不齐。"客观认知"依然不足。这里分两大类，一是不主动"认知"，工作中按部就班、例行公事儿，让干什么干什么，习惯于拨一拨、动一动，对于发现的问题麻木不仁、视而不见，结果是满怀信心、兴高采烈地走向死亡，非常顽固！纠正这种状态，关键在于自身的修行，在于领导更高的要求，要主动思考！二是没有能力去"认知"，平时工作挺聪明、考试高分、吹起牛一套一套，遇到重大问题就迷糊，对于低级决策意识不到！部分同志极度缺乏常观大势、常思大局的思想意识，工作中按部就班、例行公事儿，抓工作停留在口头上、表态上，做表面文章，对问题是不是真正解决、情况是不是明显改观、工作有没有落地见效不管不问、不动脑筋，上面推一推就动一动，不推就无所作为，对于发现的问题麻木不仁、视而不见，等着领导发现解决。"知识结构"虽然较之前有所拓展提升，但面对全新的产业领域和发展需要，依然过于薄弱，缺乏把握方向和辨识风险的基础性能力支撑，实际工作中面对出现的叠加性问题束手无策、无计可施，面对发展懵懂无知、错失先机的事例时有发生。"心力成长"我们提出"敢于斗争、敢于胜利"，就是围绕提升干部队伍的"心力成长"在做工作，新济钢的"起死回生"依靠的就是强大的"心力"，我们目前的发展首先必须依靠强大的"心力"来应对，必须有骨气、心劲足，没有心劲，创新和发展无从谈起。首先得"敢"，"敢"就是心力成长的标志，影响"心力成长"的负能量必须坚决革除，比如：松劲歇脚、拈轻怕重，这种思想有所抬头，要知道我们不是给自己干的，是给党干的、给济钢干的，给职工群众干的，只想给自己干的领导干部就让位；还有些领导干部对职工群众的"急难愁盼"视而不见、漠然处之；有的专业部门的同志到基层指导工作，只提要求、

提原则，没有解决办法，这些现象，都暴露出我们在思想作风上的不适应，特别是在能力领域的不适应。当前，我们的发展模式是以各子公司为单元的分布式布局，每一个子公司就是一个堡垒、就是一艘军舰，都要独当一面，子公司一旦出问题，丧失的将是一个阵地、一个队伍，因此绝不允许领导干部混日子，对于存在的问题必须尽快着力加以解决。

未来三年是新济钢能否走向高质量发展的关键时期，"质量变革"的质量、点打得准不准、效果好不好，对今后高质量发展至关重要。这是我们的大势，如果这个势起不来，后头就没有机会跟上国家的大势。古语云"虽有智慧，不如乘势；虽有镃基，不如待时"。济钢的发展一直在乘势，供给侧改革、新旧动能转换、国企改革等大环境一直在推进着我们，后续三年也一定要跟上国家大势，乘势而起，直奔"千亿"！我们的发展既面临着前所未有的发展机遇，也面对着前所未有的风险挑战。在这两个"前所未有"面前，我们的干部队伍能否支撑起这一关键时期的特殊任务，有没有足够的本领认知到这个大势、把握住这个大势、利用好这个大势，在大势中成长？这是对我们干部未来三年的重大考验，考验的是我们的能力、我们的水准、我们的职业道德，考验的是我们能否抓住机遇跳过"龙门"。我们未来面临着叠加性风险，带来的挑战不可预测。正所谓"知人者智，自知者明；胜人者有力，自胜者强"，在战胜未来的风险考验之前，我们必须以"自我革命"的精神首先战胜自己，战胜自己在思想认知上的跟不上，战胜自己在作风能力上的不适应，战胜自己在挑战面前的懦弱和退缩。战胜自己，我们就能冲上去！

习近平总书记在党的二十大报告中指出"全面建设社会主义现代化国家，必须有一支政治过硬、适应新时代要求、具备领导现代化建设能力的干部队伍。"这一论述，科学把握德才辩证关系，是党着眼新形势新任务对干部队伍建设提出的基本要求。我们要以此为遵循，从集团高质量发展的需要出发，从关乎济钢基业长青的角度出发，持续把干部这个"决定因素"建强用好，充分激发领导干部的动力、活力、战斗力，培育堪当高质量发展重任、与"建设全新济钢，造福全体职工，践行国企担当"的历史使命相匹配的干部队伍。

二、聚焦"心智行"的有机统一，谈谈如何培育堪当高质量发展重任的新济钢干部队伍

综合前期我们在干部队伍建设方面的经验和不足，新时期的干部队伍培育提升要聚焦三"力"提升，围绕"心""智""行"三要素开展，要通过"心智行"的有机统一，来推动实现干部队伍整体螺旋式提升。只有提升才能应对不可测风险的出现。

（一）着眼于提升目标凝聚力，在"心"上发力，用心火照亮前路

人的力量在心上，船的力量在帆上。中国共产党人在革命初期，完全没有取胜所必备的物质条件和社会条件的基础上，怀着内心百折不挠地执着走向了革命的胜利，给国家、民族甚至是世界带来了翻天覆地的变化。他们的制胜力量来自哪里？毛泽东同志当年在井冈山领导工农武装割据，才几个人、几杆枪，就发出史诗般的预言"星星之火，可以燎原"，靠的又是什么？正所谓，予人星火者，必心怀火炬。真正的力量，首先发自内心！

1. 要秉承"两敢精神"，用信心规划未来。

老一辈革命家的制胜力量就来自他们的精神，他们的思想，他们的信仰，从根本上来说就是他们发自内心的必胜信念和坚定意志。1947年，人民解放军即将由战略防御

转入战略进攻，在"农村包围城市、最后夺取城市"的关键时刻，毛主席一连问了周围的同志四个"敢不敢"："我们长期在农村打游击，我们敢不敢进攻大城市？进去之后敢不敢守住它？敢不敢打正规战、攻坚战？我们这么大的国家，这么多的人口，要吃、要穿，面临这么多的问题，我们共产党敢不敢负起责任来？"这四个"敢不敢"强调的是态度，最根本是内心的力量！我们济钢也是这样，济钢之所以能够在60多年的峥嵘岁月中历经磨难而不倒，饱经风霜而弥坚，这背后是一代代济钢人用钢铁意志和钢铁智慧熔铸形成的"济钢精神"和敢于斗争、敢于胜利的信念力量。2017年的产能调整，把济钢的"钢铁生命"终结在了59岁，我们这一代的"济钢人"的任务就是建设新济钢、寻找新主业，创造新未来，我们凭借着发自内心的、渴望生存下去的这种强大力量，实现了起死回生、成功突围、涅槃重生。心力所至、所向无敌！

今天，在新济钢面临的这两个"前所未有"面前，我也想问在座的大家三个"敢不敢"：我们把空天产业定位为济钢发展的未来产业和关键变量，市委市政府把济钢定位为济南市空天产业的链主企业，我们敢不敢把这个产业发展壮大成济钢未来的"第一产业"？敢不敢锁定做大做活做专，以高目标引领挑战三大产业领域，把济钢建成国内领先、世界一流的综合性产业集团？敢不敢利用这三年实现"千亿之跃"，把基础夯实、把未来占领、把主动权抓在手里，把"无中生有"变成我们未来的发展奇迹？

正如老一辈革命家在中国革命道路的选择上表现出的信念力量，新中国的领导者在改革开放上表现出的信念力量，济钢在涅槃后踏入空天领域所表现出的信念力量，未来的发展过程中，需要大家更加敢于斗争、敢于胜利，敢于开辟新的领域，敢于迎接新的挑战，敢于创造新的历史。

习近平总书记在党的二十大报告中指出"要增强全党全国各族人民的志气、骨气、底气，不信邪、不怕鬼、不怕压，知难而进、迎难而上，统筹发展和安全，全力战胜前进道路上各种困难和挑战，依靠顽强斗争打开事业发展新天地。""敢于斗争，敢于胜利"就是要把胜利当成一种信仰，是在把握现实和认知未来之间表现出的勇于担当、敢于突破，而不是只有100%的把握才敢于动手。不善于挑战，永远无法迎接机遇，真正的机遇往往都在挑战背后。今天在座的大家，都是各个单位的主心骨，是我们济钢各条战线上独当一面的"将军"，你们的决心和意志就是力挽狂澜的决定性力量。如果大家的心都能"燃烧"起来，把在产能调整中积蓄的能量延续下来，把发展济钢的必胜信心和敢于斗争、敢于胜利的信念力量像火焰一般传播给我们的职工，那么济钢的发展一定是充满激情的，一定是正能量压倒负能量的，一定是战无不胜的！

2. 要传承忠诚基因，用诚心实现目标。

"忠诚"是我们党与生俱来的红色基因，是党员干部的政治试金石，也是一代代济钢人"家国情怀"的核心要义。忠诚的内涵十分丰富，包含对党忠诚、对人民忠诚、对企业忠诚等，党员干部只有把对党忠诚注入灵魂，把对人民忠诚放在心中，把对企业忠诚落到实处，才能坚定立场、永葆初心、牢记使命。

对党忠诚是前提基础，也是对党员干部的基本要求。党的十九届六中全会通过的《中共中央关于党的百年奋斗重大成就和历史经验的决议》指出"党中央要求党的领导干部提高政治判断力、政治领悟力、政治执行力，胸怀'国之大者'，对党忠诚、听党指挥、为党尽责。"在中国共产党人的字典里，忠诚是内心的信仰、精神的高地、力量的源泉。全体党员干部必须深刻领会"两个确立"的决定性意义，增强"四个意识"、坚定"四个自信"、做到"两个维护",更加自觉地维护习近平总书记党中央的核心、全党的核心地位,更加自觉地维护以习近平同志为核心的党中央权威和集中统一领导,全面贯彻习近平新时代中国特色社会主义思想,坚定不移在思想上政治上行动上同以习近平同志为核心的党中央保持高度一致,以实际行动践行对党忠诚。

对人民忠诚是党员干部的政治立场,贯穿中国共产党人治国理政全过程。习近平总书记在十八届中共中央政治局常委同中外记者见面时指出:"人民对美好生活的向往,是我们的奋斗目标。"在十九届中共中央政治局常委同中外记者见面时,习近平总书记进一步指出"我们要牢记人民对美好生活的向往就是我们的奋斗目标。"时隔五年,在二十届中共中央政治局常委同中外记者见面时,习近平总书记又一次强调"新征程上,我们要始终坚持一切为了人民,一切依靠人民。一路走来,我们紧紧依靠人民交出了一份又一份载入史册的答卷。面向未来,我们仍然要依靠人民创造新的历史伟业。"忠于人民,根本就是坚守"人民至上"这一马克思主义的立场;不忘初心,首先就是不忘"为人民谋幸福"这一中国共产党人的初心。具体到我们济钢的党员干部也就是要不忘"造福全体职工"这一真挚的职工情怀。

对企业忠诚是企业党员干部的责任使命。济钢的基业是一代代济钢人用忠诚奋斗铸就的,承载着全体济钢人的光荣与梦想、幸福与希望。当前,我们已经起死回生,后头要乘胜追击,实现从"活下来"到"强起来"的历史性跨越。各级党员干部要倍加珍惜我们前期打下的良好局面,倍加珍惜上级党委和政府赋予我们干事创业的难得机遇,忠于职守、爱岗敬业,树立正确的事业观、具备强大的执行力,发自内心地为济钢的发展操心,团结带领全体干部职工,以咬定青山不放松的执着奋力实现既定目标,以忠诚奋斗为济钢的基业长青打下决定性基础!

3. 要坚守职工情怀,用爱心汇聚力量。

"江山就是人民,人民就是江山。中国共产党领导人民打江山、守江山,守的是人民的心。"广大职工是济钢历史的创造者,更是决定济钢前途命运的根本力量。回顾转型发展的奋斗历程,"建设全新济钢,造福全体职工,践行国企担当"既是为了职工的利益而奋斗,也是依靠职工的力量而发展,其根本目的就是要让职工过上好日子,无论将来面临多大的挑战和压力,这一点都始终不渝、毫不动摇!

情怀事大,见于细微。各级领导干部要深刻认识到职工是推动企业发展的主体力量。相信广大职工最了解企业的实际情况,最有意愿和能力推动企业发展,最有动力表达意愿、创造经验、贡献才智;相信广大职工蕴藏着巨大的聪明智慧,自觉拜职工为师;相信无论遇到什么困难和挑战,只要与职工群众在一起就会凝聚磅礴力量,战胜各种艰难险阻,不断从胜利走向新的胜利。要始终把职工对美好生活的向往作为我们的工作追求,进一步推动职代会发挥好密切联系职工、倾听职工诉求、维护职工权益、广泛凝聚职工的作用,持续提升服务职工的温度和力度,及时妥善解决职工关注的热点、疑点、难点问题,关心关注一线基层职工收入,开拓提升职工收入渠道,稳妥推进职工收益从薪酬收益向资本收益发展,让职工有更多获得感、归属感、安全感;同时要关心内退员工、离退休职工、老干部、建厂元勋生活状况用有实效、有温度的工作关怀他们,保障他们的基本生活,让他们有更多的归属感和安全感!要聚焦党的二十大"建设具有强大凝聚力和引领力的社会主义意识形态"要求,以社会主义核心价值观为引领,立足新时期的企业文化建设和"九新"

新内涵的宣传贯彻，着力壮大符合高质量发展需要，以"宏观政策的研究、企业理念的阐释、发展成绩的诠释、丰富有效的传播"为主要支撑的"济钢好声音"，既要向外界讲好活力与韧性的"济钢故事"，为社会提供更具参考价值的"济钢经验"和"济钢智慧"，同时又要让广大干部职工更加深入地了解新济钢的发展理念、发展规划、发展成绩，深刻理解我们这一路是如何走过来的，接下来又将走向何方，建立属于"济钢人"的道路自信、发展自信。

"心"的力量既不是天生的，也不是一朝一夕能够铸就的，需要长期的熏陶与培育，需要扎实有效的学习与训练，还需要在实战中锤炼与考验。我们强调的干部流动，多岗位锻炼、多事项体验，本身就是一种修炼和锤炼！信心、诚心和爱心是领导干部修心炼心的三个维度，最终还是要回归到我们"建设全新济钢，造福全体职工，践行国企担当"的初心使命上，通过修心炼心、提升心力，提高领导干部的奋斗能量，把加快推动新济钢高质量发展，作为开展各项具体工作的根本前提，只有初心融入灵魂里，才能把使命扛在肩膀上，一心一意谋发展，用实际行动奋力书写经得起历史和职工检验的合格答卷！

（二）着眼于提升创新创造力，在"智"上提升，用智慧应对挑战

创新创造是"九新"价值创造体系的精神内核，也是济钢人始终不变的价值追求。新济钢一直走在创新创造的道路上，"跨界融合"是创新、"六大攻坚战"是创新、职业化改革是创新、各个产业的产线提升、新产业的建立、科技攻关也是创新。供给侧结构性改革是最大的创新，新旧动能转换是新时代的创新。可以肯定地说，如果没有创新创造，我们这样的传统国有企业根本无法跟上日新月异的发展形势，无法融入党和国家的战略大势中去，也争取不到未来的

生存主动权！这也就是我们为什么要把"九新"作为济钢的价值理念，为什么要毅然决然地踏入空天信息领域，就是要在清醒认知到自身使命和自身价值的前提下，争取到一个济钢未来的生存主动权，而这个主动权必须通过创新创造才能实现，必须通过提高客观认知、提升心力、优化知识结构才能实现！面对当前内外部的深刻复杂变化，各级领导干部要进一步提升创新创造的能力和智慧，激发创新思维，释放创造潜力，以创新创造力的提升带动企业竞争力、控制力、影响力和抗风险能力的增强，在守正创新、革故鼎新中不断开辟新济钢的美好未来。

1. 要坚持学以增智。随着济钢步入高质量发展新时期，各项工作专业化、专门化、精细化程度越来越高，对领导干部的政治素养、专业能力提出了更高要求。各级领导干部要时刻保持本领恐慌感和学习紧迫感，坚持向书本要知识、向实践要才干，一刻不停地增强创新创造、干事创业的能力本领。要及时跟进习近平总书记最新讲话和指示精神，坚持学思用贯通、知信行统一，确保思想认识、思想高度与新时代始终保持同步。要着眼提升专业知识、专业思维、专业能力，做到既掌握本领域的理论、路线、方针、政策，又了解本领域的历史、现状，分析、预测发展趋势；既精通本领域的专业知识和相关技能，又通晓相关科技、法律法规等知识，着力构建与履行岗位职责相匹配的通融的知识体系。要坚持向实践学习，在摸爬滚打中锤炼攻坚克难的"真本领"，在解决问题中加深对理论的理解消化，在处理急难险重中收获职工群众的认可和信任。组织部门要按需定制"培训套餐"，围绕产业发展、科技创新、金融创效等中心任务，结合各产业链发展需要，分层分类、合理搭配、靶向施教，灵活运用教学培训方式方法，不断提升领导干部的专业素养和专业能力。后续，要围绕如何当好"董事长""总经理"

"公司副职" 开展专题培训；要围绕如何管控好控股或参股的混改企业，特别是混改企业如何加强党的建设等开展专题培训。需要结合出现的问题进行专业的思考、外脑的借助、专项的培训，靶向发力，实现专项能力提升。

2. 要锻造创新创造的底层思维系统。习近平总书记指出"中国 40 年改革开放给人们提供了许多弥足珍贵的启示，其中最重要的一条就是，一个国家、一个民族要振兴，就必须在历史前进的逻辑中前进、在时代发展的潮流中发展"。虽有智慧，必须乘势。万事万物是相互联系、相互依存的，只有用普遍联系的、全面系统的、发展变化的观点观察事物，才能把握事物发展规律。面对当前内外部的深刻复杂变化，各级领导干部必须锻炼从根本上认识问题、把握规律的"第一性原理"思考方法，解决问题只是表象，焕发活力是关键！要善于通过历史看现实、透过现象看本质，把握好全局和局部、当前和长远的关系，着眼信念坚定与顺应大势的有机统一，持续提升战略思维和历史思维能力；着眼发挥优势与跨界融合的有机统一，持续提升系统思维和辩证思维能力；着眼改革创新与防控风险的有机统一，持续提升创新思维和底线思维能力，形成从根本上认识问题、把握规律的底层思维系统，对潜在风险要有科学预判，这样才能有效化解各种矛盾和不利因素的影响，实现创新突破和可持续发展。

3. 要坚持问题导向，创新思路方法，突破困难瓶颈。党的二十大报告指出"必须坚持问题导向"，增强问题意识，聚焦现实中遇到的各类问题，不断提出真正解决问题的新理念新思路新办法。当前，新济钢正处于爬坡过坎、滚石上山的紧要关头，面临着《三年行动计划》的重大考验，老问题不断解决，新问题又不断涌现，各级领导干部不能一味地"等靠要"，解决办法是等不

来的，必须进一步增强问题意识，创新方式方法，直面困难瓶颈，主动思考解决。要把传统的惯性打破，谁解决了惯性，谁就解决了创新。这里给大家点几个点，启发一下思路：比如针对专业人才紧缺的问题，我们尽管实施了职业经理人的社会化引进，但依然有些同志对于职业经理人制度存在偏见，不能为职业经理人发挥作用提供良好的氛围和环境，只考虑自己的小势力，不考虑公司的发展，过于狭隘，导致其无法融入我们的企业，作用发挥极其受限。对于这个问题，后续我们一方面要持续完善职业经理人体系建设，明年将继续加大人才引进力度，最少产业总师 3 名、职业经理人 10 名、高技术人才 50 名，这里既有增量，也有置换；另一方面也要加大职业经理人的培养和支持力度，转变思维模式，把外来的职业经理人当成企业的宝贵财富，避免因"统治性管理""非正式团伙的管理"导致其无施展空间，发现一个处理一个。再比如关于新产业的建立、土地的获取、新项目的谈判等，要创新思路，千方百计，以开放的胸怀推进工作、增进合作，不要在一些细节上过于纠缠。实践一再证明，没有新增项目，我们的可持续发展无从谈起，我们的老产业可持续发展能力不足以支撑集团未来的发展，必须进行创新创造，新项目新产业要实现增量，建立新的产业链，才能牢牢把握住未来！这是职业道德！

（三）着眼于提升组织执行力，在"行"上见效，保障各项决策落实落地

任何路线、方针、政策最终必然也落在"执行"上，强有力的组织执行力是决策落实落地的保障。对此我们是有先天优势和成功经验的。转型发展之所以能在短短五年时间里克服种种困难挑战，完成我们的"三件大事儿"，取得今天的成绩，与我们强有力的组织执行力是分不开的，"六大攻坚战"模式就是依托强大组织执行力践行组

织创效的成功案例。面对未来高质量发展新征程的蓄势启航，我们必须具备更加强大的组织执行力，把党员组织起来，把人才凝聚起来，把职工群众动员起来，推动组织肌体运转高效顺畅，执行决策快速响应、到底到边，才能有效贯彻落实各项决策部署，让组织的意志得以实现，让我们的使命目标早日完成。

1. 要进一步畅通组织经脉，推动组织肌体运转更加高效顺畅。要聚焦党建领航工程，全面提升基层党组织的组织力。以团结带领党员群众共同推进企业改革发展各项工作为目标，将党建创新与改革创新融为一体，有力有序推进党建领航工程，持续构建"强根铸魂"特色党建新模式，为高质量发展持久赋能。要聚焦"引领型"和"价值创造型"总部建设，加快数字化转型步伐，构建"监督一屏掌控、管控一管到底、数据一键获取、预警一有即出"的智慧型"总部大脑"和"数字化作战室"，着力提升总部的战略管控能力，实现对重要业务特别是对"三重一大"的透明管控和智慧决策支撑。要坚决维护"军规"的权威性和严肃性，建立完善"禁令"否决机制，以党中央修订印发的《推进领导干部能上能下规定》为依据，细化"下"，规范"上"的程序，积极稳妥加以推进，切实解决领导干部不担当、不作为、乱作为等问题。要加强对调整下来干部的教育管理，跟踪了解其日常表现，对干得好的可以重新使用，形成能上能下、能再上能再下的良性循环。提升进步都是在大的困难、大的挑战，才能豁然开朗。

2. 要进一步提升决策执行意识，发挥执行示范作用。"人不率则不从，身不先则不信"，领导干部的一言一行、一举一动，无形中都在营造一种风气，提倡一种追求，引导一种方向。领导干部不担当、不作为，伤的是职工的信任；如果职工也上行下效不

担当、不作为，那伤的就会是企业的根基。各级党组织和有关部门要持续深入抓好干部队伍作风建设，在前期干部作风建设的基础上，抓住普遍发生、反复出现的问题深化整治，全面加强领导干部职业道德建设，推进作风建设常态化长效化。全体党员干部特别是"80后"的年轻干部，一定要树立起问题"清零"和"去根"的思维。后续培养选拔干部必须突出作风导向，切实把那些自觉弘扬党的光荣传统和优良作风，坚持求真务实、真抓实干，特别是能真正解决实际问题的干部选上来。要坚持以严的基调强化正风肃纪，锲而不舍落实中央八项规定精神，坚持不敢腐、不能腐、不想腐一体推进，督促各级领导干部严于律己、严负其责、严管所辖，越是有成材苗头的干部，越要加强监督和管理，出现苗头、马上制止，绝对不能听之任之、视而不见。对违反党纪的问题，发现一起坚决查处一起，以好的作风振奋精神、激发斗志、凝聚人心。各级领导干部要进一步提升决策执行意识，坚持局部服从全局、自觉为集团大局担当，一切工作都要以贯彻落实集团党委决策部署为前提，既要确保局部利益最大化，又要服从大局利益，在需要牺牲局部利益时要坦然面对，敢于"壮士断臂"，不能为了局部利益损害全局利益、为了暂时利益损害根本利益和长远利益；要进一步发挥执行示范作用，坚决摒弃形式主义、官僚主义，多干实事、少说空话，多用实劲、少做虚功，要求职工做到的自己首先做到，要求职工不做的自己坚决不做，以肯干提升境界，以敢干展示气魄，以实干赢得尊重！

3. 要进一步在知行合一上下功夫，用行动践行初心使命。明年是全面贯彻落实党的二十大精神的开局之年，也是集团公司全面实施"质量变革"，向高质量发展新征程蓄势起航的关键之年，时间特殊，意义重大。我们要紧紧抓住党的二十大召开赋予济

钢发展的重大机遇，以行动践行初心使命，用行动丈量工作坐标，努力向前奔跑，在济钢高质量发展的时间坐标上留下笃行不怠的奋斗足迹。要抢抓政策"窗口期""机遇期"和发展的"黄金期"，主动靠上协调解决产业发展过程中遇到的困难和问题，顶格推进、借势借力、精准对接，以"济钢速度"高歌奋进。要围绕做大做活做专，坚持"产城融合、跨界融合"战略主线，加快培育形成以新一代信息技术产业为"关键变量"、智能制造产业为"最大增量"、现代服务产业为"活力指数"的现代产业体系，围绕当好我市空天产业"链主"企业，把空天产业作为"第一产业"来培育，深入研究加速项目落地、形成产业集群的举措办法，集全集团之力共同推动空天产业快速健康发展，加快济钢"逐梦星辰"的步伐。要进一步提升统筹抓好疫情防控和生产经营的能力水平，对趋势形成精准判断，果断采取措施，不断挑战极限，打赢"四大专项行动"，千方百计推动项目落地见效，最大限度减少疫情对企业发展的影响，在与各项问题的斗争过程中一路向前，全力以赴实现济钢划转济南市后第一年"首战首胜"！

三、以系统科学的方法推动干部能力提升工作落地落实

用"心智行"的有机统一来全面提升干部队伍能力，是集团公司在干部管理方面的重要创新实践，干事创业的使命感、责任感来自"心力"的增强，能以创造性的举措应对未来复杂严峻的风险挑战来自"智慧"的提升，而把"心""智"提升转化为加快推动企业高质量发展的实际行动，实现"心智行"合一，则是我们当前和今后一个时期抓好干部作风能力建设的最终目的。各级组织和有关部门要站在全局高度，迅速行动起来，以系统科学的方法推动各项工作落到实处。

一要加强组织领导。集团层面要成立工作专班，搭建工作平台，将"心智行"合一全面纳入"质量变革"和六大攻坚战任务体系中，统筹组织推进。集团领导要深入基层，开展交流和宣贯。各部门、各单位要全面吃透、准确把握"心智行"合一的精髓要义，找准定位、躬身入局，紧密结合企业中心任务开展工作，促进理念与实践在贯通融合中更好服务发展，切实把"心智行"合一效果体现到干部能力提升和工作作风转变上，体现到工作效果上，体现到职工认可上。全集团上下要迅速行动起来，切实把思想统一到今天的会议精神上来，推动"心智行"合一不断向基层深化延伸，切实转化为激励全体干部职工勇敢面对挑战、拼搏未来的磅礴力量。

二要落实责任担当。党委组织部要围绕如何"培育堪当高质量发展重任的新济钢干部队伍"，具体怎样在"心"上发力、在"智"上提升、在"行"上见效，深入研究策划，拿出贯穿全年的总体实施方案，形成长效推进机制；真正实现"心智行"合一的内化于心、固化于制、实化于行。各级党组织要牢固树立"一盘棋"思想，自觉服从服务全集团大局，努力创新工作形式、载体和内容，促进各级干部目标落实、责任落实、措施落实，在全集团形成一级抓一级、层层抓落实的良好格局。各级领导干部都是自身能力提升的"第一责任人"，要树立"答卷"意识，既要自觉做干部能力建设的组织者、引领者，更要努力做"心智行"合一的模范实践者、积极推动者，用思想深处的转变和本领能力的提升，来检验实际工作成效，努力向组织交一份满分答卷。

三要强化考核激励。要建立考核激励机制，科学制定"心智行"合一的要素指标体系，把考核结果运用与选拔任用、培养教育、激励约束、追责问责紧密结合起来，树

立良好的用人导向，以正向激励促进担当作为。要积极打造干部队伍"心智行"合一的特色亮点，抓亮点、创特色、铸品牌，推动全集团干部能力提升工作亮点纷呈。

当前，疫情防控进入新的关键阶段。全集团上下要进一步统一思想、坚定信心，完整、准确、全面贯彻习近平总书记关于疫情防控的重要指示精神和党中央、省市委相关部署要求，准确把握当前疫情防控的新形势新任务，把握好"统筹、精准、军事化"三要素，既要增强做好防控的信心决心，又要有应对困难挑战的充分准备，坚决落实好优化疫情防控各项举措，做好政策宣传解读，增强职工防护意识，最大程度保护职工群众身心健康，最大限度减少疫情对生产经营的影响，坚决守牢安全底线，维护集团大局稳定。

同志们！

大江奔流，不舍昼夜；穿越关山，永远向前。济钢五年来的转型发展刻印着"敢"

的基因，向高质量发展蓄势起航，更加需要蹚新路、涉险滩、闯难关，更加需要不惧风险、直面未来，知难而进、勇毅前行。征程万里阔，奋斗正当时。各级领导干部要以党的二十大精神为指导，"务必不忘初心、牢记使命，务必谦虚谨慎、艰苦奋斗，务必敢于斗争、善于斗争"，"心"上发力、"智"上提升、"行"上见效，全面加强备战未来、应对挑战的决心和态度，全部精力向进入高质量发展聚焦，全部工作向迈进高质量发展用劲。从今天开始，我们就吹响了向高质量发展进军的号角，高质量发展之路注定是一条坎坷之路，也是一条风险之路，但更是一条充满收获之路、为民造福之路。我们要团结带领全体干部职工朝着"建设全新济钢，造福全体职工，践行国企担当"的使命目标奋勇前进，努力创造新济钢更加灿烂的明天，赢得济钢人更加美好的未来！

谢谢大家。

做实动力变革　开展质量变革
为开创高质量发展新局面而奋勇前进

总经理　苗　刚

（2022 年 12 月 15 日）

同志们：

集团公司转型发展之初，就明确提出了"效率变革、动力变革、质量变革"的推进路线，创新构建"六大攻坚战"管理模式，以一贯到底的决心，打破横向、纵向隔断，持续攻坚，高效实现各项攻坚目标，推动了传统管理模式的增值管理和根本改造。五年来，我们围绕"三大变革"，强化思想引领，引导广大干部职工持续发扬"敢于斗争、敢于胜利"的攻坚作风，以变革聚创

新之势、汇攻坚之力、破发展之题，不断投身到"建设全新济钢，造福全体职工，践行国企担当"的新征程中，取得一个又一个胜利，为实现集团公司高质量发展奠定了坚实基础。

一、动力变革两年来和开展效率变革以来的主要工作

"动力变革"两年以来，我们以提升人员的动力、产业的生命力和激发组织的活力

为抓手，进一步解放生产力、优化生产关系，推动体制机制"活"力全面释放。在"人员的动力"方面，创新实施组织机制建设，健全完善干部"选""育""管""用""退"管理机制，逐步建设一支"信念坚定、无私无畏，敢于斗争、敢于胜利"的"狮子型"干部队伍；充分挖掘人力资源效能，分类施策培养具有先进水平的管理人才、科技人才、技能人才和高水平创新团队，促进各类人才合理流动，加快建设一支"立足本职、胸怀全局，创新领先、创效一流"的职工队伍；全面推进三项制度改革，实现"干部能上能下、人员能进能出、收入能增能减"常态化，激发全员主动攻坚、主动创效、主动创新，有力促进各项工作高效运转。在"产业的生命力"方面，推进现有子分公司整合聚焦，实施国际工程一体化运行和济钢泰航合金一体化运行，提升产业综合竞争力；多措并举不断实现关键人才及核心技术培育、引进、合作取得新突破，硅基新材料及转光剂等项目落地实施，确立了新一代信息技术、智能制造、现代服务三大产业领域，成为我市空天信息产业链主企业，企业实力持续增强，成功跻身中国企业500强行列。在"组织的活力"方面，"九新"价值创造体系深入人心，社会影响力逐步提高，不断为集团公司发展注入正能量；构建专业化、多维度优势互补的董事会结构，充分发挥董事会、经理层的活力和协同性，全面提升公司治理体系和治理能力现代化水平；以实现管理水平"螺旋式"上升为主线，以"去根"治理为手段，开展专项管理诊断，解决突出问题和薄弱环节，不断提升企业管理水平。

自开展"效率变革"以来，我们围绕"本位让位于换位、串联让位于互联、不等让位于对等"，深入查找体制机制障碍、结构性矛盾和制度性问题，建立事项清单，分阶段解决突出问题，有力保障了集团公司决策效率、管控效率、运营效率、发展效率全面提升；树牢"人民至上、生命至上"理念，展现国企担当，构建起贯通一体的疫情防控指挥调度体系和"横向到边，纵向到底"的四级防控管理网格，众志成城、克难攻坚，取得"疫情防控阻击战"全面胜利；统筹疫情防控与生产经营，最大化降低疫情对集团公司生产经营各方面的影响。劈波斩浪越难山，磨穿铁砚勇前行，我们经受住了发展机遇与生存挑战并存的严峻考验，全面解放思想，创新改革突破，集团公司发展水平达到新的高度。

——我们确立了"九新"价值创造体系在各项工作中的指引作用。"九新"价值创造体系为积极应对复杂多变的内外部发展环境，不断增强发展动力、持续提升核心竞争力、牢牢把握发展主动权提供了全新思路和行动方案。集团公司上下在深入学习"九新"中统一思想，在实践运用"九新"中凝聚力量，构建起员工有盼头、干部有劲头、企业有奔头的攻坚氛围，不断战胜前进道路上的各种风险挑战，为企业持续健康发展提供不竭动力。

——我们建立了"六大攻坚战"推进体系，不断完善推进督导机制，提升攻坚效能。配套形成"六大攻坚战"管理办法、价值创造管理办法、课题管理办法等一系列管理制度，设立11条"军规"，作为攻坚制胜的保障，形成上下贯通、充分协同、执行坚决、攻坚高效的良好运行秩序。成立集团公司和子分公司两级攻坚团队，推行任务清单化、目标指标化，集团公司层面累计完成作战任务349项，子分公司层面累计完成作战任务706项；针对影响集团公司攻坚推进的重点、难点问题，下达军令状14项、重点任务督办函29件、重点督导事项238项，倒逼责任落实，强力推动完成重点事项。打造典范引领，建立崇尚实干的正向激励机制，定期总结经验成效，突出特色亮点，挖掘先进典型，累计评选表彰年度"九新先进集体"39个、"二次创业先锋"126人次、季度典范团队29个，充分发挥正面导向作用，引领干部职工队伍始终保持旺盛活力。

——我们构建和提升价值创造良好生态体系，不断推动集团公司各项转型发展工作增值。聚焦持续提升全员价值发现能力和创新创造能力，坚持"无中生有、有中做实"，以多角度、多层面、多领域的探索实践，在管理创新、模式创新、产品创新等方面累计开展价值创造2712项，实现创效7.19亿元。坚持"问题就是资源、问题就是财富"，领导带头、全员参与、贴近生产、贴近实际，提升解题破题的能力，累计完成中层及以上管理人员课题419项，管理7级、8级及岗位级课题1136项。

——我们加速释放发展活力，全面提升运营质效。优化运营管控模式，针对急难险重任务，建立专项调度机制，推动公司管理与效益同步提升。集团公司营业收入从2018年的147亿元，以年均37%的增速，实现跨越式发展，今年预计可实现营业收入460亿元（含济钢防务10～12月份营收）；各子公司增利能力大幅增加，环保材料累计贡献利润4.6亿元，国际工程2022年度利润预计突破亿元，研究院列入国家科改示范企业，城市矿产废钢业务实现全国布局、省内业务量稳居同类企业第一。

——我们弃旧革新，加快产业转型焕发新动能。结合形势变化，形成以存续产业、新增产业、未来产业为支撑的绿色可持续发展的产业架构，按照"产城融合、跨界融合"战略主线，深耕三大产业领域，钙硅基础材料、园区运营等发展支撑类项目落地见效，牵手中国科学院空天信息创新研究院、济南大学等高校院所，加快空天信息、特种车辆研发、现代工业服务等产业项目建设，正向建设具有全国一流竞争力的综合性

产业集团快速迈进。

——我们集聚创新要素，不断增强创新能力，支撑转型发展新格局。建成2个国家级科技创新平台、1个国家级科改示范企业、1个国家级"专精特新"企业、1家省级瞪羚企业和7家高新技术企业，创新阵容不断壮大。加快"智慧济钢"建设，围绕运营管控平台建设和功能完善，全面推进人、财、物集约化管理，建成济钢供应链、型材公司等7家"业务财务一体化信息化平台"。实施"人才强企"战略，深入开展产业"人才+"行动，建立并实施职业经理人体系，探索建立"双总"机制，2022年引入高端人才10人，开展导师带徒243对，实施分层次分类别培训，全面促进人才能力提升。

过去的五年，我们攻坚克难、砥砺前行，各项事业取得显著成就，但我们也要清醒地看到存在的困难和问题。一是集团公司经营规模"大而不强、全而不优"，需要继续提升实体制造规模；二是集团公司现有产业专业化特征不突出，"链主"企业队伍不够壮大，龙头带动作用发挥不明显；三是先进技术供给不足对集团公司转型升级的制约日渐凸显，高精尖产品或服务的种类不多，品牌含金量不高；四是高素质人才需要进一步储备，现有高端人才的创新能力需要加快释放；五是产业项目储备不足，对高质量发展的支撑能力不够；六是集团公司开展管理提升行动以来，各项工作取得一定进步，但与同行业一流企业相比，仍存在基础管理制度不完备、执行不到位等问题。

对上述问题，我们要在"质量变革"中逐项加以解决。

二、集团公司转型发展面临的新机遇

党的二十大报告提出"高质量发展是全面建设社会主义现代化国家的首要任务"。集团公司作为拥有60多年历史的国有

企业，必将以更加坚定的自信、更加坚决的勇气、更加坚实的力量，勇担国有企业高质量发展"先锋队"的责任和使命，为全面建设社会主义现代化国家不懈奋斗。

——"质量变革"是集团公司实现高质量发展的形势需要。习近平总书记指出，我国经济由高速增长转向高质量发展，这是必须迈过的坎，每个产业、每个企业都要朝着这个方向坚定往前走。集团公司深入贯彻落实，全力推进效率变革、动力变革、质量变革，集团上下干事创业热情空前高涨，企业生命力愈发旺盛，促使更多的资源配置到高效率、新兴的领域，造就了一大批营收能力强、效益增长快的经营项目，经受住了来自新冠疫情、内外部形势变化等多方面的风险挑战和考验，沿着产业做大的道路不断前进，构建起了高质量发展所需的机制保障、物质基础、产业结构和思想准备，"质量变革"蓄势待发。

——"质量变革"是集团公司实现高质量发展的必由之路。经济发展是一个螺旋式上升的过程，上升不是线性的，量积累到一定阶段，必然转向质的提升。集团公司虽然"量"的需求得到了基本解决，但各类资源要素效用发挥不够、专业能力储备不足的问题依然存在，距离高质量发展有差距，还需要在"质"的提升方面进一步攻关。这就需要实施"质量变革"，加快从规模驱动发展转向创新驱动发展，提高各类要素配置效率，从"党建领航、企业管理、人才保障、产业发展、科技创新、产品研发、经营绩效、企业文化、社会贡献"九大维度全面发力，推动产业升级、服务升档、文化升华，不断激发企业内部发展新动能，引导企业内生型增长，以全要素生产率的提升推进高质量发展，实现新的历史使命。

——"质量变革"是"九新"价值创造体系的实践平台。"九新"价值创造体系是推动集团公司实现高质量发展的风向标，是确保各项工作始终行进在正确发展方向上的重要保障；"质量变革"是实现高质量发展的重要抓手，发挥"质量变革"工作总目标、总督导的作用，将为贯彻落实"九新"价值创造体系提供实践平台、展示舞台、比拼擂台，为推进各项工作提供全方位保障。

三、全面开展"质量变革"，推动集团公司逐步实现做大做活做专

质量变革的重点是提高全要素生产率，加大技术、制度、企业家才能、人力资本、数据、规模产业结构、对外开放等要素的投入，突出专业能力、专业特色、专业优势，通过技术进步、人力资本提升、结构性改革、开放合作，提高资源利用效率，逐步推动实现做大、做活、做专相互促进、融合发展，形成集团公司健康永续发展的不竭动力，推动实现集约式增长，达到高质量发展的目标。

（一）坚持"创新+创效+共享"，夯实"质量变革"实施路径。

——狠抓创新，增强高质量发展的驱动力。转型发展以来，我们所开展的主业培育、产业整合提升等工作，丰富了集团公司的产业布局，虽在新一代信息技术、智能制造、现代服务三大产业领域持续拓展产业增长极，但经营一盘棋的良性发展局面尚未形成，缺乏拳头产品和优势业务，还需要在技术创新、模式创新等方面加大力度。要通过建立完善基础研究、技术攻关、成果产业化、金融等全过程创新服务体系，增强创新意愿，拓展创新空间。要通过在研发、装备、工艺等全链条中提高科技含量，在生产、管理、品牌建设等全过程中提升创新能力，打造中高端产品、关键产业环节，补齐人才短板，释放创新活力，切实增强集团公司产业竞争力和应对市场环境变化的抗风险能力。

——狠抓创效，提升高质量发展的推动力。以市场为导向，围绕"组织创效、科技创效、金融创效、资本创效、低碳创效"五大方面持续发力，优化生产要素和管理资源向高端高效领域配置，形成推动效益持续增长的合力，不断带动产业链、产业生态体系建设，持续构建在资金、资源、产品、生产等关键环节的成本竞争优势，不断增强经营创效能力，持续推动集团公司朝着更高质量、更有效率、更有效益、更可持续的方向发展，形成企业有效益、员工有保障的良性循环。

——狠抓共享，营造高质量发展的持久力。在集团公司内部，通过赋能员工，实现员工与企业共同成长，借助数字化信息化升级实现信息分享，增加员工发展机会，实现从管控到赋能，从部门结构固化到平台利他；在集团公司外部，牢固树立"连接比拥有重要"的经营理念，把协同共生关系列于竞争关系之前，强化并发挥集团公司独有的平台优势，连接各类企业资源，形成企业文化和价值观相融合，构建产业生态系统，以不断协同共生的优势，持续构建企业发展命运共同体，实现互惠互利。

（二）坚持高目标引领，确保"质量变革"取得显著成效。

通过质量变革，集团公司将实现从要素投资驱动转向创新驱动、从规模速度型增长转向质量效率型增长的发展方式转变，逐步实现以全要素生产率指导企业发展的推进体系。

——强化党建领航，赋能高质量发展。聚焦党建领航，构建"强根铸魂"特色党建新模式，强化"四个中心"建设，打造形成具有行业和区域影响力的济钢党建品牌，为高质量党建提供坚强政治和组织保障。深入贯彻党的二十大精神，建强"赋能型"党组织，优化党委创特色、支部树品牌，先行先试特色党委带动基层支部

"1+N+n"党建品牌体系建设。进一步明确"三重一大"权责事项，推动党委研究决定事项清单、前置研究讨论事项清单和负面清单在不同层级、不同类型企业落实。建设济钢智慧纪检信息平台，以"全周期管理"方式一体推进"三不腐"，形成担当干事创业、廉洁护卫发展新成果。

——提升企业管理，推动高质量发展。创新定义适用于济钢的全要素生产率，聚焦重点关键领域，进行资源配置模式再造，促进要素重新组合，集团公司基于增加值的全要素生产率年均增长 5% 以上。加强现代化集团管控体系建设，形成权责法定、权责透明、协调运转、有效制衡的公司治理机制。打造以"赋能"为核心的组织新模式，建成精准授权、专业管理、高效服务的"引领型"总部。以有利于制衡机制有效形成、有利于资本运营水平提升、有利于产业转型升级为目标，完成 5 家权属企业混改工作，培育 3 家权属企业上市。按照"谋划一批、储备一批、投资一批、建设一批"的思路，构建投资能力体系，推动各类投资向主业靠拢、向实业集中，未来三年力争完成新增投资 30 家企业以上。打造济南市产业园区运营服务标杆企业，完成落地项目 12 项，新增投资 14 家企业。

——夯实人才保障，支撑高质量发展。深入实施"人才强企"战略，培养造就能力突出、结构合理、敢打敢拼的"狮子型"干部队伍。聚焦三大主业，精准匹配人才需求，大力引进高层次急需紧缺人才。提升产业工人技术技能，提高职工创新创效能力，培育 30~50 名高水平导师队伍以及一批省市级劳模、工匠及女职工建功立业标兵等"双创型"职工。着力提升高新技术企业研发能力和核心竞争力，加大高新技术企业研发人员引进力度，推动研发人员比例逐年递增。

——壮大产业集群，保障高质量发展。

做大做强特色产业，大力培育"专精特新"企业和龙头企业，全力打造以"空天信息产业基地"及"四新产业园"为代表的具有较强承载能力和集聚功能的特色产业集群和产业园区。新一代信息技术产业领域（空天信息产业链）累计完成投资 51 亿元，引领济南市空天信息产业链发展，助力济南市打造千亿级空天信息产业集群。智能制造产业领域，每年落地不少于 2 个重点项目，培育 1 家省内产业领域头部企业，产业产值逐年递增大于 20%。现代服务产业领域，产值逐年递增不低于 15%，围绕工业服务和科创服务每年落地不少于 1 个产业项目，推进 1 家公司上市，力争 1 家公司成为济南市龙头企业或链主单位。加快在临沂"第二个产业基地"建设，实现区域联动、资源共享，增强核心产业竞争力。利用既有海外平台，布局海外产业并做大做强进出口贸易。

——提速科技创新，驱动高质量发展。坚持创新引领，优化配置创新资源、配齐骨干人才，提高科技成果转化和产业化水平，提升整体创新效能，不断取得核心关键技术攻关突破。加快推动数字信息技术与管理流程和制造流程的深度融合，建立完成以业财一体化为核心的智慧济钢信息化平台；逐步打造"八个一"的数字化应用场景，初步完成智慧济钢基础化应用系统建设。构建智慧供应链开放平台，建成国内领先、国际知名的产业链资源配置中心和供应链创新发展示范区。集团公司科技研发投入每年增长 10% 以上，科技型企业整体研发投入占比 5% 以上。推进关键核心技术自主化，实施对外科技合作和科技成果转化项目 10 项以上。

——坚持产品研发，适应高质量发展。持续强化核心竞争力，逐步打造高端核心产品序列和高附加值产品，实现产品价值最大化，保持高利润率，利润率 10% 以上的产品（不含资源类产品）营业收入逐年递增 30%；深入推进订单驱动的产品升级和新产品研发模式，快速响应市场变化、满足客户个性化需求，提高公司整体效益，累计实现产品升级和新产品研发数量达到 60 个。

——优化经营管理，助力高质量发展。持续提升经营绩效，突出抓好质量效益，集团及各子公司主营业务实现利润增幅大于营业收入增幅。在构建多方位金融主体布局，逐步形成金融控股公司的基础上，不断提升集团公司资金使用效率，拓宽内外资金融通渠道，降低财务费用和运营风险，增强资金运作能力。到 2025 年，实现营业收入过千亿元，工业产值 200 亿元，百亿级权属企业达到 5 家，成为济南市属国有千亿级企业。职工收入与经营绩效联动，收入分配继续向一线职工倾斜，在效益增长的前提下，稳步提升职工收入，促进职工共同富裕，职工获得感、幸福感、安全感更加充实、更可持续。

——加强文化建设，引领高质量发展。深耕厚植"九新"价值创造体系，形成具有新时代国企使命担当、济钢精神传承、可引领济钢高质量发展的济钢企业文化体系。深刻全面总结转型发展以来的重要成就和宝贵经验，系统阐述传统国有企业转型的"济钢模式"，在不断总结经验、探索规律中，为社会提供更具参考价值的"济钢经验"和"济钢智慧"。以离退休干部、建厂元勋为代表的离退休群体服务质量提档升级，幸福指数不断提高，在建言献策、精神传承、氛围营造、阵地构建方面为集团公司高质量发展助力添彩。

——增强社会贡献，服务高质量发展。作为国有企业，要自觉践行以人民为中心的发展思想，并以此作为核心价值取向，在自身发展的同时，将发展成果更好回馈社会。积极参与省、市举办的各类评选与表彰活动，加大济钢正能量宣传，不断增强社会知名度。履行国有企业社会责任，牢固树立安全环保理念，以节能降碳和绿色转型为牵引，实施产业基础再造和质量提升行动，积极推进光伏产业、现代低碳农业、新一代核能技术等新能源产业项目落地，部分权属公司实现碳中和。

（三）坚持高标准保障，筑牢"质量变革"攻坚基础。

——深入践行"九新"价值创造体系，持续提升攻坚战斗能力。紧紧围绕"建设全新济钢，造福全体职工，践行国企担当"的新使命，始终坚持做大做活做专和高质量发展的中心工作，全面推进"九新"价值创造体系在变革中的指引作用，不断增强全体干部职工热爱济钢、建设济钢、发展济钢的责任感和获得感，提升集团上下干事创业、勠力攻坚的强大战斗力。

——充分发挥"六大攻坚战"平台作用，持续提升变革效率。一是持续完善"六大攻坚战"平台调度机制，提升前瞻和预警能力，准确掌握攻坚事项进度，实时调整攻坚策略，保持平台处于反应最快、运行最优、效果最佳状态，提升攻坚调度精准性；二是实行任务升级管理，每项指标明确集团公司分管领导，充分发挥资源整合和组织协调优势，打造以分管领导挂帅、指挥部作战室统筹、事项主管单位主责、相关单位和部门配合的推进体系，提高推进效率；三是继续强化"军规"执行，发挥军令状、督办函等严肃性和权威性，实现重点事项限期突破；四是进一步完善指标分解、评价考核、典范引领、推进督导等措施，加大提升突破奖励力度和滞后懈怠考核力度，推动质量变革任务目标高效完成。

——充分发挥创新驱动作用，持续增强供给能力。一是打造以开放的姿态抓好创新、以优质的资源支持创新、以良好的环境鼓励创新的良好氛围，持续提升全员价值创造能力；二是通过持续的体制机制创新、技术创新、产品创新、业态创新、模式创新

等，形成源源不断的新动能，推动技术、人力资源、资本等要素全面提升；三是开展专业委培、揭榜挂帅、课题研究等专项活动，解决高质量发展过程中出现的"瓶颈点""卡脖子"等技术难题和管理难点；四是推行知识能力提升行动，以外出考察、机构培训等方式，优化干部职工知识能力结构；五是推行全员创新，降低创新门槛，把创新工作沉降到基层一线，进一步升华基层成熟的实践经验，催生更多的新想法、新方式、新产品。

——充分发挥指标导向作用，持续提升执行穿透力。一是明确主攻方向，按照"长计划、短安排、周推进"的原则科学分解指标体系，突出重点、分步实施，坚持目标一个接一个实现，任务一项接一项完成，推动各项重点工作月月有进展、季季见实效、全年有突破；二是坚持攻坚目标不动摇，划分重点事项与一般事项，实行模块化力量分配，明确内部责任单位和外部攻坚单位，有的放矢推进攻坚；三是及时把滞后事项和后续工作相结合，重新制定可行计划，不断引导攻坚工作走直线，实现攻坚目标路途最短、效果最佳。

——充分发挥对标提升作用，持续提高管理效能。构建与时俱进的对标工作体系，持续开展高标准、严细实的对标工作。以争创一流的争先进位意识，拓展对标维度，拉升对标高度，确定对标单位和对标指标；对产业规划、资本运营、财务创效、风险管控等重要指标进行诊断分析，查找不足，明确努力方向，吸收借鉴标杆单位的管理思想和方法，制定高标准的管理提升标准，全面系统地引入集团公司的管理工作中，推进全系统、全链条、全过程的管理模式创新和能力提升。

同志们！

风正潮平，自当扬帆破浪，任重道远，更须奋鞭策马。集团公司回归济南市以来，

我们认真贯彻落实济南市委市政府的各项决策部署，高效统筹疫情防控和生产运营、改革发展各项重点工作，有力保障了持续高效发展的良好势头。让我们进一步团结一致，在集团公司党委、集团公司的坚强领导下，在"九新"价值创造体系的指引下，坚持发扬"敢于斗争、敢于胜利"的奋斗作风，以更加昂扬的斗志，迈着更加坚定的步伐，向实现质量变革各项任务目标奋勇前行，共同创造济钢更加辉煌的明天。

特载

会议报告

概况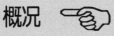

大事记

专项工作

专业管理

党群工作

生产经营

先进与荣誉

媒体看济钢

统计资料

附录

概况

GAIKUANG

"九新"价值创造体系（新内涵）

新目标：

打造全省研发成果转化、新旧动能转换、传统企业转型的"三转"标杆

济钢集团有限公司发展概述

【概况】　完成营业收入 377.7 亿元，超目标 78.72 亿元，较上年增长 28.66%，集团体量规模超越停产前水平；完成考核净利润 4.05 亿元，超目标 3746 万元，较上年增长 10.36%；完成考核归属母公司净利润 3 亿元，超目标 6006 万元，较上年增长 31.75%；实现归属母公司净资产收益率 7%，较契约化目标提升 1.54 个百分点，较上年增长 0.73 个百分点；安全环保连续 7 年实现"八个零"目标。

【生产经营】　面对深刻复杂变化的外部发展环境和艰巨繁重的转型发展任务，全体干部职工以习近平新时代中国特色社会主义思想为指导，在集团公司党委的坚强领导下，紧紧围绕二十届四次职代会确定的目标任务，聚焦"动力变革"和"高质量转型"发展新内涵，深入践行"九新"价值创造体系，坚定发展信心，保持战略定力，积极有效应对一系列风险挑战，坚决打赢"效益保卫战"，圆满完成各项目标任务，成功夺取"两步走"第一步战略目标，实现了"十四五"开门红，为全面实现"两步走"战略和"建设全新济钢，造福全体职工"使命目标打下了坚实基础。

【动力变革】　推进落实"动力变革"三年行动计划，围绕"提升人员的动力、产业的生命力和激发组织的活力"，以"一企一业"、投资拉动、创新驱动、人才支撑、分配激励、体系保障等六方面为切入点，建立目标分解、评价考核、典范引领、督导督查四大体系，靶向发力、集中攻坚，50 项攻坚任务基本完成全年目标。坚持将价值创造贯穿"动力变革"全过程，全年开展价值创造项目 525 项，创效 1.67 亿元。构建董事长责任制、经理层契约化和员工绩效评价"三位一体"的绩效管理架构，建立权属公司契约化"五档+翻番"选择性目标体系，完善权属公司工资总额联动机制，绩效考核系统性、适应性不断提高。强化组织机制建设，建立"选、育、管、用、退"干部管理机制，稳妥推行管理人员末位调整、轮岗交流，加强后备干部队伍培养，初步实现干部"能进能出、能上能下、能再上能再下"。扎实抓好"三基"管理，建立基本管理单元日常监督、风险提示和评价考核机制，有序推进工程项目、财务、人力资源、运营、行政五大管理诊断，本质化运营水平稳步提升。

【运营质效】　充分发挥"六大攻坚战"平台中枢作用，优化运营管控模式，深挖提质增效潜力，建立"效益保卫战"调度机制，推动规模与效益同步增长。生产加工板块完成产量 1379.35 万吨、同比增长 43.83%，22 家子分公司营业收入超计划 26.12%。其中，济钢防务实现持续快速健康发展，成功取得 3 项军工资质，连续两年实现盈利；环保新材料主产品产量超计划 27.9%；冷弯型钢产量同比增长 13.7%；济钢物流涂镀类产品出口贸易继续保持同行业第一，新成立的供应链公司实现营收 40 亿元；国际工程聚焦"专精特优"市场需求，全年签订合同额同比提高 20%；研究院标准物质国际业务、军工业务实现"零"突破；合金炉料一体化运营公司打造可持续发展的合金炉料工贸综合体，"济钢合金炉料"品牌影响力持续提升；城市矿产构建形成以钢材废钢贸易及加工为主、物流仓储运输为辅的稳定发展格局；济钢文旅不断创新经营模式，

"事业合伙人"项目实现落地；济（马）钢板克服海外疫情影响，保持安全稳定运行。以财务管理、工程项目等为突破口，推进降本增效年度攻坚任务24项，预计创效3.7亿元。利用优质资源开展融资业务，全年累计增加融资6.65亿元。充分发挥内部协同效应，全年协同业务量完成89.29亿元，同比提升5.31%。不断提高政策利用实效性，全年享受政策补贴、费用减免3000余万元。

【主业培育】 持续深入对接省市新旧动能转换重大工程，聚焦济钢"十四五"发展规划，以"五化"为战略路径，初步构建"一企一业、一业一环"的产业发展新格局。完善固定资产投资体系，建立实施投资项目负面清单动态调整机制，全年完成固定资产投资3.03亿元。其中，空天产业基地一期项目完成主体结构封顶；行波管一期提升项目进入施工阶段；首辆车载要地净空防御系统完成交付；卫星遥感项目完成4家遥感影像数据建模并交付使用，体适能产品获得市场认可；环保新材料产业园用时5个半月完成矿山基建施工，创国内同类大型矿山建设工期最短纪录，投产当年即实现达产达效；萨博汽车方舱产线智能化改造实现一期投产，泡沫消防车已通过检测；冷弯型钢产线效率提升改造项目建成投用；瑞宝电气智能装配产线进入试运行阶段；鲍德气体易地搬迁项目完成投产；济钢顺行综合服务区和新能源充电站建设投用，巡游出租车总量达580辆，在济南市行业排名第2位；城市矿产日照金属废钢项目入围工信部《废钢铁加工行业准入条件》企业名单；创智谷"工北21号科创综合体园区"入驻企业达150余家。土地管理取得重要突破，主厂区剩余土地实现"现状移交"，土地回款累计1.71亿元。

【改革创新】 贯彻落实国企改革三年行动实施方案，"倒计时"推动各项重点改革任务，全部完成年度目标。混改工作取得阶段性成果，鲁新建材完成混改；国铭铸管完成股份制改造，上市工作有序推进，已提报证监会上会材料；僵尸企业处置、亏损企业治理、非主业清理等重点工作全部完成进度目标，集团公司资产质量持续优化。建立完善职业经理人管理机制，试点单位职业经理人社会化选聘工作稳步推进。持续推动强大总部建设，成立集团公司资金中心、科技创新中心，据实调整总部部门职能，总部管控能力、管控效率进一步提升。坚持把创新摆在高质量转型的关键位置，强化顶层设计，初步建立了上下联动、产技融合的研发机构组织体系和科技成果转移转化体系，持续深化与中国科学院空天信息创新研究院等科研院所的合作，实现了产业链创新链有效对接。其中，济钢防务面向环保新材料数字矿山建设需求，成功研制高精度北斗定位产品和数字地球三维可视化平台；齐鲁卫星公司针对卫星媒体融合等8个领域开展技术研发，形成了齐鲁星惠产品体系；萨博汽车圆满完成检定车、移动通信基站等新产品研制工作，"飒风"牌军用运输车被认定为山东优质品牌；鲁新建材与济南大学合作，成功研制两种农用稀土转光剂；冷弯型钢成功开发高强度建筑机械用产品；研究院牵头编制国家标准3项、行业标准4项，成功研制含铁尘泥系列标准样品，填补国内市场空白。积极培育研发主体，集团公司科技创新中心下设的4家分中心全部正式运行。加快"智慧济钢"建设，构建"业务财务一体化信息化平台"，已完成5家单位的运营管控和ERP系统上线运行；大力发展"智能制造"，完成瑞宝电气等3家试点单位智能单元建设。深入实施平凡创新工程，推广新型"导师带徒"体系，落实工匠培养计划，基层创新创造活力持续迸发。

【安全稳定】 树牢"红线意识"，坚守"底线思维"，始终把"安全"作为一切工作的基本前提，全面落实全员安全生产责任制，持续深入开展安全生产大排查大整治、安全生产专项整治三年行动，抓牢抓实"双基双线一提升"，大力实施安全隐患"去根"治理，本质安全治理水平巩固提升；创新开展安全管理互查，融合推进安全生产标准化、安全基层基础和双重预防体系建设，车间、班组一次验收合格率分别达到97.6%和96.2%，16家单位双重预防体系评估得分在80分以上。从战略高度重视和推进"双碳"工作，系统深入开展碳排查和碳核算，基本掌握了济钢"碳家底"；规范环保基础管理，创新推行"环保管家服务"，在9家单位推广应用绿色低碳技术19项，环保新材料产业园通过省级绿色矿山验收，全集团继续保持环保"零"罚款。始终坚持"人民至上、生命至上"，不折不扣贯彻党中央和上级党组织疫情防控决策部署，时刻保持高度警惕，层层压实防控责任，全面精准落实常态化疫情防控措施，快速组织风险人群核酸检测，全力推进新冠疫苗接种工作，有力维护了职工群众生命健康安全。妥善化解和处置各类信访事项，未发生上级考核的信访事件，连续5年实现"五个不发生"目标，为"庆祝建党100周年"、全国两会、全省两会等重大活动的顺利举行营造了良好环境。

【党建工作】　深入学习贯彻习近平总书记在庆祝中国共产党成立100周年大会上的重要讲话精神，开展党的十九届六中全会精神宣讲，党的政治建设得到全面加强。扎实推进党史学习教育，举行庆祝建党100周年系列活动，深入开展党史学习教育"升国旗"仪式、"我来讲党课"传承弘扬活动等，促进了学习效果全面提升。积极开展"我为群众办实事"实践活动，自筹资金1700余万元，全力做好改善职工工作环境、建设锻炼活动场地、翻修公共卫生间、修建免费停车场、发放生日贺卡和蛋糕卡等事项，用心用情为职工群众办实事解难事。全面落实新时代党的建设总要求，坚定不移坚持和加强党的全面领导，印发集团公司党委《研究决定、前置研究讨论事项清单及负面清单》，党组织法定地位更加牢固；大力实施党建"强基工程""头雁工程""双培养工程"，持续强化党委创特色、支部树品牌工作，党建工作基础更加扎实；创新开展"党支部结对共建"活动，63个支部完成共建，其中47个支部完成外部结对共建。驰而不息推进党风廉政建设和反腐败斗争，加大内部巡察工作力度，强化问题"去根"治理，实现了"以巡促治"；深入开展"强化纪律作风建设，赋能护航动力变革"专项整治，建立完善澄清保护工作机制，风清气正、干事创业的氛围更加浓厚。坚持党管宣传、党管意识形态，宣传阵地建设取得明显进步，济钢微信公众号、抖音企业号浏览量大幅提高，济钢声音、济钢镜头在各大媒体精彩亮相。各级工会、共青团、武装、统战等组织，离退休及内退职工管理、治安保卫、生活后勤等单位部门，充分发挥自身优势，主动作为，服务大局，为新济钢高质量转型发展作出了积极贡献。

（撰稿　李　辉　审稿　苗　刚）

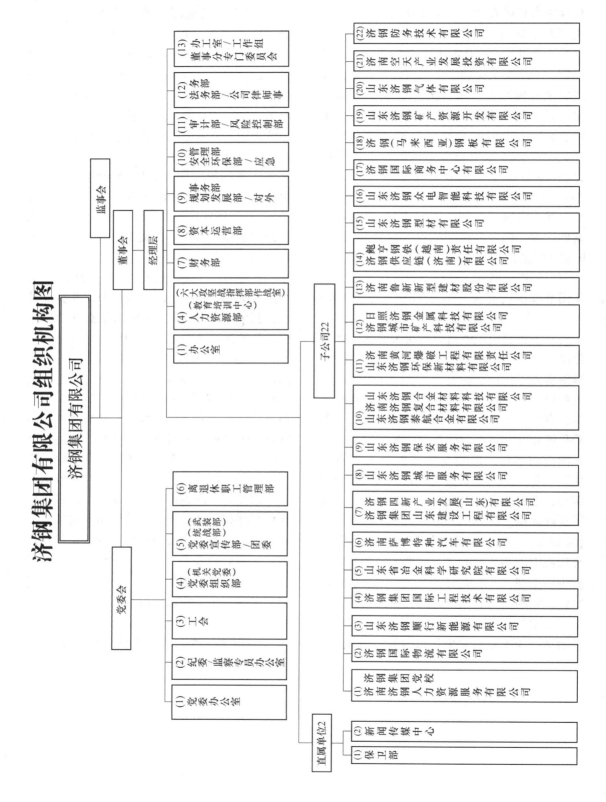

济钢集团有限公司组织机构图

济钢集团有限公司

党委会
- （1）党委办公室
- （2）纪委（监察专员办公室）
- （3）工会
- （4）党委机关党委（组织部）
- （5）党委宣传部（统战部、武装部）/团委
- （6）离退休职工管理部

董事会
- 监事会

经理层
- （1）办公室
- （4）人力资源部（教育培训中心）/六大攻坚战指挥部作战室
- （7）财务部
- （8）资本运营部
- （9）规划发展部/对外事务部
- （10）安全环保部/应急管理部
- （11）审计部/风险控制部
- （12）法务部/公司律师事务
- （13）办公室/董事会专门委员会工作组

直属单位2
- （1）保卫部
- （2）新闻传媒中心

子公司22
- （1）济南济钢人力资源服务有限公司
- （2）济钢国际物流有限公司
- （3）山东济钢顺行新能源有限公司
- （4）济钢集团国际工程技术有限公司
- （5）山东省冶金科学研究院有限公司
- （6）济南萨博特种汽车有限公司
- （7）济钢集团四新产业发展（山东）建设工程有限公司
- （8）山东济钢城市服务有限公司
- （9）山东济钢保安服务有限公司
- （10）山东济钢泰航复合材料科技有限公司/山东济钢合金材料有限公司
- （11）山东济钢黄河爆破工程新材料有限责任公司/济南济钢环保新材料有限公司
- （12）济钢日照城市矿产科技有限公司
- （13）济南鲁新新型建材股份有限公司
- （14）济钢享供应链（济南）有限责任公司/鲍钢铁（越南）有限公司
- （15）山东济钢型材有限公司
- （16）山东济钢众电智能科技有限公司
- （17）济钢国际商务中心有限公司
- （18）济钢（马来西亚）钢板有限公司
- （19）山东济钢矿产资源开发有限公司
- （20）山东济钢气体有限公司
- （21）济南空天产业发展投资有限公司
- （22）济钢防务技术有限公司

济钢集团有限公司机构与人事

董事会、监事会名单

（截至 2022 年底）

济钢集团有限公司董事会

董　事　长：薄　涛

董　　　事：苗　刚　王景洲

　　　　　　李维忠（职工董事）

外 部 董 事：侯端云　柳承波　刘炳立

　　　　　　王国红　王慧涛

董事会秘书：张素兰

济钢集团有限公司监事会

主　　　席：黄善兵

监　　　事：盛培展　王法国

　　　　　　刘富增（职工监事）

　　　　　　王铭南（职工监事）

行政机构及领导干部名单

（截至 2022 年底）

集团公司

总　经　理：苗　刚

副 总 经 理：高　翔　徐　强　刘学燕

安 全 总 监：江永波

总法律顾问：张素兰

董事会办公室

　主　任：蒋雪军

　预算薪酬与考核委员会工作组组长：

曹孟博

　战略规划委员会工作组组长：蒋升华

　提名委员会工作组组长：王明勤

　风险管理与审计委员会工作组组长：

张素兰

　副主任：田亚农

　工作人员：李赐波（管理 5 级）

办公室

　主　任：董胜峰

　副主任：蒋雪军　吕仁波

人力资源部（教育培训中心）/六大攻坚战

指挥部作战室

　部　长：王明勤

　副部长：王广海　陈敏弟

　　　　　季宏杰（"六大攻坚战"指挥

　　　　　部作战室副主任）

财务部

　经　理：宋　锋

　副经理：苗　苗　宫晶晶

资本运营部

　经　理：倪守生

　副经理：周　军　王同彦　鲁宏洲

规划发展部/对外事务部

　经　理：朱　涛

　副经理：刘长生　闫永章　常大勇

安全环保部/应急管理部

　经　理：修志伟

　副经理：王东升

审计部/风险控制部

　经　理：刘富增

　副经理：宋　英

法务部/公司律师事务部

　经　理：张素兰

　副经理：王　松

离退休职工管理部

　部　长：刘庆玉

济南济钢人力资源服务有限公司

　执行董事、经理：张金秋

　副经理：张炳光

济钢国际物流有限公司

　执行董事、经理：谭学博

　副经理：董旭东

山东济钢顺行新能源有限公司

　董事长：徐　强

　董　事：王四江

　总经理：刘柱石

　副总经理：刘　然

济钢集团国际工程技术有限公司

　执行董事、经理：高忠升

　副经理：陈五升　栾元迪

山东省冶金科学研究院有限公司

　执行董事、经理：殷占虎

　副经理：张　莉　黄　诚　徐　升

济南萨博特种汽车有限公司

　董事长：高　翔

　董事、总经理：赵传飞

　董　事：郭　强

　副总经理：严凤涛　梁　峰

济钢四新产业发展（山东）有限公司

　执行董事、经理：魏　涛

　总工程师：战玉生

　副经理：李秀坤

济钢集团山东建设工程有限公司

　经　理：魏　涛

　执行董事、副经理：梁云彩

山东济钢城市服务有限公司

　执行董事、副经理（主持工作）：

韩晰宇

　副经理：邱延祥　陈天学

山东济钢保安服务有限公司

　执行董事、经理：董　波

　副经理：曹学杰　李　冲

保卫部

　部　长：董　波

山东济钢泰航合金有限公司

　执行董事、经理：王铭南

　副经理：刘树梅　吕化国　于启涛

山东济钢环保新材料有限公司

　执行董事、经理：张先胜

　副经理：冯英俊　孙跃光　乔继军

山东济钢矿产资源开发有限公司

　董事长、总经理：靳玉启

　副总经理：李延新

　董事、副总经理：赵正伟

济钢城市矿产科技有限公司

　执行董事、经理：徐守亮

　副经理：高　鹏　张洪宝

济南鲁新新型建材股份有限公司

　董事长：徐　强

　董事、总经理：李丙来

　副总经理：卢文银　焦何生

济钢供应链（济南）有限公司

　执行董事、经理：谭学博

　副经理：马　磊　郑　佳　姚　君

鲍亨钢铁（越南）责任有限公司

　董事长：谭学博

　董事、总经理：郑　佳

济钢国际商务中心有限公司

　董　事：谭学博

　董事、总经理：周　强

山东济钢型材有限公司

　执行董事、经理：王国才

　副经理：贾泽民　王泰来　石瑞虎

山东济钢众电智能科技有限公司

　董事长：徐　强

　董事、总经理：王晓明

　副总经理：李　伟　范　泽

济钢（马来西亚）钢板有限公司

　　董事长：苗　刚

　　董事、总经理：何绪友

　　董事、副总经理：商汉军

山东济钢气体有限公司

　　执行董事、经理：李宗辉

　　副经理：杨秀玉　刘建平

济钢防务技术有限公司

　　董事长：苗　刚

　　董事、总经理：郭　强

　　副总经理：盛桂军　方贻留

　　财务审计部经理：丁双旗

济南空天产业发展投资有限公司

　　董事长、总经理：苗　刚

　　董　事：张素兰

　　监　事：曹孟博

　　副总经理：鲁宏洲

（撰稿　刘　骞　审稿　孟庆钢）

党组织机构及领导干部名单

（截至 2022 年底）

集团公司党委

　　书记：薄　涛

　　副书记：苗　刚　王景洲

　　党委委员：薄　涛　苗　刚　王景洲
　　　　　　　刘永军　曹孟博　董胜峰

济钢集团党校

　　校　长：薄　涛

　　常务副校长：王景洲

　　副校长：王明勤　张金秋

党委办公室

　　主　任：董胜峰

　　副主任：蒋雪军　吕仁波

党委组织部（机关党委）

　　部　长：王明勤

　　副部长：王广海（机关党委书记）
　　　　　　陈敏弟　季宏杰

纪委/监察专员办公室

　　书　记：刘永军

　　副书记：孟庆钢

　　纪检监察室主任：孙　超

　　办公室综合部副部长：王法国

工会

　　工会主席：王景洲

工会常务副主席：李维忠

工会副主席：高海港

工会副主席兼工会综合部部长：魏信栋

工会副主席兼工会权益部部长：王丰祥

党委宣传部/统战部/武装部/团委

　　部　长：张　涛

　　团委书记、宣传部副部长：都志斌

离退休职工管理部党委

　　书　记：刘庆玉

　　副书记、纪委书记、工会主席：周家进

济南济钢人力资源服务有限公司党委

　　书　记：张金秋

　　副书记、纪委书记、工会主席：王常金

济钢国际物流有限公司党支部

　　书　记：谭学博

　　工会主席：董旭东

山东济钢顺行新能源有限公司党支部

　　书记、工会主席：刘柱石

济钢集团国际工程技术有限公司党委

　　书　记：高忠升

　　副书记、纪委书记、工会主席：郭广强

山东省冶金科学研究院有限公司党委

　　书　记：殷占虎

副书记、工会主席：张　莉

纪委书记：尤协波

济南萨博特种汽车有限公司党支部

书　记、工会主席：郭晓光

济钢四新产业发展（山东）有限公司党支部

书　记：魏　涛

工会主席：李秀坤

山东济钢城市服务有限公司党委

书　记：高岩军

纪委书记、工会主席：王有福

山东济钢保安服务有限公司党委

书　记：董　波

副书记、纪委书记、工会主席：钟秀菊

山东济钢泰航合金有限公司党委

书　记：王铭南

副书记、纪委书记、工会主席：王　冲

山东济钢环保新材料有限公司党委

书　记：张先胜

副书记、纪委书记、工会主席：盛培展

山东济钢矿产资源开发有限公司党总支

书　记：靳玉启

济南城市矿产科技有限公司党委

书　记：徐守亮

副书记、纪委书记、工会主席：张　骦

济南鲁新新型建材股份有限公司党支部

书　记：李丙来

济钢供应链（济南）有限公司党委

书　记：谭学博

副书记、纪委书记、工会主席：邹国顺

山东济钢型材有限公司党总支

书　记：王国才

工会主席：贾泽民

山东济钢众电智能科技有限公司党委

书　记：王晓明

副书记、纪委书记、工会主席：王京巨

济钢（马来西亚）钢板有限公司党支部

书　记：商汉军

山东济钢气体有限公司党支部

书　记：李宗辉

济钢防务技术有限公司党总支

书　记：方贻留

副书记：闫梦龙

（撰稿　刘　骞　审稿　孟庆钢）

济钢集团有限公司专职董事、监事、财务总监

（截至 2022 年底）

济南济钢人力资源服务有限公司

监　事：高　涛

济钢国际物流有限公司

监　事：李宏林

济钢供应链（济南）有限公司

监　事：王新安

山东济钢顺行新能源有限公司

监　事：夏汝滨

济钢集团国际工程技术有限公司

监　事：刘乃杰

山东省冶金科学研究院有限公司

监　事：李宏林

济南萨博特种汽车有限公司

监　事：李会龙

山东济钢城市服务有限公司

监　事：高　涛

山东济钢保安服务有限公司

监　事：刘乃杰

山东济钢型材有限公司

监　事：王新安

山东济钢泰航合金有限公司

　　监　事：滕厚军

山东鲍德地质勘察有限公司

　　监　事：滕厚军

山东济钢环保新材料有限公司

　　监　事：郝振宇

山东济钢矿产资源开发有限公司

　　监　事：郝振宇

济钢城市矿产科技有限公司

　　监　事：李会龙

济南鲁新新型建材股份有限公司

　　监　事：王新安

山东济钢众电智能科技有限公司

　　监事会主席：夏汝滨

国铭铸管股份有限公司

　　监事会主席：齐志新

（撰稿　刘骞　审稿　孟庆钢）

济钢集团
JIGANG GROUP

特载

会议报告

概况

大事记

专项工作

专业管理

党群工作

生产经营

先进与荣誉

媒体看济钢

统计资料

附录

大事记

DASHIJI

"九新"价值创造体系（新内涵）

新战略：高质量发展战略

战略主线：产城融合，跨界融合

2022 年 1~12 月

1 月

5 日 集团公司党委举办党的十九届六中全会精神宣讲报告会，集团公司党的十九届六中全会精神宣讲团成员，党委书记、董事长薄涛作宣讲，并结合济钢转型发展实际，就学习贯彻党的十九届六中全会精神提出要求。集团公司党政领导，5 级、6 级管理人员，集团公司党的十九届六中全会精神宣讲团成员参加报告会。

6 日 集团公司召开 2022 年安全环保工作会议，党委书记、董事长薄涛讲话，并与单位代表签订 2022 年安全生产目标管理责任书。党委副书记、总经理苗刚主持会议。安全总监江永波作 2021 年安全环保工作报告。集团公司领导，各部室主要负责人，各子分公司主要领导、分管领导、安全总监和安全环保科长参加会议。

19 日 集团公司第二十一届职工代表大会第一次会议暨 2022 年度工作会议胜利召开，党委书记、董事长薄涛讲话，党委副书记、总经理苗刚作了题为《凝心聚力再出发 昂首奋进新征程 奋力谱写新济钢高质量转型发展的新篇章》的工作报告。公司领导薄涛、苗刚、王景洲等大会主席团成员在主席台就座。

20 日 国铭铸管公司第一支大口径 DN2000 毫米×8.15 米规格的内自锚球墨铸管一次性浇铸成功，并具备了连续生产能力，这也是这个公司生产的最大规格的内自锚球墨铸管。

28 日 集团公司领导班子党史学习教育专题民主生活会召开。济南市国资委党委书记、主任李旭东点评并讲话。济钢集团党委副书记、总经理苗刚主持会议，介绍本次民主生活会各项准备工作情况，代表领导班子作对照检查。集团公司党政领导分别作个人对照检查。济南市国资委督导组到会督导。济钢集团有关部门负责人列席会议。

● 集团公司采取主会场与分会场视频会议的形式，召开 2022 年度党风廉政建设和反腐败工作会议，全面总结 2021 年党风廉政建设和反腐败工作，部署 2022 年工作任务。党委书记、董事长薄涛讲话。集团公司党政领导，各部门单位党政主要负责人，集团公司党委纪委纪检干部在主会场参加会议。各部门单位管理 6 级领导人员，外派专职董事、监事级纪检干部，在各部门单位分会场通过视频参加会议。

30 日 集团公司召开视频调度会议，党委书记、董事长薄涛结合 29 日干部调整情况，对做好一季度工作，特别是春节期间的生产组织提出新要求。集团公司党政领导、各单位主要负责人参加会议。

2 月

22 日 济南市外事办公室党组成员、副主任庞龙，济南市国资委产业发展处处长杨中清等一行来集团公司就对外交流工作进行调研，集团公司党委副书记、总经理苗刚，副总经理徐强，集团公司党委委员、董事、党委办公室主任董胜峰等热情接待了调研组一行。济南市国资委产业发展处副处长于强，济南市外事办公室因公出国管理处处长傅琳、副处长刘玲、亚美大处副处长高吉松等参加调研。

24 日 共青团济南市委书记张熙到集团公司调研产业发展和青年工作情况，并进行座谈交流。党委书记、董事长薄涛，党委副书记、董事、工会主席王景洲热情接待张熙一行。共青团济南市委副书记孙华，学少部部长董玲，青年发展部部长张晨，集团公司团委及相关部门单位负责人等参加座谈。

● 集团公司采取主会场与分会场视频会议的形式，召开党史学习教育总结与思想政治工作暨 2021 年度党组织书记述职评议会议，开展 2021 年度党组织书记履行全面从严治党责任和抓基层党建工作述职评议，总结党史学习教育与思想政治工作成效和经验，部署巩固拓展党史学习教育成果、深化思想政治工作，党委书记、董事长薄涛作讲话，党委副书记、董事、工会主席王景洲主持会议并作党史学习教育总结。集团公司党委班子成员，总部部室主要负责人，各党组织书记在主会场参加会议，各单位党群部负责人、基层代表、宣传干事，在各单位分会场通过视频参加会议。

● 《中国企业报》集团社长、董事长吴昀国，北京九汉天合投资有限公司董事长迟云发一行来集团公司考察交流。集团公司党委书记、董事长薄涛，副总经理徐强接待了客人，并进行座谈交流。集团公司相关部门单位负责人参加座谈。

3 月

2 日 济南市国资委党委委员、副主任谢红兵一行来集团公司就经理层任期制和契约化管理、济钢党校运行情况进行调研。集团公司党委副书记、总经理苗刚，党委副书记、董事、工会主席王景洲接待了谢红兵一行。集团公司相关部门人员参加座谈。

● 济南市国资委党委委员、市纪委驻国资委纪检书记芦青，市国资委党委委员、副主任纪军，市国资委党委委员李玲一行来集团公司调研，集团公司党委书记、董事长薄涛，党委副书记、总经理苗刚，党委委员、纪委书记、监察专员刘永军热情接待了

客人。

5 日 集团公司组织开展"喜迎二十大 永远跟党走 奋进新征程"济钢青年便民服务活动，弘扬倡导"奉献、友爱、互助、进步"的志愿服务精神，推进学雷锋志愿服务制度化常态化，带领青年志愿者用实际行动参与济南"青春志愿之城"的创建，营造向上向善的良好社会风尚。党委书记、董事长薄涛走进志愿者中间，促进学雷锋活动广泛深入进行。

8 日 济南市委市直机关工委、市委宣传部、市国资委女职工来集团公司参观，进一步激发女职工干事创业热情，推动"双创"活动。集团公司党委副书记、工会主席王景洲，党委委员、纪委书记、监察专员刘永军参加活动。

15 日 济南市国资委党委副书记、副主任董黎，济南城发集团党委书记、董事长许宗生一行来访。集团公司党委书记、董事长薄涛，党委副书记、总经理苗刚接待了董黎、许宗生一行，并进行座谈交流，集团公司相关部门人员参加座谈。

24 日 集团公司召开创新大会暨"九新"新内涵发布会，党委书记、董事长薄涛作了题为《贯彻"十大创新" 聚力践行"九新" 全力以赴在加速企业创新上走在前》的报告，深入学习省市 2022 年动员大会关于创新工作的相关部署，立足新时期新阶段，为"九新"价值创造体系注入全新内涵，并聚焦践行"九新"新内涵，对做好全年和今后一个时期的工作再动员、再部署、再推动。党委副书记、总经理苗刚主持会议。集团公司党政领导，各部门单位党政主要负责人参加会议。

25 日 济南市国资委党委委员、副主任张良通，一级调研员李峰一行来集团公司调研疫情防控及企业运营、科技创新等工作。集团公司党委副书记、总经理苗刚，副总经理高翔接待了客人并进行座谈，集团公

司相关部门负责人参加座谈。

4月

3日 集团公司党委书记、董事长薄涛到新村中心广场督查济钢文旅公司便民服务中心疫情防控情况，强调疫情防控无小事，要时刻绷紧安全防控这根弦，充分辨识风险，从严从细从实落实好各项疫情防控措施。

6日 集团公司以视频会议的形式，召开安全生产专题会议，传达国务院、省市安全生产会议精神，部署二季度安全生产工作重点。党委书记、董事长薄涛对当前安全生产工作提出要求。

9日 中国共产党济南市第十二次代表大会在济南市委党校会议中心隆重开幕，大会确定了今后五年济南的奋斗目标和主要任务，描绘了未来经济社会发展蓝图。集团公司党委书记、董事长薄涛作为党代表参加会议，并为济南市未来五年发展建言献策。

5月

13日 集团公司采用主会场与分会场相结合的方式，召开2022年庆祝"五一""五四"暨先进集体先进个人表彰大会，党委书记、董事长薄涛作讲话。集团公司党政领导、总部各部室负责人、文明单位主要负责人、先进生产工作者代表、济钢十大杰出青年在主会场参加会议，各单位党政工团主要负责人、先进集体代表在分会场参加会议。

18日 济南市"希望小屋"爱心共建单位授牌活动在我公司举行。共青团济南市委副书记孟云霞，团市委统战和社会联络部部长王瑞，集团公司党委副书记、工会主席王景洲及相关负责人等参加活动。

19日 济南市发展和改革委员会党组成员、总经济师金岩及空天处相关领导，偕同江苏深蓝航天有限公司创始人兼CEO霍

亮，厦门创势仁和资本管理有限公司总经理仝朝平来访。集团公司党委书记、董事长薄涛，副总经理徐强会见了客人，双方进行座谈交流。济钢务公司、"四新"产业园相关负责人参加座谈。

24日 济南市人大常委会副主任、财经委主任委员刘大坤一行来集团公司调研冶金研究院公司资产管理及生产经营情况。集团公司党委副书记、总经理苗刚，研究院公司主要负责人接待了刘大坤一行。

29日 济南市历城区委副书记、区长续明一行到"四新"产业园调研项目建设情况。济南临港经济开发区党工委副书记、管委会主任孟祥民，历城区委常委、副区长闫立彬，副区长高博，集团公司党委副书记、总经理苗刚，"四新"产业园相关负责人等参加调研。

31日 济南市国资委领导、相关部门的负责同志分别来集团公司调研、督导相关工作，集团公司党委副书记、总经理苗刚等党政领导接待了市国资委领导一行。

6月

1日 集团公司举行了"安全生产月"活动启动仪式，拉开了集团公司"安全生产月"活动的帷幕。集团公司党政领导、各部室、子分公司主要负责人在主会场出席仪式，各子分公司相关人员在分会场参加仪式。

6日 济钢集团与章丘区战略合作协议签约仪式举行，集团公司党委书记、董事长薄涛，章丘区委书记马志勇分别致辞。章丘区委副书记、区长边祥为主持签约仪式。集团公司党委副书记、总经理苗刚，副总经理徐强和相关部门单位负责同志参加活动。

9日 集团公司工会召开第六次代表大会，集团公司党委书记、董事长薄涛出席会议并讲话。集团公司党委副书记、工会主席王景洲代表集团公司工会第五届委员会作工

作报告。会议审议通过了济钢集团有限公司工会委员会第五届委员会工作报告，选举产生了济钢集团有限公司工会委员会第六届委员会及经费审查委员会、女职工委员会委员。集团公司党政领导出席会议。集团公司工会第六次代表大会代表参加会议。

10日 集团公司召开2021年度"六大攻坚战"暨创新表彰大会，隆重表彰科技创新、管理创新优秀成果和先进个人，"九新"先进集体和"二次创业先锋"。党委书记、董事长薄涛讲话，党委副书记、总经理苗刚等集团公司党政领导及各部门单位主要负责人等参加会议。

14日 集团公司举办《安全生产法》《山东省安全生产条例》专题讲座，推动"第一责任人"守法履责，增强全员安全意识。党委副书记、总经理苗刚主持讲座，集团公司党政领导，各单位、各部门主要负责人及相关安全管理人员参加培训讲座。

15日 "2021山东社会责任企业（企业家）"发布暨"2022山东社会责任企业"推选活动启动仪式在济南南郊宾馆举行，集团公司积极践行社会责任的卓越成绩，被评为"2021山东社会责任企业"。党委副书记、总经理苗刚，副总经理、济钢国铭铸管公司董事长刘学燕参加活动。

● 山东省精品旅游促进会党建大课堂在我公司举行，党委书记、董事长薄涛作了省第十二次党代会精神宣讲，山东省委原副秘书长、省旅促会专家委员会主任杜文彬等省旅游促进会领导嘉宾，省十强产业代表，省旅促会党建示范单位代表、会员单位党组织负责人等，以及集团公司党政领导、各单位各部门负责同志参加宣讲会。省旅促会副会长、省政协委员、沃尔德集团董事长林譬主持宣讲会。

17日 集团公司党委书记、董事长薄涛到冶金研究院督导安全生产工作情况，调研党建及科改示范工作。集团公司安全总监江永波及相关部门负责人等陪同调研。

● 济南市纪委监委领导焦念强带队到党建联系点萨博汽车党支部调研。集团公司党委书记、董事长薄涛，纪委书记、监察专员刘永军接待了焦念强一行。集团公司纪委负责同志陪同。

22日 山钢矿业党委副书记、纪委书记、工会主席封常福，山钢矿业党委委员、工会副主席、党群部部长杜文华以及金岭铁矿创新工作室负责人等一行，到集团公司就创新工作室建设进行交流，集团公司党委副书记、工会主席王景洲热情接待了来访客人。

23日 集团公司党委书记、董事长薄涛，党委副书记、工会主席王景洲会见了《大众日报》济南站站长申红一行。党委宣传部主要负责同志陪同。

24日 "山东省精品旅游促进会一届七次理事大会"在济南召开。省精品旅游促进会副会长，集团公司党委书记、董事长薄涛出席大会并领奖。

29日 山东省2022年省级服务业创新中心名单公布，研究院"山冶标准物质研制及检测一体化服务创新中心"成功入选，成为研究院2022年申请获批的第4个省市级创新平台。

30日 集团公司召开庆祝中国共产党成立101周年暨"七一"表彰大会，党委书记、董事长薄涛讲话，为先进集体、先进个人代表颁奖，向"光荣在党50年"老党员代表颁发荣誉纪念章。党委副书记、总经理苗刚主持会议。党委副书记、工会主席王景洲宣读表彰决定。集团公司党政领导班子成员，受表彰的先进集体和先进个人代表，"光荣在党50年"老同志代表，各部室主要负责人在主会场参加会议。各子分公司领导班子成员、党务工作人员代表在分会场参加会议。

● 集团公司召开博士后科研工作站出

站答辩会,党委副书记、总经理苗刚出席会议并讲话。答辩专家委员会对出站博士后业务能力等作出评价,并形成专家委员会意见,一致同意万勇博士后出站。

7月

1日 集团公司举行升国旗仪式,热烈庆祝中国共产党成立101周年和济钢建厂64周年,大力弘扬爱国主义精神,激励干部职工发扬"敢于斗争、敢于胜利"的作风,积极投身新济钢建设,喜迎党的二十大胜利召开。集团公司党委书记、董事长薄涛等党政领导及机关部室干部职工代表参加仪式。

● 在中国共产党成立101周年和济钢建厂64周年之际,集团公司党委理论学习中心组走进山东省档案馆开展集体参观交流学习。党委书记、董事长薄涛等集团公司党政领导及有关部门主要负责同志参加学习。

● 2022济南"战疫榜样"选树表彰在南郊宾馆举行,集团公司保卫部和团委战疫团队荣获2022济南"战疫榜样"优秀团队荣誉称号。

6日 集团公司举办纪检干部培训暨7月份纪检监察工作会议,邀请济南市纪委监委审理室主任刘强授课。集团公司党委员、纪委书记、监察专员刘永军主持培训讲座。各单位纪委书记、分管领导,各部门单位专、兼职纪检干部50余人参加培训。

7日 集团公司与山东政法学院举行战略合作签约仪式。山东政法学院党委书记张祥云、校长吕涛、党委副书记赵斌和学校相关部门的负责同志,集团公司党委书记、董事长薄涛,党委副书记、总经理苗刚,总法律顾问、法务部、律师事务部经理张素兰和集团公司相关部门的负责同志参加活动。

● 济南市委办公厅档案管理处二级调研员王悦带队来集团公司检查档案安全工作。集团公司党委副书记、总经理苗刚接待

了王悦一行。相关部门负责同志汇报了档案安全工作情况。

12日 集团公司召开新任外部董事见面会。党委书记、董事长薄涛主持会议。集团公司党委副书记、总经理苗刚等党政领导,新任外部董事侯端云、柳承波、刘炳立、王国红、王慧涛及集团公司相关部室负责同志参加会议。

● 在山东省市场监督管理局、省发展和改革委员会、省委宣传部、聊城市人民政府共同主办的2022年度山东省"中国品牌日"活动中,济钢集团山东冶金研究院成功入选2022年度山东省高端品牌培育企业名单。

15日 中国经济周刊、山东电视台、大众网、济南电视台等中央及省市10余家媒体记者组成的"国企改革发展媒体行暨企业家访谈"报道组走进济钢,采访报道改革发展先进经验。集团公司党委书记、董事长薄涛与报道组座谈交流、接受了专访,分享了济钢转型发展、企业改革、落实省市党代会精神的经验做法,畅谈抢抓"工业强市"战略机遇的新思路。

19日 国际工程公司与武汉科技大学"绿色智能焦化联合研究院"揭牌仪式举行,双方将以该联合研究院为平台,联合研发具有自主知识产权的核心技术,共同开发符合产业政策导向与市场需求的工程技术产品。

22日 济南市国资委企业领导人员管理处党支部与集团公司萨博汽车党支部支部共建活动举行,双方将在组织、载体、课题等方面开展结对共建。市国资委党委委员、副主任谢红兵,集团公司党委副书记、工会主席王景洲,两个共建支部相关同志及集团公司有关部门负责同志参加活动。

● 省、市、区市场监管部门会同有关认证机构,在创智谷园区成立"质量认证提升服务站",这是省内首个专门为"双

"创"园区定向开展认证认可综合服务的专业服务站。

26日 共青团济南市委组织清华大学学生到集团公司，开展以"双碳"济南市制造业的转型升级为主题的调研活动。团市委学少部部长董玲，集团公司党委副书记、工会主席王景洲及集团公司团委相关负责人员参加活动。

29日 集团公司召开第二十一届一次职代会代表团长、工会主席联席会议，党委书记、董事长薄涛等党政领导出席会议。党委副书记、董事、总经理苗刚作工作报告。党委副书记、董事、工会主席王景洲主持会议。各单位第二十一届一次职代会代表团长、工会主席以及机关各部室负责人参加会议。

31日 山东微波电真空公司国内首条拥有完全自主知识产权的空间行波管自动化生产线顺利通过验收，并与航天九院签订采购协议，标志着微波电真空公司全面具备空间行波管生产验证能力。

● 山东微波电真空技术有限公司试验线一期建成验收、试验线一期提升工程厂房竣工仪式、与航天九院704所采购协议签约仪式隆重举行。中国科学院院士、中国科学院空天信息创新研究院院长吴一戎，中共济南市委常委、组织部部长陈阳，集团公司党委书记、董事长薄涛分别致辞，共同为试验线一期提升工程厂房竣工剪彩。济南市发展和改革委员会总经济师金岩，历城区区长续明，集团公司党委副书记、总经理苗刚出席活动。集团公司有关部门负责同志参加活动。

8月

1日 集团公司党委书记、董事长薄涛率队到山东人才发展集团走访交流，就加强双方合作进行深入探讨。济南高新区管委会副主任刘松，济南高新区投资促进部智能装备办公室主任陈传峰，集团公司副总经理徐强，及规划发展部、人力资源公司相关负责人等参加交流活动。

2日 历城法院党组书记、院长牟宗伟一行来集团公司调研。集团公司党委副书记、总经理苗刚接待了牟宗伟一行。集团公司法务部、公司律师事务部相关负责同志参加活动。

3日 中国银行济南分行党委书记、行长尹卫东一行来访，集团公司党委副书记、总经理苗刚接待了客人，双方就加强合作进行了交流。集团公司财务部主要负责同志参加活动。

10日 济南市"青年发展友好型企业"建设推进会暨济钢集团试点观摩会召开，深入贯彻落实"青年发展友好型城市"建设工作要求，及时总结工作中的经验做法。共青团山东省委副书记孙巍，共青团济南市委书记张熙，济南市国资委党委委员、副主任谢红兵，集团公司党委书记、董事长薄涛，党委副书记、工会主席王景洲以及济南市部分国有企业分管领导、团委书记，各区县、功能区团委书记，集团公司党群部门主要负责同志及各单位分管领导、团委书记参加会议。

● 集团公司党委书记、董事长薄涛，副总经理徐强会见了北京一数科技有限公司CEO曹腾，山东中翔产研创投基金经理王宏一行，双方就开展合作进行了深入交流。集团公司相关部门单位负责同志参加活动。

11日 集团公司召开审计发现问题整改专题会，通报集团公司2021年度任期经济责任审计及绩效审计情况，部署审计发现问题整改工作。党委书记、董事长薄涛等党政领导，各单位、各部门5级、6级管理人员参加会议。

13日 以"发展高质量电商，服务新经济格局"为主题的第八届中国（济南）电子商务产业博览会在山东国际会展中心开幕，集团公司受邀参加，受到业界同行和参会各方的高度关注。

18日 以"空天赋能 智创未来"为主题的2022年空天信息产业发展高峰论坛举行。集团公司党委书记、董事长薄涛，党委副书记、总经理苗刚及相关单位负责同志参加论坛，集团公司签约重点合作项目。

● 济南市职工创新创效成果展示大会暨济南工匠创新交流论坛在市职工服务中心举行。集团公司党委副书记、工会主席王景洲，集团公司工会相关负责同志及受到表彰的先进集体和先进个人参加活动。

19日 集团公司召开2021年优秀见习生表彰暨2022年新入厂大学生欢迎会，党委书记、董事长薄涛对新入厂大学生及青年职工提出殷切希望。党委副书记、工会主席王景洲主持会议。组织部/人力资源部主要负责同志介绍2021年入厂大学生见习考核和2022年大学生招聘情况。

23日 金裕控股集团董事局主席、中国（毛里塔尼亚）商会会长、中国国际贸易学会副会长马建勋一行来访，集团公司党委书记、董事长薄涛，党委副书记、总经理苗刚接待了客人，双方就加强合作进行了交流。金裕控股集团副总裁冯钢，泛湄国际经贸（山东）有限公司董事长黄宗钢，联合创始人李志信，山东省应急产业协会副会长兼秘书长程咸勇，山东天益工程建设有限公司常务副总经理徐涛，以及集团公司相关部门单位主要负责同志参加活动。

25日 集团公司与中国四维测绘技术有限公司、北京星视域科技有限公司战略合作签约仪式举行，三方将充分发挥协同互补效应，合作开发空天信息技术与特种装备有机融合的产品体系，推动空天信息产业项目落地。中国四维测绘技术有限公司总经理张晓东，北京星视域科技有限公司总经理王大鹏，集团公司党委副书记、总经理苗刚，副总经理高翔，以及集团公司相关部门单位有

关负责同志等参加仪式。

29日 集团公司党委书记、董事长薄涛率队到中核同创（上海）科技发展有限公司走访交流，就加强双方合作进行深入探讨。集团公司与中核同创（上海）科技发展有限公司签署战略合作协议。中核投资党委委员、中核同创董事长时运福，中核同创运营副总裁汪海鹏，技术总监付在伟，孵化业务总监谢文明，集团公司副总经理徐强，以及规划发展部、国际工程公司相关负责人等参加交流活动。

30日 集团公司党委书记、董事长薄涛率队到上海科技宇航有限公司走访交流。上海科技宇航有限公司总经理李平平，汉端科技有限公司董事长杨滨，集团公司副总经理徐强，以及规划发展部相关负责人等参加交流活动。

● 集团公司党委书记、董事长薄涛亲自挂帅的"高层营销团队"在上海先后到中国建筑第八工程局有限公司、上海科技宇航有限公司进行考察交流。集团公司副总经理徐强，规划发展部、国际工程公司相关负责人等参加交流活动。

● 山东省税务局党建工作处二级调研员孙旭临、济南市税务局党建工作处副处长贺晓莉一行到集团公司开展"青年发展友好型企业建设"交流。党委副书记、工会主席王景洲接待了孙旭临一行，集团公司党委组织部、财务部、团委相关负责同志参加交流。

9 月

5日 集团公司与泛湄国际经贸（山东）有限公司战略合作签约仪式举行。党委书记、董事长薄涛出席仪式并致辞。党委副书记、董事、总经理苗刚主持签约仪式。济南市贸促会副会长张铁军，济南市发改委产业发展处处长窦卫东，济南市贸促会国际联络部部长王军，金裕控股集团董事局主席

马建勋，山东省应急产业协会副会长兼秘书长程咸勇，中融方外（山东）国际合作园区有限公司总经理何涛，泛湄国际经贸（山东）有限公司董事长黄宗钢，联合创始人李志信，集团公司副总经理徐强及相关部门单位主要负责人等参加签约仪式。

6 日 中国企业联合会、中国企业家协会在北京举办新闻发布会，发布了"2022中国企业500强"榜单。集团公司上榜，并位居"2022中国制造业企业500强"第256位，"2022中国企业500强"第499位。

7 日 山东省政协经济委员会工作会议在日照市召开，省政协委员，集团党委书记、董事长薄涛参加会议。尽管日照区域出现疫情，但党委书记、董事长薄涛依然"冒着炮火前进"，在做好疫情防控措施的基础上，随省政协经济委员会调研组赴日照港股份有限公司开展调研，详细了解港口经营情况，寻找业务契合点，进一步拓展物流渠道，未雨绸缪提前防控风险。

● 2022"国企楷模、我们的榜样"总结大会召开，会上隆重表彰了济南市第二届"国企楷模、我们的榜样"十大人物、创新人物和优秀人物。集团公司党委副书记、工会主席王景洲和受到表彰的职工以及相关部门负责同志参加会议。

13 日 济南市属国有企业新时代廉洁文化主题展开展仪式在龙奥大厦举行。集团公司党委书记、董事长薄涛，党委委员、纪委书记、监察专员刘永军参加开展仪式。

15 日 山东政法学院校长吕涛一行来访，党委书记、董事长薄涛热情接待了吕涛一行，双方就开展项目合作进行了座谈交流。集团公司副总经理徐强，总法律顾问、董事会秘书张素兰及相关部室负责人等参加座谈。

20 日 2022中德科技创新合作大会举办，集团公司应邀参加，与德国莱茵科斯特公司签订合作备忘录。

22 日 集团公司党委书记、董事长薄涛，副总经理徐强会见了复朗施（北京）纳米科技有限公司董事长崔建勋、副总裁王子飞一行，双方就项目研发、产业化进程等进行深入沟通。集团公司四新产业发展公司负责同志参加会见。

23 日 济南市委市政府召开数字济南建设推进大会。集团公司党委书记、董事长薄涛在主会场参加会议，集团公司党政领导，总部各部门、直属机构管理6级及以上人员在集团公司会议室，各权属子公司管理6级以上领导干部在本单位收听收看了实况直播。

26 日 集团公司捐建的"希望小屋"挂牌仪式在章丘区明水街道举行。集团公司党委副书记、工会主席王景洲，章丘区委常委、办公室主任、明水街道党工委书记黄洪占，济南团市委统战和社会联络部部长王瑞，以及明水街道、团市委相关部门、集团公司团委的负责同志参加仪式。

28 日 "清风廉韵润国企、奋进喜迎二十大"市属国有企业新时代廉洁文化主题展第一站济钢巡回展开展仪式在济钢体育馆举行。党委书记、董事长薄涛致辞，党委委员、纪委书记、监察专员刘永军主持开展仪式。济南市纪委监委领导班子成员焦念强，市国资委党委委员、市纪委监委派驻市国资委纪检组组长芦青及市纪委监委、市国资委相关部门的负责同志，济钢集团党政领导，各部门、单位党政负责同志等参加活动。

29 日 济南临港经济开发区项目集中签约活动举行，集团公司党委副书记、总经理苗刚应邀出席签约活动。济钢四新产业发展有限公司与一数科技、格蓝特航空科技、山东派蒙智能、山东智引智能进行集中了现场签约。

30 日 集团公司党委书记、董事长薄涛带队参加由济南黄河河务局、济南广播电视台和济南绿色生态保护联席会、济南绿色生态保护促进会共同举办的"迎国庆、祭先烈、净化母亲河"公益活动，传承弘扬烈士精神，缅怀革命先烈的丰功伟绩，表达对革命烈士的崇高敬仰。集团公司相关部门单位同志参加活动。

● "争当济南安全守护者"市管工商贸企业安全知识竞赛在集团公司打响。集团公司党委副书记、总经理苗刚致辞。市应急局工商贸处处长邹宗彧致开幕辞。集团公司安全总监江永波及市应急局相关部门负责同志，参赛市管企业分管领导、安全总监观看比赛。

10 月

1 日 集团公司举行升国旗仪式，祝福祖国繁荣昌盛，以实际行动迎接党的二十大胜利召开。集团公司党委书记、董事长薄涛等党政领导、鲍山学校领导和少先队员，济钢阳光合唱团及集团公司各单位部门主要负责人等参加仪式。

9 日 济南市国资委、济南市审计局审计进点会议召开。市国资委党委委员、副主任纪军，集团公司党委副书记、总经理苗刚，总法律顾问张素兰和相关部门及各单位主要负责同志参加会议。

10 日 中共济南市委党校市国资委分校、中共济南市国资委党校揭牌仪式在集团公司举行。济南市委党校（济南行政学院）分管日常工作的副校长（副院长）扈书乘，市国资委党委书记、主任张海平，党委委员、副主任王志军，二级巡视员谢红兵，集团公司党委书记、董事长薄涛，党委副书记、总经理苗刚，党委副书记、工会主席王景洲，以及市国资委领导班子成员、市属企业党委负责同志、市国资委党建工作领导小组成员、集团公司相关部门负责同志等参加揭牌仪式。

13 日 青岛银行总行首席风险官姜晖

一行来访，集团公司党委副书记、总经理苗刚接待了客人，双方就银企合作、项目投融资等进行交流，集团公司相关负责人参加交流。

16 日 中国共产党第二十次全国代表大会在北京人民大会堂隆重召开，习近平总书记代表十九届中央委员会向大会作了题为《高举中国特色社会主义伟大旗帜 为全面建设社会主义现代化国家而团结奋斗》的报告。在严格落实疫情防控要求基础上，集团公司党委组织集中收听收看党的二十大开幕会盛况。

20 日 山东人才集团党委书记、董事长王卫中一行来访，党委书记、董事长薄涛热情接待了王卫中一行，双方就开展合作进行了深入交流。济南市历下区区委常委、副区长武毅，历下区发改局党组书记、局长杨玉宇，山东人才集团党委副书记、董事杨光军，财务总监王远良，山东人才集团财务管理部部长，山东人才投资有限公司董事长许伟，山东人才集团教育咨询公司执行董事、泰山高级经理研修院常务副院长徐昆鹏，集团公司党委副书记、总经理苗刚，副总经理徐强及相关部室负责同志参加交流。

● 济南市国资委党委委员、副主任沈文涛到集团公司实地调研。市国资委产业发展处处长杨中清，战略规划处处长周长友等陪同调研，集团公司副总经理徐强及相关部门单位负责同志参加调研。

22 日 集团公司与中核环保有限公司座谈会召开，双方围绕推进科研成果转化、今后合作方向进行了深入交流。中核环保有限公司总经理、党委副书记，中核投资党委书记、董事长赵翼鑫；中核投资有限公司党委委员，中核同创董事长时运福；中核投资有限公司副总经理李洁；中核同创（上海）科技发展有限公司运营副总裁汪海鹏；集团公司党委书记、董事长薄涛，党委副书记、总经理苗刚，副总经理徐强以及双方相关部门负责同志参加会议。

26日 集团公司2022年"敢于斗争、敢于胜利"职工职业技能大赛开幕式在瑞宝电气公司举行。集团公司党委副书记、工会主席王景洲参加活动并讲话。来自各单位的参赛选手、裁判员代表和相关部门单位主要负责同志参加仪式。

27日 东方金诚国际信用评估有限公司党委委员、副总经理张晟，东兴证券山东分公司总监由珊珊一行来访，集团公司党委副书记、总经理苗刚接待了客人。双方就优化资产、加强合作等进行交流。东方金诚、东兴证券相关负责同志及集团公司相关部门主要负责同志参加交流。

11月

8日 济南市历城区委副书记、区长续明，区委常委、副区长高博一行来集团公司走访交流。集团公司党委书记、董事长薄涛，副总经理徐强接待了续明一行，双方围绕促进企业更好更快发展进行了座谈。历城区及集团公司相关部门单位负责同志参加座谈。

11日 集团公司与江苏深蓝航天有限公司举行深化合作签约仪式，双方将在民用商业火箭产业开展合作，助推济南市空天产业高质量发展。集团公司党委书记、董事长薄涛，江苏深蓝航天有限公司董事长兼CEO霍亮，济南市发展改革委党组成员、总经济师金岩先后致辞。集团公司党委副书记、工会主席王景洲主持仪式。长清区委常委、副区长张广大，创势仁和资本管理有限公司总经理全朝平，济南市发展改革委、济钢集团、江苏深蓝航天有限公司相关部门负责同志参加仪式。

● 山东省工业和信息化厅二级巡视员张登方带领山东省工业和信息化厅服务体系建设处、山东省大中小企业融通创新联合会、山东人才集团及济南市工信局的相关负责同志来集团公司调研产业链建设情况。集团公司党委书记、董事长薄涛，副总经理徐强接待了张登方一行并进行座谈交流。

13日 高博通信（上海）有限公司CEO、董事长林卫国，副总经理陈按仕、黄杰一行来访。集团公司党委书记、董事长薄涛，党委副书记、总经理苗刚，副总经理徐强接待了客人，双方就规划发展、项目合作等进行深入交流。集团公司相关部门单位负责同志参加交流。

14日 济南市发改委党组成员、总经济师金岩，市发改委空天信息产业推进组处长、一级调研员张晖宇，副处长、三级调研员史晓楠和历城区重点项目服务中心副主任苏琦等一行，来集团公司开展空天信息产业调研。集团公司副总经理徐强和相关部门单位的负责同志陪同调研。

15日 济南市国资委组织习近平法治思想"济南律师宣讲团"到集团公司进行宣讲，深入学习宣传贯彻习近平法治思想，提高企业运用习近平法治思想指导解决实际问题的能力。集团公司党委副书记、总经理苗刚主持宣讲。济南市国资委政策法规处长王林波，集团公司总法律顾问、董事会秘书张素兰，集团公司各部室主要负责人，分管领导及法务部全体人员参加宣讲活动。

12月

2日 2022山东企业百强名单公布，集团公司荣登榜单。山东企业百强名单由山东省工业和信息化厅、省企业联合会依据企业上年度营业收入年报数据，经过相关程序确定。2022山东企业百强名单分为综合百强企业名单和工业百强企业名单，集团公司分别位列第60位和第48位。

5日 济南市政府印发《关于表扬2021年度创新发展突出贡献企业的通报》，表彰为加快新旧动能转换、促进济南经济社会持续健康发展作出突出贡献的企业，本次通报表扬涵盖制造业、金融业、建筑业等9大类110户企业，集团公司名列30户制造业企业榜单。

15日 集团公司"质量变革"暨干部能力提升大会召开，党委书记、董事长薄涛作了题为《深入学习贯彻党的二十大精神 以新作风护航济钢高质量发展新征程》的讲话，党委副书记、总经理苗刚主持会议并作了题为《做实动力变革 开展质量变革 为开创高质量发展新局面而奋勇前进》的报告，会议发布了《济钢集团有限公司高质量发展三年行动计划》。集团党政领导，各部门主要负责同志，各单位党政主要负责人参加会议。

28日 山东省工业和信息化厅公布2022年度山东省中小企业公共服务示范平台名单，冶金研究院公司成功入选。

注：● 与上日期相同

（供稿人 李 辉）

特载

会议报告

概况

大事记

专项工作

专业管理

党群工作

生产经营

先进与荣誉

媒体看济钢

统计资料

附录

专项工作

ZHUANXIANG GONGZUO

"九新"价值创造体系（新内涵）

新战略：高质量发展战略

战略路径：高端化、绿色化、智慧化、品牌化、国际化

党建品牌化建设

深化党委创特色、支部树品牌，纵深推进"强基工程""头雁工程"，着力打造"赋能型"党组织新引擎，加快推进党建品牌化建设。在市属国有企业中率先开展"1+n"党建品牌矩阵建设的探索实践，推荐报送的济钢国际工程技术有限公司"匠心筑梦·党建育人"系列党建品牌入选市属企业十大党建品牌。12月17日印发实施《"领航赋能 红心筑梦"党建品牌创建活动实施方案》（济钢党发〔2022〕69号），全面启动新的党建品牌创建活动，在集团公司"领航赋能·红心筑梦"党建品牌大框架下，逐步建立党建品牌梯次，将1+N+n创建模式贯穿于一党委一特色、一支部一品牌，积极推进形成具有特色亮点和代表性的党建品牌体系。

"动力变革"

【概况】 2022年，紧紧抓住划转济南市后的宝贵发展窗口和政策机遇，依托"六大攻坚战"平台，全力以赴推进"动力变革"，持续发挥"变革"的突破和赋能作用，以"产城融合"为主线，以提升"人员的动力、组织的活力和产业的生命力"三个维度为主攻方向，持续从"'一企一业'、投资拉动、创新驱动、分配激励、人才支撑、体系保障"六个方面实施变革，重点开展"产业转型升级、多渠道融资、效益效率提升"三大攻坚，动态调整、适度纠偏，发扬"敢于斗争、敢于胜利"的作风，高效率推进"动力变革"行动计划目标提前落地，以变革应对变局、开拓新局，实现"五个明显"新突破，即公司"产业结构明显优化、科技创新力度明显加大、信息化建设明显加快、干部职工创造能力明显提升、公司发展动力明显增强"，企业生产力进一步解放、生产关系更加适应高质量转型发展需求，为全面实施"质量变革"奠定坚实基础的同时，推动济钢迅速融入新发展格局，加快打造全省研发成果转化、新旧动能转换、传统企业转型的"三转"标杆，为济南市建设"强、新、优、富、美、高"现代化国际大都市贡献济钢力量。

【推进情况及效果】 以提升人员的动力、产业的生命力和激发组织的活力为抓手，进一步解放生产力、优化生产关系，推动体制机制"活"力全面释放。在"人员的动力"方面，凝聚干事创业的强大能量，激发全员主动攻坚、主动创效、主动创新，有力促进各项工作高效运转。在"产业的生命力"方面，集团公司强势回归中国企业500强行列，引领济南市空天信息产业发展，展现出旺盛发展生命力，整体发展竞争力稳步提升，在"组织的活力"方面，挖掘漏洞问题，及时调整实现高水平领导力供给，迅速扭转被动不利局面，持续保持干部职工队伍活力最强、战斗力最优，构建形成集团公司质量变革的坚实基础。

一是聚力攻坚克难，推动完成"动力

变革"攻坚任务目标。着眼持续提升创新创造积极性和主动性，制定下发《2022年"六大攻坚战"评价与考核办法》，系统规范、指导攻坚推进过程中各项行为。各单位、各部门突出靶向攻坚、聚力难点突破，深入推进"一企一业"、投资拉动、创新驱动、人才支撑、分配激励、体系保障六个方面动力变革，并结合济南市支持济钢发展26条政策落实、济南市国资委15项重点工作完成的目标工作，制定攻坚任务55项（含26条政策14项任务、15项重点目标任务），细化分解，按照确定的节点计划全力推进，基本完成既定目标；子分公司层面，聚焦激发人员动力、组织活力，提升产业生命力，制定155项"动力变革"内部任务并扎实推进，不断解决各项制约发展的问题。

二是强化目标引领，推动济南市支持济钢发展26条政策落地走实。贯彻落实《济南市人民政府办公厅关于支持济钢集团转型发展的实施意见》（济政办函〔2021〕26号文）精神，推动各项措施高效落地，制定《关于落实济南市支持济钢集团转型发展政策的工作方案》，配套形成26项重点任务配档表，建立周调度、定期通报汇报、常态化对接及专项激励四大推进机制，激发各工作小组攻坚动力活力；各工作小组由集团公司经理层牵头，明确职责、强化领导、精准聚焦，明确2022年量化指标，细化分解为77个节点，目标倒逼、强化协同、互通信息、形成合力，推动各项任务有序推进。推动完成了建立科技成果获取和转化机制、解除23宗土地使用限制、明确可腾退土地处置变现的政府收益部分返还政策等影响集团公司快速转型发展的重点任务，省、市级产能调整资金累计到位250.4亿元，形成剩余9.6亿元市级产能调整资金最大化利用方案；累计完成增量留抵增值税退回2492.61万元；推动济南市对济钢集团资产注资，集团公司财务已入账45.19亿元；累

计收回土地补偿款1.28亿元，部分土地资源与平台公司达成合作开发意向，实现闲置土地价值最大化；打通济钢新村宿舍区17套无证房产的独立产权证办理路径，市历史遗留办正配合相关手续办理。

三是细化推进举措，分步实施济南市国资委15项重点工作。对15项重点目标任务进行指标细化分解，全部纳入"动力变革"攻坚任务。为保证任务推进效率和效果，下发重点工作督办函，全面提升督导推进，顺利实现15项重点目标。

四是深化创新促实效，以"五大创效"助力经营创效再提升。集团公司经理层根据职责分工，靠前指挥，发挥督导和资源调配作用，各牵头部门坚持问题导向、结果导向，发挥"横向联合+纵向提升"协同效应，扎实提升"五大创效"提升整体经营绩效的支撑作用，围绕"组织创效、科技创效、金融创效、资本创效、低碳创效"，进一步挖掘潜力、激发动力、凝聚合力，推动管理水平、管理效率不断提升，不断释放增效潜力，推进38项创效任务不断取得新进展，产生经济效益6.8亿元。

五是强化精益管理，持续提升管理质量，推进管理提升有效落实。针对法人治理、财务管理、运营管理、风险管控、资产投资、人力资源管理等方面存在的管理体系不健全、管理流程不清晰等问题，坚持问题导向，以实现管理水平"螺旋式"上升为主线，以"去根"治理为手段，强化过程督导，推动各部门持续扫描管理中存在的盲点、漏点、堵点，不断夯实基础管理，推动43项管理提升任务完成既定目标。

六是坚持价值创造，以创新创造不断提升发展动力。各单位持续发挥价值创造引领作用，创新思维、多措并举，深挖经营绩效提升潜力，重点围绕"动力变革"、经营提质提效、管理提升、市场开拓、技术研发等方面，扎实开展价值创造工作。全年开展价

值创造 480 项，创效 1.65 亿元。

七是提前高位谋划，推动制定"质量变革"工作方案。围绕提升全要素生产率，落实创新驱动战略，深入践行"九新"价值创造体系，聚焦集团公司高质量发展，聚焦"党建领航、企业管理、人才保障、产业发展、科技创新、产品研发、经营绩效、企业文化、社会贡献"九大维度，积极谋划"质量变革"方案。推动集团公司各项资源发挥最大效用，全面构建多元融合发展新格局，稳步迈入千亿级企业，实现由"量"到"质"、由"形"到"势"的根本性转变，确保在激烈的市场竞争中勇立潮头，在高质量可持续发展的道路上行稳致远。召开"质量变革"启动会，统一思想，明确目标，各项要素蓄势待发，全力推进集团公司高质量发展。

八是选树标杆典型，以榜样力量凝聚新担当新作为。充分发挥典型的正面导向作用，激发和引领广大员工队伍始终保持旺盛活力，推进集团公司各项转型发展工作提档提速。指挥部作战室按照《攻坚评功授奖办法》高效推进 2021 年度"六大攻坚战"评功授奖及一、二季度典范团队选树工作，加班加点，创新融入多媒体视频、现场采访等方式，召开现场表彰大会，隆重表彰"九新先进集体"9 个，"二次创业先锋"

30 名；结合一、二季度生产经营情况，经现场调研、调查推荐等方式，确定石灰石公司营销、济钢物流金属资源业务、国际工程总承包项目管理三个典范团队，实现评选表彰向基层倾斜。通过榜样激励，隆重表彰"恪尽职守、担当使命"的典范典型，点燃全体干部职工"砥砺深耕结硕果，奋楫笃行启新篇"的士气，为全面完成"动力变革"各项工作，开启济钢高质量转型发展新篇章凝聚磅礴动能。

九是狠抓工作落实，扎实开展四大专项行动。严格落实集团公司要求，针对"诉讼创效、应收账款清收、资产盘活、重点亏损单位和亏损单元治理"四大专项行动，聚焦难点攻坚突破，强化责任担当，组织各主责部门迅速开展专题研究、组建攻坚团队、明确责任人，制定具体行动措施，将四大专项工作细化分解为 17 个具体事项。建立"日调度、周通报"推进工作机制，每天调度工作进展，深入分析推进工程中存在的堵点和难点，对工作进展不快、攻坚措施突破性不强的单位在早调会上进行通报并针对性提出下一步工作建议，进一步压紧压实工作责任，确保四大专项行动取得实效。2022 年通过开展"专项行动"累计实现创效 11816 万元，有力支撑集团公司完成年度经营目标。

特载

会议报告

概况

大事记

专项工作

专业管理

党群工作

生产经营

先进与荣誉

媒体看济钢

统计资料

附录

专业管理

ZHUANYE GUANLI

"九新"价值创造体系（新内涵）

新主线：组织创效、科技创效、金融创效、
资本创效、低碳创效

综合事务管理

【综合文字工作】 立足集团公司整体划归济南市的全新起点，进一步完善党委议事决策制度，结合实际对"三张清单"涉及的内容进行细化完善，厘清了党委与其他治理主体权责边界，助推集团党委进一步增强党委议事决策的科学性、规范性和可操作性。紧扣集团党委和集团公司重大决策部署，力求一文一稿、一计一策都参在点子上、谋到关键处，高质量完成了集团公司二十一届一次、二次职代会系列材料、集团公司创新大会暨"九新"新内涵发布会、集团公司"质量变革"暨干部能力提升大会等重要文字材料，切实发挥了以文辅政作用。多渠道开展信息调研，多方位收集材料、掌握情况、综合分析，刊发《济钢内参》42期，为集团公司科学决策提供全面丰富准确的信息支撑。全年起草文字材料100余篇，撰写文字终稿量20余万字；完成《济钢年鉴2021》的出版及《济钢年鉴2022》的编纂工作，文字量约100万字。

【会议、督办工作】 健全完善统筹协调、督办落实的制度机制，统筹各方资源、整合各方力量、照应各方关切，推动形成"心往一处想、劲往一处使"的工作合力。按照济南市相关规章制度，结合集团公司实际，进一步修订完善管理事项清单，为集团公司决策落地提供有力支撑。健全完善责任机制，认真抓好集团党委决策部署任务分解，明确时间表、路线图、责任人，形成同心协力、齐抓共管的工作机制和责任机制。高质量做好保密、机要工作，健全制度体系，堵塞风险漏洞，确保政令畅通、安全保密、运转高效。全年共安排各类会议活动1535次；总经理办公会54次，党委会62次；董事会27次，形成决议127个；收发济南市国资委、市委市政府文件2300余份，登记处理公文6686份，下发文件17785件，公文处理实现"零"出错。

【档案、保密及服务保障工作】 积极探索新形势下电子档案管理新模式，深入研究专业系统与档案管理系统对接，充分挖掘档案管理的开发利用价值。高标准抓好后勤、接待、服务等工作，强化改革创新，进一步提升管理智能化、服务精细化水平。全年接待公章使用业务273个单位、部门，用印16761次；提供利用、查阅、复印档案资料346人次，3895卷/件。

【信访维稳工作】 建立健全信访突出问题专项治理长效机制，按照"百日攻坚"要求，加快推进"治重化积"专项工作，实现上级交办信访事项全部清零，新产生信访事项动态清零，重点群体、个体全部稳控，为省市第十二次党代会、北京冬奥会、全国两会、党的二十大等重大会议、活动的顺利举行，营造安全稳定的发展环境作出积极贡献。全年受理信访事项26件72人次（其中集体访6件44人次），同比下降45%；职工群众满意率达95%以上，深刻体现了新时代"枫桥经验"；上级转办交办的信访事项42件，办结率为100%，办结时间较常规提高约20%；专项工作完成出色，"治重化积"2件、"百日攻坚"4件均按要求顺利办结。

【支部党建工作】 把抓政治建设纳入整体工作布局，层层压实责任，细化落实措施，以"第一议题"制度、"三会一课"为主抓手，促进党员干部更加自觉地用习近平新时代中国特色社会主义思想、党的十九大、党的二十大精神武装头脑、指导实践，深刻领会"两个确立"的决定性意义，自觉把讲政治贯穿到办公室工作的各方面、全过程。坚决扛起疫情防控政治责任，不折不扣贯彻落实集团党委和机关党委的各项决策部署，抓紧抓实抓细各项防控工作，全面提升双线办公机制下的工作效能，全力保障集团公司稳定顺行，用抗击疫情的实际行动展现支部党员干部的政治本色。深入践行"心智行"合一的管理创新理念，弘扬极端负责的工作作风，锤炼适应发展的过硬本领，持续提高把握大局大势、应对风险挑战、推动决策落地的能力水平，队伍整体战斗力不断增强。办公室被授予集团公司五星级党支部，荣获集团党委2021—2022年度先进党支部和"九新先进集体"荣誉称号。

（撰稿　邹玉萍　李　辉
审稿　董胜峰）

董事会建设与规范运作

【概述】　2022年，集团公司不断完善现代企业制度，全面贯彻落实国家、市委市政府、市国资委国企改革精神，适应国有企业改革新形势和济钢集团转型发展新要求。对标对表市国资委《关于加强市属国有企业董事会建设的意见（试行）》和《市属国有企业董事会评价办法（试行）》的各项要求，健全组织建设，优化机构组成；明确权责义务，依法落实职权；完善议事规则，规范董事会运作；完善考核评价，强化管理监督。充分发挥董事会"定战略、做决策、防风险"职能，提高企业董事会治理科学化、规范化水平。在2022年度市属企业董事会评价中，经市国资委综合评价，集团公司董事会综合评价为优秀企业，名次位列第一。

【董事会人员构成】　为落实党中央国务院关于国企改革三年行动重要部署和市委、市政府工作要求，加强市属企业董事会建设，完善企业法人治理结构，济南市国资委对9户市属一级企业董事会进行了规范配备。根据济国资任字〔2022〕7号《关于侯端云等同志职务任免的通知》，2022年6月济南市国资委任命5名外部董事，组建由9名董事组成的济钢集团第六届董事会，其中外部董事5名、内部董事4名。落实外部董事占多数这一制度性安排，构建形成了能力结构完整、专业结构互补和阅历结构丰富的专业化、多维度优势互补的董事会。

【董事会机构设置】　2022年，集团公司根据《加强济钢集团有限公司董事会建设的实施方案》，进一步加强董事会建设，提高董事会治理科学化、规范化水平，一是按照要求设置四个专门委员会，分别为：提名委员会、战略与投资委员会、薪酬与考核委员会、审计与风险委员会。二是设置董事会秘书，负责董事会管理建设相关工作。三是设立董事会办公室，为董事会和各专门委员会提供服务保障工作。四是设立董事会各专门委员会工作组，协调配合落实董事会各项审议、决议事项。通过上述工作，公司形成了"董事会—董事会各专门委员会—董事会各专门委员会工作组"的"三层次"组织管理架构，进一步提高了董事会治理科学化水平。

【董事会制度建设】　不断完善董事会制度体系建设，形成"以公司章程为核心、以董事会五个议事规则为支撑、以N个管理规则为配套"的董事会"1+5+N"管理制度体系。其中，"5"个议事规则，分别是《济钢集团有限公司董事会议事规则》和4个专门委员会议事规则；"N"个配套管理规则，包括各专门委员会工作组职责、董事会授权管理规定和授权事项清单、总经理向董事会报告工作制度、外部董事服务管理措施等。

【外部董事履职】　2022年6月外部董事履

职后，集团公司扎实做好各项服务管理工作，充分落实和保障外部董事职权。对于需要提报董事会讨论的重大议题，均提前一周向外部董事征求意见，必要时召开会前沟通会；邀请外部董事列席公司党委会、总经理办公会和前期专家论证会，充分保证外部董事发表合理意见的权利。落实好外部董事工作调研机制，外部董事全年共分七个批次、到集团公司总部部室和权属公司等十余家单位开展工作调研。2022 年下半年外部董事共参加 9 次董事会会议，审议形成 53 项董事会决议。外部董事在 2022 年的工作中，能够履行忠实勤勉义务，按时出席董事会会议，认真审议各项议案；能够对议案提出有益意见建议，切实维护股东利益；能够合理辨识公司重大决策的伴生风险，督促做好各类风险防控，为推动集团公司高质量转型发展作出积极贡献。

【规范召开董事会】 公司按时完成"党建入章"工作，将"三重一大"议事程序列入公司章程、纳入董事会议事规则，涉及事项能够严格按照议事程序审议研究。实现公司党委委员与董事会成员"双向进入、交叉任职"。更新总部管理"四项事项清单"，厘清党委会、董事会议事边界，确保发挥好党委会管大局、把方向、促落实作用，保障董事会定战略、做决策、防风险职能。2022年，公司共组织召开 27 次董事会会议，形成决议 127 项。公司不断加强对董事会审议、决议事项的监督监管，每季度调度董事会审议、决议事项执行情况，形成《济钢集团有限公司董事会审议、决议事项监督执行情况的报告》。

【子企业董事会建设】 根据《关于规范公司治理的实施方案》《济钢集团有限公司深化改革三年行动实施方案（2020—2022）》，全面落实党组织在公司法人治理结构中的法定地位，按照法律法规、国资监管政策及现代企业制度要求，规范出资人、党委会、董事会、监事会和经理层的行为，构建决策、执行、监督三项职能为一体的现代企业基本组织架构，促进集团公司及子企业的规范运作和有序健康发展。集团公司积极推进子企业董事会应建尽建，截至 2022 年底集团公司 28 家二级企业中有 12 家设立了董事会，分别为济钢防务技术有限公司、山东济钢众电智能科技有限公司、国铭铸管股份有限公司、济南鲁新新型建材股份有限公司、时代低空（山东）产业发展有限公司、济南萨博特种汽车有限公司、济钢（马来西亚）钢板有限公司、空天投资、山东济钢顺行出租车有限公司、济钢国际商务中心有限公司、济南鲍德冶金石灰石有限公司、鲍亨钢铁（越南）责任有限公司。根据企业实际情况，12 家企业董事会规模由 3~9 名董事构成，均配备了外部董事，按时完成"党建入章"工作，全面落实"双向进入、交叉任职"等要求。集团公司通过参与编制与修订权属二级公司章程、制定授权文件等方式，保障和推进权属二级公司董事会/执行董事和监事会/监事的规范化及有效运作；通过股东（大）会表决、向权属二级公司推荐/委派董监事、财务总监及其他高级管理人员等方式行使股东权利，贯彻和落实集团公司指示精神。

【"双总"机制建设】 为进一步加快推动集团公司高质量发展，优化产业布局，实现产业基础高级化、产业链现代化，2022 年集团公司尝试建立实施总师/总顾问"双总"工作机制。制定下发《济钢集团有限公司总师/总顾问制实施方案》《济钢集团有限公司总师管理办法（试行）》等文件制度，设置总师/总顾问工作办公室，与董事会办公室合署办公。2022 年先后引进 4 名总师/总顾问，相应成立 4 个工作团队。2022 年，4 个总师/总顾问团队开展各类服务对接 20 余次，为集团公司重大投资项目提供咨询建议 30 余项，有力推动集团公司各类转型发展项目的落地实施，为集团公司高质量发展提供了智力支持。

（撰稿　刘　易　审稿　倪守生）

生产运营管理

【计划管理】　按月制定下发《月度多元化产业经营考核计划及攻坚目标》，组织召开多元化产业经营计划会议，每周通报各子分公司生产运营情况、计划完成进度，及时协调解决存在的问题，按月对各项生产经营指标完成情况进行统计、分析，形成每月运营质量分析材料。2022年子分公司累计完成产量1353.53万吨，完成计划的98.45%；子分公司累计完成营业收入465.77亿元，完成计划的90.22%；子分公司累计完成工业产值105.68亿元。

【生产运行】　建立以差异化的分类、分层、分级管控为主、专业专项管理为辅的子公司生产运营管控模式，编制子分公司运营管控矩阵，明确管控要点。制定了《2022年春节期间生产组织预案》《紧急疫情期间冷弯型钢产品外发保障方案》《海外公司运营管控方案》。为最大限度降低疫情对生产运行的影响，编制3版《疫情常态化生产经营应对指南》，总结子公司应对疫情的典范做法，提炼生产经营的策略精华，供各子公司分享。为有效避免环保限产等因素对集团公司整体生产经营的冲击，下发《2022年雨季生产组织预案》《2022—2023年采暖季安全生产组织预案及重污染天气应急减排方案》。

【协同管理】　建立协同协作信息沟通平台，实现市场信息共享，修订完善《产业协同协作管理办法》，突出产业协同协作的专业化、市场化原则。引导各单位提高站位，合心聚力，保证集团公司利益最大化，不断培植协同业务专业化，高效提升相关单位绩效。加强协同业务的监督检查，指导相关单位在依照合同约定开展业务的同时，通过实施PDCA循环改进协同协作不足，修订完善相关的激励约束考核办法。2022年集团公司实现协同业务6.7亿元，创效1223万元。

【实物库存管理】　制定《库存管理巡查制度》，修订《库存管理自查自评报告》《月度库存盘点及存货盘点表》等模板，加强对子分公司月度、年度库存实物盘点的管控力度，以确保原材料、产成品账物相符。制定《库存管理专项行动工作方案》联合指挥部作战室、财务部、审计部、法务部和相关监事组织开展了库存管理评审专项行动，对相关的单位库存管理现状进行审查，形成评审报告13份，共发现各类问题132项，提出改进建议122项，强化了子分公司库存规范化管理。

【能源管理】　结合集团公司能源体系评审，进一步修订完善《能源管理办法》《能源监察管理办法》《节能管理办法》等制度文件，从制度层面规范能源管理，推进能源管理制度体系建设；在各单位2021年节能计划指标完成情况的基础上，制定了《2022年集团公司节能推进计划》，明确2022年具体节能目标及措施，全面推进节能降耗。开展节能周活动，推进降耗节能具体实施方案。通过优化集团公司计量水表数量，推行"一表一核算"的精益化管理模式；加强现场节能检查监督工作，组织相关单位对"跑冒滴漏"及违章用水、用电的现象进行整改，多次组织现场检查，对发现的问题及时提出整改意见并实施闭环检查。全年总采购水量、总用电量分别较2021年同期采购水量减少5.04%、3.07%。

【市场行情分析】　组织开展市场行情分析工作，结合集团公司多元化发展实际，不断丰富完善市场行情分析的相关内容，逐步增加分析对象，包括铁矿石、钢材、废钢、生铁、电解铝、铁合金、动力煤、建材等九类产品市场，形成每周发布行情分析、每月形成分析总结机制，及时传递相关市场价格、政策等信息，为各单位捕捉市场商机、防范市场风险提供支持。全年共编制发布周市场行情分析报告 49 期、月市场行情分析报告 12 期。

【贸易管理】 针对贸易业务规模发展需要，组织首次业务系统梳理与总结，编制了《贸易业务风险分析及治理方案》；制定下发《贸易业务暂行准则》《客户/供应商信用评价基本要素》《基于客户信用评价的业务开展原则》等专业管理制度；制定贸易业务流程操作规范路线图模板；组织 8 家单位制定了 26 个贸易业务流程，经集团公司部门联合评审后下发执行；制定《一般贸易向供应链服务产业升级发展规划》，通过产业链资源聚集、要素整合、内外双循环、平台化运营等路径，将单一的贸易业务升级为面向制造业企业的全流程供应链服务业务，实现商业创新、管理创新和业务创新，着力发展建设济钢特色的供应链服务业产业生态，全力打造济钢平台经济新品牌。

【招标采购】 根据公司要求及机构调整，持续强化基础管理，制定印发了《关于进一步明确集团公司采购业务流程的通知》《济钢集团有限公司 2022 年度采购过程授权及提级管理的规定》《关于对应急采购过程组织的补充规定》等，进一步规范采购流程，指导各单位开展采购业务，限制或减少紧急采购发生频次。根据集团公司发展实际，对原招投标（BMS）系统功能进行升级完善，形成"济钢集团阳光购销平台"，于 2022 年 1 月 1 日起在集团公司范围内全面启用。并为适应疫情条件下采购业务的合规开展，完善线上开评标功能，全面实现采购过程的线上实施。按"严、实、精、准、快"标准，做好重大采购项目的采购组织，成效显著。其间承担了集团工装、冬季棉服、空天信息产业基地一期二步一标段总承包、一期二步全过程咨询等项目的采购组织，中标单位均为国内一线知名品牌，且大幅降低了采购成本，实现了采购的预定目标。2022 年组织完成集团公司及子公司提级管理采购业务共计 197 项，成交额 44674.915 万元，比预算价降低采购成本合计 10544.65 万元，预算降低率为 19.1%，全年实收成交服务费 126.4972 万元。

【科技管理】 2022 年，集团公司完成研发费用 3.54 亿元、研发投入 4.84 亿元，均完成年度任务目标。2022 年，集团公司评选科技创新突出贡献奖 1 名、科技创新标兵 7 名、管理创新突出贡献奖 1 名、管理创新先进个人 9 名；评审科技进步奖 26 项、专利奖 10 项、管理创新成果 58 项，总奖金 307.2 万元。2022 年，国际工程与武汉科技大学共同成立了"绿色智能焦化联合研究院"，就大型化顶装焦炉和捣固焦炉开展联合研发工作。济钢集团博士后科研工作站万勇博士完成课题研究，顺利出站；刘威博士通过省人社厅批准，成功入站。

【科技创新载体建设】 2022 年，集团公司新增高新技术企业 3 家：环保材料、黄河爆破和飒铂智能。济钢防务通过了省新型研发机构绩效评价，评价结果优秀；研究院成功申报国家"科改示范企业"，承建"国家新材料测试评价平台济南区域中心"分别通过了山东省和济南市中小企业公共服务示范平台、济南市重点实验室、山东省服务业创新中心等多个平台认定；萨博汽车通过了山东省"一企一技术"研发中心认定；鲁新建材通过了济南市工程研究中心认定。截至 2022 年底，集团公司已拥有高新技术企业 10 家：研究院、国际工程、智能科技、鲁新建材、萨博汽车、国铭铸管、济钢防务、环保材料、黄河爆破和飒铂智能。

【技术标准化与专利工作】 2022年，研究院参与编制的国际标准《镍铁－磷、锰、铬、铜、钴含量的测定 电感耦合等离子体原子发射光谱法》发布实施，实现集团公司在国际标准编制上的突破。型材公司牵头编制的《船用U型槽钢》和《船用方矩钢管》两项团体标准经中国船舶工业行业协会审议批准发布实施。全年完成专利申请100件，其中发明专利20件，完成年度计划指标。2022年已获得授权专利81件，其中发明专利8件。

【品牌建设工作】 2022年，研究院被认定为山东省高端品牌培育企业，萨博汽车的"SABSV"牌医疗车被认定为山东优质品牌，鲁新建材通过了济南市单项冠军产品认定。2022年，集团公司以济钢物流为平台，与山东豪俐恒就沥青产品开展合作，实现非钢领域品牌合作业务的突破，集团公司品牌合作也逐步开始向多产品、多领域方向发展。

【信息化管理】 2022年，集团公司基于工业互联网技术架构模式，按照内通、外联组织实施数字化转型和信息化项目建设，近几年主要针对内部运营的"管控数字化"开展产业数字化改造。在经营管控层面，推动实施了集业务运作、信息集成、制度落实、风险控制、财务管理于一体的业财一体化平台二期建设、气体公司业财一体化平台建设和风险防控信息化项目升级建设，初步形成了物流、资金流、信息流全面协同、统一的业务操作规范，实现了管理效率和运营效率的提升，有效降低了企业风险；在专业管理层面，建设了OA、ERP、资金管理、合并报表、全面预算、安环管理云平台、国企监管企业端等系统，同时实现了ERP等财务系统与各单位业务系统的对接，实现数据透明、信息共享；在生产运营层面，陆续实施了型材公司MES、环保材料物流一卡通和自动装车等系统，石灰石公司一卡通系统等，实现了生产制造单位的精准控制和精细化管理。

（撰稿　谢　勇　审稿　朱　涛）

资 产 管 理

【固定资产管理】 积极践行"引领型"总部新作风，完善修订管理制度，持续提升资产管理水平。根据集团公司"两步走"发展战略，按照"精准授权、专业管理、高效服务"的要求，充分激发权属公司"动力变革"主动性、创新力，持续提高集团公司固定资产管理能力和管控水平，实时修订完善并发布实施《济钢集团有限公司固定资产实物管理办法（修订版）》《济钢集团有限公司实物资产出租及合作经营实施细则》。针对制度"修改内容多、授权范围大、管理流程优化调整涉及面广"等特点，组织对权属公司资产管理分管领导、业务骨干进行制度解读及专场答疑，并全过程指导权属公司完成了单位内部固定资产管理制度修订完善。动态跟踪新办法对权属公司授权事项执行情况，协助指导权属公司进行方案制定、流程设计等，持续提升资产管理水平。为确保集团公司各类经济行为涉及的资产评估结果客观、可靠、有效，保证集团公司及其权属企业资产处置、改革改制、股权投资等经济行为顺利实施，根据《企业国有资产评估管理暂行办法》（国务院国资委令第12号）、《济南市市属企业资产评估管理工作指引》（济国资发〔2018〕9号）等国有资产监督管理法规制度的规定，制定了集团公司《资产评估项目备案管理实施办法（试行）》。

【股权投资管理】 一是构建股权投资管理

体系，打造国有资本运作策源地。按照"谋划一批、储备一批、投资一批"的思路，推动各类投资向主业靠拢、向实业集中，2022年实际完成投资项目12项，投资额125380万元。空天投资、济钢防务、时代低空公司股权收购构建了空天信息产业链，国际商务公司股权收购搭建了海外贸易平台。二是运用多层次资本运营能力，强化集团公司产业链构建。组织实施黄河爆破等6家公司股权无偿划转至环保新材料等5家公司，优化产权结构，延伸补强子公司产业链。三是优化投资管控，确保投资收益。获得参股企业2021年度分红款4567.49万元（其中英大信托303.17万元、华商基金1140万元，齐鲁银行3124.32万元）。获得天同证券破产清算款13.52万元。制定集团公司2021年度利润分配方案，获得权属企业分红款1.38亿元。四是完成山东省冶金地质水文勘察公司公司制改制。

【资产证券化】 稳妥推进国铭铸管IPO工作。完成证监会反馈意见回复及半年报更新工作，做好证监会审核前期工作。

【深化改革】 高质量深化国企改革，构建现代化产业集团。依法合规，上下联动，高效制订《山东省冶金科学研究院有限公司"科改示范行动"改革方案》和工作台账，于2022年5月通过国务院国资委备案。积极推进"做强做优产业链、强化选人用人改革、完善公司治理结构、强化研发投入、推进信息化建设、持续强化党的建设"六大改革举措落地实施，圆满完成各项改革工作节点任务，在国务院国资委组织的2022年度地方"科改示范企业"改革发展、科技创新等方面专项评估工作中，获得"优秀等级"，国务院、省市国资委下发通知予以表扬。持续推进权属企业混合所有制改革，济钢集团国际工程技术有限公司"引入社会资本同时实施员工股权激励"混改方案于2022年11月4日经集团公司第六届董事会2022年第二十四次会议审议通过，混改项目于11月10日在山东产权交易中心公开挂牌预披露信息；山东省冶金科学研究院有限公司"引入战略投资者+员工持股"混改方案于2022年12月30日经集团公司第六届董事会2022年第二十七次会议审议通过，混改项目于2023年1月6日在山东产权交易中心公开挂牌预披露信息。

【处置低效资产】 依法合规处置低效资产，规避集团公司投资风险。抓机遇，借外力，处置集团公司持有的北京中联钢电子商务有限公司低效股权。股权转让项目于2022年9月13日通过上海联合产权交易所公开挂牌披露信息；于11月10日正式成交签订产权交易合同；集团公司于14日获取股权转让款101.01万元，并获取产权交易凭证，实现低效资产增值处置，规避投资风险。

（撰稿　李善磊　审稿　蒋雪军）

发展规划管理

【规划管理】 深入研究济南市"十二大"产业链建设、市属主要企业产业发展现状，结合集团公司现有产业基础，经济南市国资委批准，确立了集团公司"新一代信息技术、智能制造（高端装备及新材料制造）、现代服务（现代工业服务）"三大主业定位。响应党的二十大，省、市第十二届党代会精神，聚焦集团公司三大产业领域和千亿集团战略目标，在对各子分公司充分调研的基础上，制定并发布《济钢集团有限公司高质量发展三年行动计划（2023—2025年）》，完成集团公司"十四五"规划调整工作。空天信息产业布局，积极融入我市空天信息产业布局建设，成功参加2022年空天信息产业发展高峰论坛等高端峰会，集团公司作为济南市空天信息产业链主企业当选联盟副理事长单位和我市空天产业链"链主"企业。空天信息产业基地一期一步项目实现整体竣工，卫星总装、遥感试验星制造、深蓝液体火箭等重点项目有序推进，为空天信息产业布局打下良好基础。成立济钢（红色临沂）大产业基地指挥部，聚焦自然资源开发、先进低碳农业服务、绿色物流等产业，建设具有核心竞争力的新特色产业集群，有序推进相关产业项目在临沂落地，打造集团公司第二产业基地。

【招商引资】 推行高层营销助力招商引资。成功参加 2022 年中国电商大会、中德科技创新对接大会等活动，在政府资源获取、高层次人才交流、招商引资和新济钢品牌建设等方面，取得了较好的效果。先后与临沂市、兰陵县、长清区 3 个政府部门，与央企中核同创、莱茵科斯特等 5 家企业签订战略合作协议，对接各类企业单位 40 余家，扩大集团公司"朋友圈"，储备项目 20 余项，推进产业招商引资和产业落地。

【投资管理】 集团公司 2022 年初固定资产投资计划总额 51101.49 万元，中期调整后计划投资总额 52395.7 万元，全年实际完成投资 57602.39 万元。其中续建项目 4 项，完成投资 48097 万元，主要为"四新"产业园一期项目、萨博汽车军民融合产业园园区提升改造项目、萨博汽车方舱产线智能化提升改造项目、济钢防务空天信息产业基地二期；新开项目 38 项，完成投资 9505.39 万元，主要为环保材料固废源头减量综合利用技术改造、复合材料公司新建年产 2400 吨无缝包芯线项目、鲍德气体外供氧气管道项目、济钢党校提升、鲁新转光剂及薄喷新材料项目等。2022 年度固定资产投资围绕三大主业领域实施投资 55316.41 万元，占比 96%；安全环保及信息化建设项目实施投资 2285.98 万元，占比 4%。这些项目的

实施，清晰地展示了集团公司产业发展的方向和路径，筑牢产业发展根基，提升全过程信息化管理水平，解决安全环保隐患，加快推动集团公司转型升级高质量发展。

【土地管理】 把握市政府研究出台支持济钢发展实施意见的有利时机，于 2022 年 1 月恢复 23 宗土地正常使用权。创新工业遗存资产处置路径，与市土地储备中心和城投集团达成一致意见，6 月份完成工业遗存资产的移交。

【工程管理】 践行工程项目主管部门职责，构建不定期、全覆盖的建设项目全过程监管机制，工程建设安全有序推进。2022 年集团公司新建和续建工程项目共计 35 项，党校改造提升、体育场设施改造提升、工北 21 号消防及安全功能提升改造等 28 个项目竣工投用。重点项目完成建设目标，济钢防务空天信息产业基地一期项目（一步）工程 12 月 31 日取得建筑工程资料监督报告，标志着本工程通过政府质量验收；充分研读利用相关政策，一期一步项目减免城市配套费 1000 余万元、宿舍获得政府补贴 384 万元。组织集团公司 19 家单位 98 人开展工程项目管理培训，工程项目管理人员业务素质及集团公司工程管理规范化水平明显提升。

【设备管理】 修订实施《设备设施及建（构）筑物维修管理办法》《流动资产处置管理办法》《住宅专项维修资金使用管理办法》。推行设备设施精益管理，实现全年设备零事故，特种设备定检率 100%。配合鲍山街道办事处，高效开展创建文明典范城市准备工作，完成沥青路面维修 3100 平方米、人行道花砖铺设 450 平方米、路面井盖提升更换 33 套及新村牌坊粉刷等。快速响应属地政府要求，完成济钢新村、铸管宿舍区 70 多栋居民楼和集团公司办公区封闭管控，封闭围挡 3000 余米；组织完成 150 万只防疫口罩、14 万副防疫手套、1.3 万套防护服

采购发放；针对 52 家相关方、1000 余人开展防疫摸排，疫情防控工作总体受控。

（撰稿 訾宇斌 审稿 朱 涛）

财 务 管 理

【综述】 财务部主要负责集团公司财务管理，包括会计核算管理、全面预算管理、资金管理、成本费用管理、税务管理、资产核算管理、财务风险管控等工作。设综合室、预算室、资金管理中心、会计室、税管室、检查室、资产管理室、成本费用室、外派专职财务业务经理室等 9 个科室。截至 2022 年底，在册职工 42 人。其中，5~6 级干部 3 人，7~8 级干部 26 人；硕士及以上学历 7 人，本科学历 33 人，大专学历 2 人；高级会计师 12 人，中级会计师 16 人，助理会计师 14 人。

【主要财务指标】 截至 2022 年 12 月末，集团公司合并报表资产总额 326.76 亿元，其中，流动资产 198.29 亿元，非流动资产 128.47 亿元；负债总额 244.57 亿元；所有者权益 82.19 亿元。账面资产负债率 74.85%。

【财务分析】 一是 2022 年全面完成预算目标，实现绩效连年提升。2022 年实现考核口径营业收入 465.77 亿元、利润总额 59468 万元、净利润 42826 万元、归属母公司净利润 39289 万元，均超额完成年度预算目标。二是优化管理手段，扎实推进预算管理各项工作。（1）设计"一企一策"预算分析模型，根据各单位实际情况优化并应用，设计全业务单元管理模型，全覆盖推进各业务单元运营质量分析治理，助力细化经营保障措施，提升实体业务创效能力。

（2）结合集团公司 2023 年新发展理念，完成 2023 年年度预算编制。（3）完成集团公司全面预算管理信息系统升级项目，实现全面预算信息系统的创新升级，进一步提升预算穿透式管理水平。（4）制定营运资金管理办法，促进子分公司提高资金使用效率。三是推进亏损企业治理工作。协调推进历史遗留问题解决，督导制定扭亏措施，提高治理效率。四是全面推进"六大攻坚战"工作，践行动力变革。组织推进部室内部和集团公司级各项攻坚战任务 42 项，促进财务管理提升。

【财务基础管理】 一是做好核算工作，进一步提升基础管理水平。（1）组织完成 2021 年度财务决算工作；（2）聚焦降低资产负债率目标，筹划增加净资产，降低资产负债率 5.62 个百分点；制定并实施降低三家贸易单位资产负债率方案，通过货币资金注资+偿还债务方式，将资产负债率降至 75% 以下，为 2023 年贸易单位持续发力奠定基础；（3）组织专业培训，提升会计信息质量；（4）开展专项审计，严把审计质量；（5）优化报表系统，实现财务数据全级次监控；（6）配合市国资委专项审计工作；（7）推进资产减值核销，清理耐材安置费 1.6 亿元。二是提升资产价值，赋能产业发展。（1）评估增值投资性房地产，增加净资产 1.93 亿元，评估盘盈房产，入账增加净资产 0.42 亿元；（2）完成济钢防务、新加坡公司、时代低空、冶金研究院、国际工程等清、审、评工作；（3）完成资产处置、出租等评估报告 19 份；（4）完成中核同创、海砂项目、中科卫星等 13 个合作项目财务尽职调查报告。三是积极推进财务信息化建设，助力财务管理质效提升。（1）完成 5 家核算主体业财一体化财务软件上线；（2）初步形成财务共享系统建设规划；（3）探讨财务机器人等智能化技术应用，设定场景模拟；（4）优化 ERP 系统功能，充分发挥平台价值，提升财务管理质效。

【资金管理】 一是积极争取，增加授信储备。全年新增授信额度 37 亿元，为集团公司生产经营规模扩大、转型发展稳步运行提供有力保障。二是多措并举实现金融创效。通过优化融资结构、置换高成本、开展可转债业务等措施，实现金融创效 8268 万元。提高国有银行授信占比（由 2022 年初 6.38% 增加到年末 18.2%），引入低成本融资置换高成本 11.23 亿元，实现资金创效 2782 万元，综合融资成本降低 1.38 个百分点，全年降低融资成本 7038 万元；搭建票据贴现平台，实现降低票据贴现利息创效 530 万元；开展可转债业务，实现金融创效 500 万元。三是调整融资结构，优化资金流向。利用投资项目争取政府专项债、项目贷款、研发贷款等业务；根据资金周转率、收益率监控情况，动态调整资金投向，提高资金使用效益。四是搭建资金管理系统，完成 28 家权属单位资金归集，实现资金可视、可用、可调，可控。五是搭建跨境资金池，将国际商务中心 9000 万元资金调回境内公司使用，提高资金使用效率。六是收回市级产能调整资金 134.90 亿元。

【风险防范】 一是加强制度体系建设，提升管理规范化水平。（1）推进制度建设。修订完善财务体系文件 10 项；制定《济钢集团财务部财务工作监督检查管理办法》；完善岗位禁戒律，部门级 10 项，各科室管理禁戒律 38 项。（2）对各子分公司财务工作进行年度检查，对检查发现的问题制定整改措施，跟踪督导被检查单位整改落实。二是专项监督查漏补缺，推进管理精细化及问题整改。（1）评审并下发了 12 家子公司"日清日结、合同按期关闭、风险预警以及业财一体化管理提升"工作方案，并对方案执行情况回头看。（2）参与 13 家子公司采购、销售现场评审工作。（3）参与集团

公司 2022 年度党委专项巡察工作，对 20 个党小组开展财务专项巡察。

【税务管理】 一是研究税收政策，实现政策创效。通过研发费用加计扣除、资产核销、增值税留抵退回等税收政策，实现财务创效 3597 万元。二是提高税务管理水平，防范税收风险。（1）辨识废钢业务税收风险，制定应对措施，解除税收风险预警；（2）完成集团公司 2019 年度以来税收自查工作。三是完成年度税费上缴目标，体现国企担当。集团公司 2022 年实际上缴税款 6.78 亿元，较 2021 年增加 0.94 亿元，完成 2022 年财务部目标责任制。

（撰稿　周方军　审稿　宋　锋）

人力资源管理

【综述】 人力资源部（与党委组织部、教育培训中心、六大攻坚战指挥部作战室合署办公）主要负责公司人力资源规划；岗位劳动定员；人才引进与人力资源优化；劳动合同管理和劳动纪律检查；员工薪酬管理；制订并实施员工培训计划；高层人才培养和管理；员工职业技能鉴定，专业技术职务评审、聘任；员工社会保险管理与执行；人力资源统计、干部人事档案和员工信息管理；六大攻坚战作战任务督导推进、课题管理、价值创造管理等工作。下设综合管理室/动力变革作战室、组织党建室/机关党委办公室、干部人才室、薪酬绩效室、编制规划室/培训管理室、员工管理室、社会保险室、推进室、督查室共 9 个科室。截至 2022 年底，人力资源部共有在册职工 23 人，其中，高级职称以上 6 人，占 26%；中级职称 9 人，占 39%；本科及以上学历 100%；中层

干部 4 人。

【体制机制改革】 强化集团公司合同、诉讼、工商等法律事务管理，成立了法务部/公司律师事务部。强化集团公司审计工作，成立了审计部，与风险合规部合署办公，风险合规部更名为风险控制部/审计部。进一步提升集团总部在股权投资、混合所有制改革、科技创新、运营管控和信息化建设等方面的管控能力，整合资产管理部和运营管理部，组建了资本运营部。优化集团公司产业结构，设置空天投资公司、产业发展公司、私募基金公司、济钢防务技术公司、时代低空公司、济钢商务中心等公司。为有效盘活鲍亨钢铁（越）经营资源及资产，推动供应链公司拓展新的市场和业务，鲍亨钢铁（越）与供应链公司实施一体化运营。

【人力资源配置】 2022 年 4 月 6 日印发《济钢集团有限公司社会人才招聘管理办法（试行）》，为社会人才招聘提供了制度依据；组织了研究院、济钢物流等 8 家单位社会人才招聘工作，共录用 22 人；通过校园招聘引进高校毕业生 57 人（其中硕士研究生占 62.7%）；内部招聘、调动 187 人，为32 名个人申请离职人员办理解除劳动合同手续，年度人员流动率达 7.1%，有效促进了各类人才的合理流动。

【薪酬分配管理】 聚焦"动力变革"，进一步优化绩效考核体系，完善"规模、效益、效率"和"董事长责任制、经理层契约化、员工绩效评价"两个"三位一体"的绩效管理架构；坚持高目标引领，创新实施"经营目标+产业发展目标"双契约管理模式，统筹推进子公司当期经营和长远发展；强化精准激励，探索实施资本创效、财务创效专项工作目标责任制，积极推动集团公司总部由"成本中心"向"利润中心"转变。2022 年集团公司职工人均收入增长 8.16%，完成了年初职代会提出的人均收入增长 8% 的目标，职工收入继续保持稳步增长。

【人才开发管理】 入选泉城企业突出表现管理人才 1 人，泉城企业突出贡献技能人才 1 人，共计奖励 15 万元；入选泉城 5150 引才倍增计划创新人才 1 人，奖励 80 万元；入选历城区优秀科技工作者 1 人；入选第三批泉城首席技师 1 人。申领济南市高层次人才购房补助（6 人）、济南市高层次人才生活补助（64 人）、济南市高层次人才租赁住房补贴（4 人）共计 138.48 万元。申领"招聘高层次人才补贴扶持项目""企业引才育才奖""历城精英人才"和"历城工匠工程"奖补资金 32.4 万元。为济钢集团国家科研博士后工作站申请 2022 年度省博士后创新项目、2022 年度山东省博士（后）生活补助（5 万元）。先后开展工程技术、经济、建设工程、安全工程、"专精特新"工程技术、会计、政工等 7 个专业职称申报，共推荐申报 72 人。

【社会劳动保险】 全公司全年缴纳社会、医疗保险费 2.85 亿元，缴费工资基数 8 亿元。全年办理退休 772 人，其中，正常退休547 人，特殊工种退休 223 人，病退 2 人。截至 2022 年底离退休人员共 22080 人，人均社会养老金 5332 元/月，人均企业补贴910 元/月，其中离休 67 人，人均社会养老金 7477 元/月，人均企业补贴 5358 元/月。2021 年 12 月 24 日济钢集团有限公司第二十届职工代表大会第五次会议审议通过了《济钢集团有限公司企业年金方案》，2021年 12 月 27 日济南市人力资源和社会保障局备案批复函下达后正式实施，2022 年 1 月 1日与中国工商银行山东省分行签订了集合计划受托（账户）管理合同。2022 年全年企业年金合计缴费 6158.7 万元，截至 2022 年底共 4521 人缴纳企业年金，210 人领取中人补偿待遇，人均中人补偿金额 1609.2 元/月。

【职工教育培训】 实施分层分类培训，打造千人千面、实用高效的培训体系。全年培训职工 3562 人次，其中，管理专技类培训

2837 人次，取（换）证、复审类培训 725 人次。坚持资质取证、知识拓展、员工业务学习三项系统性培训工作，实现企业发展与个人能力素质双提升。截至 2022 年底，企业资质取证、知识拓展专项培训初见成效，分别累计通过了 32 人、61 人。

（撰稿　戴　爽　审稿　孟庆钢）

安全环保管理/应急管理

【综述】　2022 年，主动落实安全生产主体责任，建立健全全覆盖安全监管体系，修订完善安全规章制度，持续夯实"双基双线"，加强安全生产诊断和常态化监管督导，清单化"去根"治理隐患，推进安全管理云平台提升本质安全水平，扎实推动安全生产专项整治三年行动巩固提升；深化环保管家服务，规范环境管理体系建设，持续提升环保治理能力，保持疫情防控条件下安全生产稳定，实现了安全环保"八个零"的目标。

【安全环保目标】　连续八年实现较大及以上人身伤害事故、重大及以上生产事故、设备事故、较大及以上火灾事故、负主要责任的重大交通事故、工亡事故、负主要责任的较大及以上相关方人身伤害事故、一般及以上环境污染事件均为"零"。集团公司获 2020—2021 年全国"安康杯"竞赛活动优胜单位、济南市 2022 年"安全生产月"优秀组织单位、2022 年济南市工贸企业安全知识竞赛三等奖等荣誉称号，在济南市市管企业上半年安全生产考评综合得分第二名（全年考评正在进行）。

【安全生产主体责任】　集团公司党委中心组集中学习习近平总书记关于安全生产的重要指示和全国、省市安全生产会议精神；按规定组织召开年度、月度和专项专题安全生产会议，研究部署安全生产重点工作；逐级签订安全生产责任书 1939 份，层层压实安全生产责任；公司领导带头履职，定期组织安全生产大检查、"开工第一课"等；依规向权属单位委派安全总监 14 人，健全全覆盖安全监管体系。修订完善《全员安全生产责任制》《安全生产监督管理办法》《环境保护管理办法》等安全、环保管理制度 43 个，建立了全员安全生产责任清单和全覆盖的安全管理制度体系；通过职业健康安全、环境管理体系认证，集团公司安全管理体系、管理制度齐全有效、合规有序运行。

【"八抓 20 条"创新举措落实】　以"八抓 20 条"全员安全考试为抓手，利用"泉城安全""学习强安"信息平台，根据各单位所属行业和岗位特点，组织开发"八抓 20 条"创新举措、"大学习、大培训、大考试"专项行动手机 App 学习和考试系统，差异配置培训任务，精准定向学习培训，提高安全学习培训的针对性和实用性，组织全员上机考试全部合格，提升了全员"敬畏法律、敬畏制度、敬畏规程"的遵章意识和行动自觉。

【安全生产专项整治】　聚焦"控风险、除隐患、防事故"，加强事故隐患溯源分析，推进穿透管理，组织专项、专业、综合、联合督查 26 次；开展安全生产提升年、"安全生产月""百安"活动等；组织燃气、经营性自建房、有限空间作业等专项整治行动；组织进行专业安全诊断，共诊断发现问题 361 项，责任单位均按照"五定"要求落实整改，实现闭环管理。清单化推进问题隐患去根治理。按照"从根本上消除事故隐患"总要求，对配电箱接地接零保护、皮带机防护、气瓶管理、安全设施"四有四必有"、吊装作业等 14 项安全隐患追根溯源，制定《去根治理事项清单》，排查治理专项问题隐患 1172 项。动态辨识重点行业领域、关键作业安全风险管控，各单位共辨识风险点 498 个，其中非煤矿山爆破等一级风险点 4 个，动火作业等二级风险点 49 个；涵盖危险源 2251 个，其中气体公司液氧储槽区域评估为三级重大危险源，均按照规定动态监控报备，目前各级风险点和危险源均受控。集团公司各单位鼓励职工排查治理安全隐患，举报和制止"三违"行为，2022 年排查治理安全隐患 5817 项，完善制度 27 项、措施 1703 条，奖励 1781 名员工 10.77 万元，查处违章作业 118 起，处罚 126 人 9.38 万元，较 2021 年减少 80 起，降低 40%，人的不安全行为专项整治取得一定成效。全年安全生产投入 5570.06 万元，满足法规和现场安全生产要求。

【安全基层基础建设】 发挥安全"晨会"辨风险、查隐患、针对性安全教育、强化安全保障措施的作用，引导和监督职工增强"四不伤害"的意识和能力。加强班组基础建设，车间班组每月自主评审，子公司每季度全覆盖验收，集团公司定期组织抽查验收，集团公司 107 个班组，一次验收合格率 98%；家企共同反"三违"，开展"反习惯性违章、构建幸福家庭"活动，140 名职工家属、1264 名职工参加，提升员工安全意识和责任意识，夯实安全根基，车间班组安全管理水平和职工自主安全行为稳步提升。

【安全信息化建设】 建设集"双基管理、风险管控、监测预警、在线督导"于一体的安全管理云平台，已在集团公司、型材公司、济钢气体上线运行，实现了 24 小时可视化监督检查，得到济南市应急局肯定、认可和推广。大力推进"机械化换人、自动化减人、智能化无人"本质化安全创新工作，萨博汽车、智能科技、型材公司等单位投入 1600 余万元，升级改造机器人、自动化生产线 18 台套，优化生产工艺布局，提升设备保障能力，减少岗位操作人员 37 人，提升作业现场本质安全生产条件。

【应急处置】 依规组织修订集团公司《生产安全事故综合应急预案》，各单位修订完善 18 个综合应急预案、69 个专项预案和 71 个现场处置方案，加强应急知识和防范技能培训，落实重点岗位、重点班组"每周一小练、每月一大练、一季度一检验"要求，全年演练 2048 次，18402 人次参加，持续提升企业和岗位员工应急响应和处置能力。加强重要时段的消防安全监管，组织春节、两会、党的二十大等消防安全专项检查；组织消防基础管理提升建档工作，规范落实消防安全责任制、消防管理制度、重点消防部位、建筑消防设施维护保养等 10 项建档内容，提升消防安全穿透式管理和精准化服务。

【绿色低碳发展】 完善双碳推进机制，积极储备双碳技术。围绕三大产业领域和"绿色能源、绿色制造、绿色矿山、绿色工厂、绿色产业"五个方面，推进双碳技术开发利用。组织环保管家全过程诊断检查，排查整改问题 31 项。指导萨博汽车完成消防车项目环评批复、排污许可证变更，实现发展项目合规合法。督导环保材料、萨博汽车等单位依法完成突发环境事件应急预案编制备案。环保材料投资 780 万元加大绿色矿山建设，力争 2024 年具备创建国家级绿色矿山的基础条件。加大重污染天气减排措施的沟通协调，萨博汽车通过涉军保障企业验收，泰航合金、鲁新建材日照分公司通过环保绩效 A 级企业复审，重污染天气期间实现自主减排；环保材料优化减排清单，实现正常物流外运；型材公司通过应急减排清单优化，橙色预警期间可正常生产。

【疫情防控工作】 面对新冠疫情严峻复杂形势，坚持底线思维、理性准则，牢固树立"抓疫情防控就是抓生产经营"的理念，把握好"统筹、精准、军事化"三要素，根据疫情形势变化动态优化调整防控方案，精准排查管控涉疫风险人员，规范外出、物流、快递等防控措施。定期全员核酸检测，推进疫苗加强针接种，加强和属地社区联防联控，以疫情防控工作的精度和速度来遏制疫情传播的广度、提升经济发展的强度，统筹疫情防控和生产经营，最大限度保障了职工身体健康和企业稳定运行。

（撰稿　卢　勇　审稿　修志伟）

治安保卫管理

【概况】　保卫部是集团公司治安保卫工作主管部门，下设综合管理办公室、指挥室（济钢应急指挥中心）、治安防控办公室、车辆管理办公室、护卫大队、消防大队和巡保大队等 7 个内部机构，在岗职工 272 人。2022 年，面对新冠肺炎疫情的反复冲击和治安保卫工作新形势，保卫部积极履行防风险、保安全、护稳定职责，高效统筹治安管理、安全监管、应急处置、保卫统管等重点工作和疫情防控专项任务，确保重大案（事）件、重大火灾事故和较大交通责任事故"零发生"，以实际行动护航集团公司高质量发展。

【维护稳定】　坚持"抓早、抓小、抓苗头"，密切关注重点群体舆情动向，及时发现和超前处置各类突发情况，根据预警信息启动应急响应 2 次，全年集结保卫力量 885 人次，完成维稳执勤任务 94 次；贯彻执行集团公司关于全国两会、北京"两奥"和党的二十大等关键时期维稳工作安排，配合信访部门派出驻京驻站人员 20 人次，累计驻外执勤 60 天；落实联防联控机制，抓好协同配合，与鲍山街道办事处联合开展反邪教警示宣传活动 3 次，教育覆盖 2 万余人；

党的二十大召开前后与属地公安机关协同开展"警企联动巡逻"行动，累计出动保卫力量 500 余人次；配合户籍管理部门处理集体户口业务 78 起。政企警企协同日趋紧密，全力维护集团公司和谐稳定。

【疫情防控】　严格落实"非常时期、严肃纪律、军纪处罚"工作原则，以"铁一般的纪律、铁一般的担当"坚持奋战在疫情防控前沿阵地。强力支援鲍山社区疫情防控，投入人员 4300 余人次，完成入户信息排查任务 8 次、封闭楼宇任务 26 栋次、核酸检测现场秩序维护勤务 55 次，荣获"2022 济南'战疫榜样'优秀团队"称号，为集团公司践行国企担当再立新功；11 月份以来，面对新的疫情现状和"统筹、精准、军事化"三要素防控要求，实施明确防区主责，区块各自为战，短板统筹补链的"区块链"管理新思路，先后组织 280 人次落实闭环管理、驻岗执勤等措施，圆满完成保障生产经营和支援社区疫情防控双线作战任务。

【治安管理】　贯彻"抓整体抓全面、抓重点抓关键、抓整改抓落实"工作思路，针对 410 个治安重点要害部位和"易制毒"危险源管理环节开展检查 80 次，检查发现并落实整改治安隐患 62 项；积极推进安保服务质量提升，完成济钢职工趣味运动会、"市属国有企业新时代廉洁文化巡展"等大型活动安保任务 10 次，完成押款任务 27 次、职工二次医疗报销现场秩序维护任务 65 次；履行职工普法教育责任，探索"互联网+"普法新模式，开设防范电信诈骗、国家安全日、"民法典一点通"等普法栏目，推送普法宣传作品 36 条，普法阵地建设取得新成效。

【应急指挥】　立足"外防输入、内防反弹"，压实责任，精准防控。制定《集团公司阻断新冠疫情全员核酸检测实施方案》《集团公司突发新冠疫情桌面应急演练方案》等疫情防控方案 4 项，建立完善集团公司《涉疫情城市排查信息及管控统计表》《职工居住小区封闭情况管控统计表》等 20 余个管控台账，全年累计开展紧急排查 490 次，梳理信息 30 万余条，研判较大风险 20 项，落实重点人管控措施 568 人，组织 4760 名职工完成疫苗全程接种，探索建立核酸检测绿色通道，提供核酸检测现场服务 33042 人次，节约成本近十万元；深入"安全生产月""百安""四防"等活动开展，制定《强降雨天气危房被淹疏散被困人员应急演练方案》等应急工作预案，督导子分公司加强制度建设、组织开展抗洪抢险、安全生产事故、突发新冠疫情等应急演练，不断增强集团公司干部职工的应急反应和突发情况处理能力；发布雨雪、雷电、大风等预警信息 34 次，为集团公司防灾减灾工作做出了不懈努力。

【消防管理】 有序开展消防安全宣传、火险战备执勤、消防演练协同、消防设施查验等职能任务。全年接警出动 5 次，完成各类消防演练和应急拉动 8 次；出动消防指战员 940 余人次，完成春节、清明等重点时期鲍山防火战备执勤任务，监护消灭明火 12 起；出动消防车 14 台次、战斗员 70 人次，完成消防车通过性检验及消防设施查验 37 次，发现并协调解决各类消防安全隐患 14 项。

【交通管理】 开展交通安全重点单位督导检查 11 次，落实交通安全隐患整改 22 项；先后完成萨博汽车、环保材料产业园等园区交通标识标志设施建设，有效提升集团公司整体形象；与集团公司纪委创新开展"拒绝酒驾醉驾承诺书"网络签名活动，实现了教育监督的半径延伸和警戒预防的认知延伸。

【保卫统管】 加快推进保卫统管工作进程，截至 2022 年底，将集团公司总部、济钢防务、创智谷、鲁新建材、众电智能、型材科技、鲍德炉料沙沟尾渣尾矿处置项目等 7 个区域纳入统管范围。各统管单元秉承"一企一策"原则，主动适应子分公司对治安保卫的个性化需求，建立健全保卫制度和物资查验流程，规范岗位职责，严格监督检查，累计检查人员 157905 人次，检查各类物资 32822 车次，门禁管理实现"零差错"，"正规、严格、真实"的作风形象得到广泛认可。

【党群工作】 严格按照组织程序顺利完成党支部换届工作，选举（组建）五个新一届党支部委员会；规范落实"三会一课"，抓好党员学习教育，以学习宣贯党的二十大精神为主线，创新开展"学报告，悟党章，振精神，思奋进"系列主题党日活动；全面落实集团公司纪委关于深入纠"四风"树新风行动、防治"七种不良做派"专项整治等工作安排，开展党风廉政建设责任制综合评价，签订党风廉政责任书 87 份。群团组织活力迸发，新一届青年工作委员会主动作为，成功创建"青年安全示范岗"；工会组织积极推进劳动竞赛、岗位建功、导师带徒、先进评选等活动；认真落实帮扶救助、互助互济、"夏送清凉"等关怀工作，走访困难和患病职工 31 人次，申领发放救助金 26300 元；聚焦"我为群众办实事"，创新开展"共建共享"群众文体活动，持续增强职工队伍凝聚力和向心力。

（撰稿 刘发兴 审稿 董 波）

审 计 管 理

【综述】 2022 年 1 月，从原风险合规部剥离法务职责，成立风险控制部/审计部；为突出审计职能，2022 年 5 月 23 日变更为审计部/风险控制部。为聚焦审计工作，2023

年3月15日，经集团公司批准剥离风险、合规、内控相关管理职责，更名为审计部。现审计部负责集团公司审计管理、审计问题整改督导、预结算管理、投资项目后评价、政策研究利用等工作。下设审计业务一室、审计业务二室、预结算管理室、政策研究室。

【审计管理】 进一步完善制度。修订完善《内部审计管理规定》《审计整改管理办法》《任期经济责任审计规定》《工程项目结算审计管理办法》等审计管理制度，初步建成相对健全的审计管理制度体系。构建权属单位内审监督体系。制定《关于加强集团公司内部审计监督工作的实施意见》。组织权属单位按照需要设置内部审计机构或审计业务管理岗，配备专兼职内审监督人员，建立健全本单位的审计管理制度，完善内部审计监督流程，实现审计监督常态化、全覆盖，充分发挥审计"强监督、控风险、促发展"作用。组织开展审计工作。高质量完成21家权属单位的绩效审计，分别形成各权属单位绩效审计报告呈报集团公司；先后完成济钢物流、环保材料11家权属单位经济责任审计，离任领导经济责任审计完成率100%；对鲍亨钢铁（越）经营质量、资产负债损益、资产保值增值情况等进行专项审计，促进海外公司健康发展。强化审计问题整改，堵塞制度漏洞、夯实管理基础，2022年8月11日组织召开集团公司"审计发现问题整改大会"，对审计发现的问题进行分类分层，分析问题原因，提出整改建议，实现结果共享、借鉴防范，持续提升整改质效。建立审计整改"周调度、月总结"工作机制及专业部门联合督导推进机制，统筹专业力量，做好服务、指导和整改监督，持续提升整改质效。2022年全年共完成审计整改问题296项，其中，2015~2020年度存量审计问题完成18项，2021年度绩效审计及2022年离任审计问题完成278项。

【预结算管理】 修编完成《工程项目预结算审查管理办法》《固定资产投资项目后评价管理办法》，新建《工程项目暂列金专项管理办法》和《工程项目预结算管理考核办法（试行）》，搭建完成长效的制度保障架构。过程中根据执行情况，动态完善，及时补充《工程项目招标控制价管理规定（暂行）》，快速堵塞了管理漏洞。同时，根据建材市场价格波动行情，及时发布《关于落实集团公司要求降低工程成本的提示函》，取得了较好指导成效。加强技术服务，在子分公司层面，创新"1对1"定向技术指导模式，靠前服务，解决专业管理薄弱的难题。2022年度在预结算审查环节靶向发力，用实际案例为教材，陆续为权属子分公司提供服务指导60余人次，在夯基垒台方面效果显著。集团公司层面，持续推行"双统一"管理模式，与相关部门形成管理合力。以EPC总承包项目为突破口，在项目论证、招投标及工程施工管理等关键节点，及时提供技术支持，如针对空天产业基地等大型项目投资大、工期长等特点，编写"以'三算'为主线的EPC总承包管理要点"和"总包项目采购风险管理建议"，与关联业务单元分享管理经验，同步提高管理监督成效。预结算审查成效显著。2022年度完成预算、结算项目审查112项，审减总额3598.64万元，综合审减率10.30%，完成全年考核目标的179.9%，高效完成降本增效攻坚任务。

【政策研究利用】 坚持政策研究周报制度，全年共发布周报49期（总140期）、推送政策信息500余条。推进项目扶持政策落地，2022年全年集团公司及权属公司所争取到的项目扶持政策资金已到位4815.3万元，已经申报尚未到位16415万元；另有4项技术改造项目已经公示，1项技改项目正在申报。开展政策利用菜单式服务。梳理甄选形成《济南市科技局政策汇编》《2022年二季度可利用政策汇编》等多个菜单式政策清单，发部门、单位，推进对政策快捷高效研究利用。2022年全年集团公司及权属单位利用政策享受补贴和费用减免总计完成16144.15万元。

【固投项目后评价】 组织开展济钢气体易地搬迁、鲁新建材泉州新增储库及工北21号科创综合体项目后评价、后管理。聚焦"投资""收益"及"项目管理"三方面，查找出工期超期、投资超立项、运营不达标等问题30余项，分析总结固投项目经验教训16条，对未来项目的立项决策及建设运营，均可起到案例借鉴作用。

（撰稿 王 珂 审稿 刘富增）

风 险 管 理

【概况】 为强化集团公司法治建设和合同管理、诉讼管理、公司律师管理、工商管理、商标管理等法律事务管理工作，经集团公司研究决定，于2022年1月30日成立法务部/公司律师事务部。下设合同管理室/综合管理室、案件管理室2个内设机构。合同管理室/综合管理室主要负责参与公司重大事项法律审核、合同管理、工商管理、商标管理、综合事务管理等非诉讼业务，案件管理室主要负责案件管理、公司律师管理、法律纠纷处理、应收账款清欠、法律培训和咨询等业务。截至2022年底，在册职工9人。自部门成立以来，在集团公司正确领导下，紧紧围绕高质量发展目标，深入践行"九新"新内涵，秉承"两敢"精神，在法务管理体系建设、制度建设、合同管理、案件管理、逾期应收款项清欠、工商管理、商标管理、法律培训、普法宣传等方面取得良好

工作成效，实现创效2.09亿元，以高质量法务工作，助力集团公司高质量发展。

【两级法务管理体系建设】 建立健全两级法务管理体系，修订完善合同管理、诉讼管理、工商、法律意见书等法务管理制度；加强子公司法务管理组织机构建设，不断强化队伍建设和人员岗位建设，组织子公司签署《法务管理岗位责任书》，明确专人专责和岗位责任，优化网格化管理；高效对接山东省司法厅、济南市司法局等主管机关，以最短时间完成公司律师部注册。

【重大事项法律审核】 参与重大事项，防范化解重大风险。在集团公司划转济南市工作中，成功化解免除产能调整资金利息9.85亿元；深度参与城投土地移交争议，在土地范围、土地污染和涉电资产重大争议上得到济南市国资委支持。深度参与公司重大事项法律审核，就集团公司和子公司重大投资和合作项目，全程提供法律支持，全年组织法律尽职调查15项，出具法律意见书14份，护航依法决策。

【专项管理诊断】 落实"授权+管理+服务"要求，聚焦子公司重点业务和风险事项，开展贸易风险、库存专项尽调等专项法律服务和管理诊断，有效提升权属公司法务管理和风险防范水平。就济钢供应链（济南）有限公司六个厂内库库存业务组织开展专项法律尽调，形成6份《库存尽调报告》，根据具体业务制定措施；组织对山东济钢城市服务有限公司、山东济钢泰航合金有限公司公司、济钢国际物流有限公司、济钢城市矿产科技有限公司四家主要贸易业务单位大宗贸易业务开展情况进行排查，并形成贸易业务风险排查专项报告。

【案件管理】 汇集内外部优势力量，全力攻坚重难点案件，列入2022年重点任务的重难点案件均取得了胜诉；聚焦四大专项行动，克服重重困难，取得资产包案件胜诉，创效8745万元，为公司年度创效贡献了坚

实力量；强化纠纷案件统一管理，全年共办理结案诉讼案件 40 起，胜诉率 94.8%，实现避损及挽回损失超 1 亿元。以高度的责任心守护好风险救济的最后防线，助力集团公司高质量发展。

【逾期应收账款清收】　实施穿透式管理，不断健全常态化周调度机制，组织各单位制定年度逾期应收款项清收计划，采取业务紧盯、法律谈判、发送律师函及诉讼等多种清收措施，分层管理、分类推进，2022 年逾期应收款项清收成效显著，共清回 1.21 亿元，有效防范逾期应收账款风险，加快企业资金流动，提升企业运营活力，助力企业高质量发展。

【合同、工商等基础法务管理】　强化合同管理，严把合同审查关，全年共审核合同 540 余份，标的额 14.42 亿元。把关工业遗存移交、新加坡公司股权转让、投融资、空天产业合作等合同，防控重大投融资风险。制定下发合同审查风险防控要点，提高子公司合同审查质量；坚持目标导向、问题导向，开展子公司合同管理情况专项检查工作、深度参与巡察和采购销售业务监督评审工作，深挖问题、深剖原因、制定措施，不断提升公司合同管理水平；高效容缺办理集团公司划转济南市等工商登记工作，规范开展商标管理，通过高质量的法务管理工作，强化法律风险防控，护航企业转型发展。

【企业法治建设】　贯彻落实党的二十大精神，按照济南市国资委部署，积极开展习近平法治思想宣讲，民法典宣传和宪法宣传，开展与山东政法学院校企合作，实施法律培训常态化建设。在全集团范围内组织买卖合同专项培训、企业信用信息公示专项培训、劳动法律专项培训等多次专项法律培训，不断培育"努力学法、自觉守法、遇事找法、办事靠法"的氛围，有效增强实务技能，不断提高风险管控能力、运营保障能力、主动维权能力，不断提升企业法治建设水平。

（撰稿　张晓晨　审稿　张素兰）

离退休职工管理

【概况】　截至 2022 年底，全公司共有离退休干部、职工 22194 人，其中，离休干部 67 人，退休干部 3589 人，建厂元勋 868 人。济钢离退休职工管理部在岗工作人员 17 名，设置 3 个管理科室，负责离退休党建、老干部管理、职工统筹外补贴认证、各类遗属管理及涉老机构管理工作。

【党建管理】　探索研究并实践具有老党员、老干部特色的"银龄先锋"党建工作模式，打造济钢国企老干部党建"强根铸魂·银龄先锋"品牌。创建"线上+线下""双线"学习教育平台，创新"四式联学四度提升"宣讲模式，让党的二十大精神、"九新"价值创造体系实践本固枝荣。制定赋能型党组织实施方案，成立党组织书记宣讲团，部党委书记带头"第一讲"，宣讲济南市第十二次党代会精神、宣讲"九新"价值创造体系。开展"九新"系列活动 6 项，促进"九新"扎根离退休干部党员和群众。组织离退休党支部书记录制"喜迎二十大　奋进新济钢"微视频 3 个，总厂区第三党支部、三区第九党支部录制拍摄的"我和我的支部"微视频，分获集团公司党委一等奖和三等奖。组织开展星级评定、"头雁"党支部创建、过硬党支部评估验收等系列工作，打造"头雁"引导的坚固战斗堡垒。发放"光荣在党 50 年纪念章" 5 枚，坚定老党员老干部永远跟党走的信心和力量。

【老干部工作】　慰藉老干部，落实两个待

遇，传递组织关怀。实施"有温度"服务，建立"36524"（365天、24小时）服务机制，量体打造"清单式"项目服务，强化动力变革实践，让老干部真正体验到全方位服务。实现"一站式"就医，积极协调医院，开启就医"绿色通道"，为老领导、老干部协调安排家庭医生，建立起"一对一"医疗服务体系。建立"帮扶制"关怀，为特困离休干部及离休干部遗属发放救助金1.8万元；开展老干部"一对一"关怀帮扶机制，在职工作人员靠上去用心用情服务228次。奉献"零距离"关爱，定期探望生病住院的老干部，发放生日款、疗养款、疫苗款、茶叶款，精心开展重阳节、春节期间走访慰问老干部、老党员、建厂元勋1100余人次，发放慰问金36.3万元。组织580名离退休干部健康体检，完善健康档案。加强老干部活动场所建设，济钢老干部活动中心荣获2022年济南市区域性"开放式"老干部活动室（中心）命名，成为济南市唯一入围的企业老干部活动中心。

【统筹外业务】 运用大数据技术与济南市社保平台进行信息共享，提升离退休人员信息精准度。当年新增退休人员775人，统筹外补贴减员562人，管理在职遗属456人，统筹遗属540人，精简下放人员126人，工伤（亡）遗属59人。充分利用"济钢离退休管理"微信平台，离退休各业务窗口之间实现数据共享，实现让数据多跑路，离退休职工少跑腿，当年通过平台对各类人员认证1809人次，减少了认证人员负担。梳理各类业务办理流程，最大程度降低离退休职工办理业务的复杂程度及时间成本，真正打通服务离退休职工"最后一公里"。

【创新服务】 深入推进离退休"五创五解"攻坚任务，全力解决离退休老人高龄之困、沟通之难、心理之压、心境之忧、情感之惑。致力于"动力变革年"创新工作，搭建"零跑腿"平台，补强15项离退休服务管理平台功能，推行离退休业务"线上办"

"马上办"，24小时服务不断线，使平台成为离退休干部离不开的"掌中宝"。疫情期间，向老干部、老党员、老战士、建厂元勋进行五轮次电话关爱慰问，邮寄茶叶等物资，寄送防疫口罩近18万只，对老人们反馈信息建立分类管理台账，制定方案措施，推进问题解决落地。组织实施以"阵地化支撑、项目化推进、品牌化带动"为主要内容的"三化"工程，实施"三送三进"志愿者服务项目，开展以党的创新理论宣讲、疫情防控、医疗健身、扶难解困、文明倡导、心理关爱和关心下一代为主题的"七个一"志愿服务活动，离退休干部志愿者为因疫情封控无人照料老干部购菜送药7次，三区退休党员13人疫情期间主动参与社区服务，深得街道社区表扬。

【文体活动】 满足多元化个人需求，办好济钢老年大学，开设特色课程17门，招收学生近300名。组织搭建具有济钢特色的"芳华剧场"，举办"红歌颂党恩 奋进新济钢"，离退休干部红歌演出活动，"中国梦·新时代·跟党走·强起来暨争做济钢高质量转型发展奋斗者"宣讲活动，展现离退休干部党员、职工积极向上的文化生活。举办"翰墨颂党恩·筑梦新济钢"为主题的"五一"书画展等活动19次，参加省市活动5次，荣获省直机关康乐健身线上个人太极拳、健身气功比赛一等奖。线上举办离退休职工"喜迎二十大，奋进新征程"网络诗歌散文作品征集活动。加强老年大学、老年艺术团、老年体协等涉老机构意识形态引导，获取舆情信息630余条，及时捕捉离退休群体关心的热点焦点问题，处置各类诉求26项。充分利用学习强国学习平台、大众日报、联合网等新闻媒体，发表稿件46篇，传播离退休干部职工好声音，为企业赢得社会美誉。

（撰稿 杨立军 审稿 刘庆玉）

济钢集团
JIGANG GROUP

特载

会议报告

概况

大事记

专项工作

专业管理

党群工作

生产经营

先进与荣誉

媒体看济钢

统计资料

附录

党群工作

DANGQUN GONGZUO

"九新"价值创造体系（新内涵）

新变革：
效率变革、动力变革、质量变革

组织工作

【综述】 2022 年，党委组织部（机关党委）下设组织党建室（机关党委办公室）、干部人才室 2 个科室，共 4 人。以习近平新时代中国特色社会主义思想为指导，深入学习贯彻党的二十大精神，坚持和加强党的全面领导，紧紧围绕集团公司第六次党代会、二十一届一次职代会精神以及 2022 年党委工作要点等有关部署和工作安排，创新党建工作方式方法，扎实推进"不忘初心、牢记使命"主题教育和党史学习教育常态化长效化，持续加强基层党组织建设，为新济钢高质量党建引领高质量发展提供了坚强的组织保障。

【组织建设】 2022 年底，集团公司党委下辖 140 个党组织，其中，党委 12 个，直属总支 3 个，党支部 126 个（直属支部 8 个），党员 3223 名。坚持以习近平新时代中国特色社会主义思想为指引，用党的最新理论武装头脑、指导实践、推动工作，不断将全面从严治党引向深入，推动党建与生产经营、改革发展融合共进。实行集体领导与个人分工负责相结合，推进党建基层工作创新提升，全面加强基层党组织和党员队伍建设，实施基层党支部"评星定级"，24 个党支部经济南市国资委党委审核被评定为"五星级党支部"，71 个党支部被评定位"四星级党支部"，23 个党支部被评定为"三星级党支部"。严格按照程序新发展党员 28 名、预备党员转正 35 名。健全完善党员组织生活会、民主评议党员等工作制度，进一步规范党内政治生活。规范党费管理，全年收缴党费 259.98 万元，及时通报了支出使用情况。完成了集团公司党组织和党员年报信息统计上报等工作。

【机关党委工作】 2022 年机关党委下辖党支部 11 个，党员 180 名。一年来，机关党委深入学习贯彻习近平新时代中国特色社会主义思想和党的二十大精神，在集团公司党委的坚强领导下，认真落实集团公司二十一届一次职代会精神，深入践行"九新"价值创造体系，积极应对新冠疫情带来的极端严峻考验，聚焦"动力变革"，做好基础党建工作不放松，紧抓思想政治教育不放松，加强作风建设不放松。严格发展党员程序，全年新发展党员 5 名，预备党员转正 5 名。坚持学习贯彻习近平新时代中国特色社会主义思想，严格按照党委理论中心组学习制度和党员干部政治学习制度，分别开展严肃的政治学习，全年组织党委理论学习中心组集体学习研讨 12 次；对习近平总书记重要讲话、重要文章和重要指示批示精神，每月组织进行党员干部政治学习，引导全体党员结合实际学、带着问题学、深入思考学，学深悟透、学用结合，受到好评；抓实党员教育，印发月度党员干部理论学习计划，把机关党员干部的思想和力量凝聚到集团公司党委、集团公司改革发展重大部署上来。党委班子成员认真落实联系点制度，深入联系点党支部调查研究、讲授党课，发现和解决支部党建工作中存在的问题，全年共参加联系点党支部组织生活 8 次。贯彻落实民主集中制，专题研究部署评优表彰、发展党员等党建重点工作，全年召开党委会 15 次，保证了集团公司党委决策部署在机关落实落地。

（撰稿　王志钢　审稿　孟庆钢）

纪检监察工作

【概况】 2022 年 5 月设立集团公司监察专

员办公室，与纪委合署办公；撤销派驻纪检组。纪委/监察专员办公室内设综合部、案件管理室、纪检监察室、案件审理室/巡察办；撤销纪委原内设综合室、执纪监督室。编制定员12人，实际在岗10人。下属单位共有11个基层纪委，兼职纪委书记11人，公司直属总支、支部均设置纪检委员，二级单位纪检干部60人。各级纪检组织坚持以习近平新时代中国特色社会主义思想为指导，深入贯彻落实集团公司党委各项决策部署，坚持风腐纠治一体、清弊除障并举，为济钢持续健康发展提供了有力的政治保障和纪律保证。济钢纪委在2022年全市纪检监察系统综合考核中被评为先进单位。

【履行政治职责】 积极推动政治监督具体化、精准化、常态化，建立"一台账、两清单、双责任、双问责"政治监督活页实施办法，推动习近平总书记重要指示批示精神、党中央重大决策以及各级党委部署要求落实落地。配合集团公司党委专题研究党风廉政建设工作4次、党委理论中心组专题学习3次。考核测评29个党组织及129名领导干部党风廉政建设责任制落实情况，反馈整改建议142条。组织签订党风廉政建设责任书2000余份，责任压紧压实全覆盖。全过程监督党史学习教育和各级党组织专题民主生活会，保证高质高效。

【严肃执纪问责】 全年查办案件7起，党纪处分6人，组织处理1人，案件查结率100%，处分执行率100%。对发现的重点问题实施"一案四查"，重点案件执行"一案一剖析、一案一建议"，把查办案件、加强教育、完善制度、促进治理贯通起来，不断提升标本兼治综合效能。处置纪检信访举报、问题线索28件，查结率100%。主动出击，多方协调内外部资源，及时核查经营管理问题，较好维护了企业合法利益和稳定大局。精准运用监督执纪"四种形态"，特别是加大"第一种形态"运用力度，全年运

用"第一种形态"占比达到70%，构建起保护党员干部的第一道防线。

【加强监督检查】 坚持重点工作、重要节点及时跟进监督检查，全年两级纪检组织共开展各类监督检查206次。重点对疫情防控措施落实情况开展监督检查，督促责任单位查漏洞、补短板。紧盯"四风"新动向，坚持做到节庆假日重点查、日常时候随时查、八小时之外随机查，坚决防止反弹回潮、隐形变异。全年没有发生违反中央八项规定精神问题。

【鼓励干事创业】 健全完善容错纠错机制，激励干部担当作为，落实"三个区分开来"，完善"12573"容错纠错机制，印发激励干部担当作为容错纠错实施办法和容错清单2个文件，建立5个工作程序，明确7个方面31种容错情形，对不实信访举报实施"五步澄清工作法"，鼓励党员干部放下包袱，勇于担当作为。

【强化巡察监督】 不断提升巡察监督质效，认真落实市委关于巡察整改重检的工作部署，成立11个巡察小组，对20个单位党组织进行巡察重检，集中对2018年以来上级巡视巡察、内部巡察反馈1300余项问题整改落实情况进行逐一检视，实施"多维度立体发力的巡察整改'去根'治理"，跟踪督导整改落实，打通巡察监督的"最后一公里"。

【加强作风建设】 坚持问题导向，开展防治"七种不良做派"纪律作风专项治理，157名领导干部通过"照镜子"自我查摆、"比尺子"查找差距、"鸣哨子"警钟长鸣、"吹号子"再鼓干劲，提升纪律作风，助推思想和工作进步。开展酒驾醉驾专项治理，组织警示教育224场、8423人次参加，发放家庭倡议书8165份，签订承诺书7735份，不断提高干部职工遵纪守法的思想自觉。为喜迎二十大，在全集团开展"净化舆论环境、优化政治生态"专项工作。

【加强廉洁管理】 严把"任前廉洁关",严格落实"逢提必考",深化以考促学、以学促廉、以廉促治,全年测试 20 场 104 人次,1 人因廉洁测试成绩不及格被否决任用。严把"廉洁审查关",审核各类评先树优、代表推荐等 1097 人次、集体 315 个。严把"日常监督关",组织各单位(部门)管理 6 级以上领导干部等 209 人填报廉洁从业档案,强化对"关键少数"的管理监督。坚持进行任前廉洁谈话,为 53 名领导干部上好任前"廉洁第一课"。

【充盈清风正气】 印发《关于加强新时代廉洁文化建设的实施意见》,高质量完成"市属国有企业新时代廉洁文化主题展"济钢巡回展工作,全集团 800 余名党员干部观展。注重对年轻干部的警示教育,组织 45 名年轻领导干部观看专题警示教育片。开展"喜迎二十大,清风正气促发展"主题宣教活动,组织专题教育、警示教育 547 次,受教育人数 3000 余人次;廉洁党课 157 次,听课人数 3520 人次,创作廉洁文化作品 210 件,发放廉洁书籍 1303 本,开展书香读书活动 111 次;征集反腐倡廉论文 56 篇。全年编发《每周一题》25 期,集团公司党委书记专题寄语《每周一题》200 期"廉洁之花香飘不息,涵养清风正气",营造了"学廉、思廉、践廉"的浓厚氛围。

【锻造执纪铁军】 不断提高纪检工作规范化法治化正规化水平,坚持"每月一会、每会一学、每学一考",全年组织培训 12 次 700 余人,工作中注重抓基础、强基层,纪检监察干部队伍素质得到持续提升。提升执纪办案工作水平,建立问题线索调度机制、"一张清单 16 事项工作表",对案件进行全面"体检",提高监督执纪质量。开展案件质量评查,推行"两审六核工作法",对三年来纪检案卷逐卷自查,在全市案件质量年度评查中,济钢纪委被评为优质案件单位。快速适应归属新变化,迅速建立派驻监察新机制,优化设置、充实人员,党风廉政建设和纪检监察工作迅速进入市属企业前列。在全市纪检监察工作高质量发展研讨班大会上作为市属企业唯一代表作典型发言。中国纪检监察报、人民网、新华网、新黄河、市纪委监委网站和省市国资委网站等 10 余家媒体对廉洁文化建设、"逢提必考""每周一题"等多个创新做法进行宣传推广,引起广泛关注,展现了济钢良好形象。

(撰稿 于素云 审稿 王广海)

宣传思想/统战/武装工作

【概况】 党委宣传部/统战部/武装部(新闻传媒中心)承担着新闻宣传、意识形态、政治理论学习、形势任务教育、企业文化建设、文明创建、武装、统战等工作职能。党委宣传部设综合室、宣教室、武装室,新闻传媒中心设电视新闻部、《钢铁工人》报报社、技术部、文化产业部。2022 年 11 月 9 日,集团公司下发《济钢集团有限公司关于团委与党委宣传部合署办公的通知》(济钢编字〔2022〕14 号),团委与党委宣传部/统战部/武装部合署办公,机构名称变更为党委宣传部/统战部/武装部/团委,设置内设机构团委。

【新闻宣传】 2022 年,济钢新闻传媒中心制播电视新闻 69 期,385 条;编印《钢铁工人》报 51 期,刊发各类宣传稿件 510 多篇;"AI 济钢"微信公众号推送宣传稿件及相关信息 210 期,420 条。"济钢"抖音企业号播发作品 331 条。在国家、省级、市级主流媒体刊播济钢转型发展、新旧动能转换等新闻报道 480 余篇/条。各级社会媒体纷纷走进济钢开展采访宣传，央视新闻频道《朝闻天下》栏目，以《一线调研·济钢的"无钢"转型记》为题，从《新旧动能转换中的"铁腕"行动》《从"靠钢吃饭"到"无钢发展"》《新动能澎湃 济钢"无钢"胜"有钢"》三个层次阶段对济钢新旧动能转换的创新举措进行了重点剖析报道；新华社大型政论片《我们的新时代》第一集《发展之变》，山东卫视新闻联播播出《奋进新征程 建功新时代·非凡十年｜扭住新旧动能转换"牛鼻子"不断推动高质量发展走深走实》等重点报道。以党委书记、董事长薄涛先后参加省政协会议和省、市第十二次党代会及市两会为契机，准确把握空天信息产业高峰论坛、中国企业500强发布等重大活动节点，掀起济钢转型发展的外部宣传高潮。《济南日报》刊登通讯《山东省党代表薄涛：为开创新时代社会主义现代化强省建设新局面贡献"济钢力量"》；新华社客户端刊播《济钢动能转换记》；央广网刊播济南市劳动模范李敏敏的人物视频：《技术创新助推企业高质量转型发展》；省委宣传部《三个走在前》学习读本刊登济钢转型发展案例：《济钢集团党委争创"城市钢厂转型和山东省新旧动能转换的标杆"探索与实践》经验文章。

【理论武装】 制定印发《党委理论学习中心组2022年理论学习安排意见》，主要围绕15个专题开展学习，全年组织集团公司党委理论中心组集体学习20次。编发形势任务教育材料4期。创新实施《济钢集团有限公司"第一学习"制度》，将学习党的二十大精神、习近平新时代中国特色社会主义思想、党的创新理论最新成果和习近平总书记重要指示批示精神，作为"第一学习"内容，推动习近平新时代中国特色社会主义思想落地济钢、学思践悟、全面覆盖。制定实施《鲍山论坛建设实施方案》，全面推进党的创新理论成果落地生根。鲍山论坛以"1+N"特色模式推进，重点建设"济钢悟习所"，按照"学习+研讨、理论+实践、展示+分享"的"学思悟习"学习实践特色品牌创建思路，构建济钢讲堂、职工大课堂等N个思想政治教育、企业文化、经营管理理念相融的理论创新发展的新阵地，开展党建大课堂等鲍山论坛专题讲座9次。

【意识形态】 深入组织开展党的二十大、省、市党代会精神和"九新"新内涵宣贯。一是分别制定党的二十大精神学习宣传贯彻方案、学习宣传贯彻济南市党代会和两会精神的方案，按照集团公司党委要求组成宣讲团，采取"领导干部到基层、劳模代表到一线、党员代表到社区、团员代表到青年、职工代表到班组、巾帼标兵到女工"的"六到"宣讲模式，对党的二十大、省、市第十二次党代会精神宣讲工作进行安排部署，各级领导干部和宣讲代表认真学习备课、推进落实，取得良好宣贯效果。二是组织力量深入学习理解"九新"价值创造体系新内涵，从理论依据和实际依据两个方面对"九新"新内涵的内容要义进行全面系统阐述解读，编制《"九新"价值创造体系新内涵宣贯手册》，印发给每名职工学习掌握，并在"AI"济钢微信公众号、《钢铁个人》报推出学习专栏，持续提升广大干部职工对"九新"新内涵的学习和理解。三是正式发布集团公司新的企业形象标识，编制印发《济钢集团有限公司形象标识使用手册》，从8个方面进行解析释义，进一步增强全体干部职工的凝聚力和荣誉感，展现全新济钢的企业形象、文化内涵和价值观。进一步加强"学习强国"学习平台的推广运用，积极引导在职职工、内退职工加入学习。全年在"学习强国"山东学习平台发表稿件82篇。建设"学习强国"线下体验空间，推出"学习强国"主题公园，打造省市"学习强国"示范点。济钢集团获2021年度济南市"学习强国"学习使用先进集体荣誉称号。在市委组织部、市委宣传部组织举办的"泉城品牌""海右学习教案"品牌发布会上，济钢集团荣获2022年度济南市"学习强国"十佳学习强组；10人荣获2022年度济南市"学习强国"学习达人；党委宣传部申报的"学习强国"线下建设体验空间创新案例，荣获2022年度济南市"学习强国"创新案例奖项。

【文明单位创建】 印发《关于调整济钢集团有限公司文明委成员及单位的通知》《关于修订2021年度济钢集团文明单位考核细则的通知》，开展2021年度文明单位评选，共评选出环保新材料公司、冶金研究院、国际工程公司、瑞宝电气公司、鲍德炉料公司、萨博汽车公司、济钢物流公司7家单位为集团公司文明单位。按照济南市文明办《关于做好2022年度省级和市级文明单位复查评选有关工作的通知》，组织济钢集团、研究院、国际工程、环保新材料、城市矿产、鲁新建材、顺行出租车、钢城矿业、瑞宝电气等省市级文明单位复审准备工作；向市文明办推荐鲁新建材申报省级文明单位；推荐萨博汽车、创智谷申报市级文明单位。按照济南市文明办《关于开展"我们的节日"主题活动的通知》要求，结合疫情防控需要，立足实际，在春节、清明节、端午节、中秋节、重阳节组织开展"我们的节日"主题活动。

【统战、武装工作】 召开济钢统战系统学习党的二十大精神座谈会，组织所属4个民主党派、无党派及党外知识分子代表、伊斯兰协会、侨联侨眷的负责人参加。认真贯彻落实济南市警备区、历城区武装部部署中央军委国防动员部"十四五"民兵预备役2022年整组工作，落实济南警备区、历城区人武部部署第六稿民兵专项潜力调查及编建实施方案规定项目。先后历经五次调整，完成新编组的保卫部、萨博汽车公司、瑞宝电气公司、济钢顺行公司、鲍德炉料公司等5家单位54名济钢基干民兵的政审、查体工作。

（撰稿 王彤彤 审稿 张 涛）

工 会 工 作

【概况】 截至2022年12月底，济钢集团有限公司工会委员会下辖二级工会20个，支会125个，会员8903人。各级工会组织深入贯彻落实集团公司党委各项决策部署和集团公司职代会精神，围绕中心服务大局，开展工会各项工作，助力集团公司高质量发展。

【职工思想引领工作】 加强职工思想引领，引导职工群众坚定不移听党话、跟党走。强化职工思想政治学习，加强思想引领。开展职工思想政治学习及宣讲活动。坚持以习近平新时代中国特色社会主义思想为指导，深入学习宣传党的十九大及十九届历次全会精神，组织劳模先进代表在职工中开展党的十九届六中全会宣讲活动及济南市第十二次党代会精神宣讲活动14场。继续大力弘扬劳模精神、劳动精神和工匠精神。学习习近平总书记关于工人阶级和工会工作的重要论述，深入贯彻习近平总书记在全国劳动模范和先进工作者表彰大会上的重要讲话精神及致首届大国工匠创新交流大会贺信精神，持续加大对劳动模范和先进工作者的宣传力度，营造劳动光荣的社会风尚和精益求精的敬业风气。实施"凝心"工程。以思想政治引领为首要，围绕文化引领、价值创造、服务提升、组织保障，全面促进"凝心"工程落实落细，不断提升职工思想引领力。组织开展先进集体和先进个人评选表彰活动，加强典型引领。组织召开集团公司2022年庆祝"五一""五四"暨先进集体先进个人表彰大会，授予7个单位"文明单位"荣誉称号，授予44个车间（科室）"文明建设先进车间（科室）"荣誉称号，授予19个班组"文明建设先进班组"荣誉称号，授予贺西娟等143名同志"先进生产（工作）者"荣誉称号。完成工会2021年度先进集体和先进个人评选表彰工作。授予10个单位工会2021年度"模范职工之家"称号，授予9个单位工会"和谐工会"称号，授予23个支会"模范职工小家"称号，授予杨国胜等78名同志"优秀工会工作者"称号，授予田宏强等216名同志"工会积极分子"称号。获多项市级以上荣誉。2022年获上级荣誉共53项，其中集体15项、个人38项；国家级6项，集体1项、个人5项；省级20项，集体3项、个人17项；市级27项，集体11项、个人16项。开展各类职工文体活动，加强文化引领。围绕春节开展各类活动。完成"初心永恒 使命无疆"2022年虎年春节联欢会录制工作。开展迎新春彩灯亮化工程、"送万福 进万家"书法活动以及"迎新春职工象棋擂台赛"活动。开展"喜迎党的二十大"第二十三届济钢职工运动会单项比赛。开展"喜迎党的二十大"第二十三届济钢职工运动会羽毛球、乒乓球、中国象棋单项比赛，180余名职工报名参赛，评选出前6名进行表彰奖励。开展"喜迎党的二十大"第二十三届济钢职工运动会趣味项目比赛，分为托球比赛、定向投篮、跳绳、拔河四个项目。济钢城市服务、城市矿产公司、萨博汽车公司分别获得冠、亚、季军。此外，托球赛、定向投篮、跳绳等趣味项目分别产生了冠、亚、季军。

【职工创新创效工作】 开展新型导师带徒体系工作促进转型升级，制定下发《践行"九新"价值创造体系全新内涵，深化"构建新型导师带徒体系，优化职工心力成长生态"工作方案》，推动总师带徒工作。全公司各单位扎实推进新型导师带徒工作，着力提升企业人力资本，实现了基础管理、生产经营、技能、技术的"传、帮、带"，为济钢集团实现"质量变革"提供人才保障，新型导师带徒工作在全公司上下取得显著成效，授予济钢集团国际工程技术有限公司等10个单位"2022年济钢新型导师带徒优秀组织单位"荣誉称号，授予姜和信、康鹏等52对师徒"2022年济钢新型导师带徒优秀师徒"荣誉称号，授予孟丽丽、徐立群等181对师徒"2022年济钢新型导师带徒达标师徒"荣誉称号。积极开展"求学圆梦"工作，5名职工通过"求学圆梦"完成个人学历提升。组织开展济钢集团2022年度"敢于斗争、敢于胜利"职工职业技能大赛，参加预赛职工900余人，决赛职工266人，评选4个"优秀组织单位"、9名"技术状元"、31名"技术能手"。开展重点激励劳动竞赛，10~12月份在供应链、鲁新建材、智能科技、城市服务、萨博汽车5家单位开展"敢于斗争 敢于胜利"重点激励劳动竞赛，旨在动员广大职工坚决打赢完成全年各项任务目标攻坚战，为2023年各项工作打下坚实基础。开展季度岗位建功评选表彰工作。共评选54个集体为"岗位建功示范岗"荣誉称号，授予付廷滨等114人为"岗位建功标兵"荣誉称号，授予李泉城等158人为"岗位建功标兵优秀奖"荣誉称号。开展2022—2023年度"安康杯"竞赛活动，开展"安康杯成果展示"评选活动，共收到参赛作品99件，其中论文24篇、摄影作品60件、班组成果15个。评选出优秀作品85件，其中优秀论文一等奖6篇、二等奖8篇、三等奖10篇；优秀摄影作品一等奖6件、二等奖16件、三等奖24件；优秀班组成果一等奖3个、二等奖5个、三等奖7个，进一步发挥广大职工群众在安全生产和职业病防治工作中的监督作用，防范遏制事故发生，推动企业安全生产和职业病防治形势持续稳定。组织开展"九新"创新实践成果征集及展示"我爱创新"PK大赛。共表彰职工合理化建议305项，其中一等奖12项，二等奖93项，三等奖200项。加强创新工作室评先树优。认定姜和信创新工作室等5个职工创新工作室为优秀等级，认定姜东泉创新工作室等6个职工创新工作室为合格等级。

【厂务公开民主管理】 组织召开集团公司工会第六次代表大会，会议审议通过了济钢集团有限公司工会委员会第五届委员会工作报告，选举产生了济钢集团有限公司工会委员会第六届委员会、经费审查委员会及女职工委员会委员。组织召开济钢集团有限公司第二十一届职工代表大会第一次会议。审议通过了济钢集团党政领导班子述职报告及生产经营、财务预算、投资计划、绩效管理等专项报告，表决通过了《济钢集团有限公司集体合同（草案）》《济钢集团有限公司女职工特殊权益保护专项集体合同（草案）》；评议了济钢集团领导班子和领导干部，命名表彰了2021年济钢集团幸福和谐企业。督导各单位贯彻落实集团公司二十一届一次职代会情况。做好《济钢集团有限公司集体合同》《济钢集团有限公司女职工特殊保护专项集体合同》备案工作，确保合同的合规合法性。组织开展"凝心"服务职工代表巡视工作，同步开展"凝聚共进力量，竭诚服务职工"干部和职工线上调查问卷。本次职工代表巡视涉及集团公司17个单位，制定了巡视工作方案，12名职工代表全程参与巡视。"凝聚共进力量，竭诚服务职工"线上调查问卷，分干部问卷和职工问卷两种问卷，涉及问卷内容共39项，统计整理数据2611个，参与人数3891人次。此次"暖心"服务职工代表巡视工作也取得了显著成效，实现了预期效果。完

成济钢集团二十一届一次职代会提案征集及办理工作。济钢集团二十一届一次职工代表168人，征集提案135项，对提案进行分类整理，逐项建档，提出转办意见或建议，均已办理完成。组织召开二十一届一次职代会代表团长、工会主席联席会议。会后督导各单位召开半年职工代表大会或职工大会，传达落实二十一届一次职代会代表团长、工会主席联席会议精神。组织召开济钢集团有限公司第二十一届职代会代表团长、工会主席联席会议，会上选举出济钢集团有限公司职工董事。建立健全工会劳动法律监督组织和劳动争议调解组织，下发《中共济钢集团有限公司委员会关于调整劳动争议调解委员会的通知》《济钢集团工会劳动法律监督委员会组成人员名单》，组织各单位工会成立本单位工会劳动法律监督委员会、劳动争议调解委员会。根据企业民主管理相关规定，为不断提升职工代表履职能力，切实为集团公司发展发挥好职工代表作用，在确保做好疫情防控的前提下，组织二十一届职工代表开展业务培训。

【困难职工帮扶救助】 做好送温暖走访慰问活动。组织开展春节送温暖走访慰问活动，为139人发放送温暖救助金29.84万元。开展人力资源服务公司低收入职工重点帮扶送温暖工作，救助低收入职工1343人，发放救助金共计268.41万元。阳光互济救助职工15人，发放救助补偿费用4.5万元。济南市互助互济救助71人次，发放救助款23.26万元。走访慰问省部级劳模。慰问省部级以上劳模28人，发放省市总工会的慰问信、慰问金4.8万元。为驻外职工及家属246人发放慰问品。开展金秋助学，2022年集团公司共救助20名困难职工子女上学，发放救助款12万元。为2名申报特殊困难再救助，发放救助款7.66万元。举办暑假子女爱心托管班，切实解决济钢职工子女暑期看护难的问题，把我为职工办实事落到

实处。开展夏送清凉活动，下拨专项经费52万元，开展监督检查活动8次；发现危害职工身心健康和生命安全的事故隐患32件，督促企业整改32件。开展走访慰问活动15次；慰问职工3000余人次。2022年共救助职工1864人次，发放救助金共计350.47万元，巩固深化"我为群众办实事"实践活动成果，提升服务职工的温度和力度。

【幸福和谐企业创建】 制定《践行"九新"价值创造体系全新内涵深化幸福和谐企业建设工作方案》。结合《关于推进职工服务中心赋能增效、创建职工生活幸福型企业，提升职工生活品质工作方案》，被省冶金工会推荐为省级提升职工生活品质试点单位。深入推进"幸福和谐企业"建设，不断规范建设体系，丰富建设内容，创新建设方式，构建起"党委领导，党政主导，工会主抓，部门联动，全员参与"的高质量发展的建设工作体系。各单位深入践行"九新"价值创造体系，发扬"两敢"精神，不断深化幸福和谐企业建设的行动自觉和思想自觉，团结凝聚职工层层推进深化幸福和谐企业建设工作，形成百花齐放、创先争优的良好局面。集团公司党委深化幸福和谐企业建设工作在全集团深入人心，职工"八感"不断增强。授予济钢集团国际工程技术有限公司、山东省冶金科学研究院有限公司等6家单位为济钢集团有限公司2022年度幸福和谐企业建设先进单位荣誉称号。

【女工计生工作】 开展2021年度先进女职工集体和个人评选工作，评选2021年度先进女职工集体8个，优秀女职工工作者30人，"巾帼建功能手"24人。开展"拥抱新济钢，巾帼展风采"庆"三八"以下系列活动。开展"玫瑰书香"女职工读书会活动，征集"书香三八"作品112幅，共评选出各类作品一等奖10个，二等奖18个，三等奖30个，优秀奖30个。积极开展女职

工维权行动。举办女职工干部培训班，加强计生健康知识宣传。开展帮扶送教育，救助15名困难职工。开展"妈妈小屋"建设工作，共计投入约8.6万元。开展计生各项工作，办理计划生育各类证件32件，组织3200余人次观看"济南市优生优育优教，知识进万家大讲堂"，开展计生特殊家庭关怀关爱工作。

【工会组织建设】 指导济钢防务、供应链公司成立工会组织。对5家单位工会更名进行研究批复。指导型材公司和鲍德石灰石开展成立工会组织相关准备工作。做好智慧工会各项工作，提升齐鲁工惠App活跃度，开展工会干部线上培训学习，不断提升业务能力，推动工会工作再上新台阶。

（撰稿　刘红霞　审稿　李维忠）

共青团工作

【概况】 2022年以来，济钢团委坚持以习近平新时代中国特色社会主义思想为指导，全面贯彻党的十九大和十九届历次全会精神，深入贯彻落实习近平总书记关于青年工作的重要思想，认真落实团的十八届六中全会精神，锚定"走在前列、全面开创""三个走在前"总遵循、总定位、总航标，认真落实集团公司第二十届一次职代会精神，全面推进青年发展友好型城市企业建设；围绕中心、服务大局，突出重点、巩固基础，保持作风、提升能力，"不忘跟党初心，牢记青春使命"团结带领广大团员青年在济钢高质量转型发展中发挥生力军作用，以实际行动迎接党的二十大胜利召开。

【组织建设】 持续推进济钢集团"青优人才"计划，引导青年统一思想、凝心聚智，

充分发挥共青团组织推动企业改革发展的思想聚合作用，通过"青优人才"计划，进行"青优"人才职业规划方向调查问卷，利用职业规划指导、专题培训、落实组织引导，开展职业规划能力提升现场交流调研，组织团员青年开展无领导小组讨论活动；加强团组织、团干部队伍建设，策划设计打造落实党建带团建工作任务，引领青年成长成才；发布《2022年济钢共青团年度工作要点》；修订《济钢十大杰出青年管理办法》；整顿基层团组织架构，不断夯实济钢共青团组织建设；增设济钢保卫部青工委；推荐1人参加中央团校2022年基层团干部培训班；推荐1人参加济南市2022年济南市青年志愿者骨干培训班；组织3期济钢团干部培训班；不断擦亮"青"字招牌，紧盯转型升级、市场开拓、科技创新、降本增效，开展"青字号"品牌工作和创新创效活动，深入挖掘青年文明号、青年安全生产示范岗、青年岗位能手、青年金点子擂台赛等岗位建功品牌新内涵；组织济钢12家青年文明号参加"青年文明号助千家"结对帮扶活动；夯实济钢青年安全生产示范岗建设；开展"青安杯"竞赛，完成"青安杯"活动验收检查工作，为8个青年安全示范岗授牌；举行了"青年安全生产示范岗"工作推进会，提高青年安全意识，助力公司安全稳定生产；选送2名青年参加团市委2022年度济南市青年文明号培训班；2家公司级青年文明号被评为济南市级"青年文明号"。

【教育引导青年】 以"喜迎二十大、永远跟党走、奋进新征程"主题教育实践活动为统揽，发布《共青团济钢集团有限公司委员会庆祝中国共产主义青年团成立100周年活动方案》，组织团员青年全体学习习近平总书记《论党的青年工作》一书；组织团员青年认真收听收看党的二十大开幕会，并发表热议心得；广泛开展主题鲜明的爱党、爱国、爱社会的理想信念教育，帮助广大团员青年提高思想道德素质、科学文化素质和身心健康素质；组建了"2022济钢青年讲师团"开展线上线下青年宣讲活动；积极参加团中央"青年大学习"，济南市直属企业团组织中始终保持每周一期第一名的好成绩；团中央在"智慧团建"系统开设党史学习教育模块，推动支部党史学习录入率实现所有支部学习100%；开展"喜迎二十大 永远跟党走 奋进新征程"青年大讲堂暨青年团员素质提升培训班共三期；保持团属新媒体良好态势，依托"青春济钢"公众号、"青春济钢"抖音号、内部共青团网站、团委网站等宣传平台，扎实推进济钢新媒体团队建设，2022年"青春济钢"公众号、抖音号等各类媒体平台自主发表文章485篇，粉丝量已经达12742余人；抖音粉丝达5100余人；利用济南市团校济钢集团教学基地，搭建好政治教育和政治训练的平台，做好思想政治引领工作。

【组织带领青年】 联合工会、党委宣传部成功举办济钢集团2022年"初心永恒 使命无疆"春节联欢会，联欢会于1月31日（除夕）18：30准时在线上平台播出，在线观看人数累计达7.3万人，展现了济钢集团良好的社会形象；爱心共建"希望小屋"，为引领团员青年担当作为、承担社会责任，不断"践行国企担当"，做好2022年"希望小屋"援建工作，参加团省委、团市委"希望小屋"项目，分别在济南市、临沂市、甘肃省促成爱心共建"希望小屋"，济钢集团捐款60万元；为精准帮扶困难儿童，济钢集团团委联合共青团济南市委、共青团临沂市委希望办现场调研"希望小屋"建设工作，通过入户走访、调研的形式详细了解他们的家庭情况及面临的困难。截至2022年底，59间希望小屋陆续建成并挂牌使用；带领青年突击队完成突击任务，体现广大团员青年在急、难、险、重工作中的生力军和突击队的作用；鼓励团员青年把创新的立足点放在效益、效率提升上，团结引领青年在各项工作中勇挑重担，开展"喜迎二十大　欢度国庆节　守护绿色鲍山"青年突击队活动；组织各级团组织组织"砥砺奋进青春　献礼建团百年"疫情防控突击队、企业生产突击队、环境清理突击队员活动共计 16 次；接待清华大学学生来到济钢集团开展以"双碳"济南市制造业的转型升级为主题的调研活动；团市委发起的"百校优才"研学活动，与高校实践交流共约 150 人次；组织青年志愿者积极投身公益活动，带领济钢青年志愿者用实际行动参与济南"青春志愿之城"的创建，推进学雷锋志愿服务制度化常态化，组织举办"喜迎二十大　永远跟党走　奋进新征程"济钢青年"三·五"雷锋日便民服务等活动；为引领广大青年聚焦黄河流域生态保护，开展山东青年黄河文化公益行主题活动；组织青年志愿者开展"守绿水青山·护长久安澜"黄河净滩公益行动，参与黄河净滩垃圾清理；承接了济南市安全知识竞赛的会场志愿服务工作；参加第五届中国企业论坛在济南举行主题论坛志愿服务；疫情防控期间，组织各级团组织、青年志愿服务队和广大青年行动起来，在抓好本职工作、确保生产经营任务不耽误的前提下，积极投身疫情防控第一线。为守好济南地铁安检防线，197 名党员连续坚守安检岗位，助力疫情防控，他们以站为家，"居站上班"，以更强担当、更足干劲、更实作风做好疫情防控各项工作；300 余名志愿者，成立了 6 支青年突击队、5 支志愿者服务队，1000 余人次参与到社区服务、生产经营疫情防控第一线信息流调、物资配送、消杀测温、驻守执勤等防疫工作中；组织青年志愿者学习山东大学齐鲁医院的防疫专题讲座，并为 150 余名青年志愿者购买新冠及意外保险。疫情过后获赠历城区鲍山街道办济钢新村管理区"大爱彰显青年作为，防疫践行国企担当"的

锦旗；被济南市授予"济南市抗击疫情先锋青年突击队"称号；被中共济南市委宣传部授予"济南战疫榜样'战疫团队'"。济钢青年用实际行动践行初心使命，展现了新时代青年应有的责任担当。

【竭诚服务青年】　济钢集团被评为首个"青年发展友好型企业"建设试点，8 月承办了济南市青年发展友好型企业推进会，市国资委、团市委将济钢评为首个建设试点；中国共青团杂志社首席记者对济钢集团青年发展友好型企业建设进行采访；山东省税务局党建工作处一行到济钢集团深入交流青年发展友好型企业建设；迎接 2022 年新入职青年，第一时间组织青年成立临时团支部，开展专项团课培训；组织入职青年进行红色主题教育及户外素质拓展；举行"喜迎二十大　奋斗新征程"团员青年中秋座谈会，给予青年实际帮助；组织"九新杯"青年篮球赛等休闲娱乐活动；助推"青春济南·青春城市，友好型城市建设、强省会建设"组织，参加青年联谊 4 场；济钢鲍山共青林以及济钢防务空天信息科技馆成功入选历城区少先队校外实践教育基地，接待实践学生约 300 人次；联合历城区团委、教体局结合"牵手关爱"等工作模式开展"点亮微心愿"活动；在济钢 40 岁以下范围内的青年中成立"济钢集团青年兴趣社团"，已成立 8 个青年文体兴趣社团，组织"青年长跑社团"参加济南市 2022 泉城夜跑节；评优树先激励青年奋勇争先，推荐 1 人获得山东省优秀共青团员，2 人获得济南市优秀共青团员，1 人获得历城区"十大杰出青年"，1 人获得济南市青年志愿服务先进个人，1 人获得历城区青年志愿服务先进个人；济钢集团团委、冶金研究院团委被授予 2021 年度济南市"五四红旗团委"称号；山东济钢环保新材料有限公司综合管理部、济钢"四新"产业园招商团队被命名为济南市"青年文明号"；团委联合工会召开

2022年庆祝"五一""五四"暨先进单位先进个人表彰大会，命名表彰第八届济钢"十大杰出青年"10人、"青年岗位能手标兵"10人，表彰13个基层团组织，90个个人荣誉；推荐冶金研究院李静参评济南市青年岗位标兵，推荐济钢众电智能赵汉生、冶金研究院丁晓彤参评济南市青年岗位标兵（科技创新类）。

（撰稿　王成军　审稿　都志斌）

济钢集团
JIGANG GROUP

特载

会议报告

概况

大事记

专项工作

专业管理

党群工作

生产经营

先进与荣誉

媒体看济钢

统计资料

附录

生产经营

SHENGCHAN JINGYING

"九新" 价值创造体系（新内涵）

新动力：
使命引领、职业化改革、半军事化管理

济南济钢人力资源服务有限公司

【企业概况】 截至2022年底，在册职工54人，学历全部大专以上，其中，高级职称10人，中级职称14人。下设综合管理部、财务管理部、内退管理部、市场开发一部、市场开发二部、市场开发三部、教学研发业务部、劳务派遣/人才服务事业部、档案信息事业部九个部门。公司经营范围：劳务派遣（有效期限以许可证为准）；职业介绍和职业指导；人力资源供求信息收集、整理、储存、发布；绩效薪酬管理咨询、创业指导、职业生涯规划；人力资源素质测评；人力资源培训；高级人才寻访；举办人力资源交流会；人力资源管理服务外包；受用工单位或劳动者委托，代办社会保险事务；档案管理服务；企业管理咨询；安全技术开发、技术咨询、技术服务以及其他按法律、法规、国务院决定等规定未禁止和不需经营许可的项目（依法须经批准的项目，经相关部门批准后方可开展经营活动）。公司现有教学区域约5300平方米，网络机房3间，100人以上的多媒体阶梯教室4间，情景教学教室13间，多媒体教室、网络教育云平台一应俱全，可同时容纳1000人线下教学，保障3000人同步在线学习。实训基地1处，建筑面积约1000平方米，实训基地设置有电工、电焊工、钳工、叉车、天车等工种培训设施，能够开展对应工种的培训、考试工作。

【生产运营】 抢抓市国资委党校、市委党校市国资委分校落驻济钢党校重大机遇，坚持基础先行、固本培元，优化完善软硬件设施，调整教学空间布局，搭建党校网络教育云平台，致力打造具有特色的国企党建教育培训平台。坚决落实集团公司"一企一业、一业一环"总体要求，在稳定内退服务、劳务派遣和档案管理现有业务基础上，围绕教育培训和管理咨询做增量。全年完成冷弯型钢岗位写实项目及5家生产制造企业现场诊断工作，累计开班72个、培训3257人次，组织8018人次完成集团公司"八抓20项"创新举措专题考试及全员安全生产大考试。公司始终把内退职工当"家人"，把内退职工之事当"家事"，坚持打开"心门"，做广大内退职工的贴心人，知心人和暖心人。先后搭建内退职工微信管理平台，组织完成春节"送温暖"、"两节"福利及生日蛋糕卡发放等工作，慰问家庭困难以及大病住院治疗内退职工167人次，发放慰问金34万余元，发放金秋助学金近10万元，为50名内退职工办理了阳光互助互济，让广大内退职工切实感受到更多的获得感、幸福感和安全感。

【专业管理】 公司拥有二级安全培训、人力资源服务许可证、劳务派遣经营许可证等资质，先后通过质量管理体系认证、职业健康安全管理体系认证、环境管理体系认证，是国家高技能人才培养示范基地、山东省特种作业人员培训单位、山东省专业技术人员继续教育基地、山东省计算机应用能力等级考试考点、奥钢联连铸技术中国（济钢）培训中心，是培养专业人才的摇篮、传承工匠精神的基地。公司立足济南，辐射全国，放眼世界，业务遍及国内各省市及美国、马来西亚、印度尼西亚、伊朗等国家。站在新的起点，公司将完整、准确、全面贯彻新发展理念，以"九新"价值创造体系为引领，勇担"建设全新济钢，造福全体职工，践行国企担当"使命，主动融入"强省会"发展战略中，致力于打造"产、教、研、学、创"五位一体的综合性教育培训基地。

【党群工作】 中共济南济钢人力资源服务有限公司委员共40个党支部，拥有1500余名党员。实施基层党组织评星定级，经上级审批，评出五星级党支部1个，四星级党支部 21 个。督促做好党员转出工作，加大内退党员转出工作力度，全年共转出党员 115 人。严格党员发展程序，2 名同志被列为预备党员发展对象，2 名预备党员顺利转正。深化宣传驱动，先后在"青春济钢""济钢抖音平台"微信公众号刊登 30 篇；举办喜迎二十大健步走和书画摄影展活动，深挖企业优势资源，进一步将党建"软实力"转化为推动企业高质量发展的"生产力"。

【创新创效】 在"做专主业领域，塑强核心优势"上敢于亮剑。聚焦党建培训，积极对接内、外部红色教育资源，推行现场教学与精品路线。聚焦应急产业，以加入济南市应急管理产业协会为契机，打造安全培训、安全体验、安全托管、咨询服务等完整产业链。聚焦职业教育，积极推进校企合作、产教融合，搭建产业交流学习平台。聚焦档案管理，利用专业团队合作开展档案代管、档案信息化、档案专项审核业务。聚焦专业管理，依托管理经验，开展咨询业务。聚焦开放合作，找准定位，学习借鉴、借势联合，带动新增业务逐步做熟、做精、做强。在搭平台聚资源，在激发创新活力上敢于亮剑。以"校企合作、产教融合"为理念，深化产业链创新融合，实施平台镶嵌战略，拓展平台架构和开发多栖业务，连接多元生态，将教育培训、人力资源服务、管理咨询、学历提升、出国留学、红色研学等业务进行整体规划、统筹部署。在挖掘人才资源，在人才培育培养上敢于亮剑。充分运用济南高校多、国企多、人才多的优势，通过校企合作、党建联盟、外招内培、聘任邀请等多种形式，积极引进高端教学人才、专家人才；充分发挥知学云、人民学习网络教育平台作用，以及省委党校、市委党校、中国人民大学、中国大连高级经理学院等教育资源，加速充实完善高端教育力量。充分利用新技术新手段改进创新教学方法，用好红色资源，做好红色主播，助力乡村振兴，实现

"红色"与"绿色"有机融合。2022 年，公司大局和谐稳定，全年实现营业收入 5325.71 万元、利润 47 万元。其中，培训收入完成 186.44 万元、同比提高 174%，职工收入同比增长 10.92%。

（撰稿　贾式娟　审稿　张金秋）

济钢防务技术有限公司

【概况】 济钢防务技术有限公司（以下简称"公司"）是以中国科学院空天信息创新研究院与济钢集团有限公司作为创办主体，以空天信息产业布局作为主营业务的混合所有制企业。于 2019 年 8 月 30 日注册成立，注册资本金 12.6 亿元，是山东自贸试验区济南片区首批签约企业。公司具有一流的技术团队和研发机构，专注于空天信息细分产业领域装备的研发设计、系统开发、生产制造、建设与服务，核心业务包括雷达系统、光电系统、激光系统、卫星系统、无人装备等高科技产业。2022 年 10 月，公司完成股权优化调整，正式划归济钢集团统管。截至 2022 年底，公司有在职职工 165 人，本科学历 87 人，硕士 22 人，博士 6 人，中级职称 29 人，高级职称 20 人，山东省级领军人才 3 人，济南市级领军人才 4 人，获评泉城"5150"创新人才称号 2 人，济南市高层次人才 13 人，区级以上科技人才 8 人。公司有全资子公司 4 个，参股子公司 5 个。

【生产经营】 公司 2022 年实现营业收入 51.26 亿元，利润总额 39.75 万元，连续三年实现盈利。公司聚焦光电信息智能处理技术创新，基本形成核心产品体系。便携式激光排爆产品已经定型量产，位置大数据智能分析平台已经初步定型并获得推广试用。围绕集团产业链数字化转型过程中遇到的信息化技术瓶颈，大力推进内部业务协同并取得

较好成效。安全管理云平台已经在集团安全环保部、型材公司、气体公司完成部署，实现了管理精准化、决策科学化。不断拓宽软件开发的覆盖领域，积极向职教培训平台、企业档案管理、供应链金融、投资与项目管理平台等细分领域拓展，追求技术与经济的双突破。招商引资取得初步成效。结合自身土地资源和国企背景优势，瞄准现有产业链开展定向招商，重点寻找行业内龙头企业、领先企业作为招商引资对象，争取优势资源。无人机及载荷装备项目具备决策条件；卫星总装测试基地项目已成立项目部，专项推进各项工作；无源雷达项目就股权事宜达成一致，积极筹备成立新公司。空天产业基地二期一步按期开工建设，并申报成为济南市重点项目，获得了政府的大力支持。

【专业管理】 以提升公司核心技术能力为根本，加强国家博士后科研工作站建设，顺利完成 2 名博士后开题和 1 名"双一流"博士后招聘入站，组织申报山东省博士后创新项目 1 项，组织完成 2 个研发项目立项，展开 2 个拟立项项目前期论证评审。以突出科研创新平台建设为抓手，完成省优质中小企业、省工业企业"一企一技术"研发中心培育入库，顺利通过省科技厅现场审核，圆满完成省新型研发机构绩效评价。以关键资质管理体系获取为突破口，完成信息安全管理体系等 4 个体系的年度监督审核，装备承制资格证书顺利下发，公司具备了承担军品任务订单的关键资质。以形成知识产权成果为落脚点，积极组织知识产权申报，拓展省市快审通道，新增发明专利 3 项、实用新型专利 1 项、计算机软件著作权 11 项，为公司承担省市科研课题打下了坚实基础。

【安全环保】 认真贯彻落实党中央关于安全生产的决策部署，坚持以人民为中心的发展思想，把安全生产摆到重要位置，牢固树立安全发展理念，坚决压实安全生产责任。修订完善《全员安全生产责任制》，坚持党政同责、一岗双责、齐抓共管、失职追责，层层压实安全生产责任。抓排查整改，从根本上消除事故隐患。全年进行安全综合检查 32 次，完成隐患整改治理 108 项。重培训演练，从操作中提升应急处置能力。全年共组织安全培训考试 4 次，培训人员 240 余人；事故案例学习、安全警示教育 15 场次，参加人员 270 余人次；安全管理复审取证 11 人次，特种作业复审取证 17 人次。压实网格，抓好疫情防控常态化工作，保障职工生命健康安全。全年认真完成全园 15 家单位紧急排查 450 余次，审验检查出入车辆 10500 余车次、人员 13000 余人次，确保了园区整体防疫安全。认真落实保密工作责任制，积极开展保密宣传和监督检查，全员保密意识进一步提升，全年未发生泄密事件。

【党群工作】 公司党总支下设机关党支部、钢城矿业党支部和卫星飒铂党支部 3 个党支部，目前共有党员 72 名，其中，机关党支部 25 人，钢城矿业党支部 33 人，卫星飒铂党支部 14 人，发展对象 1 人，积极分子 8 人。2022 年高质量完成党史学习教育专题民主生活会和党组织书记述职评议工作，获得集团党委督导组高度评价。严格落实"第一议题"制度，领导班子政治素养和管理能力进一步提升。坚持民主集中制，坚持党管安全、党管业务、党管保密，重大事项严格履行集体决策程序，确保流程合规。不断强化党员学习教育。制订党员干部年度理论学习计划，严格组织开展"三会一课"和"主题党日"，发放 7 种学习期刊共计 400 余册，党员教育成效稳步提升。大力推进"学习强国"推广应用，人均积分、活跃度排名已稳定保持在集团公司上游。在公司党总支的领导下，公司于 10 月正式组建成立工会，为进一步提升民主管理水平提供了组织支撑。

（撰稿 张利栋 审稿 郭 强）

时代低空（山东）产业发展有限公司

【概况】 2020 年 11 月 28 日，济南市政府与中国科学院空天信息创新研究院签署了"1+4"深化合作协议，明确提出成立时代低空（山东）产业发展有限公司，山东省委常委、济南市委书记孙立成和中国科学院院士、空天信息创新研究院院长吴一戎为时代低空（山东）产业发展有限公司（以下简称"时代低空"或"公司"）揭牌；2021 年 2 月 26 日，公司在商河县注册成立，注册资本 25000 万元。2021 年 9 月 7 日根据空天信息创新研究院和市空天专班会议纪要要求，启动公司股权变更；2022 年 9 月完成公司股权调整，调整后股权架构：济钢集团有限公司、济钢防务技术有限公司和中国科学院空天信息创新研究院分别持有公司 51%、39%、10% 股权。公司承担的主要任务：建设运营低空监视服务网（低空网）系统、培育孵化低空经济产业，负责低空网的省内、省外推广应用，为低空网运营提供技术支持及相关终端产品生产。公司下设综合管理部、空管运行部、通航产业部、技术工程部、市场商务部、财务部等 6 个部门；在职员工 22 人，专业技术人员 16 人，其中，博士后 1 名、硕士 5 名、高级工程师 4 名、空管专家 2 名、通航专家 2 名、气象专家 1 名、技术人才 3 名，全员大学本科以上学历。

【生产运营】 一是抓紧低空网试验验证项目准备。根据低空网试验验证研发需要，主动联系齐鲁研究院、中科星图、中科边缘智慧、中遥地网、广有通信等多家低空网系统研发单位开展技术交流和技术对接，掌握低空网项目研发现状和技术实施方案、系统架构等一手资料，为启动项目立项及后续项目管理打好技术基础。2022 年底，项目被委托方齐鲁研究院按照协议完成硬件采购和外包服务方面支出经费约 4000 万元，济南市低空监视服务网试验验证项目已完成原型系统建设，形成支撑系统研发联试的基础支撑环境。二是创造低空产业孵化条件。主动与军方沟通协商，在济南区域内划设 5 个低空空域（700 多平方千米）、3 条低空转场航线（点对点 6 条），为公司开展低空飞行和试验活动提供空域资源保障；与中航国际合作编写《济南市空中综合服务岛及运营网络概念规划》，为后续全面推进低空产业储备方案；全力对接平阴县政府，签订依托平阴机场打造低空示范基地的战略合作协议；与北京远度科技互联公司合作开展无人机灯光秀业务，完成立项前各项准备；与河南省开封市和示范区、文旅集团就航空飞行营地项目、机场建设项目和低空旅游开发项目初步达成合作意向。

【专业管理】 建立以工作质量责任制为主要内容的绩效考核管理办法和管理制度，明确工作质量标准、职能和责任，进一步完善公司员工质量激励机制；建立学习培训制度，按照人员知识层次和专业差别，以部门为授课单位，先后组织开展低空网基本情况、通用航空规章体系、日常安全管理、人事管理、行政管理、财务报销等规章制度普训，组织汇编业务学习题库，搭建公司业务培训考试系统；狠抓疫情防控工作落实，认真落实集团公司和园区疫情防控要求，结合实际制定措施方案，确保大疫无大事和公司顺畅运行；全力配合股权调整，按照集团公司统管要求，积极学习集团公司管理规章制度，参加集团公司组织的业务能力提升等培训，主动对接集团公司相关部门，保证股权调整有序推进。

【创新创效】 积极协调主管部门，公司破格通过市级军民融合企业资质审定，联合齐鲁研究院申报山东省低空监测网络技术重点实验室；参与筹办济南市和中国科学院空天信息创新研究院牵头发起的"空天信息产业联盟"成立大会暨空天信息发展高峰论坛，被选举为联盟常务理事单位并负责承办低空通航分论坛；参与济南市无人驾驶航空器协会筹备成立工作；2022 年，公司有 2 人入选安徽省低空空域管理改革试点工作专家组；通过送派各专业员工参加地方政府和行业机构组织的培训考核，共取得保密、通航类、人资类等资质证书 15 个；年内实现知识产权申报认定 2 项，通过济南市高层次人才分类认定 D 类人才 1 人、E 类人才 2 人。

（撰稿　王明明　审稿　赵建国）

济南空天产业发展投资有限公司

【概述】　济南空天产业发展投资有限公司（以下简称"空天投资公司"）成立于 2021 年 2 月，为济南市财政投资基金控股集团有限公司控股公司，2022 年 3 月划归济钢集团，注册资金 10 亿元，济南产业发展投资集团有限公司认缴 2 亿元占股 20%（股权作价出资），济南市财政投资基金控股集团有限公司认缴 2 亿元占股 20%，济钢集团有限公司认缴 6 亿元占股 60%，目前济南市财政投资集团出资 2 亿元已到位，济钢集团出资 2 亿元已到位。空天投资公司主要业务范围：包括但不限于在卫星遥感应用、信息雷达通用设备制造、卫星技术综合应用系统集成等方面开展投资开发与经营业务。主要有股权投资、基金投资两个业务板块，按照市空天信息产业链工作专班决策部署，开展空天信息产业投资、运营、管理等工作，利用空天信息产业引导基金、融通社会资金，代表市政府投资空天产业及相关领域项目。

【生产经营】　空天投资公司 2022 年实现报表利润总额 2252.52 万元，公司聚焦平台建设，发挥产业投融资作用，以募、投、管、退四个方面为基础，从资金融通、项目筛选储备、基金组建、股权投资、资本增值等多方面形成专业性的管理模式。2020 年 11 月济南市政府与中国科学院空天信息创新研究院签署《中科卫星科技集团有限公司合作协议》，双方约定了中科卫星项目落地及产业布局相关内容，为支持中科卫星公司业务发展，根据集团公司工作安排，空天投资公司 2022 年 11 月出资 2000 万元参与中科卫星第一轮融资，占中科卫星股权比例 6.64%。目前中科卫星正进行股权架构调整，调整后预计 2024 年 1 季度启动第二轮融资。中科卫星股权投资事项受到济南市空天专班的高度重视。经过与济南市空天专班的反复沟通交流，争取到中科卫星股权投资专项资金补贴 2000 万元，用于参与中科卫星第一轮融资。参照《企业会计准则第 16 号—政府补助》准则规定，与企业日常活动无关的政府补助计入营业外收入，归入利润总额，增加空天投资公司 2022 年绩效。空天投资公司选聘财务、法律尽调机构，完成对山东微波电真空技术有限公司两次尽职调查工作。该公司主要研发生产卫星空间行波管及放大器设备，目前已初步完成国内第一条空间行波管自动化装配试验线的建设工作，拟以增资扩股方式融资 20000 万元，用于一期设备厂房提升及放大器研发。下一步，空天投资公司将根据电真空公司评估值出具后，商谈具体增资额度事宜。

（撰稿　张　哲　审稿　鲁宏洲）

济钢国际物流有限公司

【概况】　济钢国际物流有限公司（以下简

称"济钢物流") 是济钢集团有限公司 (以下简称"集团公司") 全资子公司, 成立于 2002 年 12 月, 注册资本金 1 亿元人民币, 净资产 1.75 亿元人民币。主要开展化工品、钢材、废钢、煤炭、铁精粉等大宗原燃料贸易, 开展保税仓储和橡胶期货仓储服务等业务, 共有员工 41 人, 下设六个部门, 其中管理部门两个, 分别为党群部/综合办公室和财务部; 业务部门四个, 分别为多种经营业务部、金属资源业务部、矿产资源业务部和保税区业务部。

【生产运营】 2022 年是全面建设社会主义现代化国家, 以中国式现代化全面推进中华民族伟大复兴的一年, 党的二十大胜利召开, 济钢集团重回中国企业 500 强, 实现了划转济南市第一年的"首战首胜", 也是济钢物流重组运行的第一年。一年来, 面对复杂多变的外部环境和新冠疫情的严峻考验, 济钢物流认真落实党的二十大指示精神, 坚决贯彻济钢集团各项决策部署, 围绕"动力变革", 深入践行"九新"价值创造体系, 以"指标就是责任, 责任就是使命"的信念, 充分发扬"敢于斗争、敢于胜利"精神, 全心全意谋划发展, 聚焦向外开拓市场, 向内强化管理夯实基础, 统筹疫情防控、生产运营和产业发展, 10 月份就完成了全年契约化指标, 实现利润翻番。2022 年, 公司完成营业收入总额 138 亿元, 完成营业收入净额 15.76 亿元, 超预算计划指标 2.76 亿元; 完成利润总额 3222 万元, 超预算计划指标 872 万元, 较上年增长 105.91%, 人均年创利润 87 万元, 营业收入和利润均创历史新高。2022 年, 职工收入较上年同比增长 14.9%, 较职代会目标提高 4.9 个百分点, 较转型之初累计增长 91%。安全环保实现"八个零"目标, 未发生上级考核的信访事件。

【专业管理】 济钢物流健全完善公司管理制度体系, 制定修订各类制度 40 项, 体系文件 56 项; 大力推进国企改革三年行动, 以当年扩规模、明年提质量为主线, 综合运用地方政策, 布局实体经济, 推动产业项目落地, 在做大规模、做优结构、做强竞争力上下功夫。战略布局方面, 成立济钢(上海)实业有限公司, 借助上海地区在长三角城市群乃至全国的影响力, 发挥内河航运及海运优势, 打造济钢品牌影响力; 设立江苏分公司和北京分公司, 发挥地域优势, 有效利用地方政策, 提前布局产业链, 搭建全链条供应链平台, 扩大济钢集团的市场影响力。布局实体经济方面, 与山东豪俐恒公司合作, 拓展实体经济, 通过品牌授权方式, 打造"济钢"牌沥青产品, 整合资源, 延伸产业链, 促进济钢物流向"贸易+实体"转化。拓展业务领域, 以链式思维创新市场开拓机制, 整合实体工厂资源, 拓展"济钢"牌沥青产品销路, 全产业链运营体系初步形成。搭建风险体系建设平台, 设立风险管控专职机构, 将风险管控职责融入公司"三重一大"决策管理机制, 健全完善风险管理制度 9 项。强化合同风险管理, 增加合同预审环节, 开展合同专题评审 39 次, 落实合同评审签订、预收账款、采购结算、销售结算至合同关闭的闭环管理, 确保业务安全。

【党群工作】 济钢物流始终把政治建设摆在首位, 坚持党建引领, 遵循"15220"的党建工作思路开展工作, 推动党建工作全面提质增效。严格落实"第一议题""第一学习"制度, 把学习贯彻习近平新时代中国特色社会主义思想, 学习贯彻党的二十大精神作为重点, 学习研讨山东省第十二次党代会、济南市第十二次党代会和市两会精神, 深入领会"九新"价值创造体系新内涵。丰富党员教育培训方式方法, 搭建党员实践锻炼平台, 创新运用信息化手段, 分级开展教育培训。强化廉洁文化建设, 开展落实中央八项规定精神、深入纠"四风"树新风活动，防止"七种不良做派"专项整治工作，在全体党员中开展践行"九新"树新风专项活动，制定了党员干部负面言行清单15条和树新风正面清单15条，并组织党员进行自查，促使党员践行"严真细实快"工作作风，党建基础不断夯实。群团组织充分发挥作用，开展"敢于斗争敢于胜利"劳动竞赛、两次闭环运行期间积极慰问封控职工，组织征集职工合理化建议13项，开展管理创新项目4项，组织职工文体活动，开展党员青年突击队活动，组织对病患困难职工进行走访慰问，切实发挥了群团组织凝聚作用。

【创新创效】 济钢物流扎实开展"保营收、保盈利"专项攻坚，加强市场开拓，增加订单储备，不断拓展新的业务增长点，实现生产运营提质增效。立足新发展格局，明确主业定位，挖掘培育核心竞争力；不断深化动力变革，以提升人员动力、组织活力、产业生命力为抓手，以提升质量效益、创新人才培养为突破点，致力于打造效率高、服务优、信息化、品牌化产业链平台。提升质量效益方面，优化业务结构，确立"做强做大优势业务，压缩退出低效业务，提升优质订单获取能力"的经营思路，整合业务资源，发展优质客户；提升业务质量，重点面向金属资源、建材、煤炭、沥青、化工等非钢贸易领域，优化整合购销渠道，综合年化收益率提升至14.4%。财务创效成绩显著，申请低成本融资5亿多元。创新人才培养方面，建立和实施多渠道、多层次激励机制，突出绩效考核的价值导向，强化物质激励引导作用；大力开展抓典型、树标杆、立榜样活动，选树各类典型人物3人，1人被评为集团公司十大杰出青年，1人被评为"二次创业先锋"，2人被评为岗位建功标兵，精神激励作用凸显；持续优化干部职工队伍建设，建立后备人才动态库，搭建全过程培养锻炼平台，营造了人尽其才、人岗相适、充满活力的干事创业良好环境。

（撰稿　张萍　审稿　谭学博）

山东济钢顺行新能源有限公司

【概况】 2022年10月，为适应公司高质量发展需要，由原"山东济钢顺行出租车有限公司"更名为"山东济钢顺行新能源有限公司"（以下简称"公司"）。截至2022年底，公司在册职工81人，其中，管理5级、6级人员2人，管理7级、8级人员12人，一般管理（技术）人员8人，生产服务人员59人，平均年龄45.9岁，大专及以上学历49人，高级职称1人，中级职称5人。内设党群部、安全技术部、市场开发部、巡游车运营部、网约车运营部、公务车运营部、轿车服务中心、汽车后市场业务部、汽车销售部。公司拥有公务用车154辆，巡游出租车580辆，新能源汽车充电站7座，充电桩总数244个，具备二类汽修资质。

【生产运营】 公司全年实现营业收入5147.92万元，较上年增长1012.91万元，增幅24.50%；实现考核利润1091.65万元，较上年增长100.03万元，增幅10.09%。巡游出租车抢抓政策补贴期，推进现有CNG车型退旧更新，完成40辆CNG车辆退旧更新手续。公务车与23家单位签订2022年度车辆服务合同；购入14台新车，提升客户用车体验，满足客户个性化需求；全力维系山钢市场份额，以优质服务赢得客户信赖，促成了2023年度用车合同续签。轿车服务中心完成16台通勤客车全车喷漆，打造集团公司企业文化的流动风景线，引入润滑油合作伙伴，新开发3家定点维修单位，与2家省直单位续签定点维修年度合同。货运代理克服疫情影响，积极组织运力，全年累计发运量 38.9 万吨，业务收入 839.5 万元。新能源汽车销售与徐工、宇通、瑞驰等新能源汽车生产厂家签署销售代理协议，基本实现了新能源商用车车型全覆盖。充电场站全年充电量 537.34 万千瓦·时，较上年增长 44.06%。加气站日均销量提升至 5000 立方米以上，较上年同期增幅 50% 以上。与国内一线品牌运营商合作建设新能源汽车充电站 6 座，设置 124 个充电桩。

【专业管理】 公司更名后修订完善《公司章程》《总经理办公会议事规则》等制度；严格执行"三重一大"决策制度，全年共召开股东会 2 次、董事会 6 次、总经理办公会 19 次；开展工程项目、采购销售等专业管理诊断，修订完善制度 16 项，新增制度 3 项，从制度源头规范管理，不断提升公司管理水平。以突出市场经营、提升管理效率为原则，调整部门设置，实现人和岗位的最佳匹配，推动人力资源向公司增量业务领域有序转移。强化政策研究利用，及时掌握政府税收减免、金融信贷支持政策，积极与税务机关和银行沟通政策可行性并推进政策落地，全年政策利用合计增加收益 155.21 万元。全面落实《安全生产法》《山东省安全生产条例》等法律法规，健全完善全员安全生产责任制和安全生产主体责任清单，扎实推进安全生产专项整治三年行动，开展安全生产去根治理和安全生产攻坚年行动，落实环保管家服务，规范环境体系建设，提升环保基础管理，实现安全环保"八个零"目标。

【党群工作】 支部结合公司年度工作重点，研究和部署 2022 年党建工作，制定《2022 年党群工作计划》《建设"赋能型"党组织实施方案》，推进党建工作与改革发展有机融合，与生产经营共创共进，与企业文化融合共进，塑造新时代党建工作品牌。建立实施"第一议题""第一学习"制度。全年组织理论学习小组学习 13 次，专题党课 4 次，编发学习材料 30 余篇。面向全体党员开展多形式、分层次、全覆盖的习近平新时代中国特色社会主义思想和党的二十大精神学习培训。积极做好发展党员工作，严格按程序、按计划发展党员，坚持"成熟一个，发展一个"，确定入党积极分子 1 名。探索实施"党建+"赋能引领，强化党建融合功能，在打造"党员示范车"+"红色工匠"双品牌的基础上，又新开辟"党建多功能教育大讲堂"和"党建主题户外驿站"双阵地，倾心打造巡游出租车"小荷车队"，极大拓展了党组织的工作覆盖面，促进党建工作效能的最大化，有力推动党建工作与中心工作、重点任务、日常工作的有效链接、深度融合。坚持党管宣传，落实意识形态工作责任。完成稿件外发 30 余篇，其中省市以上媒体及协会 20 余篇。坚持正风肃纪，加强作风建设。组织签订 2022 年度党风廉政建设一岗双责责任书 14 份，廉洁从业责任书 6 份。认真开展"喜迎二十大 清风正气促发展"主题教育活动，集中开展酒驾醉驾问题警示教育。组织开展春节送福、"书香三八"摄影征文、端午节包粽子诵经典等一系列职工群众喜闻乐见的文体活动，积极开展导师带徒活动，建设"王众"创新工作室，优化职工心力成长生态。2022 年，公司被授予 2021 年度市级文明单位荣誉称号，公司党支部被授予集团公司先进基层党组织荣誉称号，公司工会荣获集团公司"模范职工之家"称号，公司职工王众荣获山东省第五届"齐鲁工匠"称号。

【社会责任】 承担社会责任，投身公益事业，践行国企担当。疫情防控期间巡游出租车严格落实行业内承包费减免政策，全年累计减免承包费 446 万元，为驾驶员群体纾困解难，有力维护行业稳定发展；高考期间，选拔 10 名优秀巡游出租车驾驶员组建"爱心助考"车队，为考生圆梦高考提供力所能及的帮助，受到考生和家长的一致好评。

（撰稿 冯 涛 审稿 刘柱石）

济钢集团国际工程技术有限公司

【概况】 截至 2022 年底，济钢集团国际工程技术有限公司（以下简称"国际工程"）在职职工 316 人。其中，管理专业技术人员 309 人，生产服务岗位 7 人；高级职称 119 人，中级职称 87 人；博士 1 人，硕士 47 人，本科 207 人。设事业部 8 个，管理科室 9 个，经营部门 7 个，下设信息自动化分公司、山东信恒节能服务有限公司两个分支机构。

【生产运营】 2022 年完成销售收入 12.99 亿元，同比提高 65.5%，实现利润 1.077 万元，同比提高 28.9%，均圆满完成集团公司下达的年度目标任务。年度签订合同 137 项/15.5 亿元，业务订单实现多类型全覆盖。其中，签订总承包合同 12 项/12.23 亿元，总承包业务"根据地"愈加稳固；签订设计合同 24 项/4673 万元；签订 EMC 运营项目 1 项/1.69 亿元，成功"十年磨一剑"；签订设备供货合同 66 项/6453 万元，连续两年稳定超过 6000 万元；铁焦技术分公司与岩土工程分公司市场开拓全面起势，签订技术服务合同 31 项/4712 万元，地质勘探合同 3 项/76.3 万元，不断巩固国际工程总承包项目全流程最前端优势；事业部独立市场开发试点成功，签订总承包合同 1 项、设计合同 9 项。

【专业管理】 总承包项目管控渐入佳境，设计、设备供货、建造安装、回款、资金支付"五位一体"全过程管控体系高效运行，项目管控效果凸显。全年总承包项目实现投红焦、发电并网、竣工验收等关键节点 24 项、完工投产项目 11 项，项目投产数量为国际工程历年之最。全年工程项目实现回款 14.2 亿元，创国际工程历史新高。其中，新兴能源项目创下了"九个半月投产"新纪录；邯钢项目受到业主"敬业正直、施工优良"赞誉。总承包设备成套全年降本超 4400 万元，实现优化 5% 目标。通过不断优化完善、各部室自我加压，形成不同规格干熄焦项目的标准体系及经济指标数据库，实现从投标、可研、初设、建造的全过程费用管控。全年累计完成 7 项合同关闭，合同额共 6.9 亿元，成为合同关闭体量最大的一年，总承包项目全过程管理步入稳定运行新常态。设计技术水平稳步提升，以支持市场拿订单为首要需求，成立国际工程技术委员会，下设 17 个专业委员会，开展系统性设计优化，全力支持市场投标与总承包项目降低投资；技术委员会与总工办协同作战，全面推进精准设计与标准化、模块化设计，实现市场与技术"共振和鸣"，大力提升中标率。在节能焦罐不断升级优化的基础上，大力开展装入装置、鼓风装置、台车等非标设备的设计与制造，降低设备费用 15% ~ 20%，一个具备自主核心技术的高端装备制造产业链已初步成形。以研究解决重大问题为导向，推动设计质量、技术创新能力双提升，针对佳祥风机问题，提出《适配不同焦炭条件下差异化设计》课题，成为集团公司"揭榜挂帅"课题，为国际工程多类型全系列干熄焦精准设计提供了坚实的理论基础和技术支撑。

【党群工作】 党委品牌内涵持续深化，围绕生产经营实际，持续推动党委创特色、支部树品牌建设，不断深化"匠心筑梦 党建育人"党委品牌内涵，引领"1+7"特色党建品牌打造，成为济南市十大党建品牌之一。国际工程党委获济钢集团先进基层党组织荣誉称号，电气党支部被评为济钢集团先进党支部，电气党支部和能源环保党支部分别被授予济南市市属企业五星党支部，基层党建与公司发展实现互促共赢。坚持党管干部，培养"双敢"队伍，2022 年共提拔干部 11 人次，其中管理 7/8 级 5 人、室主任 6 人。为应对新冠疫情影响与公司业务"战区"布局，增加分院数量，扩大经营版图，任命分院院长 8 人、分院副院长 4 人，全面激发"狮子型"干部队伍的创业活力。持续强化监督责任落实，健全常态长效监督机制，抓在日常、严在经常，开展防治"七种不良做派"、酒驾醉驾警示教育、招标采购专项监督等工作，用监督效能护航高质量发展。国际工程坚持以幸福和谐企业建设铺设高质量发展之路，加强职工思想政治学习，以迎接宣传贯彻党的二十大为主线，继续把党史总结学习教育宣传引向深入。升级新型导师带徒体系，培养高素质职工队伍，年人均培训学时超过 22 学时，培训覆盖率 100%。充实完善工会服务阵地，完成职工食堂升级改造，开展"夏送清凉"活动。组织庆元旦趣味活动、春节联欢会、"三八"女职工游园、春季登山、篮球比赛、乒乓球比赛等文体活动，组织职工参加山东省"云走齐鲁"及"健走促健康 喜迎二十大"济南市第十二届全民健身运动会线上万人健走团活动。

【创新创效】 2022 年，国际工程获得"武器装备科研生产单位二级保密"资质，成功升级建筑工程设计甲级资质，为公司军民融合、新城建板块发展提供助力。年度申请专利 29 项，获授权 6 项，其中发明专利 1 项；主编的《节能环保耐火材料衬焦罐装置技术规范》已发布，主编的《干熄焦超高温超高压余热发电技术规范》通过评审。获济钢集团科技进步一等奖 2 项、二等奖 2 项、三等奖 2 项，管理创新成果一等奖 1 项、三等奖 1 项，专利一等奖 1 项、三等奖 1 项，荣获科技创新标兵 2 人，管理创新先进个人 1 人。实现企业所得税汇算清缴退税 191 万元、贴息收入 150 万元；利用回笼资金减少利息支出 113 万元；年度获得建设银行等授信 3.4 亿元授信，确保了经营发展和资金链的安全稳定。获得山东省文明单位、山东省工人先锋号、山东省劳模和工匠人才创新工作室、山东省十佳女职工建功立业标兵岗等荣誉称号；获评全国机械冶金建材行业职工技术创新成果一等奖、二等奖、三等奖各 1 项，山东省职工创新创效竞赛省级决赛二等奖、三等奖各 1 项，济南市职工创新成果二等奖 2 项、三等奖 1 项，济南市"争先创优"劳动竞赛二等奖 1 项；获评济南市"国企楷模"优秀人物 1 人，济南市创新能手 1 人；获得济钢集团文明单位、幸福和谐企业先进单位、模范职工之家、新型导师带徒优秀组织单位等荣誉称号。获得济钢集团"九新"先进集体二等功，个人一等功 2 人、二等功 1 人。申报价值创造 33 项，其中《以"产城融合、跨界融合"战略主线为引领，积极开拓多元市场，实现业务新突破》获得 A 级表彰，《实施"四位一体"矩阵式管控，推动总承包项目提质增效》获得 B 级表彰。

（撰稿　张连斌　王　凯
审稿　高忠升）

山东省冶金科学研究院有限公司

【概况】 截至 2022 年底，在册职工 140 人，其中，管理人员 23 人，工程技术人员 104 人，生产服务人员 13 人。管理及工程技术人员中：高级职称 12 人，中级职称 26 人，初级职称 39 人。设职能管理中心、财务管理中心、产业化中心三个职能管理部门，标准物质中心、分析测试中心、检测业务营销中心三个业务中心，《山东冶金》杂志编辑部。全公司资产总额 12124.50 万元，其中流动资产 9087.40 万元，非流动资产 3037.10 万元。

【生产运营】 面对新发展局面，全公司深入践行"九新"，全面开展动力变革攻坚战，科学谋划标检产业化发展思路，助推"二次创业　重塑济钢"，为完成全年各项目标任务提供了坚强保障。全年完成营业收入 10098.68 万元，利润总额 2653.90 万元，净利润 2255.82 万元，比上年分别增加 16.19%、16.55%和 6.43%，超计划完成济钢集团有限公司下达的契约化指标，职工人均收入比上年增长 10.77%。全公司认真贯彻集团公司转型发展安全管理文化，坚守"底线思维"，持续加大安全环保投入，全年投入 26.07 万元，主要用于安全隐患治理及环保设施的更新；深入贯彻落实安全生产"八抓 20 条"创新举措，下大力气推动"去根"治理问题隐患，安全环保实现"八个零"目标。全公司聚焦"动力变革"，持续推进"价值创造"工作，重点围绕"提升人员动力、产业生命力和激发组织活力"，稳步提升创新动能，搭建高质量、高层次的创新平台，有效推动各业务板块高质量发展。全年研发投入 1204.18 万元，研发投入强度达到 12.01%，比上年增加 17.5%。完成 1 个省级创新项目和 8 个集团公司级创新项目立项，均按进度实施。完成山东省冶金工业总公司 9 个科技成果鉴定，其中 2 个项目技术达到"国际领先水平"，以上 9 项成果申获山东省冶金科技进步奖 9 项，其中一等奖 3 项。全年授权发明专利 1 项、实用新型专利 8 项，新申请专利 8 项（含 1 项发明专利）；立项行业标准 1 项、发布行业标准 1 项。公司顺利通过高新技术企业重新认定，新获山东省服务业创新中心、山东省中小企业公共服务示范平台、山东省冶金行业固体废弃物综合利用标准化试点、山东省高端品牌培育企业、济南市重点实验室、济南市中小企业公共服务示范平台、济南市全员创新企业等创新平台，成功中标国家新材料测试评价平台—济南中心项目，获国家直接扶持资金 3600 万元，为研究院向高端产业链延伸奠定了坚实的基础。

【专业管理】 持续攻坚提升、积极作为。3 月份成功入选国家"科改示范"企业，混合所有制改革、员工持股改革内部决策程序，聘请中介机构进行上市前财务辅导，明晰了上市路径，建立起管理+技术+营销+生产服务四序列岗位管理体系，推行中层干部全员聘用制改革。标准物质业务全年完成合同额 8275 万元，比上年大幅增加 43.46%，其中标准溶液完成合同额 379 万元，比上年增加 49%，市场开拓取得新成效，成功开拓山西晋钢等大型钢厂及焦化厂客户 16 家，网站推广能力进一步增强，完成京东工业品平台入驻，与赛默飞达成设备代理合作，新培育俄罗斯代理商 RTK 公司等 2 家代理商。材料检测业务方面，持续加大辽宁、内蒙古等边远省份客户开拓力度，承接了山东核电-吉林白城风电项目原材料理化检测及法兰、筒体无损检测总包项目，柜销业务大幅增长 77%，全年实现合同额 1470 万元，比上年增加 20.6%。环境检测业务方面，充分深耕莱钢、政府市场，土壤调查业务大幅增加至 133 万元，成为新的业务增长点，环保管家业务也由集团公司内部成功向外部市场延伸；计量校准业务方面，实现多标项目合同额达 120 余万元，完成山东核能 NIST 校准工作，加热炉现场检校工作模式已趋于成熟，成功开拓山西太原不锈钢等新资质客户，计量校准业务已从初期的懵懂状态逐渐成长为全公司潜力主业。能力验证业务方面，全年签订合同额 240 万元，比上年大幅增加 51.50%，新增客户 244 家，全年共发布两期能力验证计划，涉及固废、金相、金属材料、塑料、建材、无损等多个新领域。研究院首获集团公司"九新先进集体"一等功。

【党群工作】 坚持党建引领，持续推动动力变革，认真落实和加强党的全面领导工作机制，发挥党委把方向、管大局、保落实作用，下发《2022 年党群工作要点》，开展党建工作责任制落实情况检查 4 次，召开党委会 44 次，把党的建设与全公司生产经营工作同谋划、同部署、同推进、同考核；科学选人用人，建设高素质干部队伍，全年共提拔"80 后"干部 3 人，"90 后"干部 3 人；做好新时代群团工作，书写壮丽青春篇章，全年共获得省级、市级优秀共青团员、"济南市创新能手"3 人，并获得济南市五四红旗团委荣誉称号；加强民主政治建设，坚持依法治企，召开职代会 6 次；坚持"三不腐"一体推进，健全常态长效机制，开展防治"七种不良做派"等专项整治，"酒驾醉驾"等警示教育，敢于亮剑，巩固了企业风清气正的氛围。研究院先后获山东省五一劳动奖状、山东省文明单位、济南市五一劳动奖状、济南市文明单位、济钢集团文明单位、济钢集团先进基层党组织、济钢集团 2022 年度"幸福和谐企业"、济钢集团纪检工作先进单位等荣誉称号，标样党支部、机关党支部入选济南市国资委、集团公司五星级党支部。

（撰稿 孙亚霜 审稿 殷占虎）

济南萨博特种汽车有限公司

【概况】 济南萨博特种汽车有限公司（以下简称"萨博汽车"）为济钢集团有限公司子公司，注册资本金 5000 万元，其中，济钢集团占 84%，其他自然人占 16%。公司占地面积 131268 平方米，厂房建筑面积 48000 平方米；截至 2021 年末，萨博汽车资产总计 47346.3 万元，负债总额 31833.7 万元，资产负债率 67.2%。在册职工 150 人，其中，正高级工程师 1 人，高级工程师 13 人，工程师 7 人，助理工程师 12 人。公司实行扁平化管理，共设党群办公室/综合管理部、财务部、采购部、质量保证部、营销部、研发中心、生产制造部、安全环保部等 8 个部门。根据军工保密资格认定工作办法的要求，公司设置了保密委员会、保密办公室，是武器装备科研生产二级保密资格单位。公司是高新技术企业，是专用汽车行业的骨干企业、中国汽车工业学会专用车分会和山东省汽车工业协会、济南市机器人与高端装备产业协会会员、山东省应急产业协会理事单位。

【生产运营】 公司主营业务为军用、民用特种汽车的生产与销售，承制产品有野战工事装备、野营装备、技术保障装备、方舱、伪装作业装备、阵地构工机械、桥梁装备等 10 大类，军用气源车、指挥所工事、伪装勘察检测车、工程救援箱组等 14 个品种。先后获得军队科技进步奖 6 项，军事科学技术进步奖 1 项，国家科技进步奖 1 项；民品产品涵盖市政、路政、冶金、工程抢险、民航机场、移动通信、移动电源等领域，拥有软件著作权 10 项、作品著作权 1 项、实用新型专利 61 项，发明专利 8 项。全年完成销售收入 2.34 亿元，考核利润 3377 万元；实现安全环保"八个零"的目标；方舱智能化产线，按计划落地达产达效。职工收入同口径实现了较 2017 年本单位职工收入翻番的目标。

【专业管理】 积极拓宽销售渠道，由以往单一的陆军客户，相继开发空军、火箭军、海军、后勤保障部等新的销售领域；积极寻求转型发展之路，培育新材料、新技术、新产业，最终达到军民品产业并驾齐驱，双轮驱动的目标。全年签订民品合同 3633 万元，同比增长 60.26%，杰瑞控制室合同超过 1000 万元，同比增长 131.25%，是近年来战略合作伙伴的典范。推进与重汽出口业务的合作，配套生产完成移动维修车 29 辆，合同额 690 万元，同比实现了质和量的双提升。围绕重点项目攻关，组织精干力量突破，精准响应技术指标。在弱肉强食，竞争白炽化的当下，转型迈入新领域有难度。全年参与新型气源车、装备运输车、主力泡沫消防车、新型救援箱组、核事故抢险救援机器人等重大投标项目 6 个，其中包含武警、空军等领域，最终中标 3 个，中标率 50%。全年先后通过两化融合管理体系复审、高企复审；荣获山东省科技领军企业、济南市制造业单项冠军企业；荣获公司第一个省级研发平台称号——山东省"一企一技术"中心；"SABSV"牌红钢车获得山东省优质品牌。政府资金补贴再创新高，累计政府资金奖补额到账 336 万元。其中通过研判军民融合领域的政策应用，获得省工信厅军工专项资金、济南市军工技术中心资金，入围省军民融合办重点关注的企业，共计获得 200 万元的资金扶持；参与编写的伪装勘察车的国家军用标准，通过政策挖潜利用成为济南市首例因参与军民融合标准获得奖励的企业，政府拨付 20 万元补贴；其他申报绿色工厂、技改、展会等项目补贴到账 116 万元。

【安全管理】 贯彻落实安全生产"十五条硬措施"和"八抓 20 项"创新举措，一次上机考试合格率 97% 以上。巩固提升安全生产专项整治三年行动成效，严格遵循"党政同责、一岗双责、齐抓共管、失职追责"和管行业必须管安全、管业务必须管安全、管生产经营必须管安全的"三管三必须"要求，落实安全生产主体责任；系统辨识新业务、新产线的新风险，组织风险隐患大排查大整治，实施班组达标验收全覆盖，夯实"双基"，筑牢"双线"，安全管理水平进一步提升。严格落实冬奥会、全国两会、省市两会、党的二十大等重大活动和敏感节点的"零报告制度"，保障了平稳的经营环境。公司严格落实政府和集团公司关于疫情防控的决策部署，树牢"疫情防控无小事""一稳皆稳，一失皆失"理念，积极采取有效措施，加强分级管控、网格化监督手段，强化出差人员流程审批、行程写实报备工作，引导职工科学防范，定期核酸检测，疫情防控工作更加精准，在非常规的经营状态下，共同筑牢抗击疫情的坚固防线，保证全年安全生产的稳定局面。

【党群工作】 加强党建工作，持续实施两大工程+星级支部建设，全面提升支部建设质量和赋能水平。深入挖掘党支部工作特色亮点，支部党建品牌，以"抓基本、打基础、强基层、创特色"为主线，进一步提高基层党建工作质量和水平。全面夯实党建工作基础，不断强化政治功能、组织功能，系统推动党支部对标提升，公司党支部被评为 2021 年度济南市属企业五星党支部。加强作风建设，坚定理想信念，夯实发展之基。加大对干部纪律作风及集团公司和公司重点工作的监督检查，加强对重点岗位、重点业务以及节假日期间的纪律作风的专项监督检查。加强党风廉政建设，履行监督责任，筑牢拒腐防变思想道德底线。领导人员带头遵守中央八项规定精神及其他各项正风肃纪有关规定，按要求更新上报个人廉洁从业档案。关注职工素质提升工程，注重人才培养。组织开展高级技师、技师、高级工等操作技能岗位考评工作，畅通技能上升的渠道；实施导师带徒机制，以老带新，倾力打造职工学习先进、争当先进、赶超先进、创先争优的良好氛围。公司被评为济钢新型导师带徒优秀组织单位，其中推荐的结对师徒中优秀级 8 对，达标级 36 对。

【产业拓展】 围绕产业落地发力，为未来发展储能蓄力。2022 年 11 月 9 日，工信部发布了 2022 年第 25 号公告，同意公司增加消防车产品品种，至此消防车资质获取工作圆满完成，成为公司迈入应急产业装备领域的通行证；研发中心建设项目 10 月份取得

《建设工程规划许可证》《建筑工程施工许可证》，顺利开工建设；研发项目中标数量完成既定指标。

（撰稿　赵　亮　审稿　魏信栋）

济钢四新产业发展（山东）有限公司

【概况】　在济钢划转济南市后独立运营的新阶段，济钢创智谷分科技服务公司和济钢"四新"产业园园区运营项目部融合成济钢四新产业发展（山东）有限公司（以下简称"四新产发"），积极践行"九新"价值创造体系新内涵，带着责任与使命深入探索"新发展阶段济钢园区运营怎么干"重要发展课题，加速培育以园区运营为核心的新产业集群。截至2022年12月，四新产发共有在岗职工31人。其中，5级管理人员1人，6级管理人员2人，职业经理人2人，7级管理人员5人，8级管理人员5人，9级管理人员15人，内退人员1人。单位内设党群管理部、财务金融部、招商引资部、运营服务部、园区建设保障部、创智谷事业部6个科室。2022年1~8月，创智谷实现营业收入728.5万元，完成年度预算目标的118.8%，实现利润总额356万元、完成年度预算目标的101.7%；四新产发实现营业收入1435万元，完成年度预算目标的404%，实现利润总额95.3万元，完成年度预算目标的198.6%。全年安全环保顺利实现"八个零"目标。未发生上级考核的信访事件。

【园区运营】　在促进公司高质量发展的路径和方向上打通各级政府、入孵企业、集团公司的三条线，扩大生态圈，聚焦在定位的再升级、运营的再提升。空天信息产业园一期一步项目实现整体竣工，入驻率达到60%，首批团队进驻园区启动试运营工作；

一期二步项目整体启动，储备一数科技、派蒙通信等项目，确定厂房意向使用3万平方米；三期土地获取工作全面展开；全年围绕空天信息产业上下游链接项目资源156项，落地派蒙智能、盛和电子等符合济钢主业需求的高质量项目11项。工北21号科创综合体园区引进优质入孵企业6家，累计突破170家，园区意向空间利用率达到92%，培育高新技术企业1家，为空天信息产业园推荐优质项目5家，举办政策宣讲11次，疫情防控期间践行国企担当，为52家入孵企业减免服务费322.6万元。

【政策研究】　四新产发积极争取市工信局、住建局标准厂房认定政策红利，获减免配套费1071万元；工北21号科创综合体通过济南市科技企业孵化器、济南市创新创业基地审核，获得政府奖补40余万元。

【党建引领】　截至2022年底，四新产发党支部共有党员31人，发展预备党员2人。年内，猫耳洞济钢创智谷党性实践教育基地正式挂牌，全年接待各类观摩教育活动40余场，涉及700余人次；与市国资委发展处、历城区检察院、省市区市场监管局以及认证机构等党支部共建共联；"质量认证提升服务站""鲍山街道飞驰新新驿站""中华美德学堂"落户工北21号科创综合体园区。年内获济南市五星党支部、先进基层党组织等荣誉称号。获得历城区总工会职工之家专项奖励3万元；鲍山街道新就业群体党建经费1万元。

（撰稿　李宏伟　审稿　魏　涛）

济钢集团山东建设工程有限公司

【概况】　济钢集团山东建设工程有限公司（以下简称"公司"）是济钢集团全资子公

司，注册资金9836万元，拥有工北21号和相公庄两个园区，占地约305亩。公司主要从事工程施工、园区运营以及围绕混凝土搅拌站上下游的多元经营等业务。公司具有建筑工程和冶金工程两个总承包资质，建筑机电安装、防水防腐保温、钢结构和预拌混凝土四个工程专业承包资质，以及施工劳务资质。截至2022年底，在册职工38人，大专及以上学历26人，其中，高级职称3人，中级职称10人，并配有机电工程、建筑工程等建造师专业施工管理人员，以及预拌混凝土企业总工/试验室主任、试验员等人员。组织机构内设六个职能管理部门：党群/综合管理部、财务部、安全环保部、经营市场部/混凝土搅拌中心、园区管理/绿建事业部、工程事业部六个部门。公司下设一个分公司：济钢集团山东建设工程有限公司混凝土搅拌中心，位于济南市历城区郭店街道相公庄。2022年9月，公司荣获"济南市'新城建'第一批优质明星企业"。

【生产运营】 2022年在疫情和外部市场变动的不利影响下，工程建设从"增量""存量"两个维度拓展市场，上半年共签订储备项目7项，全年签订施工合同额1.11亿元；多元经营创新"隔着栅栏喊话"商务谈判模式，疫情防控期间顺利签订商混合同；主导推进OEM贴牌业务，"济钢建设"牌精品骨料顺利投产；相公庄园区首次实现园区去化率100%，发挥智慧园区平台作用，有效为型材公司提供上下游产品买售服务，协同拓展OEM业务，实现能源数据化管理。

【专业管理】 公司积极践行"九新"价值创造体系新内涵，紧紧围绕年初确定的任务目标，带着责任与使命深入探索"建设公司绿建产业集成服务商之路怎么走"等重要发展课题，充分发挥"四不两钉"精神，全力提升公司的内部作用力和外部影响力。公司运营中，基础生态要素补全，加快顶层

设计、制度规范、体系建设，新增、修订党建群团、综合管理、安全管理、财务管理等管理制度，全面提升本质化运营水平。组织运营提升全员取证，公司始终将提升"人员的动力、产业的生命力和组织的活力"作为出发点和落脚点。2022年，公司取得二级建造执业资格3人，预拌混凝土企业总工、试验室主任资格2人。

【党群工作】 围绕"支部联建、活动联动、业务联合"，与市国资委产业发展处、历城区检察院、省市区市场监管局以及认证机构等党支部签署共建协议。济钢创智谷党性实践教育基地在南部山区正式挂牌，形成与本部山东省新旧动能转换高质量发展现场教学点同频共振的良好局面。

【创新创效】 2022年，建设公司实现营业收入1.87亿元，实现利润收入总额868.5万元。通过解决山东显通、山东国宏、济南舜联等历史遗留案件为公司节支增收160余万元，回收应收账款32.71万元。

（撰稿 胡 松 审稿 梁云彩）

山东济钢城市服务有限公司

【概况】 山东济钢城市服务有限公司（以下简称"公司"），2022年10月由山东济钢文化旅游产业发展有限公司更名为现公司名称。截至2022年底，在册职工198人，内设16个管理机构，其中，6个职能部室，10个经营单元。公司以现代城市服务产业运营为核心，主要分为园区运营、园区服务、酒店餐饮、食品加工、康养产业五大业务板块，主要产品和服务包括中式面点、烘焙西点、精酿啤酒、餐饮服务、酒店住宿、会议培训、赛事承接、广告展板、办公用品、园林绿化、物业保洁、场馆运营等。

【生产运营】 2022年完成营业收入8.54亿

元（净额法口径9915.78万元），较上年增加3.19亿元，增幅59.63%；完成利润总额1887.5万元，较上年增加289.5万元，增幅18.11%；完成归属母公司净利润1640.6万元，增幅15.69%；资产总额达到2.78亿元，增幅39.7%；实现资产收益率6.88%；上缴税费1132万元。安全环保实现"八个零"年度目标。

【产业发展】 以现有业务为依托，聚势突破。按照泛产业园区的理念，以"产创融合、产城融合、产金融合"为主线，以数字化、智能化、平台化服务为导向，形成以围绕园区服务为主、以餐饮食品实体产业为辅、以康养产业为未来培育产业的上中下游贯通、互相支撑的产业生态架构。食品加工产业三大中心（面食中心、烘焙中心、配餐中心）建设工作全面起势。烘焙中心获取集团公司订单，线下实体、线上微商城同步发力，固化形成24款生日蛋糕、34款糕点食品系列广受好评，全年实现销售收入80余万元；食品中心、配餐中心全面整修，分别顺利通过SC证复审、经营许可证，餐饮第二、第四分公司、济钢食品（山东）有限公司相继注册成立，市场主体运营渐成规模。坚持内引外联，积极探索路径，拓展非钢、农产品、焦炭等新型贸易，业务规模和业务质量较上年增长50%以上，同时与多家大型企业以及多家知名院校建立战略合作关系，为搭建供应链、产品研发、品牌策划奠定坚实基础。

【基础管理】 深入推进动力变革，制定《人员调整和选聘工作方案》，分批次实施全员岗位竞聘、轮岗交流，促进内部人员有序流动。做好招才引智工作，通过社招、校招、集团内部招聘等方式，累计招录急需人才5人，为新业务培育提供人才保障。强化全员素质提升，针对性组织关键业务能力提升等各类培训62次，营造形成重技术、强学习、促发展的浓厚氛围。强化运营管控，

打通运营质效提升堵点、难点，成立四个重点工作专班，强化工程项目管理、采购管理、库存管理、应收账款等专项管理，修订完善制度，规范台账管理，提升精细化管理水平，尤其在大宗贸易业务管理方面，创新性梳理形成采、购、销、合同、结算闭环管控业务流程，建立关键环节预警机制，规避运营风险，实现货权、资金的有效管控。加强全公司体系建设，修订体系管理文件81项，过程记录116项，顺利通过质量、能源、职业健康安全、环境四体系外审并取得认证证书。

【政策利用】 持续深入政策研究利用，充分利用国家对中小企业纾困等税收优惠政策，完成退役军人和增值税加计扣除申报、残疾人就业保证金申报、稳岗补贴申请，累计实现各类补贴、减免创效52余万元。

【疫情防控】 严格落实政府和集团公司疫情防控要求，实施科学精准管控措施，抓细抓实疫情风险防控工作，筑牢民生保供安全屏障，快速启动搭建"济钢临时供应点"，实现10大类、800多种商品上架，同时聚智开发"济钢e家"线上购物平台，采取线下无接触提货，有效防控聚集风险，累计销售商品116285件。闭环办公期间多线统筹，分兵闭环，储备大量生活物资、应急物资和药品，为集团公司总部提供配餐、住宿等服务，为集团公司有序生产经营创造条件。

【安全管理】 坚持"人民至上、生命至上"，持续抓好安全生产，分层次全员宣贯《安全生产法》《山东省安全生产条例》等法律法规，全年组织各类安全培训20余次。组织签订安全环保、消防治安等年度目标管理责任书共计136份，修订完善《全员安全生产责任制》等32个安全环保制度。深入开展安全生产专项整治三年行动、安全生产提升年、"安全生产月"、"百日攻坚"等系列活动；落实"十五条硬措施""八抓20

条安全管理创新举措"，组织全员上机考试；深入推进隐患排查及去根治理专项活动，加强各类专项检查及综合性监督检查，推进整改落实，实现安全生产。强化安全双基建设，推进车间、班组安全基础建设验收，落实岗位达标积分制，100%顺利通过集团公司督查验收。在省市区多次执法检查、督导检查、"四不两直"抽查中，未出现整改项、处罚项。

【党群工作】　严格落实"第一议题"制度、"第一学习"制度，有效组织开展深入学习习近平新时代中国特色社会主义思想、习近平总书记系列讲话、党的二十大精神等党的政治理论学习活动，做到理论武装头脑、指导实践。加强基层党组织建设，优化党支部设置，完成党支部换届选举，推进党支部评星定级。丰富主题党日形式，通过前往章丘三涧溪参观乡村振兴之路、重温入党誓词、到革命纪念馆参观受教育等多样化的党员教育形式，进一步增强公司党员教育感染力。组织开展防治影响济钢新发展的"七种"不良作派专项整治活动，起草制定《"强化纪律作风建设、提升工作执行力"专项整治工作方案》，营造"顾大局、守纪律、重实干"的浓厚氛围，顺利完成历年来巡察反馈问题整改和审计整改"回头看"工作、集团公司内部巡察整改现场检查验收工作，公司获得济钢集团纪检工作先进单位荣誉称号。深度自我挖潜，积极开展降本增效工作，组织开展月饼包装、面点包装、鲍山落叶清扫、物资搬运安置等义务劳动30余次，累计参加人数520人次，降低外部用工成本40余万元。深化幸福和谐企业建设，深入开展"践行九新新内涵，提质增效促发展"劳动竞赛、安康杯劳动竞赛、"夏送清凉冬送暖"、"我们的节日"、"3.5雷锋日便民服务活动"、"青年突击队"等系列活动，为会员职工发放生日蛋糕卡，为大病职工申请互助保障和阳光救助，不断增强职工的幸

福感和获得感，公司获得济钢集团模范职工之家、五四红旗团支部、青年志愿服务先进集体等荣誉称号。

（撰稿　张海东　审稿　韩晰宇）

山东济钢保安服务有限公司

【概况】　截至2022年底，山东济钢保安服务有限公司（以下简称"公司"）在册职工832人，其中，管理人员27人，中级职称9人，初级职称7人。公司设党群部/综合管理部、安全环保部/应急管理部、运营管理部/风险合规部、财务部、市场开发部五个职能部室及三个站务车间。公司主营地铁安全检查专业服务。2022年是极不平凡、尤为不易的一年。面对疫情反复冲击、多次闭环管理、生产经营困难等严峻挑战，我们在集团公司党委和集团公司的坚强领导下，坚持以习近平新时代中国特色社会主义思想为指导，充分发扬"两敢"精神，深入践行"九新"价值创造体系新内涵，有效发挥两级党组织的领导力、组织力、凝聚力和战斗力，团结带领并紧紧依靠广大干部职工，全面统筹疫情防控和生产经营，致力推进改革创新和转型升级，牢牢把握高质量发展方向目标，各项工作继续保持良好态势。全年完成考核收入6699万元，其中非安检收入926万元，同比增长224万元，实现考核利润目标增长316万元，完成目标的107.66%。

【安检运营】　公司强化标准执行，规范业务流程，狠抓服务质量，安检运营对外满意度大幅提升，赢得济南轨道集团高度评价。去年4月28日，社会面疫情封控导致近600名职工无法上岗，公司迅速组织175名突击队员执行封闭驻站。11月22日，面对疫情全面暴发和市政府要求"公共交通不

停运"双重压力，216 名安检职工主动请命再次驻站。全体参战职工按照集团公司"统筹、精准、军事化"防控要求，充分发扬"敢于斗争、敢于胜利"精神，严格执行防疫政策和应急预案，圆满完成封闭驻站任务攻坚，全面打赢地铁运营保卫战，为济南轨道交通线路正常运行提供高效保障。严格落实济南地铁安检新标准，安检工作高质量运行，全年检包总量 2624.4 万件，查获违禁品 2007 件，受到车站及乘客表扬 418 次，收到锦旗 4 面，以优异成绩进一步擦亮"济钢安检"金字招牌。

【安全管理】 强化安全责任落实，修订全员安全生产制度及预案 27 项，印发《2022 年安全管理工作总体方案》，逐级签订《安全管理责任书》73 份、《互保联保协议》242 份；构建安全包保责任体系，开展安全生产专项整治巩固提升和排查整治。针对管辖区域组织安全检查 70 余次，累计整改隐患 221 项，发布情况通报 67 期。开展全员查隐患促整改活动，兑现奖励共计 2740 元。全程跟进水文片区电缆改造、重机园区天车检修等项目，督促施工项目部、监理公司落实 22 项隐患注意事项告知整改，要求相关部门履行监管责任；组织安全会议 55 次、安全生产"开工第一课"6 次；结合"大学习、大培训、大考试"专项行动，分级举办各类培训 30 次，安全警示教育 465 场次，受教育 12864 人次，考试合格率 100%。安全消防环保实现"八个零"目标，组织各级应急演练 1021 次，参演人数达到 5425 人次，演练科目实现全覆盖，职工应急处置能力持续提升。

【疫情防控】 从严落实疫情防控措施和集团公司"把握节奏、控制进程、拉平曲线、推后峰值"部署要求，高效统筹防疫工作和生产经营、治安保卫，最大限度保障职工健康安全和业务工作正常运行。期间，采取现场闭环、居家办公、安检驻站和门卫驻岗等措施；修订《疫情防控期间保障保地铁安检应急预案》；压实网格责任，组织全员签署《防疫安全承诺书》；落实全员核酸检测和疫苗接种；加强外来人员及车辆管控，监督租赁相关方履行疫情防控主体责任；保障防疫物资储备充足，标准配发，科学使用，累计投入资金 34.82 万余元。

【市场开拓】 聚焦"动力变革"，坚持"产城融合"战略，持续拓展安保服务市场，同济莱高铁多家承建单位签署安保劳务合同 11 个，实现营收 194.7 万元；创新经营战略，打造企业品牌，搭建网络直播间，启动抖音带货模式，建立线上、线下双线作战销售策略，推动光触媒业务稳步提升，完成产品治理面积 3556 平方米，收入 20.32 万元；优化人力资源，促进岗位创效，创效 84 万元。另外，与济钢国际工程等单位开展合作创收总计 50.4 万元。

【党群工作】 全面加强党的领导，以高质量党建引领高质量发展。一是推动"第一议题"、"第一学习"、职工政治学习等制度有效落实，牢牢抓住意识形态工作主动权，确保各项工作始终沿着正确政治方向前进。二是扎实开展党支部星级评定管理，8 个支部被评为四星级党支部，1 个支部被评为集团公司五星级党支部。三是广泛开展党员"政治生日"活动，推动"不忘初心、牢记使命"主题教育长效发展。四是完成 10 个党支部换届（新建）选举，选优配强支部班子成员。五是完成 10 个党支部换届（新建）选举，选优配强支部班子成员。六是深入推进"我为群众办实事"活动。开展"书香三八""粽香传情送温暖""拔河""军体运动会""送福进万家""女工厨艺大赛"等文体活动。"夏送清凉""冬送温暖"和"帮扶救助"等关爱措施落实到位，安排职工健康查体 1156 人，走访慰问困难及患病职工 86 次，申领发放各类救助 23 万元。坚持民主监督和民主管理协调发展，不断畅通职工参与经营管理的方法渠道。全年评选先进集体 21 个、先进个人 90 人次，进一步激发队伍攻坚克难、创先争优意识。群团工作不断凝聚企业向心力，增强职工幸福指数和归属感。

（撰稿　刘振学　审稿　董　波）

山东济钢泰航合金有限公司

【概况】　截至 2022 年底，山东济钢泰航合金公司职工总数 290 人，其中，在岗职工 284 人，内退职工 6 人。2022 年 4 月，经集团公司第五届董事会 2022 年第十一次会议审议，同意以 2021 年 12 月 31 日为基准日，将济钢集团有限公司持有的山东济钢合金材料科技有限公司 100% 股权、济南济钢复合材料有限公司 100% 股权无偿划转至济南鲍德炉料有限公司。为推进集团公司产业发展，实现集团公司"品牌化"战略，2022 年 11 月，经研究决定，同意济南鲍德炉料有限公司更名为"山东济钢泰航合金有限公司"，简称"济钢泰航合金"。下设党群部/综合管理部、安全环保部、财务部、生产技术部、资产部、供应部、风险控制部等 7 个部室以及经营部、合金车间、运行车间、综合车间等 4 个生产经营单位和日照市分公司，共计 12 个内设机构。

【生产运营】　当年完成营业收入 25.7 亿元，实现利润总额 3609 万元，归母净利润 2706.75 万元，连续两年实现利润翻番。完成自产产量 48 万吨，其中日照分公司完成 45.06 万吨。

【专业管理】　市场管理。聚焦打造可持续发展的合金炉料"工贸综合体"，大力实施经营模式创新，加大市场布局，优化业务结构，持续提升比较优势。坚持以市场为导向，持续深入整合资源和渠道，购销两端同向发力，传统市场"稳量"优化，新市场"变量"提升，单一品种重点突围，合金炉料、铝产品、煤炭制品三大业务板块运行质效稳步提升，济钢合金炉料品牌市场影响力持续增强。深入推进经营管理提升，全面推广应用一户一档、效益模型、毛利百分比、四清工作法、供应商准入及动态评价等管理工具，科学运用期铝短线工具及行情走势分析，构建期货与现货结合、点价与均价结合的购销模式，实现购销协同一体化、效益最大化。安全管理。坚持底线思维，极限目标，牢固树立"安全是生命线，安全无大小"安全理念，落实双基双线一提升和安全隐患"去根治理"工作，推进重污染天气减排措施，实现安全环保"八个零"目标。顺利通过职业健康安全管理体系、环境管理体系外部审核工作，日照分公司通过安全生产标准化三级企业验收。公司党政领导带头履职，积极参与安全生产大排查、大整治行动，制定治理计划，责任到岗到人，实行销号管理，全年完成起重设备行车划线整改、无缝线隐患治理与安全防护、日照分公司提升机安全防护、配电设施整改等问题隐患 590 项。认真落实应急救援工作，开展应急演练 37 次，参演 500 余人次，有效提高职工安全意识和对风险事故初期处置能力。财务管理。坚持资金为王、效益优先，进一步优化融资结构，盘活沉淀资金和存量资产，加快历史遗留问题化解，持续提升实物资产、资金的创效能力。建立周计划、日平衡的资金管理机制，业务与财务一体化联动，合理调配三地资金，实现资金使用率 90% 以上；组织开展国内信用证业务，扩大银行敞口规模，降低融资成本。成立风险控制部，配齐法律专业管理人员，将风控管理嵌入业务流程，持续强化风险防控能力。统筹压减资金占用，加强应收账款清欠等历史遗留问题化解工作，办理北京北科等诉讼案件 12 起，已结案件胜诉率 100%，最大化维护公司合法权益。完成能源管理体系认证、企业绿色工厂认证，利用政府惠企政策，完成"上规入库"申报工作，直接创效30万元。

【党群工作】 全面加强党的政治引领，深入学习宣传贯彻党的二十大精神。抓好全面从严治党主体责任和"一岗双责"责任落实，班子成员对各自分管领域党员干部开展廉洁谈话、双向约谈68人次，到各支部联系点上廉洁党课12次354人。扎实推进党风廉政建设，认真组织开展防治"七种不良做派"专项整治工作，开展酒驾醉驾主题教育。狠抓作风建设，认真践行监督执纪"四种形态"，坚决纠正"四风"问题，强化节前节中廉洁宣教提醒和监督检查，组织党员干部和关键岗位人员到山东省廉政教育馆接受廉洁教育。坚持党管干部原则，牢固树立正确选人用人导向，组织完成风险控制部管理7级、8级岗位人员竞聘，落实"末位调整"评价考核工作要求。全面落实意识形态工作，规范执行意识形态"三文一表"建设，压实信访维稳工作责任，切实做好党的二十大、全国两会等期间信访维稳工作。深入宣贯"九新"价值创造体系新内涵，大力做好内外部宣传工作，先后在上级各类媒体刊播稿件120余篇，宣传主旋律、弘扬正能量。一年来，先后获得集团公司"九新"先进集体一等功、先进基层党组织等荣誉称号。

【创新创效】 自主设计制作完成包芯线成品自动翻转机和液压打包机的设计制作，节约投资近20万元。全年新开发芜湖新兴铸管、宝武、临沂钢投等下游终端客户10余家，新开发中国诚通等上游供应商30余家，新增升温剂、助溶剂、增碳剂、硅锰合金球、铝硅复合脱氧剂、1.2毫米和1.5毫米无缝包芯线等业务品种10余个。扎实推进贸易实体化攻坚，积极探索OEM合作、"自主拓展+联合开发"等业务模式创新，

以"产品+技术+服务"打通产品销售"最后一公里"。稳妥推进铝锭进口、锰矿进口、铝制品出口等外贸业务，俄铝进口试单取得实质性突破。

（撰稿 孟 晓 审稿 王铭南）

山东济钢环保新材料有限公司

【概况】 山东济钢环保新材料有限公司（以下简称"环保材料公司"）在集团公司党委的坚强正确领导下，坚持稳字当头、稳中求进的工作总基调，深入践行"九新"价值创造体系新内涵，发扬"两敢"精神，锁定全年目标任务，高效统筹疫情防控和生产经营，聚焦"动力变革"再攻坚，扎实推进生产销售、管理提升、项目建设等各项重点工作，在十分困难的条件下，较好完成全年目标任务，实现了"统筹疫情防控和生产经营""双战双胜"，圆满完成各项目标任务。

【生产经营】 （一）生产经营绩效全面完成目标任务。环保材料公司当年共生产主产品821.27万吨，完成年度考核计划的102.66%；完成销售主产品823.54万吨，副产品187.06万吨，实现营收73411.43万元，实现利润总额24656.23万元，归母净利润18503.62万元，利润总额完成预算指标的131.43%。黄河爆破公司实现营业收入7049.08万元，完成当年预算指标的117.02%，完成利润总额749.57万元，实现归母净利润640.97万元，利润总额完成预算指标的132.52%。职工人均收入较2021年提升10.65%。（二）深挖潜力精细组织，生产质效稳步提升。受新冠疫情反复变化、市场需求不达预期的不利因素影响，生产经营坚持"苦练内功、深挖潜力、超

前计划、高效匹配"的工作方法，统筹协调生产全过程，强调过程控制、强化各道工序匹配化生产组织，及时解决矿山作业堵点，爆破工序以"精细爆破"为抓手，积极优化爆破工艺，试验调整孔网参数，结合地质条件合理布孔，采用分段装药、微差爆破，有效增加矿石块度，提高爆破效率，当年控制一破筛下料比例降低3%，吨炸药矿石产量较上年提高0.238万吨，同比全年节约炸药252吨，节约爆破器材费用300万元以上。矿山开采借助智慧矿山平台，通过强化调度指挥协调，优化现场机械作业组织；提升人员操作技能，提高装运作业效率，创造了单班原石装车量4.5万吨，月钻孔进尺21365米，台时1800吨/时的新水平。扎实推进生产全过程质量管控，通过源头控制，配比装车、提高筛分效率等措施，当年产品综合合格率达到94.40%，较上年提高7.2%。

【专业管理】 精益管理系统运营，强基固本严控风险。高度重视基础管理工作，逐步推动基础管理由规范管理向精益管理的转变，切实提高公司治理水平提升。坚持"内外兼修"，在完整性、合规性、及时性三个方面，全面深入审查制度建设执行情况、审批流程合规情况和档案资料归集情况，全年评审发布管理制度91项，借助库存管理评审专项行动，堵塞库存管理漏洞，构建日清日结、合同关闭、风险预警一体化管控流程；通过开展采购管理和销售管理监督评审行动，解决了招采分离、执行业务和监督审核不相容风险防控问题，全流程监督评审风险防控效能得到提升。顺利通过两化融合管理体系认证和质量、能源、环境、职业健康安全"四体系"认证。深入推进"动力变革"重点工作，公司级效能提升4项作战任务和10项内控作战任务基本完成年度目标。"价值创造"取得新突破，先后获得集团公司管理创新成果一等奖1项，二等奖1项。累计研发费用投入达2700余万

元，获得授权发明专利1项，实用新型专利13项，授权软著3项，环保材料公司和黄河爆破公司双双通过省高新技术企业认证，环保材料获得山东省创新型中小企业。

【党群工作】 强化落实政治建设和作风建设，深入学习宣传贯彻党的二十大精神和十九届六中全会精神，深刻领悟"两个确立"决定性意义，做到"两个维护"。落实党建责任制和党风廉政建设责任制，加强党的思想建设，加强信念教育，严抓党委理论学习和职工学习教育，形成推动工作的强大力量，学习宣传"九新"价值创造体系新内涵，引导全体干部职工争做"创新领先、创效一流"的双创型职工。按照"赋能型"党组织的建设要求，推进头雁工程和评星定级支部建设工作，全部党支部均形成特色党建品牌，采矿车间党支部和黄河爆破公司党支部获得五星支部称号。坚决贯彻落实全面从严治党方略，坚持"三不"一体推进，开展防治"七种不良做派"、"拒绝酒驾、醉驾等问题'去根'治理"和"净化舆论环境，优化政治生态"等专项整治和监督检查工作，扎实开展纪检日常监督和专项监督，有力维护风清气正良好政治环境和发展环境。积极推进产业工人队伍建设，持续推进幸福和谐企业建设工作，积极参加合理化建议和导师带徒活动，承办集团公司"敢于斗争，敢于胜利"挖掘机竞赛，做好疫情封闭运行期间职工各项保障，持续开展职工送温暖和救助工作。公司党委获评济南市2022年"学习强国"学习强组、济钢集团幸福和谐企业优胜单位、省文明单位等荣誉称号，姜东泉创新工作室荣获2022年度"泉城职工全员创新创效竞赛"创新型班组、工人先锋号，鹿传兵、郭英峰分别被评为2021年度和2022年度山东省新时代岗位建功劳动竞赛标兵个人。

【项目建设】 对标国家级绿色矿山先进企业，全力推进绿色矿山提升项目建设，投资

431万元进行绿色矿山持续提升建设，完成新增绿化面积25000平方米，种植各类乔木1000余株，修复硬化路面10000多平方米，矿区环境、资源开发、科技创新、企业管理与企业形象全面提升，为建成国家级绿色矿山奠定了基础，2022年9月环保材料公司弓角湾建筑石料用灰岩矿成功纳入山东省第四批省级绿色矿山名录，公司组织开展的"绿色矿山建设提升劳动竞赛"项目被纳入2022年度济南市"重点工程、重点项目、重点任务"劳动竞赛示范项目。扎实推进智能化矿山建设，在全省建材行业露天矿山率先启动实施边坡在线监测系统，"绿色矿山智能化系统研究与应用"项目成功入选2022年度济南市5G应用优秀案例名单，成为山东省首家"5G+智慧矿山"。

（撰稿　姜　鹏　审稿　张先胜）

山东济钢矿产资源开发有限公司

【生产经营】　全年完成考核营业收入11179.16万元，完成预算目标7720万元的144.81%；实现考核利润5486.36万元，完成考核指标3800万元的144.38%；归母净利润3527.27万元，完成考核指标2524万元的139.75%。全年原矿生产85万吨，剥离废渣69.96万吨。

【党群工作】　公司新班子以集团公司"九新"新内涵为引领，结合实际定措施、定目标，解决诸多历史遗留问题。班子以党建与经营高度融合为抓手，凝思想聚人气提士气，全公司上下凝心聚力，瞄准目标踔厉奋发。先后确立课题党员骨干认领，并在周调度日推进，一季度就以傲人的指标向集团公司交上一份满意的答卷。新班子大局意识强，主动担当作为，先后为集团公司消化

53人充实到公司加工产线和泉州产线。班子以契约化目标为基础在抓实内部生产经营的同时，做长远打算，确立了外拓新资源的目标，并积极与集团公司部门对接，定时间专人负责有序推进，开启新的资源和市场。针对年度目标指标与核定开采量的效益差距，及时采取消化采场排废渣石的再利用，为超额完成利润目标打下坚实的基础。

【疫情防控】　2022年济南疫情反复无常、态势严重，生产经营受到巨大冲击。公司上下不畏艰难，快速反应。根据集团公司统一部署，实施"封厂生产"运营。外部关注疫情变化，紧盯中高风险地区的调整，内部根据人员情况，调整生产节奏，通过加强门卫管理，把好外防输入关。做好全员核酸检测，确保核酸筛查不漏一人，堵塞检测漏洞。压实网格长责任，统一调度，全员管控，构筑有效的疫情防控网。在全体干部职工的共同努力下，公司办公、矿区车间区域未出现感染病例，始终保持生产正常运行，守住了疫情防控的底线，为全体职工生命健康和公司顺利完成全年目标任务提供了坚实保障。

【生产保障】　多措并举稳控生产接续，精心组织生产，加大穿孔爆破力度，做好重要节日的备矿工作，保证正常供矿。通过采场整体治理，现场面貌得到显著提升，西扩增加可采储量2000余万吨，有力支撑未来二十年资源需求。设备维保由事后向事中事前转变。克服人员不足的实际，推行设备区域维保包机制，由单一向全面转变。对关键和重要的设备定期巡检，把故障消除在萌芽状态。利用雨季及停产时间，先后完成颚式破碎机推力板、动颚衬板及挂钩的检修更换、40-80直线筛前支撑板更换及圆锥破稀油站系统维护保养工作，保证不因设备故障影响生产。

【销售业绩】　稳定高钙老市场，拓展废渣新业务。在产品价格大幅下降形势下，营销

部门开拓新思路，把增加废渣石市场份额作为完成目标增收的重要手段，2月、3月完成销售废渣石6.7万吨，实现首季开门红。一季度被集团选树为典范单位。积极开发终端用户，努力提高直销比，确保实现利益最大化。25～40毫米和40～80毫米产品销往石灰生产企业，7～18毫米和18～25毫米产品销往电厂脱硫，筛下料销往水泥厂。不断提高剥离废弃渣的销量，全年销售54万吨，增加营业收入2000万元，为关键利润指标的完成提供了强有力保障。实现进出口贸易新突破。为响应集团公司号召，与章丘区政府、济钢供应链签订合作协议，实现了彩涂钢卷的进出口贸易订单。

【安全环保】 坚持去根治理，强基固本，保持安全环保形势整体稳定有序，实现了安全生产"六个零"目标。一是加强安全投入。全年使用安全生产费用249.01万元，固定资产总投资241.5万元；矿山治理及绿色矿山建设55.53万元。二是压实责任严落实。修订全员安全生产责任制和安全责任清单，严格落实"三管三必须"，提升安全系统治理能力。三是全面整治除隐患。全年排查主要问题179条，已全部整改。四是狠抓安全教育培训提升职工安全素质能力。五是持续推进去根治理，追求本质化安全，固化去根治理效果。投资15万元推进变配电室及配电箱去根治理，完善烟感报警器和视频监控设施，增设接地和漏电保护；实施计量系统无人化改造，替换现场岗位人员；投资15万元推进皮带机去根治理，提升设备防护。建设专用人行通道和防护栏；提升改造现场监控系统，保证现场值守无人化。

【管理提升】 根据公司运营实际，借助集团专项管理提升，全面诊断管理过程中的各环节。根据公司发展的需要，对公司及泉州新公司的设立、经营范围、名称变更做好工商行政审批工作。为彻底解决矿区网络信号

问题，经与联通公司沟通，单独建设矿区网络专线和信号基站，不仅解决了矿场信号不畅的历史问题，而且为一卡通系统提供支持，规范了产品计量及数据统计。

【职工福祉】 积极搭建各类平台，组织职工参加合理化建议、导师带徒、内部课题认领等活动，让职工参与到企业发展的各环节中，增强了归属感和幸福感。公司为保障职工身体健康，先后对食堂、生活饮水及排污系统进行改造，对职工通勤车、餐补进行调整，从根本上解决了职工的吃饭、饮水和通勤问题。同时，职工收入同比增长14.67%。

【新项目建设】 泉州公司项目经集团公司批准，论证考察后，于2022年8月15日完成工商注册，9月进入项目建设期。因项目远在泉州，建设人员发扬"舍小家，顾大家"的精神，坚持"5+2""白+黑"，克服重重困难，全面完成了取样试验和讨论、工艺研究和设计、设备选型和采购、场地选址和租赁、基础建设和设备安装、政府手续办理、人员招聘及原材料进场等工作。仅用3个月就建成全国第一条海砂提纯加工生产线，为集团公司打造硅基材料新产业奠定了良好基础。

（撰稿 吴继华 审稿 靳玉启）

济钢城市矿产科技有限公司

【概况】 截至2022年底，公司在册员工254人，内设7个职能科室、5个贸易部门，7个生产经营单位，新增了风险控制部和日照金属技术开发部。公司主营业务主要包括废钢加工及配套贸易业务、物流运输和仓储业务、矿石矿粉及煤炭、钢材、燃油贸易业务。公司是一家集金属资源综合利用及第三方物流、金融和贸易为一体的国有综合型企业。

【生产运营】 生产指标：当年公司一体化运营完成收入 175.8 亿元，比上年同期增长 19.22%；利润总额完成 8396.61 万元，比上年同期增长 20.75%。安全指标：无重大交通责任死亡事故，无重大设备事故，无重大火灾事故，无重大险肇事故，安全环保实现"八个零"的目标。

【专业管理】 2022 年，公司党委、公司全面落实济钢集团有限公司"动力变革"要求，围绕"城市服务"发展规划，立足"一业多元"总体产业布局，坚持目标导向，实施专业化管理，积极培育废钢加工及配套、物流运输及仓储、大宗原燃料贸易，做优做精钢材贸易。公司两次对管理体系文件进行全面修订，新增文件 6 个，形成了《2022-2 版体系文件》，其中包含管理手册 1 个，B 类文件 166 个。成立风险控制部，强化合作商准入机制，全流程监控合同管理，规范各类业务章管理、使用流程，加强资金管理和采购、销售工作专项检查力度。资产管理围绕"盘活资产、合规采购、项目建设、流程高效"等重点工作，狠抓落实，全面完成了公司直接管辖、代管资产清查和完善登记、租赁合同的签订及租赁金的收取工作，完善了租赁合同的审签制度，实现了资产巡查的常态化。财务管理加强资金、税收管理，拓宽融资渠道，通过置换高成本融资，全年节省财务费用约 2000 万元，增加银行低息贷款 6.3 亿元，年化成本均低于 4.5%。

【党群工作】 公司党委始终坚持以习近平新时代中国特色社会主义思想为指导，以迎接学习宣贯党的二十大为主线，加强组织建设，强化思想引领，提升作风形象，党组织领导力持续提升。严格落实"第一议题""第一学习"制度，建立党史学习教育常态化长效机制；对照全面从严治党责任清单，严格组织程序，按期组织完成 5 个基层党支部换届选举和公司党委委员增补工作，组织开展党支部评星定级，机关党支部被济南市国资委党委评定为五星党支部；推进党风廉政建设和反腐败工作，强化监督执纪震慑作用，建立健全系统集成监督体系，一体推进不敢腐、不能腐、不想腐，营造了风清气正发展环境；重视群团组织的建设和青工成长工作，组织青年职工积极参加各种社会实践，在工作岗位上勇挑重担；深化"幸福和谐企业"建设，开展职工娱乐健康服务，修建食堂、职工活动中心、篮球场等设施，配置运动器材，完善困难帮扶机制，开展"阳光互助互济""为高考职工子女送祝福""金秋助学"等活动，疫情防控期间为封厂办公、居家办公人员送去生活物资和药品，制定异地工作、两地分居职工关爱机制；保障职工福利待遇，提高职工收入水平，全年职工收入增长超过 12%。公司荣获 2022 年度省级文明单位、济钢集团"幸福和谐企业"、"济钢集团文明单位"、"青年志愿服务先进集体"、2022 年建设强省会劳动竞赛二等奖等荣誉称号，公司团委获得"五四红旗团委（青工委）标兵"荣誉称号，济钢城市矿产科技有限公司日照分公司团支部获得"五四红旗团支部"荣誉称号。

【创新创效】 坚持"一业多元"总体产业布局，以废钢为主营业务，打造省内废钢产业"链主"单位，全年废钢加工及配套产业完成业务量 271.56 万吨，比上年同期增长 88.90%；实现销售收入 86.27 亿元，比上年同期增长 82.93%；实现毛利 13504.98 万元，比上年同期增长 93.47%。2022 年，公司紧紧抓住国家规范废钢市场发展的有利时机，将运营模式变革作为推动废钢主业发展驱动力，突出废钢加工及配套产业主业地位，提出了废钢产业全国布局规划蓝图。依托日照金属和汽车拆解两大园区，高质量制定废钢产业发展规划方案，积极实施"走出去"的发展策略,利用"监管"模式,在山东烟台合作成立废钢加工基地,在山东济宁建立毛料集散中心,与山东省路桥集团达成合作协议,收储废钢原料进行加工销售。发挥"高层营销"带动作用,深入落实"深耕+多元"的市场开拓模式,实行"领导破冰、团队推进、专责落实"工作机制,克服疫情影响,勇拓废钢市场,稳定了与山东钢铁、鲁丽钢铁、安徽首矿大昌、石家庄特钢、烟台胜地等老客户合作关系,开发了禹城宝泰、淄博嵩淮、江苏中天、莱州众安、济南祥顺、巨能热电、山东浩信浩德等新客户。坚持多元产业布局,物流和贸易业务实现提质增效。物流业务全年完成铁水运量800余万吨,废钢倒运110余万吨,钢材成品运输量210余万吨,原燃料倒运进厂运量280余万吨,厂内保岗运量210余万吨;仓储业务借助集团内部产业协同政策,围绕济钢型材公司提供仓储和运输服务,同时积极开发山钢莱芜公司区域业务,以仓储带动第三方物流业务,成功与4家钢材贸易公司签订仓储合同,与2家钢材贸易公司签订产品外发合同;4月,物流业务部连续两日创造钢材发运超1万吨的纪录,获得服务客户山钢日照公司高度表扬。煤炭、矿粉、燃油贸易业务以市场培育为主,全年完成煤炭业务量90余万吨,矿粉业务量30余万吨,燃油业务量1500余吨,新开发华能莱芜公司、厦门克利尔、山西焦煤、宝武资源等大型国企客户,加强与山东鑫汇聚混矿品牌合作,利用公司中石油资深客户资质,低价供应济钢环保新材料等公司生产用油,实现共赢。钢材贸易业务开展重点整治工作,实施流程再造,通过调整与美的、山钢业务的结算价格,实现了代管公司济钢集团广东分公司业务效益提升。

(撰稿 张新鹏 审稿 徐守亮)

济南鲁新新型建材股份有限公司

【概况】 截至2022年底,济南鲁新新型建材股份有限公司(以下简称"公司")共有在册职工147人,其中,专业技术与管理人员49人、高级职称8人、中级职称21人、初级职称7人。下设8个职能部室、2个子分公司。公司获评山东省"专精特新"中小企业和山东省瞪羚企业,在济南、日照、泉州三地共有6条生产线,主要产品为粒化高炉矿渣粉、微米级超活性矿渣粉,并致力于向纳米转光剂等新材料行业转型进军。

【生产经营】 公司贯彻落实"九新"价值创造体系,聚焦"动力变革",发扬"敢于斗争,敢于胜利"的奋斗精神,在国内疫情多轮冲击和矿渣粉市场断崖式下滑的严峻形势下,统筹推进疫情防控和生产经营,协调抓好主业生产和转型发展,全力以赴稳定生产、减亏增效。全年生产矿渣粉211.34万吨,完成营业收入6.14亿元,利润总额-1010.51万元,归属母公司净利润-460.96万元。面对居高不下的原料水渣价格和不断下滑的矿粉产品销售价格,公司调整生产运营模式,将济南产线和泉州产线以水渣为唯一原料的生产模式,改为矿粉配掺低价位活性粉加工模式,在满足客户需求的前提下,最大限度降低生产成本。强化基础管理,围绕经营目标完善市场化、差异化薪酬分配体系和绩效考核体系,员工持股首次获得分红56万元。优化调整人员配置,减少外委用工,空出岗位竞争上岗,每年可节约外委费用约200万元。以市场为中心,增强销售团队力量,设立三地销售主管,业务员竞争上岗,强化考核激励力度,激发干事创业内生动力。多管齐下内部挖潜,推进成本再优化。实行阳光采购，择优选择供应商及运输方式，降低原料采购成本。制定《节能降耗推进方案》，全流程梳理能耗用量，提升运行效率，狠抓节能降耗。在济南三号产线试用生物质燃料，节省天然气用量，大幅降低燃动力成本。推行自主检修，仅自主堆焊一项就节省成本 98 万元。日照分公司紧跟市场变化，配合上游企业生产节奏，合理调配开停机时间，精益高效组织生产，利用产线被动停机时间维护检修设备，节支降耗。泉州子公司建立能耗在线监测系统，提升能耗管理水平，完善发货系统，增加财务审核功能，加强监管，有效规避货款及存货管理风险。

【转型发展】 创建"无机先进微纳粉体材料及低碳制造"济南工程研究中心，进行纳米转光剂等新兴功能材料的研发。成功研发农用纳米转光剂，并按照"成立公司、产线建设、市场开发"同步进行的思路，高效推进项目落地。10 月 10 日，具有自主知识产权的"济钢牌"转光棚膜下线，标志着研究成果成功转化落地。10 月 11 日，第一个"济钢牌"转光棚膜冬暖式大棚在高新区桥北村草莓基地上棚，之后相继在省内济南、临沂等七地市以及广西、辽宁等省共设置示范棚 79 个。全年转光剂销售 18.2 万元，转光母粒销售 96.8 万元。新型无机煤矿用薄喷料项目 3 月完成实验室研究，通过多次喷涂实验，7 月正式确定三种薄喷料组分配方。经济钢集团公司立项审批后，10 月完成产线建设，具备小批量订单交付能力。

【专业管理】 认真贯彻落实集团公司安全环保工作要求，按照《安全生产标准化规范及要求》，制定安全环保工作计划，按照计划、实施、检查、改进动态循环管理。修订完善全员安全责任制，细化安全履职清单，实现量化履职。全年签订各类安全责任书 272 份，组织安全教育培训 326 人次，考试合格率 100%。开展应急预案评估，优化整合现场处置方案。针对热风炉天然气清洁能源替代煤气开展现状评价，闭环整改问题 16 项。落实安全生产大排查、大整治专项行动及安全生产专项整治三年集中攻坚行动工作要求，开展安全检查 17 次，查处安全隐患 102 项，全部闭环整改。更新"去根治理"问题隐患清单 13 大类 166 项，实现问题清单化、整改制度化。推进安全标准化和双重预防体系建设，动态辨识风险点和危险源，济南本部和日照分公司双体系运行得分保持 85 分以上，泉州子公司完成双体系线上运行准备。安全生产分类分级评定为 II 类 B 级，通过应急局备案。三地环保收尘设施有效运行，有组织污染物稳定达标排放，重大活动环境应急管控到位，实现无组织达标排放。做实做细应急处置、疫情防控等各项工作，实现安全环保"八个零"目标。

【党群工作】 坚持以习近平新时代中国特色社会主义思想为指导，深入学习贯彻党的二十大精神，用党的最新理论武装头脑、指导实践、推动公司各项工作顺利开展。充分结合公司发展面临的新挑战，将"九新"价值创造体系融入到生产经营各项工作中。加强基层党组织建设工作，探索"融入式、创新型"党建工作方法，实现党建工作与业务工作、创新工作、转型工作优势互补、同频共振、互利共赢，以高质量党建赋能生产经营。建立党员创新团队，引领党员发挥创新先锋模范作用，助力公司高质量发展。深化"幸福和谐企业"创建，落实厂务公开、民主管理，为职工办实事、解难事，帮扶困难职工，关心驻外职工，组织文体活动，保障职工合法权益，搭建职工建功立业成长平台，充分激发广大干部职工干事创业的积极性和创造性。

（撰稿 孙冬冬 审稿 李丙来）

济钢供应链（济南）有限公司

【概况】 2022 年 1 月底前，济钢（济南）国际供应链管理有限公司与济钢国际物流有限公司一体化运营。2022 年 1 月 30 日，经济钢集团有限公司研究决定（济钢编字〔2022〕3 号），将济钢集团冷弯型钢公司整合到济钢（济南）国际供应链管理有限公司，济钢（济南）国际供应链管理有限公司与济钢国际物流有限公司不再一体化运营。2022 年 4 月 24 日，济钢（济南）国际供应链管理有限公司更名为"济钢供应链（济南）有限公司"（以下简称"供应链公司"），增加注册资本至 1.62 亿元，并正式完成工商注册登记手续。由供应链公司出资成立山东济钢型材有限公司（以下简称"型材公司"），将济钢冷弯型钢公司资产重组至型材公司，并对型材公司注资 2 亿元。2022 年 6 月 18 日，江苏经贸有限公司整合到济钢供应链（济南）有限公司，成为济钢供应链（济南）有限公司全资子公司。2022 年 10 月，供应链公司与型材公司分立运行，同时集团公司对供应链公司实施增资 5 亿元，供应链公司注册资本达到 6.62 亿元。2022 年 12 月，为有效盘活鲍亨钢铁（越）经营资源及资产，推动供应链公司拓展新的市场和业务，实现鲍亨钢铁（越）和供应链公司的双赢，经济钢集团有限公司研究决定，鲍亨钢铁（越）与供应链公司实施一体化运营。2022 年供应链公司完成了党委、纪委、工会的组建，公司党委下设 5 个党支部，拥有党员 69 名。截至 2022 年底，在册职工 121 人，设置 14 个内设部门，即党群部、办公室、财务部、运营管理部、安全环保部、风险控制部、业务拓展部、出口贸易部、进口贸易部、商运部、钢贸业务部、日照业务部、多式联运业务部、江苏经贸有限公司。

【生产经营】 2022 年，供应链公司完成总额法营业收入 118.71 亿元，净额法营业收入 53.08 亿元。完成利润总额 5029.95 万元，较预算计划提升 9%，超额完成了年度契约化目标。公司信访维稳工作大局保持稳定，实现了安全环保"八个零"目标。公司全年压紧压实疫情防控政治责任，筑牢疫情防控防线，推动疫情防控措施落地见效。当年 4 月和 11 月，在疫情防控形势十分严峻的关键时期，封闭办公职工吃住在岗位长达 62 天，居家办公职工克服困难创造办公条件，驻外职工更是常驻外地 80 余天，公司全体干部职工无怨无悔，辛勤付出，为生产经营稳定高效提供了有力保障。2022 年，各业务部门克服国际国内环境不利影响，进出口业务实现逆势增长。新开拓南美、非洲等地新客户 10 余家，有效弥补俄乌战争带来的订单损失。出口市场涵盖了韩国、俄罗斯、巴西等 40 多个国家和地区，涉及钢材、建材、化工、电子、家居等多个领域，实现进出口业务利润、出口国家、产品种类的历史突破。寻求多元化发展，出口烧结机、镀锌、彩涂、管材等多条成套设备产线，出口额达 1.1 亿元。打通跨境电商贸易平台，出口电脑、智能电视等 30 多个产品种类。2022 年 11 月创造了单月出口订单 9.82 万吨的历史纪录，全年累计签订出口涂镀钢材订单 68 万吨，订单额 6.02 亿美元，连续 2 年蝉联中国涂镀类钢材出口量排名第一，大大提升了济钢品牌国际影响力。2022 年 5 月成立进口贸易部，首月即签订代理进口巴基斯坦铁矿石 2 单共计 5600 吨，实现进口营业收入 400 万元，掌握了开具信用证、进口报关缴税等关键业务操作环节，锻炼了队伍，为后续开展进口业务奠定了基础。内贸业务严控风险，优化模式，总体上保持稳定运行，钢材内贸业务量 190 万吨，贸易额

86 亿元, 利润同比提升 25.56%; "济钢牌" 钢材累计生产销售 8.5 万吨; 全力调整贸易产品结构, 开展煤炭、废钢、铁精粉等平台及自营业务, 全年完成煤炭贸易量 15 万吨, 贸易额 1.7 亿元。挖掘多式联运效益, 开发董家铁路货运中心配套服务新业务, 拓展集装箱存、掏箱业务, 完成集装箱存箱量 1800 标箱。通过欧亚班列帮助客户向中亚和欧洲出口货物, 国际货运代理业务实现零的突破。开发章丘、邹平等铁路下站业务客户, 完成钢材下站 5 万吨, 多式联运业务全年创利 236 万元。

【专业管理】 健全公司管理制度文件体系, 先后评审发布各项管理制度 152 项。开展三体系审核认证, 取得质量、环境、职业健康和安全环保体系认证证书。构建风险防控体系, 设立风险控制部实施专业化管理, 将风险防控的具体要求嵌入公司管理流程; 强化客户管理, 做好新业务、新客户、新模式的事前评审, 开展客户供应商动态监管; 梳理优化业务流程, 对厂内库及监管库业务进行有序调整, 强化货权管控; 实施仓储和业务分离运行, 规范开展库存盘点管理。财务管理注重挖掘资金效益, 强化应收账款管理, 加强与银行等资方合作, 降低融资成本, 提升运营质量。实施安全生产专项整治三年行动, 开展 "百安" 活动、"安全生产月"、"消防宣传月"、"大学习大培训大考试"、"八抓 20 项"、冬夏 "四防" 等活动, 有效管控安全风险, 筑牢安全防线, 保持了疫情防控常态化条件下安全环保稳定。

【党群工作】 认真履行全面从严治党主体责任。圆满完成两委选举, 为全面落实管党治党主体责任提供坚强保证。发挥党组织把方向、管大局、保落实作用, 全年组织党委会 29 次、经理办公会 40 次, 逐步完善党建、纪检、意识形态、工会等各项制度, 推进党建工作制度化、规范化。坚持党管干部原则, 突出政治标准选人用人。召开党风廉政建设专题会议。层层签订党风廉政建设责任书 112 份, 压紧压实党风廉政建设各级责任。认真履行全面从严治党监督责任。强化意识形态责任制落实, 开展防治 "七种不良做派" 专项整治、"净化舆论环境、优化政治生态" 专项工作, 加强新时代廉洁文化建设及廉洁教育, 持之以恒抓纪律作风。加强对集团部署任务、公司重点管理事项、重大节假日作风等专项监督。持续发力群团工作, 凝聚发展合力。发挥工会桥梁纽带作用, 组建疫情防控志愿服务队, 策划各类文体活动, 为困难职工申请助学金, 为职工群众办实事、做好事、解难事。开展劳动竞赛, 凝聚职工干事创业激情。公司被评为集团公司 2022 年度 "幸福和谐企业", 职工获得感、归属感、幸福感持续提升。

【创新创效】 积极应对外部环境带来的风险挑战, 不断提升内贸业务创效能力, 为公司完成利润指标提供关键支撑。注重挖掘政策性效益, 2022 年申请中信保补贴、跨境电商项目及出口创汇等多项政策性奖励共计 549 万元。利用济南市出口奖补政策, 开展出口代理业务, 有效促进出口规模提升。践行 "九新" 价值创造体系, 深入开展价值创造活动, 获得 "市场开拓发力南美市场, 形成新的国贸业务支柱, 实现创效 436 万元" "开拓跨境电商平台 BTB 新业务、新模式, 实现国际贸易业务转型新突破, 完成创汇 5000 万元" 等两项集团公司 B 级价值创造成果。

(撰稿 王 锋 审稿 谭学博)

山东济钢型材有限公司

【概况】 山东济钢型材有限公司 (以下简称 "型材公司") 于 2022 年 3 月 30 日成立, 前身为济钢集团冷弯型钢公司。截至

2022 年底，公司设置 10 个内设机构，在册职工 147 人，其中，管理工技人员 34 人，高级职称 4 人，中级职称 14 人，初级职称 7 人。公司共有 7 条产线，主要产品为方矩形管、圆管、U 型钢和纵剪带，应用领域为路桥、船舶、钢构、工程等。

【生产运营】 当年实现订单 16.81 万吨、产量 16.28 万吨、销售收入 9.89 亿元。

受新冠疫情和宏观经济持续低迷影响，型材公司全体干部职工坚持党建引领，深入践行"九新"价值创造体系，聚焦"动力变革"，弘扬"两敢"精神，摒弃"躺平"思想，狠抓"抢市场、稳客户、增订单、减亏损、防风险、严纪律"等重点环节，积极推进"练内功、保服务、促营销"专项攻坚行动，在困难中顽强奋进。

【市场营销】 逆向思维闯市场。面对严重萎缩的市场需求，坚持高层营销，班子成员亲自带队走访徐工、南通五矿等重点客户。在厂区闭环运行期间，先后派出 3 支小分队长期在外跑市场，有效缓解订单不足难题。挖掘新市场新领域。对临工重机、泰安钢结构市场等进行重点攻关，抢占近一半省内钢结构市场份额，并实现雷悦新能源连续签单。发力船舶市场。持续攻关国内外船管客户，加快填补塔机市场空缺，全年船管累计签单 3.6 万吨，创历年新高。签订出口俄罗斯型材订单 900 余吨，国贸业务开始展现新亮点。

【生产保障】 优化大循环计划，提前谋划，一体化运行。以"产量、订单、交付"为中心，密切跟踪市场行情，动态组织可发订单排产，并充分利用生产负荷不满间隙，对各产线进行检修，保设备精度，保稳定运行。加大提质增效力度。及时组织人员对待修复产品、废旧备件进行修复入库；以调型"一根准"为目标，推行过接头不抬刀，减少次品管数量；优化接头管锯切长度，最大限度提高成材率。

【技术创新】 加强设备功能改进。公司先后完成了 φ189、LW500、φ114 等产线新产品规格开发以及 LW1200 线厚规格船管生产；完成 LW1200、φ189、LW500 等产线轴系的预装、LW1200 线侧辊组装、旧辊轴系改造以及 F10 上辊不换辊结构改造。拓宽产品规格。先后进行挪威船级社 DNV、法国船级社 BV 证书扩征工作，增加 DNV 检验订单 1 万余吨，BV 检验订单 500 吨。取得韩国牌号 SRT355 的 DNV 工厂认证及 ABS 工厂认可证书，增加订单 2000 余吨。全年完成四体系认证，取得专利证书 9 项（7 项实用新型、2 项发明），发布团标 2 项。

【项目建设】 全年完成"一体化智能管控平台"项目的招标、设计、施工、调试工作，全面提升型材公司信息化水平；确定 LW500 产线改造项目并完成立项及技术方案；集装箱用薄臂方矩管、精密机械用方矩管等技改项目完成结题并取得良好效果。其中不切边带钢生产焊管技术攻关将综合成材率同比提升 1.1%，效果显著。

【安全管理】 全方位启动安全文化建设。以学习宣贯新《安全生产法》和落实安全生产"八抓 20 项创新举措"为主线，以落实全员安全生产责任制落实为重点，以开展"反三违""安全生产月"和"百日安全活动"为抓手，加强安全管理制度建设，严细新实抓安全，履职尽责强管理，促进安全生产工作健康稳步发展。坚持安全教育培训日常化和制度化，加大隐患排查治理力度，严格落实安全防护措施。全年投资 280 余万元建设济钢"安全云"平台信息化，将信息化深度融入安全生产工作，提升企业本质安全水平。

【党群工作】 深入学习贯彻党的二十大精神，将党建工作融入到疫情防控、安全生产、经营发展的全过程，持续推动党建与生产经营"相融共促"。坚持党建带工建、带团建。职工代表大会讨论审议公司重组方案及职工安置调整方案，完成签订劳动合同；为两名因病致贫职工申请助学金 2000 元，慰问困难党员 2 名；1 名同志获得"济南市五一劳动奖章"，1 名同志获得"济钢集团第八届十大杰出青年"荣誉称号。闭环运行期间，组织乒乓球、观看红色电影等文体活动，同时做好集装箱房、床垫等物资保障，实现工作、生活两相宜。坚持全面从严治党。以廉洁警示教育为依托，全力推进党风廉政建设及反腐败工作。以集团公司党委巡察整改为抓手，进一步完善公司治理体系，积极营造风清气正的政治生态。

【发展规划】 优化订单结构。创新营销模式，开发新客户，开拓新领域，系统提升"全天候"服务客户能力。积极融入集团公司国际贸易三个平台，加快拓展船管、钢结构管的出口市场，做好"贸易、配套、委托加工"三篇文章。促进生产运营高效。强化"交付、质量、成本"三个维度管理，优化大循环计划，加强设备点检，开展修旧利废，拓展原料采购渠道，形成"以产品交付为目标，以质量、成本控制为依托"的生产组织模式，实现保产保供。提升品牌效益。通过借助济钢品牌优势形成战略联盟，对新产业进行充分调研，推动企业创新效度等措施，系统增强型材公司抗冲击能力。加大科研投入力度。研究开发不锈钢焊管、JCOE 焊管技术及应用耐候、耐蚀钢等高附加值产品，进一步拓展产品领域，形成企业核心自主知识产权，打造知识密集、技术密集经济实体。

（撰稿 张 峰 审稿 王国才）

济钢国际商务中心有限公司

【概况】 济钢国际商务中心有限公司（以下简称"国际商务"）成立于 2011 年 11 月，注册资本 7250 万元人民币，2022 年 5 月完成股权转让，回归济钢集团有限公司。截至 2022 年底，国际商务共有在册职工 5 人，全部为本科以上学历，其中，研究生 1 人。内设 5 个职能管理部门：综合部、贸易部、财务部、投融部、风控部。公司主营国际贸易和境外投融资业务，交易产品主要有钢铁相关产品、煤炭、有色金属、石油化工等。

【生产运营】 当年（5~12 月）累计完成报表营业总收入人民币 96.62 亿元，完成预算的 87.84%；累计完成报表利润总额 498.20 万元人民币，累计完成考核利润总额 449.21 万元；累计完成全年进度的 105%。

【专业管理】 顺利完成股权变更，实现规范化运营。2022 年 5 月，正式回归集团公司后积极对接集团相关部门，协调理顺工作机制，争取工作支持，实现了业务的无缝对接，各项工作平稳过渡、有序开展。5 月 10 日完成公司股东变更，拿到新的注册证书；6 月 14 日完成公司董事变更及公司更名。计回款渠道，积极协调山钢资本控股（深圳）有限公司（原山钢金控）还款。同时，对接集团公司财务部和济钢供应链（济南）有限公司，将 1.2 亿元人民币及时汇回国内用于还款或置换高成本资金，助力集团公司贸易板块做大做强。加强内部联动，协同效应初显，全年累计完成协同业务 18927 吨，总金额 1988 万美元。推进融资工作，加大融资力度。中银额度已切分到中银新加坡，进入行内审批阶段；浦发新加坡于 12 月 9 日开户成功。加强日常管理，提升管理效能。对公司各项制度进行全面梳理，查漏补缺，制定了《资金支付管理制度》《业务管理制度》《客户准入制度》《济钢国际商务中心有限公司董事会议事规则》《济钢国际商务中心有限公司董事会授权管理办法》等制度，进一步加强规范化管理。加强疫情防控，筑牢安全防线。时刻绷紧疫情防控这根弦，从严从细落实集团公司各项防控措施及要求，压实"四方责任"，做好居家办公人员健康检测，坚决筑牢疫情防控安全防线，全力守护人民群众身体健康和生命安全。做好人才引进工作，加强人才队伍建设。积极发挥公司骨干人员的"传、帮、带"作用，加强对新员工的培养；充分利用集团内部各类业务培训，有效促进青年员工业务技能提升和岗位成才。

【党群工作】 坚持全面从严治党，强化党员政治学习，提升党员思想意识，增强"四个意识"、坚定"四个自信"、做到"两个维护"。认真学习党的二十大精神，加强党员干部政治思想教育。抓好干部队伍建设，深入推进党风廉政建设和反腐败斗争，营造风清气正、干事创业的良好氛围。充分发挥党群工作的组织优势和群众优势，积极参加党委、群团组织的各项活动，进一步增强全体职工的归属感、责任感、幸福感。

（撰稿 杨 阳 审稿 周 强）

山东济钢众电智能科技有限公司

【概况】 山东济钢众电智能科技有限公司（原山东鲁冶瑞宝电气自动化有限公司）（以下简称"智能科技"）成立于2003年，是济钢集团有限公司子公司，国家高新技术企业，中国电气工业协会、山东省电气仪表工业协会和山东省电力行业协会会员单位。公司拥有《承装（修、试）电力设施许可证》承（装、修、试）三级资质，电力工程施工总承包三级资质和建筑机电安装工程专业承包三级资质。公司现有职工240人，其中，全国劳模、国务院特殊津贴获得者、泰山产业领军人才、全国技术能手、齐鲁最美职工1人，济南市五一劳动奖章获得者3

人、青年技术创新能手2人、女职工建功立业标兵1人、济南工匠3人，山东省冶金（有色）行业首席技师1人、省属企业创新创业好青年1人；高级职称18人、中级职称23人，高级技师25人，技师67人，专业电工125人；党员82人。

【生产运营】 全公司积极践行"九新"价值创造体系，强力推进"六大攻坚战"，以提升管理为抓手，持续推行动力变革，确保公司生产经营持续向好。主营业务有序推进。各个事业部克服两轮疫情影响，确保了重点产品和重点项目按期交付。2022年完成交付17618台套配电箱/柜，开展售后服务50次，共计88人次/156天；电力建安事业部优化人员配置，有序推进河北衡水、山东菏泽等多个工程项目建设；自动控制事业部和高端装备事业部远赴福建、湖北等地，全力配合业主单位完成高端智能化项目投产运行；城市服务事业部做好内部协同和济钢新村供电运维保障。爱普运维、济钢新村运维、国际物流运维业务获得用户好评；福建三宝、武汉汉南水厂等自动控制调试项目相继交付。公司建立生产经营调度机制，每周专题会议调度营业收入和回款情况，逐个部门、逐个合同进行分析，并分别制订工作策略和推进计划，强化跟踪协调，确保月度生产经营指标顺利完成。公司当年签订合同195项，合同总额2.13亿元，实现营业收入2.22亿元，实现利润253万元。

【专业管理】 夯实安全根基，促进安全高质量发展。严格遵守法律法规，宣传贯彻新《安全生产法》。修订并落实全员安全生产责任制。遵守操作规程，强化制度落实，确保生产安全。严格履行职责，强化项目监管，确保施工安全。持续推行"双基双线一提升"，强化基础管理，开展去根治理，组织风险辨识和全员隐患排查，实现安全管理向治理转变。强化教育培训，实现全员持证上岗。健全应急管理体系，强化应急演练，提升全员应急处置和响应能力。抓紧抓实疫情防控措施，保障职工生命健康安全。强化制度建设，管理提质增效。优化组织结构，适应市场经营需求，提升风险防控能力。规范各专业管理，顺利通过两化融合、知识产权、质量、环境和职业健康安全管理体系监督审核。完成智能制造产线搬迁，引进和使用三维设计软件，铜排自动化加工中心和线束自动加工中心投入使用，工作效率和产品质量显著提升。通过干部的培养教育，干部管理和业务素质不断提升。搭建了岗位全覆盖、能力可提升的导师带徒成长成才平台，促进员工队伍素质提升，为智能科技长远健康发展培养和储备人才。

【党群工作】　坚持党建引领，促进党建与业务深度融合。深入推进党史学习教育，充分利用党委中心组学习、党员和职工政治理论学习等各种学习阵地，传达学习国家方针政策、习近平总书记的重要讲话、党的十九届六中全会精神和集团公司重要会议精神等内容。一年来，全体党员干部和职工统一思想、凝聚力量、拼搏进取，为完成全年各项工作任务提供了坚强的政治保障。倡导和弘扬务实、诚信、担当、作为、精益、精细的管理理念，受到干部和职工一致赞成和支持。把"我为群众办实事"贯穿始终，倾力解决职工的操心事、揪心事，通过争创"职工满意食堂"，组织困难慰问，开展金秋助学，全员健康查体，惠及职工福祉。美化提升环境，打造温馨之家，创建济南市劳动关系和谐企业、健康企业，增强职工的获得感、幸福感、安全感，保持了干部职工队伍的团结稳定。

【创新创效】　通过优化平台建设，发挥首创精神，组建柔性团队，借助劳模创新工作室优势，以"平台+项目+人才"模式，推进青优人才培养计划，构建了劳模引领、先进带动的员工培养工作体系，在新产业构建、新产品研发、新市场开拓等方面取得了

发展，获得山东省"专精特新"中小企业、济南市全员创新企业称号，获得全国"企业信用评价 AAA 级信用企业"。获得齐鲁最美职工、山东省新时代岗位建功劳动竞赛标兵、省属企业向上向善好青年、济南工匠、泉城创新能手、济钢劳模、济钢工匠等荣誉称号 10 人次。"焦炉小烟道巡检喷补作业车组""电工职业技能智能考培综合生产经营装置"获山东省智能制造（工业4.0）创新创业大赛三等奖。完成"列车编组车距检测报警装置""等离子烧废装置"等 6 种样机的研制、定型及现场试验工作。申报集团公司"九新"创新实践成果 21项，共获奖 18 项，获奖率高达 86%；获得集团公司科技进步奖二等奖 1 项、三等奖 1 项，管理创新成果二等奖 1 项；获得全国机械冶金建材行业、山东省职工技术创新成果三等奖各 1 项；参加全国钢铁行业新技术新装备展洽会被中国设备管理协会评为"节能之星"；申报发明专利 4 项、实用新型专利 19 项，共授权实用新型专利 4 项。

（撰稿　匡　勇　朱　雷
审稿　王晓明）

山东济钢气体有限公司

【概况】　山东济钢气体有限公司前身为济钢集团氧气厂，于 2000 年 10 月 9 日改制成立"济南鲍德气体有限公司"，2019 年 10 月 27 日更名为济钢鲍德气体有限公司，2022 年 10 月 19 日更名为山东济钢气体有限公司（以下简称"济钢气体"）。济钢气体注册资本金 5000 万元，是济钢集团有限公司全资子公司，是中国工业气体协会理事单位。济钢气体集气体开发、生产、销售、技术服务于一体，现有 1 套 10000 立方米/

小时（标态）内压缩流程制氧机、1套氪氙精制提纯装置、1座气瓶充装站。公司产品涉及液氧、液氮、液氩、氩气、氮气、氙气、医用液氧及工业管道气体等产品。企业拥有危化品安全生产许可、移动式压力容器充装许可、药品生产许可、医用（液态）氧GMP证、食品级氮生产许可以及质量、环境、职业健康等资质（认证证书），是全省仅有的几家医用（液态）氧生产企业之一，同时也是山东省规模最大的高纯氩气、氮气生产企业。济钢气体秉持"盘活、配套、利旧、做强"转型发展理念，通过实施制氧机易地搬迁项目，利旧搬迁为主、修配改为辅，实现济钢气体现有存量优质资产盘活的同时，配套国铭铸管高炉富氧改造，供应高炉富氧及氮气等工业气体产品，降低了铁水成本及氮氧化物排放量，实现项目快速落地的同时与客户实现了共赢。

【生产经营】 2022年，济钢气体在集团公司党委及集团公司的正确领导下，坚持以习近平新时代中国特色社会主义思想为指导，全面贯彻落实党的十九大、二十大精神，充分发扬"敢于斗争、敢于胜利"的工作作风，克服了疫情封厂、电价大幅上涨、市场低迷及液氧、液氮、液氩价格下滑等诸多不利因素的影响，全公司上下凝心聚力，坚持问题导向、目标导向，靶向发力，大胆变革，激发新动能，各项经济指标逐步改善，全面完成了全年的各项任务目标。2022年，管道气体板块：氧气6711.79万立方米（标态），氮气12673万立方米（标态），管道气体销售收入5452.16万元；大宗液体板块：销售液氧4722.04吨、液氮6721.07吨、液氩405.68吨，液体销售收入684.29万元；医养健康板块：销售医用氧（液态）2309.62吨，销售收入194.17万元。高端气体板块：生产销售氮气637.128立方米、氙气66.22立方米，销售收入4306.88万元。济钢气体账面资产总额

11414.52万元，负债总额5043万元，所有者权益6371.52万元。资产负债率44.18%，资产总额比上年同期8838.87万元增加2575.65万元，增长29.14%。全年完成营业收入10637.91万元，账面利润总额35.74万元，完成了集团公司全年4620万元营业收入、利润0的考核指标；全年未发生较大及以上人身伤害事故、重大及以上生产事故、设备事故、较大及以上火灾事故、负主要责任的重大交通事故、工亡事故。千人负伤率为0。一般及以上环境污染事件、政府部门通报批评或处罚均为"零"。充分利用国家对小微企业扶持政策，实现留抵退税资金返还980万元，缓解了济钢气体资金压力问题。

【专业管理】 积极推进《药品生产许可证》等相关资质的获取工作。2022年7月30日正式获得山东省药品监督管理局颁发的《药品生产许可证》、2022年8月4日在国家药品监督管理局顺利完成医用氧（液体）注册批件的备案工作、2022年8月8日，济钢气体第一次医用氧（液体）产品实现合规合法上市销售。快速实现稀有气体复产改造。通过6个月的技术攻关，公司已成功生产出具有"黄金气体"之称的高纯氩气、氮气产品，稳步提升了企业竞争力和抗风险能力。组织实施离心式压缩机节能改造、制氧机系统降本挖潜等工作，日用电量从最初的日均24.5万千瓦·时降至20.7万千瓦·时，月降低电费成本约56万元。开拓市场，稳步提升创效能力。全年新开发大宗液体销售客户13家，其中直销客户1家、开发医用氧（液体）客户6家。组织单位负责人、安全生产管理人员、特种作业人员、其他从业人员（含劳务派遣）等年度正常复训52人次，组织了新入厂人员三级教育9人次，转返岗人员培训3人次，组织相关方人员教育培训26人次。实现各类人员受教育率100%。严格落实安全风险分级管控和隐患

排查治理双重预防工作推进计划，巩固去根治理成果，推进安全管理向安全治理提升。2022 年，组织月度综合检查、重大危险源专项检查、专业专项检查等 26 次，发现问题 126 项，全部整改完毕；编制梳理"去根"治理事项清单 237 项。

【党群工作】 坚持正确政治方向，铸牢党建之魂。把学习贯彻党的二十大精神作为首要政治任务，坚定不移用习近平新时代中国特色社会主义思想凝心铸魂，深刻领悟"两个确立"的决定性意义，增强"四个意识"、坚定"四个自信"、做到"两个维护"。全面加强新时代企业党的建设，筑牢国有企业的"根"和"魂"，把关定向，精准发力。紧紧围绕"建设全新济钢、造福全体职工、践行国企担当"的共同使命，聚焦高质量党建引领高质量发展，用"红心筑梦"品牌建设的理念、方法和机制提升党建工作效能，推动党建工作"上星"，增强党建品牌的影响力和生命力，提升党组织的组织力和战斗力。坚持不敢腐、不能腐、不想腐一体推进，同时发力、同向发力、综合发力。与关键人员、重点岗位签订廉洁责任书；进一步加强廉政文化建设；进一步通过规范程序、完善监督，推进惩治和预防体系建设；进一步加强良好家风建设活动，以良好家风推动良好工作作风，为廉洁从业提供坚强后盾。职工对幸福生活的追求是企业奋斗的目标，充分发扬民主，鼓励职工积极参与职工大会、合理化建议征集等活动，发挥职工在决策中的参与权、监督权和发言权。拓宽职业发展空间，深入实施"揭榜挂帅"活动，以职工创新工作室为纽带，加快职工队伍建设，坚定不移创建幸福和谐企业，在济钢气体远离总部、易地经营的现实条件下，通过和谐企业的创建，提升职工幸福感。

（撰稿　张国营　审稿　李宗辉）

济钢（马来西亚）钢板有限公司

【概况】 济钢（马来西亚）钢板有限公司（以下简称"济（马）钢板"）是由济钢集团有限公司出资成立的境外合资子公司。位于马来西亚东海岸彭亨州关丹市格滨工业区 69-71 号，占地 21.157 公顷。截至 2022 年底，注册资本 35418.06 万马币。股权结构为：济钢集团有限公司持股 58.5%，JENDELA BUMI SDN. BHD.（金达拉公司，一家由马来籍华人在马来西亚注册成立的本土公司）持股 41.50%。公司设董事会，董事会由 5 人组成，济钢集团董事三人：薄涛、何绪友、商汉军，外方董事两人：LAW TIEN SENG（刘天成）、NG CHUN HOOI（黄尊辉）。公司经营管理设总经理一名（何绪友）、副总经理一名（商汉军）。公司设职能部门 3 个，即行政部、财务部、生产运营部；设热轧、精整、维保 3 个车间。公司员工 150 人，其中，中国员工 14 人，马来西亚当地员工 122 人，尼泊尔外籍劳工 14 人。

【生产运营】 2022 年，公司按照集团公司党委、集团公司工作部署和目标要求，坚持把职工防疫安全放在工作首位，全力实现疫情环境下安全稳定生产经营。公司坚持持续改进、内部挖潜，努力降低运营成本，积极开拓外部经营市场，实现了经营规模及收益的稳步提高。2022 年，生产钢板 14.29 万吨，较年度计划提高 0.2 万吨，较去年提高 0.52 万吨。其中，加工产量 9.72 万吨，自主接单经营 4.57 万吨。实现营业收入 69625.23 万元，较年度计划提高 18895.23 万元；实现利润总额 803.58 万元，较年度计划提高 323.58 万元。2022 年公司深入开展提质、降本、增效工作，保障公司经营绩效稳定提高。面对政府取消能源财政补贴及政府统一要求提高员工最低工资标准，一方面坚持高效、优化生产组织，以持续控制各类成本消耗指标，另一方面与合作方努力协调增加工费，较好地化解了加工订单部分的增支减利因素。持续优化、改进设备运行质量。重点围绕加热炉燃烧质量、炉体运行稳定、轧机精准控制等扎实开展工作，经过连续提升改造，设备精度得到较大提高，设备运行稳定性良好，为降本增效提供了保障。受市场价格急剧下滑的影响，客户对产品质量的要求不断提高，及时进行了钢板收集防划伤结构的改造，实施了矫直前和轧机前控冷水系统改造。

【党群工作】　2022年，公司党支部按照集团公司的部署，深入学习贯彻习近平新时代中国特色社会主义思想，深入学习贯彻党的二十大精神，深入学习贯彻习近平新时代中国特色社会主义思想为主要内容的"不忘初心、牢记使命"主题教育，学习贯彻集团公司"九新"价值创造体系新内涵，开展了向先进学习的活动以及"学报告，悟党章，振精神，思奋进"活动。在学习中，支部要求全体党员干部把学习贯彻习近平新时代中国特色社会主义思想和学习集团公司先进团体的事迹同深入践行"九新"价值创造新内涵结合起来，加强了党员干部对"九新"价值创造体系新内涵的理解，引导全体职工统一思想，把"九新"价值创造体系新内涵精神贯彻到今后的工作中。党支部在工作中强化学习，严格制度，明确责任，不断深化支部建设。按照集团党委工作要求，切实履行党建工作第一责任人的责任，结合公司实际认真落实班子成员"一岗双责"。抓公司基础党建工作，积极探索海外党建工作与公司中心工作、业务工作深度融合有效机制，引导党员干部在工作中开拓思路，创新工作，促进公司生产经营再上新台阶。

【创新创效】　根据公司实际情况，继续与集团公司相关子公司密切合作，开展国际贸易业务。2022年，通过贸易模式，稳定实现对相关子公司的资金支持，资金额保持在1.1亿~1.4亿元人民币，实现了对集团公司相关子公司的融资支持及公司资金盘活与创效。持续拓展市场，努力开拓销售渠道。2022年上半年，初步打开了新加坡市场，新增了斯里兰卡、孟加拉国市场。下半年，与POSCO、STEMCOR公司合作，寻求拓展加拿大和美国市场的业务，并成功与美国客户签订首单8600吨。持续寻求融资增贷规模。与本地银行持续交流，努力提高贷款额度，为稳定融资平台能力，充实自主经营资金做保障准备。12月，马来银行已同意1亿马币贷款额度，较原贷款额度增加5500万马币。目前，正进行资产评估、律师文件的准备工作，以期尽快完成增贷工作，为后续经营改进提升打好基础。

（撰稿　康延忠　审稿　何绪友）

特载

会议报告

概况

大事记

专项工作

专业管理

党群工作

生产经营

先进与荣誉

媒体看济钢

统计资料

附录

先进与荣誉

XIANJIN YU RONGYU

"九新"价值创造体系（新内涵）

新作风：

干部：信念坚定、无私无畏，敢于斗争、敢于胜利，
　　　"狮子型"干部

获市级及以上先进集体荣誉称号

国家级集体荣誉称号

序号	获得荣誉单位	荣誉称号	授予单位	授予时间
1	济钢集团有限公司	2020—2021年度全国"安康杯"竞赛活动优胜单位	中华全国总工会、应急管理部、国家卫生健康委员会	2022年7月
2	山东省冶金科学研究院有限公司	国务院国资委科改示范企业	国务院国资委	2022年3月
3	时代低空（山东）产业发展有限公司	第五届"中国创翼"创业创新大赛青年创意专项赛全国总决赛二等奖和全国优秀创业创新项目称号	国务院人力资源和社会保障部	2022年11月
4	时代低空（山东）产业发展有限公司	"启智—2022"作战概念·军事需求创新大赛空军三等奖	中央军委联合参谋部、中央军委科学技术委员会	2022年12月

省级集体荣誉称号

序号	获得荣誉单位	荣誉称号	授予单位	授予时间
1	济钢集团有限公司	2021年度山东省精品旅游先进单位	山东省精品旅游促进会	2022年6月
2	济钢集团有限公司	山东省国有企业对标提升行动标杆企业	山东省国资委	2022年7月
3	济钢集团有限公司	"体彩杯"山东省省直机关第九届夕阳红健身运动会太极拳（剑）比赛中荣获集体项目一等奖、优秀组织奖	山东省体育局、山东省体育总会	2022年9月
4	济钢集团有限公司	"体彩杯"山东省省直机关第九届夕阳红健身运动会健身气功比赛中荣获集体项目一等奖、优秀组织奖	山东省体育局、山东省体育总会	2022年11月
5	济钢集团国际工程技术有限公司	山东省文明单位	山东省精神文明建设委员会	2022年3月
6	济钢集团国际工程技术有限公司投资控制部	山东省女职工建功立业标兵岗	山东省总工会	2022年3月

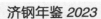

续表

序号	获得荣誉单位	荣誉称号	授予单位	授予时间
7	济钢集团国际工程技术有限公司投资控制部	山东省十佳女职工建功立业标兵岗	山东省总工会	2022 年 3 月
8	山东省冶金科学研究院有限公司	山东省五一劳动奖状	山东省总工会	2022 年 4 月
9	山东省冶金科学研究院有限公司	山东省服务业创新中心	山东省发展与改革委员会	2022 年 6 月
10	时代低空（山东）产业发展有限公司	第五届"中国创翼"创业创新大赛选拔赛暨"齐鲁银行杯"第六届山东省创业大赛-制造业项目组一等奖	山东省创业大赛组委会	2022 年 6 月
11	山东省冶金科学研究院有限公司	2022 年度山东省高端品牌培育企业	山东省市场监督管理局	2022 年 7 月
12	济钢集团国际工程技术有限公司投资控制部	山东工人先锋号	山东省总工会	2022 年 7 月
13	济钢集团国际工程技术有限公司董宝利创新工作室	2022 年度山东省劳模和工匠人才创新工作室	山东省总工会	2022 年 8 月
14	济南萨博特种汽车有限公司	山东省"一企一技术"研发中心	山东省工信厅	2022 年 8 月
15	济南萨博特种汽车有限公司	第三届山东省冶金行业全员创新企业	山东省冶金工会	2022 年 11 月
16	济南萨博特种汽车有限公司	山东省优质品牌	山东省质量评价协会	2022 年 11 月
17	山东省冶金科学研究院有限公司	山东省高新技术企业	山东省科学技术厅、山东省财政厅、国家税务总局山东省税务局	2022 年 12 月
18	山东省冶金科学研究院有限公司	2022 年度山东省中小企业公共服务示范平台	山东省工业和信息化厅	2022 年 12 月
19	济南鲁新新型建材股份有限公司	山东省高新技术企业	山东省科学技术厅、山东省财政厅、国家税务总局山东省税务局	2022 年 12 月

市级集体荣誉称号

序号	获得荣誉单位	荣誉称号	授予单位	授予时间
1	济钢集团有限公司	2022 年上半年安全生产考评第二名	济南市应急管理局	2022 年 6 月
2	济钢集团有限公司	2022 年"安全生产月"优秀组织单位	济南市安全生产委员会办公室	2022 年 8 月

序号	获得荣誉单位	荣誉称号	授予单位	授予时间
3	济钢集团有限公司	2022 年济南市工贸企业安全知识竞赛三等奖	济南市应急管理局	2022 年 10 月
4	共青团济钢集团有限公司委员会	2021 年度济南市五四红旗团委	共青团济南市委	2022 年 3 月
5	济钢集团有限公司团委	2022 济南"战疫榜样"优秀团队	中共济南市委宣传部、济南市卫生健康委员会	2022 年 7 月
6	济钢集团有限公司保卫部	2022 济南"战疫榜样"优秀团队	中共济南市委宣传部、济南市卫生健康委员会	2022 年 7 月
7	济钢老干部活动中心	济南市区域性"开放式"老干部活动室（中心）	济南市老干部局、济南市民政局、济南市财政局	2022 年 11 月
8	济钢集团有限公司工会委员会	济南市十佳职工信赖的职工之家	济南市总工会	2022 年 12 月
9	济钢集团有限公司工会委员会	济南市五一劳动奖状	济南市总工会	2022 年 12 月
10	山东济钢顺行新能源有限公司	市级文明单位	济南市精神文明建设委员会	2022 年 1 月
11	山东省冶金科学研究院有限公司	2022 年度市级中小企业公共服务示范平台	济南市工业和信息化局	2022 年 3 月
12	山东省冶金科学研究院有限公司	济南市重点实验室	济南市科学技术局	2022 年 4 月
13	山东济钢环保新材料有限公司姜东泉创新工作室	2021 年"建功十四五 建设强省会"劳动竞赛优秀班组一等奖	济南市总工会	2022 年 4 月
14	山东济钢环保新材料有限公司姜东泉创新工作室	济南市工人先锋号班组	济南市总工会	2022 年 4 月
15	共青团山东省冶金科学研究院有限公司委员会	2021 年度济南市五四红旗团组织	共青团济南市委	2022 年 5 月
16	济钢集团济南鲍德炉料有限公司刘正华创新工作室	2021 年"建功十四五 建设强省会"劳动竞赛优秀班组二等奖	济南市总工会	2022 年 5 月
17	山东济钢环保新材料有限公司综合管理部	2020—2021 年度济南市青年文明号	共青团济南市委	2022 年 6 月
18	济钢"四新"产业园招商团队	2020—2021 年度济南市青年文明号	共青团济南市委	2022 年 6 月
19	山东济钢环保新材料有限公司姜东泉创新工作室	济南市创新型班组	济南市总工会	2022 年 8 月
20	山东省冶金科学研究院有限公司	济南市五一劳动奖状	济南市总工会	2022 年 8 月

续表

序号	获得荣誉单位	荣誉称号	授予单位	授予时间
21	山东省冶金科学研究院有限公司	济南市全员创新企业	济南市总工会	2022年8月
22	济钢集团山东建设工程有限公司	济南市"新城建"优质明星企业	济南市住建局"新城建"试点及产业链发展工作专班	2022年9月
23	济钢集团国际工程技术有限公司	济南市属国有企业党建工作十大品牌	中共济南市国资委委员会	2022年10月
24	中共济钢集团研究院标样支部委员会	2021年度市属企业五星级党支部	中共济南市国资委委员会	2022年11月
25	中共济钢集团研究院机关支部委员会	2021年度市属企业五星级党支部	中共济南市国资委委员会	2022年11月
26	济南萨博特种汽车有限公司	2022年市级单项冠军企业	济南市工业和信息化局	2022年11月
27	济南鲁新新型建材股份有限公司	2022年市级单项冠军产品	济南市工业和信息化局	2022年11月
28	济钢四新产业发展（山东）有限公司工会妈妈小屋	济南市"工会妈妈小屋"示范点	济南市总工会	2022年12月

获市级及以上先进个人荣誉称号

国家级个人荣誉称号

姓名	所属单位	荣誉称号	授予单位	授予时间
桂玉明	济钢集团国际工程技术有限公司	全国机械冶金建材行业职工技术创新成果一等奖	中国机械冶金	2022年9月
王龙飞	济钢集团国际工程技术有限公司	全国机械冶金建材行业职工技术创新成果二等奖	中国机械冶金	2022年9月
王裕龙	济钢集团国际工程技术有限公司	全国机械冶金建材行业职工技术创新成果三等奖	中国机械冶金	2022年9月
高洪吉	山东省冶金科学研究院	全国机械冶金建材行业职工技术创新成果三等奖	中国机械冶金	2022年9月
姜和信	山东鲁冶瑞宝电气自动化有限公司	全国机械冶金建材行业职工技术创新成果三等奖	中国机械冶金	2022年9月
郭家晓	济南萨博特种汽车有限公司	2022年"全国汽车工业统计工作先进个人"	中国汽车工业协会	2022年10月

省级个人荣誉称号

姓名	所属单位	荣誉称号	授予单位	授予时间
薄涛	济钢集团有限公司	新旧动能转换排头兵	山东省精品旅游促进会	2022年6月
王景洲	济钢集团有限公司	2021年度山东精品旅游优秀党建工作者	山东省精品旅游促进会	2022年6月
王景洲	济钢集团有限公司	山东省冶金行业职工信赖的娘家人	山东省冶金工会	2022年11月
刘自民	济钢集团有限公司安全环保部/应急管理部	2020—2021年度全省"安康杯"竞赛优秀个人	山东省总工会、山东省应急管理厅、山东省卫生健康委员会	2022年4月
康鹏	山东鲁冶瑞宝电气自动化有限公司	山东省五一劳动奖章	山东省总工会	2022年4月
李静	山东省冶金科学研究院	2021—2022年度山东省优秀共青团员	共青团山东省委	2022年5月
王众	山东济钢顺行出租车有限公司	第五届"齐鲁工匠"	山东省总工会	2022年8月
刘学红	济南鲁新新型建材股份有限公司	2022年度"劳动我最美"短视频互动活动优秀作品	山东省总工会	2022年11月
胡斌	时代低空（山东）产业发展有限公司	第二届山东省退役军人"创业之星"称号	山东省退役军人事务厅、山东省总工会	2022年11月
殷占虎	山东省冶金科学研究院	2022年度"聚合力促发展"全省优秀职工代表提案一等奖	山东省总工会	2022年12月
靳玉启	山东济钢矿产资源开发有限公司	2022年度山东省新时代岗位建功劳动竞赛标兵	山东省总工会	2022年12月
郭英峰	山东济钢环保新材料有限公司	2022年度山东省新时代岗位建功劳动竞赛标兵	山东省总工会	2022年12月

市级个人荣誉称号

姓名	所属单位	荣誉称号	授予单位	授予时间
薄涛	济钢集团有限公司	泉城企业突出表现管理人才	济南市委市政府	2022年1月
王家琳	济钢集团有限公司党委组织部/人力资源部	2021年度济南市优秀共青团员	共青团济南市委员会	2022年5月
李敏敏	济南萨博特种汽车有限公司	泉城企业突出贡献技能人才	济南市委市政府	2022年1月

续表

姓名	所属单位	荣誉称号	授予单位	授予时间
刘 冬	山东鲁冶瑞宝电气自动化有限公司	2021年济南工匠	济南市总工会、济南日报报业集团	2022年1月
刘 冬	山东鲁冶瑞宝电气自动化有限公司	2021年济南市五一劳动奖章	济南市总工会、济南日报报业集团	2022年1月
杨 猛	济钢防务技术有限公司	泉城5150引才倍增计划	济南市人才工作领导小组办公室	2022年1月
赵 林	济钢集团国际工程技术有限公司	2021年度济南市学雷锋志愿服务"四个100"最美志愿者	济南市精神文明建设委员会办公室	2022年3月
李敏敏	济南萨博特种汽车有限公司	济南市劳动模范	中共济南市委	2022年4月
康 鹏	山东鲁冶瑞宝电气自动化有限公司	泉城首席技师	济南市人民政府	2022年4月
柳欣萌	山东省冶金科学研究院有限公司	2021年度优秀共青团员	共青团济南市委	2022年5月
陶 智	山东省冶金科学研究院有限公司	2021年度优秀共青团员	共青团济南市委	2022年5月
颜继生	济钢供应链(济南)有限公司	2021年"建功十四五 建设强省会"劳动竞赛优秀个人一等奖	济南市总工会	2022年5月
颜继生	济钢供应链(济南)有限公司	济南市五一劳动奖章	济南市总工会	2022年5月
陈 涛	济钢集团国际工程技术有限公司	2021年"建功十四五 建设强省会"劳动竞赛优秀个人二等奖	济南市总工会	2022年5月
黄东旭	济钢集团济南鲁新新型建材股份有限公司	2021年"建功十四五 建设强省会"劳动竞赛优秀个人二等奖	济南市总工会	2022年5月
高洪吉	山东省冶金科学研究院	济南市职工优秀技术创新成果二等奖	济南市总工会	2022年8月
张 岩	济钢集团国际工程技术有限公司	济南市创新能手	济南市总工会	2022年8月
桂玉明	济钢集团国际工程技术有限公司	济南市职工优秀技术创新成果二等奖	济南市总工会	2022年8月
王裕龙	济钢集团国际工程技术有限公司	济南市职工优秀技术创新成果二等奖	济南市总工会	2022年8月
王龙飞	济钢集团国际工程技术有限公司	济南市职工优秀技术创新成果二等奖	济南市总工会	2022年8月
耿忠亮	济南萨博特种汽车有限公司	济南市创新能手	济南市总工会	2022年8月
孙喜亮	鲁冶瑞宝电气自动化有限公司	济南市创新能手	济南市总工会	2022年8月

续表

姓名	所属单位	荣誉称号	授予单位	授予时间
孟丽丽	山东省冶金科学研究院有限公司	济南市第二届"国企楷模·我们的榜样"国企楷模优秀人物	中共济南市委宣传部、济南市总工会、中共济南市国资委委员会	2022年9月
李 兵	济钢集团国际工程技术有限公司	济南市第二届"国企楷模·我们的榜样"国企楷模优秀人物	中共济南市委宣传部、济南市总工会、中共济南市国资委委员会	2022年9月
陈静君	济南鲁新新型建材股份有限公司	济南市"学习强国"学习达人	中共济南市委宣传部	2022年11月
卢 勇	济钢集团安全环保部/应急管理部	2022年济南市"学习强国"学习达人	中共济南市委宣传部	2022年11月
陈树勇	山东鲁冶瑞宝电气自动化有限公司	2022年济南工匠	济南市总工会	2022年12月
陈树勇	山东鲁冶瑞宝电气自动化有限公司	2022年济南市五一劳动奖章	济南市总工会	2022年12月
修志伟	济钢集团安全环保部/应急管理部	2022年安全生产工作表现突出个人	济南市应急管理局	2022年12月

济钢集团有限公司授予各类先进集体

2021—2022年度党内先进基层党组织（8个）

中共山东济钢环保新材料有限公司委员会
中共山东省冶金科学研究院有限公司委员会
中共济钢集团国际工程技术有限公司委员会
中共济钢离退休职工管理部委员会
中共济南鲍德炉料有限公司委员会
中共山东济钢顺行出租车有限公司支部委员会
中共济钢创智谷科技服务分公司支部委员会
中共济钢集团有限公司机关委员会

2021—2022年度党内先进党支部（16个）

中共济钢集团办公室支部委员会
中共济钢集团离退休职工管理部总厂区第六支部委员会

中共济钢集团城市矿产日照分公司支部委员会
中共济钢集团国际工程电气支部委员会
中共济钢集团济钢文旅酒店餐饮公司支部委员会
中共济钢集团鲍德炉料合金车间支部委员会
中共济钢集团研究院机关支部委员会
中共济钢集团环保材料加工车间和设备部联合支部委员会
中共济钢集团人力资源公司机关支部委员会
中共济钢集团人力资源公司第六支部委员会
中共济钢集团人力资源公司第十五支部委员会
中共济钢集团人力资源公司第十七支部委员会
中共济钢集团瑞宝电气建安支部委员会
中共济钢集团保安公司/保卫部护卫大队支部委员会
中共济钢供应链（济南）有限公司国贸支部委员会
中共济钢防务钢城矿业支部委员会

2021 年度"九新先进集体"一等功（2 个）

山东省冶金科学研究院有限公司
济南鲍德炉料有限公司

2021 年度"九新先进集体"二等功（2 个）

山东济钢环保新材料有限公司
济钢集团国际工程技术有限公司

"九新先进集体"荣誉称号（5 个）

山东济钢型材有限公司
党委组织部/人力资源部
资本运营部
党委办公室/办公室
纪委

2021 年度集团公司文明单位（7 个）

山东济钢环保新材料有限公司

山东省冶金科学研究院有限公司
济钢集团国际工程技术有限公司
山东鲁冶瑞宝电气自动化有限公司
济南鲍德炉料有限公司
济南萨博特种汽车有限公司
济钢国际物流有限公司

2021 年度集团公司文明建设先进车间（科室）（44 个）

保卫部综合管理办公室
济南济钢人力资源服务有限公司内退管理部
济钢国际物流有限公司金属资源业务部
山东济钢顺行出租车有限公司公务车运营部
济钢集团国际工程技术有限公司市场部
济钢集团国际工程技术有限公司冶金事业部
济钢集团国际工程技术有限公司投资控制部
济钢集团国际工程技术有限公司工程建设分公司
山东省冶金科学研究院有限公司标准物质中心
山东省冶金科学研究院有限公司环境检测中心
济南萨博特种汽车有限公司党群办公室/综合管理部
"四新"产业园园区运营项目园区建设室
济钢集团有限公司创智谷科技服务分公司/济钢集团山东建设工程有限公司经营市场部
济钢集团有限公司创智谷科技服务分公司/济钢集团山东建设工程有限公司党群部/综合管理室
山东济钢文化旅游产业发展有限公司规划部/运营部
山东济钢文化旅游产业发展有限公司市场商务开发二部
山东济钢保安服务有限公司站务三车间
济南鲍德炉料有限公司经营部
济南鲍德炉料有限公司党群部/综合管理部
山东济钢环保新材料有限公司矿山作业区
济南鲍德冶金石灰石有限公司翟家庄矿
山东济钢环保新材料有限公司生产部
济钢城市矿产科技有限公司矿产资源事业部
济钢城市矿产科技有限公司物流业务部
济钢城市矿产科技有限公司汽车拆解项目部
济南鲁新新型建材股份有限公司日照分公司
济钢供应链（济南）有限公司钢贸业务部
济钢供应链（济南）有限公司市场部
山东鲁冶瑞宝电气自动化有限公司电力建安事业部

山东鲁冶瑞宝电气自动化有限公司自动控制事业部
济钢鲍德气体有限公司生产销售部
党委办公室/办公室信访室
党委组织部/人力资源部薪酬绩效室
纪委执纪监督室
党委宣传部/统战部/武装部新闻传媒中心技术部
工会/团委综合部
财务部综合（税管）室
财务部资产室
资本运营部股权管理室/外派监事管理室
规划发展部/对外事务部土地管理室
安全环保部/应急管理部环保室
风险控制部/审计部预结算管理室
离退休职工管理部管理三室
法务部/律师事务部案件管理室

2022 年度幸福和谐企业建设先进单位（6 个）

济钢集团国际工程技术有限公司
山东省冶金科学研究院有限公司
山东济钢环保新材料有限公司
济钢城市矿产科技有限公司
济钢供应链（济南）有限公司
山东济钢泰航合金有限公司

模范职工之家（10 个）

山东省冶金科学研究院有限公司工会委员会
济钢城市矿产科技有限公司工会委员会
济钢集团国际工程技术有限公司工会委员会
山东鲁冶瑞宝电气自动化有限公司工会委员会
济南萨博特种汽车有限公司工会委员会
济南鲁新新型建材股份有限公司工会委员会
济钢鲍德炉料公司工会委员会
济钢顺行出租车有限公司工会委员会
山东济钢环保新材料有限公司工会委员会
济钢集团机关工会委员会

和谐工会 （9个）

山东济钢文化旅游产业发展有限公司工会委员会
济钢"四新"产业园工会委员会
济钢冷弯型钢工会委员会
济钢创智谷科技服务分公司工会委员会
济南济钢人力资源服务有限公司工会委员会
山东济钢保安服务有限公司工会委员会
济钢保卫部工会委员会
济钢国际物流有限公司工会委员会
济钢鲍德气体有限公司工会委员会

模范职工小家 （23个）

济钢"四新"产业园园区建设室支会
济南济钢人力资源服务有限公司机关支会
济钢保卫部护卫大队支会
济钢国际物流有限公司多式联运支会
济钢顺行出租车有限公司公务车运营部支会
济钢集团国际工程技术有限公司第八支会
山东省冶金科学研究院有限公司标样支会
济南萨博特种汽车有限公司生产制造部支会
济钢创智谷科技服务分公司金融服务中心支会
机关资产管理部支会
机关运营管理部支会
山东济钢文化旅游产业发展有限公司元康元食品公司支会
山东济钢保安服务有限公司站务一车间支会
济钢鲍德炉料公司合金车间支会
山东济钢环保新材料有限公司机关支会
济钢城市矿产科技有限公司钢材贸易支会
济南鲁新新型建材股份有限公司济南本部支会
济钢冷弯型钢公司检修车间支会
机关风险合规部支会
机关离退部支会
山东鲁冶瑞宝电气自动化有限公司电力建安支会
山东鲁冶瑞宝电气自动化有限公司高端装备支会
济钢鲍德气体有限公司生产部支会

2021 年度职工创新工作室优秀等级名单 （5 个）

姜和信创新工作室 （瑞宝电气）

董宝利创新工作室 （国际工程）

王向阳创新工作室 （研究院）

李敏敏创新工作室 （萨博汽车）

曲丽娜创新工作室 （鲁新建材）

2021 年度职工创新工作室合格等级名单 （6 个）

姜东泉创新工作室 （环保材料）

张兴桥创新工作室 （供应链公司）

白洪光创新工作室 （瑞宝电气）

孙喜亮创新工作室 （瑞宝电气）

刘正华创新工作室 （鲍德炉料）

张东力创新工作室 （国际工程）

先进女职工集体 （8 个）

济钢集团国际工程技术有限公司工会女职工委员会

济南鲁新新型建材股份有限公司工会女职工委员会

济南鲍德炉料有限公司工会女职工委员会

山东省冶金科学研究院有限公司工会女职工委员会

山东鲁冶瑞宝电气自动化有限公司工会女职工委员会

山东济钢保安服务有限公司工会女职工委员会

山东济钢环保新材料有限公司工会女职工委员会

济钢集团有限公司机关工会女职工委员会

2022 年济钢新型导师带徒优秀组织单位 （10 个）

济钢集团国际工程技术有限公司

山东省冶金科学研究院有限公司

山东济钢众电智能科技有限公司

山东济钢环保新材料有限公司

济钢集团资本运营部

济南萨博特种汽车有限公司

济钢供应链（济南）有限公司

山东济钢泰航合金有限公司

济南鲁新新型建材股份有限公司

济钢四新产业发展（山东）有限公司

岗位建功示范岗（36个）

济钢城市矿产科技有限公司物流业务部

济钢鲍德气体有限公司《药品生产许可证》保全攻关团队

济钢国际物流有限公司多种经营业务部

济钢集团纪委综合部

济钢集团工会"青年发展友好型企业"建设工作团队

济钢集团规划部/外事部规划管理团队

济钢集团国际工程技术有限公司"党建强核、服务凝心"攻坚团队

济钢集团保卫部应急指挥中心核酸检测团队

济南空天产业发展投资有限公司空天投资团队

济钢顺行出租车有限公司安全技术部

济钢集团党委宣传部/团委新闻外宣创效团队

济钢环保新材料有限公司物流班组

济钢集团党委组织部/人力资源部组织党建室/机关党委办公室

山东省冶金科学研究院有限公司能力验证中心

济南萨博特种汽车有限公司财务部贸易团队

山东济钢众电智能科技有限公司智能制造事业部质检班组

济钢鲍德气体有限公司园林绿化团队

山东济钢泰航合金有限公司供应部

济钢环保新材料有限公司石灰石营销团队

济钢集团国际工程技术有限公司焦罐分院

济钢国际物流有限公司矿产资源业务部

山东省冶金科学研究院有限公司党群部/综合管理部

济钢供应链（济南）有限公司国际贸易团队

济钢顺行出租车有限公司轿车维修部

山东济钢文化旅游产业发展有限公司疫情防控期间临时供应点团队

创智谷/建设公司金融服务中心

济钢集团规划部/外事部工程管理团队

济钢集团工会/团委综合部

济南鲁新新型建材股份有限公司制造部

济钢集团办公室综合室

济南萨博特种汽车有限公司维修保养系列基站项目组

董事会办公室董事会治理机制优化攻坚团队

济南鲍德炉料有限公司资产部

济钢集团党委组织部/人力资源部指挥部作战室

山东济钢保安服务有限公司站务一车间

济南济钢人力资源服务有限公司疫情防控期间内退职工 24 小时服务团队

济钢集团有限公司授予各类先进个人

优秀共产党员（71 名）

李文进	郑海霞	徐 鑫	孙启胜	吕家荣	张洪坤	李隆三
马孝坤	赵宗科	刘 力	张家峰	帅 博	贺西娟	毕延林
张海东	冯正军	杜海渤	李焕亮	贾法强	张永涛	孟丽丽
杨 勇	雷祥军	王 群	马受锦	张 颖	苗 琦	任 波
赵序栋	郭鹏辉	杨丰军	王玉莲	魏学军	张玉玲	毕立军
曲士有	郭登全	姜 卫	包德善	史安良	张继波	李广义
王 萌	周 勇	陈梅花	吕 克	岳临萍	徐 红	郑长武
尚逢洪	王勇旗	赵文军	宋钦涛	赵爱军	李宗元	杜增强
李春艳	张 敏	周俊杰	胡 健	訾宇斌	雷 刚	金建炳
关永成	马 健	王 众	牛大伟	王 彬	刘 健	杨兆亮
冯光水						

优秀党务工作者（59 名）

苑 圆	李 辉	于素云	李晓礼	路文亮	王广海	董胜峰
於德英	杨俊国	刘庆玉	刘世淮	刘明生	乔 林	商美玲
王恒山	刘法敏	孙丽君	孙家营	高忠升	杜绚丽	孟 晓
张海涛	王铭南	张 娶	宿肖丽	殷占虎	吴继华	马国梁
盛培展	王玉民	严 胜	郭庆鹏	郝山德	王学诚	周 波
李燕军	高鲁颖	杨松林	王红梅	纪秀文	尉荣强	程 芳
林 波	杨艳坤	祁 岩	王 锋	刘 超	赵修强	解修谦
朱晓文	曹艳茹	程 宁	刘柱石	李宏伟	魏 涛	王 鑫
安晓佳	刘传辉	康延忠				

优秀工会工作者（78名）

杜增强	姜化东	卢法茂	高吉祥	杨　涛	李　波	祁　岩
董　波	戴　爽	刘鸿春	张　娜	游佳慧	常庆海	王东升
徐守亮	刘富增	周家进	黄善兵	孙　芳	刘　健	韩晰宇
杨宏波	周　波	田亚农	李　冲	孟熙航	张景祥	王丰祥
孟　辉	金振南	刘柱石	袁　群	王晓君	马泓博	刘　青
郭广强	蒋文静	张　莉	殷占虎	侯沙沙	刘　振	郭晓光
胡　松	李　伟	魏　涛	王兰凤	谢润华	杜绚丽	李延新
张　敏	姜　伟	李俊武	李燕伟	张海涛	王　冲	吴继华
马国梁	乔继军	盛培展	滕德林	杨国胜	董　凤	张　騄
孙冬冬	宋桂芝	朱　涛	张　峰	王　锋	邹国顺	赵　磊
王　菊	黄瑞芬	白洪光	刘新杰	刘建平	孙彦江	杨兆亮
李宗辉						

工会积极分子（216名）

王建新	杨　斌	王德勇	宋建新	侯红梅	张　群	刘　强
石　磊	崔道宽	刘泽福	张洪刚	高志春	张　峰	高　明
王　海	侯福霞	徐　帅	王　颖	朱晓邦	李佳欣	丁志勇
张　锦	尹秀锦	孟庆晓	李　凯	冯会昌	杨召军	孙　芳
王子尚	王　群	覃　烜	贾式娟	邢　涛	宗　宇	王晓峰
刁　寒	石守甜	刘　波	巩文静	马立山	苏　文	金振南
吴　通	滕军杰	周长朴	赵　林	孟文浩	穴俊莲	国　振
宋芳芳	张连斌	郭振伟	孙丽君	王　静	左茂国	杨　茜
李光珂	孙符萌	窦飞燕	徐晓磊	张　琳	孙亚霜	王莹莹
米伟伟	左　莹	贾冬蕾	齐应欢	马德学	李振峰	张立萍
赵　丰	王　勇	李中泽	王焕君	李　雁	徐明君	黄　玲
王婷婷	巩志刚	何良峰	李修丽	庞海波	王次兰	王衔君
王　璇	鄢俊光	张　良	张在芝	张　峰	李甲兵	韩　珂
郝召祥	唐成来	孙兴辉	谢继慧	苏　鸣	杨　菁	张宇波
唐　鹏	张　岳	牛吉林	李茂珊	张立峰	张兰娟	王　建
马玉辉	刘良亭	邵　勇	董　旭	杨　阳	宋汝平	张新阳
王庆雷	王寿昊	周　锐	申建平	高　飞	侯光美	郑明玉
韩宏志	黄　霞	蒋建伟	崔树国	王茂蕤	吴　勇	刘　刚
李洪岩	李　伟	侯　颖	李茂泉	武云卉	王　森	聂　颖

张 伟	王晓玲	陈 晨	吕承新	侯梦雅	贺海滨	张岐涛
焦树琴	高 璇	付向利	于孝民	徐亚南	张 斌	范 霞
李 立	韩 嘉	侯 静	周 勇	姜 鹏	孙 健	牛玉
侯晓燕	任继东	王 旭	刘兆峰	宫克鹏	刘维文	侯 兵
程 雷	马志刚	侯大超	侯殿峰	李全章	酆 硕	郭 娅
黄 华	侯秀俊	王 艳	陈 杰	闫宗波	陈 强	李星华
张鹏飞	王书刚	于 诚	耿宗华	陶进辉	王 琦	王念峰
张 旭	季 鹏	徐 蕾	梁太魁	彭 鹏	于水良	吕成祥
李辰丽	孙爱萍	李 慧	万 洋	田宏强	王凤岭	周扬东
王心炉	王传智	王玉	孙 鹏	杨 强	雷 鹏	艾永
武 娜	李 红	付 鹏	白 雪	程 芳	金 玉	郭 洋
李 猛	胡晓蕾	陈少华	吴志勇	刘传辉	张 勇	

优秀女职工工作者（30名）

魏文艳	孟 辉	袁 群	王晓君	贾冬蕾	柳欣萌	侯沙沙
胡 松	王兰凤	张 敏	郑莉莉	李燕伟	李宝玉	师 燕
杨春娜	董凤	孙冬冬	宋桂芝	程晓静	王 菊	明 璐
杨 琳	张 燕	孙 芳	刘鸿春	张 娜	侯福霞	戴 爽
刘丽云	王 燕					

巾帼建功能手（24名）

侯红梅	朱晓文	石 芸	孙丽君	张 琪	崔晓翠	李 群
付卫萍	林 晶	陈 岩	李在英	马 淼	杨全文	李传真
李雪梅	侯秀俊	孙 健	高 骞	陈静君	洪 雪	李 琳
张 颖	赵冬梅	於德英				

"二次创业先锋"一等功（5名）

| 高忠升 | 韩 亮 | 姜东泉 | 邹玉萍 | 帅 博 |

"二次创业先锋"二等功（10名）

| 孟庆钢 | 张金秋 | 付廷滨 | 李光珂 | 范 泽 | 张军娟 | 丁志勇 |
| 路 坤 | 柴政刚 | 辛 敬 | | | | |

"二次创业先锋"荣誉称号（15名）

魏　涛	赵传飞	李学伟	韩　强	刘俊青	马　健	何忠生
陈　飞	王玉全	张洪宝	胡宝印	时义祥	王　颖	王广波
李锋明						

"九新先进集体"负责人立功一等功（2名）

倪守生　　王铭南

"九新先进集体"负责人立功二等功（1名）

王明勤

2021年度科技创新标兵（7人）

贺西娟	耿忠亮	王振伟	齐应欢	张　岩	孙喜亮	邵长亮

2021年度管理创新先进个人（9人）

宿肖丽	王玉全	程　宇	靳连文	张　平	孙凤雷	何柳萌
张晓晨	赵　亮					

2021年度科技创新突出贡献奖（1人）

高洪吉

2021年度管理创新突出贡献奖（1人）

董　波

岗位建功标兵（76人）

于素云	于 镇	万 亮	马立山	马郑文	王向阳	王志钢
王经梅	王福源	牛大伟	毛新锋	卢 浩	卢福光	邢金田
刘自民	关永成	孙丽君	杜增强	李辰丽	李 娜	李 勇
李 辉	杨兆亮	杨兴友	何远东	辛 敬	张洪雷	张 哲
张 敏	陈路明	孟德峰	赵中秋	秦成远	柴 静	徐 鑫
曹 瑞	梁作顺	翟 军	于水良	于会勇	王兰凤	王兴国
王 丽	王彤彤	王裕龙	王 静	付廷滨	付 鹏	司加军
毕延林	刘红霞	刘 超	闫业同	许归凡	孙爱国	李小清
李晓礼	李 猛	李善磊	何柳萌	谷 民	初明吉	张良刚
张贺全	张 勇	陈小新	陈 磊	姜 伟	胥广学	郭刚涛
郭鹏辉	宿肖丽	葛 颢	董德明	蔡绍兵	管延科	

岗位建功标兵优秀奖（106人）

马 龙	马秀冬	马受锦	马 辉	王 冰	王良贞	王金镭
王荣安	王莺博	王 颖	石佳福	田宏强	刘承山	刘 振
刘 倩	刘鸿春	齐永来	李学平	李洪岩	杨树萍	杨 涛
肖海江	邱文超	宋维程	张军娟	张秀贤	张晓晨	张 燕
邵明师	於德英	孟庆晨	赵冬梅	郝召祥	秦 铖	夏广新
徐 帅	高 翔	郭庆鹏	郭振伟	黄建东	黄瑞芬	梁太奎
隋胜春	韩雪冰	程 宁	谢 勇	潘 亮	潘 晓	戴 爽
于 诚	马济群	马 毅	王际君	王茂伟	王莺博	王 真
王爱华	支佳真	刘正华	刘世锋	刘冰曙	刘昌伟	刘 健
刘爱伟	关永成	江 涛	孙凤汉	孙凤雷	牟 建	李在凡
李延和	李 杰	李 欣	李泉城	李 勇	李晓礼	杨 琳
杨景山	邹 彤	张 娶	张树兵	张晓晨	张 倩	张 健
张新鹏	林祥栋	周建军	单立军	单健健	孟 辉	孟德峰
赵晓宇	赵康宁	胡晓蕾	侯其龙	侯素伟	袁景亮	徐 帅
徐田龙	徐 毅	高景泉	郭庆鹏	唐蕾功	黄元鑫	崔广钧
解学启						

第八届济钢十大杰出青年 （10名）

陈 飞　　付廷滨　　孟贤锋　　韩 强　　高 飞　　齐应欢　　杜靖昌
李 兵　　刘 奇　　李相贵

济钢集团
JIGANG GROUP

特载

会议报告

概况

大事记

专项工作

专业管理

党群工作

生产经营

先进与荣誉

媒体看济钢　

统计资料

附录

媒体看济钢

MEITI KAN JIGANG

"九新"价值创造体系（新内涵）

新作风：

总部：精准授权、专业管理、高效服务，"引领型"总部

山东省党代表薄涛：为开创新时代社会主义现代化强省建设新局面贡献"济钢力量"

5月28日，中国共产党山东省第十二次代表大会开幕，作为党代表，济钢集团有限公司党委书记、董事长薄涛在现场参会，他表示，五年来，济钢集团党委始终以习近平新时代中国特色社会主义思想为指导，完整、准确、全面贯彻新发展理念，深入贯彻落实党中央、省委市委决策部署。

2017年，济钢有序关停650万吨钢铁产能后，牢牢把握"产城融合，跨界融合"这一战略主线，以"去产能不是去企业，加快新旧动能转换是关键"为发展方向，以"高端化、绿色化、智慧化、品牌化、国际化"为战略路径，逐步形成以接续产业、新增产业、未来产业为支撑的绿色可持续发展产业架构，踏上了全国首家千万吨级钢铁企业的转型发展之路。

2021年，济钢实现营业收入377亿元，体量恢复到钢铁主业停产前的水平，"从'靠钢吃饭'到'无钢发展'，产业结构和产品结构发生脱胎换骨的变化"，闯出了一条研发成果转化、新旧动能转换、传统企业转型的"三转"发展新路。

下一步，济钢集团将深入学习贯彻省第十二次党代会精神，锚定"走在前、开新局"方向，深入推动各项目标任务实现新跃升。一是聚焦纵深推进新旧动能转换，着力培育以数字信息、智能制造、现代服务为主业的综合性产业集团；二是聚焦深化国资国企改革，着力构建一批具有行业领先地位的特色优势产业；三是聚焦创新驱动发展战略，全力以赴在提升企业创新力，坚定不移推动企业做大做活做专，为全面贯彻落实习近平总书记对山东工作的重要指示要求，锚定"走在前列、全面开创""三个走在前"，奋力开创新时代社会主义现代化强省建设新局面展现国企担当，贡献"济钢力量"。

（原载济南日报·济南发布，
记者：刘 彪 通讯员：张红雷
编辑：姜菲菲）

济钢集团："抗疫"不容辞，生产有增量国企发展敢为亦有为

坐落于济南东部的鲍山，对不少"济钢人"都有着难以言说的特殊意义。

3月以来，疫情突至，泉城告急，一场抗疫攻坚战悄然打响。疫情就是命令，防控就是责任。济钢集团第一时间发出"红色动员令"，迅速组织集团全体干部职工以高度的政治自觉和强烈的使命担当投入抗疫一线。随即，有着以钢铁意志著称的"济钢人"频频现身抗疫一线，走在鲍山、走在街道、走在社区，坚持从严从细守卫家园、尽职尽责保证生产，实现了疫情防控和生产经营"双统筹""两不误"。

一场"阻击战"

3月30日清晨，鲍山街道济钢新村、钢城新苑等社区工作人员正忙着为一群"红马甲"分配志愿服务工作——这群"红马甲"是来自济钢集团的"济钢人"。

"接上级指示，要对辖区内的人员进行协查，人手告急……在接到我们社区的援助请求后，济钢集团，特别是济钢保卫部、团委，在第一时间就派出了60位志愿者来进社区、协助我们的工作。"济钢新村管理区书记程刚回忆说，疫情初期，这支来自济钢集团的"抗疫志愿者突击队"就给他留下了深刻的印象，"他们是一支能吃苦、能战斗、能奉献，纪律严明的队伍。"

3月下旬以来，鲍山街道济钢新村、钢城新苑等社区，就频现"济钢人"的身影。他们有的穿梭在社区的大街小巷、楼宇之间进行消杀，有的忙碌于核酸检测点的秩序维持、信息登记，在抗疫过程中发挥着自己的光、热。"仅济钢新村的信息协查工作就涵盖了8300多户2万多人，对于我们而言，电话访查是一个又一个，手机从满格电到关机再重启也已不算什么稀罕事。"参加抗疫志愿服务工作的"济钢人"刘洋说，实际深入抗疫一线，才让他倍感"抗疫人"的艰辛和不易。

疫情以来，济钢集团坚持以人民为中心的发展思想，积极承担社会责任，践行国企担当。在全力支持配合属地政府、街道社区的疫情防控管理同时，与政府、社区保持密切沟通，随时启动联防联控机制，凸显了"济钢速度"，贡献了"济钢力量"。

山东商报·速豹新闻网记者了解到，在这场"阻击战"中，济钢集团以"快"字当先，速度筑牢了抗疫防线——第一时间启动内部疫情防控Ⅰ级应急响应，数次发出"红色集合令"，组织集团全体干部职工投入抗疫一线，召集青年志愿者突击队全力奔赴，组织志愿者服务600余人次，协助社区开展志愿服务6000多小时，用一抹鲜亮的"志愿红"守护了职工群众的"健康绿"。

济钢人的济钢模式

3月以来，济钢集团协助社区疫情防控的各项举措得到了历城区、鲍山街道办、济钢管理区各级政府部门领导的认可和好评。而坚韧的"济钢人"也在抗疫路上，摸索出了特有的济钢模式。

从实行疫情防控分级管控起，济钢集团就根据疫情状况，进行科学辨识风险，坚持底线思维，推出了Ⅰ～Ⅳ级疫情防控应急响应体系。在明确疫情防控措施、标准和要求下，"济钢人"根据实际疫情形势，启动、调整疫情防控应急响应等级。

一方面，建立三级战"疫"预警机制全方位投入疫情防控阻击战，24小时捕捉疫情信息，根据不同场所的实际情况，分类实施创新性、针对性、有效性的措施，细化制定"核酸检测""防护服使用"等制度规范，开展高效的疫情防控；另一方面，济钢集团还积极利用新媒体矩阵平台多渠道宣传防疫指南、抗"疫"指导、进行"疫中"心理疏导，传递科学的防疫知识。

"硬核"似乎并不仅仅体现在冲上一线的"济钢人"身上——从横向到边、纵向到底的疫情防控体系，到由单位主要领导靠前指挥，分管领导24小时全过程督导的责任分管，济钢模式也硬核地将责任落实到岗到人，主张集团上下齐心协力，步调一致。在织严织密疫情防控"防护网"同时，也为济南市疫情防控贡献了一份力量。

咬定生产经营"不放松"

"您好，请扫一下场所码，出示健康码和行程码，请登记信息……"，济钢集团在从严从细落实各项疫情防控措施的基础上，抓住流动性管理这个"牛鼻子"，做好"统筹""底线"文章，咬定疫情防控和生产经营"双统筹""两不误"。

此前，面对疫情的复杂严峻形势，济钢集团在科学研判的基础上，实行了"双线办公"——总部机关和各单位干部职工"兵分两路"，一路居家办公，一路在厂封闭管理。"我们是封闭不封产，产线全程都是正常生产的。"济钢鲍德炉料公司的一位工作人员介绍称，封厂前，他们提前储备了足够两个月生产的原材料。

疫情影响下，济钢集团面临着保障供应链稳定的现实考验，但济钢集团各单位也并非坐以待毙。一方面针对打通影响生产、经营的"急难愁盼"问题重点发力：济钢国铭铸管公司、环保材料公司申请绿色通行证，打通了发运、生产堵点；济钢鲁新建材公司、城市矿产公司采用"公转铁"运输方式，实现正常生产；另一方面，济钢集团积极创新业务模式、开拓市场：济钢鲍德炉料公司科学研判市场形势，适时调整购销策略，创新采用"集中发货""小外循环""短线技术分析"等业务模式，拓市场抢订单，产品交付计划率100%；济钢供应链公司以"技工贸一体化"发展为战略主线，以提升效率、效能和效益为着力点，构建"OEM＋供应链＋工厂"运营模式，打造"高端制造＋贸易创效"融合发展共同体，实现经营质效释放提升。

济钢集团党委副书记、总经理苗刚说，"下一步，我们将坚持疫情防控不松劲，生产发展不停步，以扎扎实实的工作业绩，助力济南经济社会平稳健康发展。"

变革寻生：济钢担当亦有为

作为市属一级企业，济钢集团肩负着夺取疫情防控和经济社会发展"双胜利"的重担，"济钢人"也为此迈出了更大的一步——济钢供应链公司利用"云商务"，成功与俄罗斯东方钢铁公司以视频形式完成订单数量确定、款项回款等工作，还推动了霸州强源镀锌线改造镀铝线可行性三方商务会谈。

"近期18~25毫米销售不畅，建议调整一下振动筛，增加25~40毫米的产量。""好的，这班结束就调整，明天能增加产量。"5月17日，济钢石灰石公司进行着一场产销交流。"以前我们是以产定销。而现在我们根据市场情况，作出了以销定产的调整。"该公司的一名工作人员告诉记者，此前受疫情等方面的影响，市场反馈不及时，出现了产销滞后等问题，如今产销直接对话，则更大程度地优化资源配置和提高产能。

关于未来，"济钢人"有着更多的畅想。而当下已锚定"工业强市"航向的济钢集团，将纵深推进新旧动能转换、全面提升传统产业、强力突破新兴产业、集中做强先进制造业、培育壮大数字动能、塑造高质量发展新优势，打造一个以数字信息产业为引领、智能制造产业为重点、现代服务产业为支撑的现代产业体系的产业集团。

（原载山东商报·速豹新闻网，
编辑：于蓓蕾　刘佳宁）

赋能新发展　激发新动能
国企改革发展媒体行暨企业家访谈活动：走进济钢集团

7月15日上午，"赋能新发展　激发新动能"国企改革发展媒体行暨企业家访谈系列活动第二站走进济钢集团。济南市国资委宣传与群团工作处一级调研员、处长高明伟主持，济钢集团党委书记、董事长薄涛，党委副书记、工会主席王景洲与媒体记者座谈交流，介绍集团改革发展取得的新成效。

据薄涛介绍，自济钢产能自调整以来，以"二次创业、重塑济钢""建设全新济钢，造福全体职工"为使命，抢抓国家推进供给侧结构性改革和全省新旧动能转换给企业转型创造的难得机遇，把目标定位和产业方向与省市规划、需求相融合，立足区位、资源、技术等优势，加快推动企业由排放型向消纳型转变。从"靠钢吃饭"到"无钢发展"，闯出了一条传统企业新旧动能转换的新路子。

积极探索"产城融合"的发展道路，奋力蹚出一条城市钢厂转型的发展新路

坚持把新济钢的发展与城市的规划、发展、需求相融合，紧抓传统企业转型、科研院所科技成果转化、政府新旧动能转换的"三转"大势，抢抓济南市发展空天信息产业的战略机遇，同济南市、中国科学院空天信息创新研究院、科学家团队展开全方位深入合作，积极培育出高效的高端装备制造效益增长点。济钢防务用时 140 天完成注册，并实现首年度盈利，填补了国家在部分空天信息领域的产业空白。济钢集团营业收入从 2018 年的 147 亿元，到 2019 年的 225 亿元，再到 2020 年完成 293 亿元，用 3 年时间基本恢复到停产前水平；2021 年完成营业收入 377.7 亿元，体量规模超越停产前水平，全面开启第二阶段的战略发展。

坚持绿色发展理念，主动融入城市发展，产品产线不断升级，重点项目接续落地。环保新材料产业园用时五个半月完成矿山基建施工，创造了国内同类大型矿山建设工期最短纪录，投产当年产量即达 780 万吨；城市矿产面对转型之初主营业务 90% 以上灭失的困境，不等不靠、主动出击，对外积极开展合作经营，营收规模增长至转型之初的 3 倍多，济钢顺行综合服务区和新能源充电站全面建成，巡游出租车总量达 580 辆，车辆万公里行驶事故率保持济南市行业最低水平；创智谷工北 21 号科创综合体落成投用，入驻企业 160 家，成为济钢产业孵化的摇篮。

目前济钢已拥有国家级博士后科研工作站 2 个；国家专精特新"小巨人"企业、国务院"科改"示范企业 1 家、省"专精特新"中小企业 3 家、省瞪羚企业 2 家、省科技领军企业 1 家、省市级众创空间和科技企业孵化器 1 个、省级高新技术企业 7 家。

始终把改革创新作为新济钢"求生存、谋发展"的关键一招，推动企业动力活力持续释放

转型之初，为有效应对部分干部职工转型发展信心不足、思想观念不解放、知识结构单一、适应市场能力不强等突出问题，集团党委于 2017 年 8 月，适时提出"九新"价值创造体系，为破解一系列思想困惑和发展难题，提供了解决方案。2018 年元旦，启动实施"六大攻坚战"，把制约新济钢发展的关键环节作为攻坚主战场，实施准军事化管理，以硬核的落实力确保重点任务如期完成。五年来，济钢以"九新"为价值导向，以"六大攻坚战"为实战平台，聚焦三大主业，积极推进"混合所有制"改革，大力实施"价值创造""数字化改革""强大总部建设"，有效推进"效率变革""动力变革""质量变革"，一批影响活力激发、创新涌流的阻碍被成功打破，"放管服"改革、三项制度改革、干部"容错+问责"机制建设等一系列强有力变革举措，培育形成担当作为、干事创业的浓厚氛围，为济钢转型发展增添了强劲动能。

始终坚持"全心全意依靠职工办企业"的方针，凝聚形成"上下同欲者胜"的强大合力

始终坚持把"造福全体职工"作为不懈追求，依法保障职工合法权益，积极搭建

职工创新创效的实践平台，及时妥善解决职工关注的热点、疑点、难点问题，累计帮扶困难职工 3100 余人次，发放帮扶救助金 1500 余万元；职工收入随企业效益稳步增长。疫情防控期间，济钢坚决贯彻中央和上级党委的决策部署，坚持人民至上、生命至上，第一时间划拨 500 万元专项资金用于疫情防控，累计投入疫情防控资金 830 余万元，实现厂区、生活区全覆盖、无盲区管控，尽最大努力保护职工群众生命安全和身心健康。

近年来，新济钢的社会美誉度和影响力持续攀升，济钢集团先后获山东省最具活力企业奖、山东省"干事创业好班子"、山东社会责任企业等荣誉称号，连续 3 年荣登"影响济南"经济人物榜单；1 人荣获山东省"担当作为好干部"、省委记"一等功"奖励，1 人荣获"齐鲁最美职工"称号，4 人获得山东省"五一劳动奖章"称号，1 人获得山东省劳动模范称号。

关于集团未来发展，济钢集团表示将紧抓机遇，锚定高质量发展方向，拿出在市属企业"走在前"的境界格局、思路理念和标准要求，对标对表，奋力争先，利用 3 年时间，推动新济钢产业体系构建完成，产业集群加速崛起，规模体量实现跨越，为省市高质量发展作出突出贡献。

聚焦纵深推进新旧动能转换，着力培育以数字信息、智能制造、现代服务为主业的综合性产业集团。按照"龙头带动，资源聚合，高端引领、链式发展"的理念，加速培育以数字信息产业为引领、智能制造产业为重点、现代服务产业为支撑的现代产业体系，结合省培育壮大"十强"现代优势产业集群和济南市十二大产业链建设，发挥济钢现有产业基础优势，形成细分领域具有济钢特色的产业链条，努力成为济南市制造产业的"种子孵化器"和"集聚承载体"，以新济钢的高质量转型发展为省市做强先进制造业提供支撑力量。积极参与国家加快发展现代服务业行动和济南市现代服务业倍增计划，以现代物贸、工业旅游、文旅康养、科技服务、科技培训、应急服务等产业为重点，融入城市服务业恢复性增长，提高城市服务业增加值在济钢产值中的比重，努力成为济南市加快新旧动能转换的有力支撑点。

聚焦深化国资国企改革，着力构建一批具有行业领先地位的特色优势产业。纵深推进企业全面深化改革，以构建"工贸金"一体化供应链服务体系为抓手，加速壮大企业体量；以国家产业政策和市场需求为导向，加速提升投资与资本运营专业能力，积极稳妥深化混合所有制改革，不断充实"上市企业资源库"，加快推进企业上市进程；集聚要素资源，发挥产业优势，构建一批具有行业领先地位的特色优势产业。

聚焦创新驱动发展战略，全力以赴提升企业创新力，坚定不移推动企业做大做活做专。紧扣山东省"十大创新"任务和济南市"12 项改革创新行动"，以新一代创新技术为首选动能，带动新产业、新业态、新模式的产生，驱动企业转型和指数型增长；聚焦主导产业关键环节，把科技创新作为提升企业核心竞争力的有力武器，围绕产业链部署创新链，实施科技创新"强载体"倍增计划，实行重大项目"双总"（总指挥/总师）工作机制，完善科技成果转移转化机制，加快推进关键核心技术攻坚和科技成果转化应用。

（原载企业观察网，编辑：王　星）

济钢集团党委书记、董事长薄涛：以高质量党建引领和保障济钢转型发展

济南市第十二次党代会召开以来，济南各行各业以党的建设为引领，通过强基础、增活力、促保障，充分发挥党组织的战斗堡垒作用和党员先锋模范作用，扎实推进改革发展，主动服务全市大局，党的建设和综合实力、质量效益不断提升。本报即日起开设"党建引领高质量发展"专栏，展示济南各行各业党建引领聚合力、实干担当谋发展的生动实践。

国有企业是中国特色社会主义的重要物质基础和政治基础，是党执政兴国的重要支柱和依靠力量，是党领导的国家治理体系的重要组成部分。在日前召开的济南市属国有企业党建工作座谈会上，济钢集团有限公司党委书记、董事长薄涛在畅谈加强国企党建工作的认识和心得时表示，党建强则发展强，党旗扬则企业兴。

"人没了灵魂，如同行尸走肉；企业没了灵魂，就是一具'僵尸'，难言发展。"薄涛说，坚持党的领导，加强党的建设就是国有企业的"根"和"魂"，国有企业要想发展壮大，首先必须"强根铸魂"，必须坚定不移听党话、跟党走，这也是济钢 60 多年血脉相传的光荣传统。也正是因为有了这个光荣传统，济钢才能在历经 2017 年产能调整的涅槃洗礼后，创造了起死回生，创造了价值和财富，创造了持续发展的活力！

今年是济钢转型的第 5 个年头，薄涛回想 5 年前的那个夏天，刚完成安全关停 650 万吨产能的济钢，踏上了转型发展的新征程，当时摆在济钢面前的是干部职工对未来发展的迷茫无措，是新旧交替、破立交织的复杂局面。企业发展怎么破局？怎么把经受主业关停创伤的职工的心重新凝聚起来……一系列问题摆在面前。

"解决问题是表象，唤醒活力是根本。关键时刻，我们坚定地把党的领导挺在了最前面，通过推动党的领导深度融入企业发展，探索形成具有济钢特色的'强根铸魂'党建工作新模式。"薄涛说，他们凝聚共识，着力构建起集团党委把方向、谋大局、定战略、抓改革，各级党组织强执行、抓质效、保落实，领导干部以身作则、高风亮节、英勇奋斗，全体党员充分发挥先锋模范作用的全覆盖无缺位组织力体系。

济钢集团让党旗飘扬在转型发展的每个岗位，飘扬在职工群众最需要的地方，飘扬在建设全新济钢的最前沿，实现党的政治势能转化为发展动能，奋力蹚出了一条城市钢厂转型的绿色发展之路。今年上半年，济钢克服疫情防控影响，实现营业收入 210.41 亿元、利润总额 2.54 亿元，超额完成既定目标。

当前，回归济南的新济钢在市委、市政府的坚强领导下，迎来了加快推动企业实现高质量发展的黄金机遇期。"尽管下半年我们面临的形势依然复杂严峻，但无论经济形势如何变化，我们都必须用一种积极的、建设性的方式来应对。"薄涛说，尤其是近段时间以来，省委省政府、市委市政府对国有企业创新驱动高质量发展的高度重视、亲切关怀和坚强决心，也更加坚定了他们在新时期加快推动新济钢做大做活做专的信念信心。

新时期新阶段，济钢集团将牢记国有企业使命本色，坚持党的领导，加强党的建

设，坚决扛起疫情防控、安全生产政治责任，切实抓好信访维稳工作；持续打造济钢"强根铸魂"党建工作新模式，以高质量党建引领高质量发展；深入思考济南所需、济钢所能、未来所向，发挥济钢现有产业基础优势，加速培育以数字信息产业为引领、智能制造产业为重点、现代服务产业为支撑的现代产业体系，构建一批具有行业领先地位的特色优势产业链条。其中，空天信息产业链作为未来数字信息重点产业链进行培育，以济钢防务为龙头，开展卫星通信、卫星总装、低空

网、行波管、浮空器等关键技术研发，助力济南市打造千亿级空天信息产业集群。

"我们还将紧扣济南市'12项改革创新行动'，加快推进关键核心技术攻坚和科技成果转化应用，努力成为全市制造产业的'种子孵化器'和'集聚承载体'，为深入推进'工业强市'战略，冲锋在前，走在前列，以更加优异成绩向党的二十大献礼。"薄涛说。

（原载《济南日报》，记者：刘　彪）

疫情防控不松劲　生产发展不停步
济钢集团坚持完成全年目标任务不动摇

"近期18~25毫米销售不畅，建议调整一下振动筛，增加25~40毫米的产量。"

"好的，这班结束就调整，明天能增加产量。"这是5月17日，济钢石灰石公司的一段产销对话。

作为济南市属一级企业，济钢集团克服疫情不利影响，坚定不移完成全年目标任务不动摇。

"五一"节后订单飙升

今年是济钢集团整体划转济南市的第一年，年初定的目标是：实现营业收入461亿元，职工人均收入在2021年基础上提升8%。

2021年，济钢集团营业收入为377.7亿元，今年目标定为461亿元，相当于增长22%，在疫情深刻影响经济社会发展的情况下，济钢集团依然要坚定不移完成这一目标，信心首先来自济南转入常态化疫情防控之后全面复工复产，各业务单元形势向好。

仅以济钢供应链公司为例，5月份以来，国内外市场齐头并进，国际贸易部陆续

签订以色列、巴西、泰国、俄罗斯等出口订单1.37万余吨。

此外，该公司成功打开了越南、洪都拉斯、坦桑尼亚等国际市场，并签订订单2000余吨。钢贸业务部则签订螺纹钢、冷轧卷板等各类订单1.4万余吨。

"我们经过多轮竞争谈判、技术交流，斩获1300余吨船用管合同，这些都为'五一'节后的市场营销开了个好头。"济钢供应链公司相关负责人说。

疫情防控"从未停产"

完成全年目标任务的信心还来自疫情防控期间，即使在最紧张最严重的时候，济钢集团始终坚持"两手抓、两手硬"，各业务单元从来没有停产停工过。

今年3月份，随着各地疫情呈现出多点散发态势，济钢集团科学研判，实行"双线办公"，总部机关和各单位干部职工"兵分两路"，一路居家办公，一路在厂封闭管理。

封闭却不停产，以济钢鲍德炉料公司为

例，产线正常生产，一派忙碌景象，员工工作热情丝毫未减。针对物流受阻，他们提前谋划，储备了足够两个月生产的原材料。

至于产品销售运输，他们创新性采用集中发货、小外循环、短线技术分析等业务模式，保证生产交付计划率100%，赢得各大钢厂认可，4月份完成产品交付近10万吨。

济钢环保新材料公司则创新性使用封条，管理进出企业园区的物流提货车辆，因为有封条贴在车门上，司机不能下车，既保障了疫情防控安全，又确保业务正常开展。

"济钢这个办法真灵，还有绿色通道，疫情基本没有影响我们的拉运速度，装料快，我们在路上跑得也快。"到环保新材料公司装运产品的大货车司机师傅说。

艰难促使企业创新变革

疫情是坏事，但也锻炼了济钢集团处事应变能力，促进企业适应形势变化而变革。比如石灰石公司，走上了从"以产定销"到"以销定产"的营销创效之路；环保新材料公司前4个月营业收入超2亿元。

供应链公司利用"云商务"与客户对接，成功与俄罗斯东方钢铁公司以视频形式完成订单数量确定、回款等工作，还推动了霸州强源镀锌线改造镀铝线可行性三方商务会谈。

艰难方显勇毅，磨砺始得玉成。"下一步，我们将坚持疫情防控不松劲、生产发展不停步，以扎扎实实的工作业绩，助力济南经济社会平稳健康发展。"济钢集团党委副书记、总经理苗刚说。

（原载2022年5月17日《济南日报》A2版，记者：刘 彪）

改革创新｜来自太空的万亿产业必有属于山东济南的精彩

2019年4月，山东省政府与中科院签署《山东新旧动能转换重大工程合作协议》，开启济南市与中国科学院空天信息创新研究院这支"国家队"的合作。2019年7月30日，山东产业技术研究院在济南高新区揭牌，"齐鲁卫星天基互联网+遥感"成为该院落地后的首个项目。彼时，发射卫星、空天产业都还是令济南人感觉有些遥远的领域。

3年后，2022年8月17日、18日，空天信息产业论坛在济南举办。继7月底的中国算力大会之后，济南再次因前沿产业吸引全国科技界、产业界和投资界的目光。

风起于青萍之末，浪成于微澜之间。济南对空天信息产业的布局全方位"酝酿"已三年。

在政策端，济南发布《空天信息产业发展三年行动计划》《济南市加快卫星导航产业发展的实施意见》《关于开展招商引资"九大行动"的实施意见》《济南市人才服务支持政策（30条）》《济南市人才发展环境政策（30条）》等系列"双招双引"政策，空天信息产业始终是"重头戏"。

在资金端，济南市签署空天信息产业"1+4"深化合作协议，设立每年1.5亿元专项扶持资金，发起10亿元空天信息产业基金，成立空天信息产业投资公司，征集项目纳入市新旧动能转换项目库，开展空天信息产业基金专项路演等综合服务，对带动性强的好项目组织专项评审，实行"一事一议"，真金白银兑现"要素跟着项目走"承诺。

在人才端，济南市与中国科学院空天信息创新研究院签署合作协议，共建空天院齐鲁研究院。以此为契机，济南市开通引育空天领域高层次人才服务"专列"，这趟"专列"公交出行、子女上学、人员补贴等服务一应俱全。截至目前，空天院齐鲁研究院入职356人，硕博比例高达95%。目前，齐鲁研究院项目全面开工建设，2022年底，项目将完成主体结构封顶，为人才团队提供科研、生产、办公、居住等综合配套，兑现"人才落地即安家"承诺。

在项目端，空天信息产业基地、齐鲁卫星星座、AIRSAT遥感卫星星座、数字黄河、低轨卫星导航等一系列项目相继落地，卫星关键器部件生产、总装测试、地面站建设、运营服务等协同集聚效应逐步显现。

从产业要素全方位集聚，可见济南发展空天信息产业的决心；从不断刷新的"济南速度"，可见济南发展空天信息产业的力度。

用足外力的同时，济南又苦练内功。2017年6月29日至7月31日，短短33天，济钢安全关停650万吨产能，创造钢铁行业关停规模最大、安置人数最多、安置期最短纪录。济南市空天信息产业链工作专班积极促成中国科学院空天信息创新研究院与济钢集团深度合作。截至目前，空天信息产业基地一期一步工程竣工，储备10余个高端项目。如今，济钢集团已成为济南空天信息产业的链主企业。

代表传统的钢铁企业，代表未来的空天信息产业，两者似乎风马不接，济南完美实现了"嫁接"。

今日济南，重大国家战略叠加赋能，发展势头强劲。发展空天信息产业，济南这步"先手棋"走得不错，但未来尚有无数谜题待解，有无数沟坎要爬。发展战略性产业慢不得，空天信息产业应用领域非常广泛，发展前景十分广阔，济南不能错过时间窗口，要赢得主动、有所作为。发展战略性新兴产业又快不得，空天信息产业有望在几年内实现集群式发展，达到可观的规模，但很难寄希望于空天信息产业能在短时间内成为主导产业，需要有足够的耐心，扎扎实实推进。

"道阻且长，行则将至；行而不辍，未来可期"，来自太空的万亿产业必有属于济南的精彩。

（原载2022年8月23日
《济南日报》A1版）

腾"钢"换"智"：从"靠钢吃饭"到"无钢发展"

新旧动能如何转换？对济钢来说，腾"钢"换"智"后面对新产业，企业该如何应对？

国家将山东定为新旧动能转换综合试验区后，济钢成为重要的试验场。作为第一批地方骨干钢铁企业，济南钢铁总厂年产钢最高时曾达1200多万吨，跻身全国十大钢铁企业行列。从1958年至2017年，累计产钢1.55亿吨，实现利税316亿元。

2017年，济钢关停650万吨钢铁产能，开启二次创业。从"靠钢吃饭"到"无钢发展"，济钢闯出了一条传统企业新旧动能转换的新路子。如今，济钢围绕数字信息产业、智能制造产业、现代服务三大产业领域聚焦发展。

腾"钢"换"智"，涅槃重生，目前济钢已成为济南先进制造业的"种子孵化器"，作为空天信息产业链的带头人，焕发出更大的生机与活力。2021 年，济钢营业收入达到 377 亿元，产值已超过停产前的水平。

从钢厂到市场

一身工装，一副眼镜，在工作室摆弄起设备来严肃又认真。姜和信的形象，让人很难将他和开拓市场联系在一起。

8 月中旬，太阳火辣。午饭后，当大多数人都在午休时，姜和信又回到他工作室一侧的设备间，调试团队刚刚研发制作成功的一台机器——焦炉小烟道巡检喷补作业车组。姜和信曾将这台机器带到全国钢铁产业新技术新装备展洽会上做演示推广。

"这台机器弥补了工作人员不能进入小烟道作业的缺陷，市场上没有。"能代替人工进入高温环境工作，高效省料，能为企业节约上百万元的资金。姜和信团队的新设备在会上引起围观，许多企业留下联系方式，希望能取得合作。

回想 2017 年济钢主业关停，姜和信记忆深刻："我负责为设备断电，一台一台地断下来，是不好接受的。当时心想，这么大的厂，怎么能说停就停呢？"

2017 年 6 月 29 日，为落实中央供给侧结构性改革、推动山东省钢铁产业优化布局转型升级、适应济南市省会城市功能定位的重大部署，建厂 59 年后，济钢与钢铁主业完全切割。

济钢集团在短短 33 天内，安全有序地关停了 650 万吨钢铁产能、平稳分流近 2 万名职工，创造了国内钢铁行业关停规模最大、安置人数最多、安置期最短三项纪录。

1985 年进入济钢工作的姜和信是 2 万多名职工中的一员。转型前，姜和信是电工班班长，他有着引以为傲的荣誉：1999 年，第一套国产化的干熄焦装置投产，而这套设备，从设计到制作到维护，全由姜和信和他的团队完成，当时为在全国推广干熄焦技术起到了极大的示范及推动作用。

2000 年，济钢"干熄焦技术的研究与应用"获得国家科技进步奖二等奖，这是济钢在此奖设立以来首次获此殊荣。2010 年，姜和信被国务院授予全国劳动模范的荣誉称号，成为他人生中的高光时刻。

2012 年 4 月，"姜和信创新工作室"成立，这是济钢第一个以职工个人名字命名的职工创新工作室。主业关停前，"姜和信工作室"主要针对钢铁生产设备中的电气设备、机械设备，做服务生产的创新项目。

然而转型并没有因为姜和信工作上的成绩优秀而给他太多的时间考虑。姜和信坦言，从感情和身份的角度来说，他不能放弃济钢，选择与济钢同转型，就意味着一切就要从零开始。

"当时我已经够了单位规定的内退年龄。"姜和信说，家人和一些朋友给了不错的出路，先内退，再找其他工作。当时也有企业向他伸出橄榄枝，开出了诱人的条件，但他暗下决心，最终选择留在济钢，和企业一起转型。

2017 年济钢停产后，"姜和信工作室"整体并入瑞宝电气。瑞宝电气是济钢的其中一家子公司，工作室关注的业务，也随之从钢铁产线转至更大的市场。

告别历史，停产后济钢踏上二次创业新征程。既然选择留下，姜和信的工作也随之从幕后走向台前——不仅要研发制造产品，还要全国各地跑销售。

从钢厂到市场，全国劳模的光芒并没有使转型之路变得平坦，在市场上的四处碰壁，也曾一度让姜和信变得沉默寡言。

"有时候在企业推广一上午产品，连口水也喝不上，尽管自己感觉产品已经非常完美，但对方还是以各种理由拒绝了。"市场有市场的规矩，屡屡出师不利，这让姜和信也曾怀疑自己的选择是否正确。

为将科研成果转化为效益，姜和信与徒

弟一起，在搞生产研发的同时，也学习起了市场营销。他带着产品搞起"活动"——让客户先免费试用，不满意无条件把设备拆回，"这个办法有些效果。"终于，姜和信工作室研发的产品逐渐被行业内的企业认可。

转型的几年间，济钢集团经过不断摸索、归纳、总结，最终在2019年提出了培育高端装备制造、新材料和现代城市服务三大主业。而姜和信工作室也在不断尝试，研发出了干熄炉内窥摄像装置、危险废渣焚烧装置、应用于公共场所的智能售货机、应用于疫情的身份识别+体温检测智能装置等，也逐渐被市场所认可。

从皮带工到"创智谷"

2017年，济钢主业停产。在姜和信将一个个设备断电关停时，他的同事李宏伟则正在用手中的相机，将这历史一刻记录了下来。

"激动，我跟拍了所有的环节。"李宏伟回忆，他一直拍到凌晨1点左右，直至所有流程结束，他独自走在从未如此寂静的路上，眼泪哗哗地流下来。

李宏伟是地道的"钢三代"，从小就生活在这十里钢城。2009年，父亲退休，他子承父业，加入济钢的大家庭。"我的第一份工作是高炉皮带工。"李宏伟说，具体工作就是为高炉提供燃料，在38米高的高炉料槽上为高炉运送烧结矿、球团和焦炭。这个岗位，李宏伟一干就是7年，2016年，喜欢宣传的他转岗到机关，成为一名专职宣传员。

"1958年，6000多人冒着蒙蒙细雨，在鲍山脚下开启了第一次创业。"虽然李宏伟并没有亲身经历济钢创建，但从小耳濡目染，让他对济钢的发展史印象深刻，清楚地记得济钢的每一个历史阶段："60年后，我们依旧在鲍山脚下，成为'济钢无钢'的

第二代创业者，时代赋予我们这种使命，还是很有自豪感的。"

2017年济钢主业停产，"创智谷"成立，李宏伟和20名同事应聘到济钢创智谷科技服务分公司，从事创业项目孵化。

"创智谷"位于工业北路21号，原是济钢装备部的办公楼。虽经粉刷，但老工业建筑的格局还在。2017年8月，济钢集团通过决议，决定创建济钢创智谷分公司，把装备部办公楼等配套设施，全部用来做"双创"，总面积约1.2万平方米。

成立之初，创智谷承担两个职能：一是作为安置济钢分流转岗职工的载体，接纳原职工的创业项目；二是盘活存量土地和厂房，打造济钢新旧动能转换实践中新的产业生态支撑平台等。

"除了安置职工，对于自己有创业梦想的济钢人，我们真心地希望能给他们提供一些帮助。"李宏伟说，大家都是钢铁主产线的职工，转型后，直接面对市场化的竞争，可能很难。创智谷的成立，为他们提供了场地，免租金、免服务费，也提供指导建议，"就是想把这些有梦想的济钢人扶上马、送一程。"

但什么叫孵化器？什么叫创业园区？什么是众创空间？让钢铁产线上的工人在短时间内从事园区运营，这对于李宏伟和整个团队是完全陌生的，完全是摸着石头过河。如何能够帮扶过去的工友？如何让他们在这片热土上实现他们的目标和梦想？也是他当时必须面对的难题。

"我们去了很多地方去学习去尝试探索。"团队先后前往杭钢、宝钢取经，与浙江长三角研究院、宝钢吴淞口创业园对标，与咨询机构研讨。通过先后到省内外10余个园区、基地进行交流学习，确定了创智谷成为济钢转型发展的动力源、区域经济新旧动能转换的赋能中心的目标。

目前，在全新运营模式下，创智谷对接

项目 800 余家，入孵企业 170 余家（济钢职工创业项目 55 个），高新技术企业 6 家，规模以上企业 15 家，入孵企业年产值约 3 亿元，带动社会就业 500 余人。

而此时的李宏伟，也已成长为济钢创智谷科技服务分公司党群综合管理部的主任，这和他的第一份皮带工的工作，形成了鲜明的对比。

在"创智谷"的办公楼顶层，能清楚地看到马路对面，济钢老厂区里遗留下来的 3200 立方米高炉，那是李宏伟以前工作的地方。如今，曾经的钢铁之城已"变身"为一处以"森林"为基底的城市森林公园，公园与老济钢的凯旋门、高炉等工业文明相互辉映，绿色生态与城市文化相得益彰，新济钢的故事刚刚开始……

李宏伟闲暇时，会带上"钢四代"在森林公园走一走，给他讲讲济钢的历史，带他看看自己曾经工作的地方。李宏伟觉得，等他的"钢四代"长大，济钢一定会有更大的舞台。

"炉火虽熄，心火不灭。"李宏伟说，他始终觉得济钢人有着一团火的精神，一直向前。

从钢铁到空天信息

淘汰落后产能也为培育高新智慧产业腾出了空间。如今，环保新材料、高端装备制造、现代物流等产业逐步成长。同时，"四新"产业、创智谷孵化基地、城市出租车等产业，也让济钢从"排放性"企业转变为"消纳性"企业，走出了一条与城市相融共生的绿色发展之路。

2019 年，济钢抢抓济南市发展空天信息产业的战略机遇，同济南市、中国科学院空天信息创新研究院、科学家团队展开全方位深入合作，积极培育出高效的高端装备制造效益增长点。

济钢集团与中国科学院空天信息创新研究院从接触到成立产业化项目承接平台济钢防务公司，仅用时 140 天就完成注册，并实现首年度盈利，填补了国家在部分空天信息领域的产业空白。

在济南的一个济钢老厂区，地下有一段 30 多公里的巷道，以前生产的是和钢铁相关的矿石产品，这个曾经的铁矿石检测线，如今已被这条国内首个具备完全自主知识产权的空间行波管自动化装配试验线所替代，高精度、世界领先的技术，支撑着这里稳定、批量下线着卫星核心零部件。

今年 7 月 31 日，山东微波电真空技术有限公司空间行波管试验线一期项目建成验收、一期提升工程厂房竣工投用并成功与航天九院 704 所签订行波管采购协议，标志着该公司全面具备空间行波管生产验证能力，济钢空天产业基地一期一步建设如期完成，千亩产业园雏形初现。

关停主业，济钢产值由三百多亿元断崖式下滑到六十几亿元。2 万多名济钢员工的职业发展也遇到了前所未有的转折。

但济钢始终坚持把"造福全体职工"作为不懈追求，及时妥善解决职工关注的热点、疑点、难点问题，累计发放帮扶救助金 1500 余万元；职工收入也在随企业的效益稳步增长，从停产时的人均 7.9 万元/年，增至 2021 年的人均 13.17 万元/年，四年增长了 66.7%，其中内退职工人均月收入增长 600 元左右。

"去产能不是去企业，加快新旧动能转换是关键"。济钢集团有限公司党委副书记、总经理苗刚说，转型之初，济钢结合自身特点，以"多元主打、培育发展新兴产业"为战略目标，初步规划了"一个中心、两个基地、三个产业园"的发展格局，如今，经过 5 年的发展，济钢初步确立了以数字信息、智能制造、现代服务为龙头的三大产业体系。

从"靠钢吃饭"到"无钢发展"，淘汰

的是落后产能，迎来的是新动能，绿色转型后的新济钢，将更高端、更绿色、更有活力。腾"钢"换"智"，涅槃重生，目前济钢已成为济南先进制造业的"种子孵化器"，作为空天信息产业链的带头人，焕发出更大的生机与活力。2021年，济钢营业收入达到377亿元，产值已超过停产前的水平。

（原载2022年9月8日《齐鲁晚报》A03版，记者：李岩松　张琪　孙雪萌　张锡坤）

改革创新｜山东济南：空天信息产业"链"上开花

7月31日，山东微波电真空公司国内首条拥有完全自主知识产权的空间行波管自动化生产线顺利通过验收，并与航天九院签订采购协议。

山东微波电真空公司董事长张毅表示，此次生产线验收是公司空间行波管业务达成的又一个重要里程碑，标志着公司能够生产高精度、高一致性、高良品率、高产能的产品，可以具备向航天用户交付高品质空间行波管的能力，以满足全国互联网卫星制造不断增长的需求。

据悉，山东微波电真空公司成立是落实院省合作、加快推进新旧动能转换的重要举措，也是山东省济南市发展空天信息产业的"代表作"之一。2019年11月，山东微波电真空公司在济南启动行波管试验线一期项目，建成了世界第一条具备完全自主知识产权的空间行波管自动化装配试验线，实现稳定批量生产。项目建成投产后还创造了诸多第一，生产的空间行波管从指标到尺寸、质量、外观完全超越了以往的概念，同时大大降低了制造成本。未来山东微波电真空公司还将投入3亿元开展Q频段空间行波管技术的研发和生产，将进一步巩固行业领先地位。

近年来，济南市空天信息产业快速发展，实施产业链"链长制"，聚集了济钢防务、中科卫星、未来导航、时代低空等一大批空天信息产业龙头企业，汇聚上下游产业链从业企业200余家，产业链协同能力不断增强。空天信息大学、齐鲁空天信息研究院的加快建设，将为产业发展提供空天信息产业人才、技术研发支持。未来，济南市空天信息产业整体规模、创新能力、本地化配套水平将不断提高，努力成为济南市乃至山东省重要的产业增长点。

（原载2022年8月4日《大众日报》10版）

济钢主业关停转型发展五年重回中国企业500强，制造业500强第256位

9月6日，中国企业联合会、中国企业家协会公布了"2022中国企业500强"榜单，济南市属一级国有企业——济钢集团有限公司以447亿元营业收入跻身其中，位列第499位。

2017年，主业关停转型发展之前，济

钢集团曾是"中国企业 500 强"甚至"100强"榜单的常客。相关资料显示，2001 年，济钢集团成为济南市第一个工贸收入过"百亿"的企业；2002 年，济钢集团在中国企业中排名 58 位，2003 年 38 位，2004 年 48 位，2005 年 87 位，2006 年 71 位。

2005 年，济钢集团年产钢突破 1000 万吨，稳居全国十大钢企行列，并成功跻身全国上市公司 50 强。2007 年，济钢集团的钢和钢材产量双双超过 1200 万吨，达到鼎盛时期。

2017 年，为落实中央供给侧结构性改革，推动山东省钢铁产业优化布局转型升级，适应济南市省会城市功能定位的重大部署，济钢集团安全有序关停 650 万吨钢铁产能，走上了转型发展之路。

济钢集团用了 3 年时间，2020 年，营业收入基本恢复到停产前水平；2021 年营业收入继续快速发展，并在这一年年底，山钢集团将持有的济钢集团 100% 股权划转给济南市人民政府国有资产监督管理委员会。自此，济钢集团成为济南市属一级国企。

今年是济钢集团整体划转济南市的第一年，今年上半年，其营业收入突破 210 亿元，完成预定目标，分板块来看，济钢防务订单持续增长，济钢物流主要经营指标均创历史新高，石灰石公司营收、利润均实现两位数增长，国际工程实现利润增长超过 30%……

9 月 6 日，中国企业联合会、中国企业家协会还公布了 2022 年"中国制造业企业500 强"榜单，济钢集团位列 256 位。2006年，国家统计局曾发布了 2006 年度中国制造业 500 强企业名单，在这份名单中，山东企业占据了 63 个席位，济南市也有 5 家企业上榜。

当时，济南市这 5 家入围企业分别是：济南钢铁集团总公司、中国重型汽车集团有限公司、浪潮集团有限公司、将军烟草集团有限公司济南卷烟厂和山东山水水泥集团有限公司。按主营业务收入大小排序分别居第 19 位、第77 位、第 102 位、第 416 位和第 467 位。

转型发展以来，济钢集团在上级党政组织的关怀支持下，牢固树立"去产能不是去企业，加快新旧动能转换是关键"的理念，牢牢抓住省市实施新旧动能转换重大工程的有利契机，快速推动企业转型发展，积极探索"产城融合""跨界融合"的发展新模式，从"靠钢吃饭"到"无钢发展"，用近 5 年的时间闯出了一条传统企业新旧动能转换的新路子，逐步形成以存续产业、新增产业、未来产业为支撑的绿色可持续发展产业架构，实现了涅槃重生。

下一步，新济钢将完整、准确、全面贯彻新发展理念，融入城市发展、服务地方经济，以"高端化、绿色化、智慧化、品牌化、国际化"为战略实施路径，围绕智能制造、新材料、现代服务三大产业领域，全力构建核心技术自主可控、产业链安全高效、产业生态循环畅通的新济钢产业生态体系，以更加优异的发展成绩，在推动省市高质量发展的进程中，展现国企担当，贡献"济钢力量"！

（原载济南日报·济南发布，
记者：刘　彪）

无钢胜有钢！重回中国企业 500 强，济钢做对了什么？

近期，当 2022 中国企业 500 强名单公布后，济钢入选的消息令不少人感到惊讶。

在名单发布的当天，一名济钢员工在微信朋友圈发文："济钢再次跻身中国企业 500 强，正走向二次辉煌之路。"

回看这个 64 岁济南国企发展历程，从巅峰走向低谷，又从低谷攀上新的高峰，5 年时间实现了无钢胜有钢。钢铁主业关停后，济钢凭何"浴火重生"？这背后，济钢做对了什么？在全国动能转换的大潮中，济钢强势归来给出了怎样的启示？

济钢回来了

在近期公布的 2022 中国企业 500 强榜单中，济钢以 447 亿元的营收位列第 499 位，同时位列中国制造业企业榜单 256 位。这样的榜单一经公开，不少人恍然大悟，关停钢铁主业的济钢，竟然比之前活得更好了。

其实，1958 年建厂的济钢，在 60 多年的发展历程中，曾多次登榜中国企业 500 强。从公开信息看，2001 年，济钢集团成为济南市第一个工贸收入过百亿元的企业；2002 年至 2006 年，济钢集团在中国企业排名中均位列前 100 强，其中，2003 年排名最靠前，位列第 38 位。

从钢铁行业看，2005 年，济钢集团年产钢已突破 1000 万吨，稳居全国十大钢企行列；2007 年，济钢集团所产钢和钢材双双超过 1200 万吨，达到鼎盛时期。

2008 年随着山钢集团组建后，作为曾经的山钢子公司，济钢便很少再出现在中国企业 500 强名单中。

在风起云涌的国企重组改革中，2021 年底，济钢划归济南市国资委，成为济南市属一级国企，得以重新以独立企业参评中国企业 500 强。成为济南市属国企后，济钢首次参评即登榜，让很多人以这样的方式重新认识它。

"死过一回"

当我们重新看到济钢的实力时，这已是一个无钢的企业。作为曾经的全国十大钢企之一，曾经多么辉煌，2017 年钢铁主业关停时济钢员工感受到的落差就有多大。

2017 年，为深化供给侧结构性改革、落实国家去产能政策、促进钢铁产业转型升级，59 岁的济钢从 6 月 29 日到 7 月 31 日，33 天安全关停 650 万吨产能、平稳分流近 2 万名职工，创造了国内钢铁行业关停规模最大、安置人数最多、安置期最短的纪录。

钢铁主业关停，济钢财务收入断崖式下滑。钢铁主业关停前，济钢半年营收 150 多亿元，每月回款均为两位数（单位：亿元）。钢铁主业停产后的 7 月，济钢进账断崖式下滑，只有 4 亿元，一名财务工作人员为此趴在桌上痛哭。

2019 年接受记者采访时，在济钢工作了 29 年的一位员工谈及转型发展时眼角泛红，"得知钢铁主业要关停，职工哭了好几场"。

"靠钢吃饭"的印记有多深？不少济钢职工的父辈，也曾是济钢员工，现在偶尔还会问起："济钢不产钢铁了！真的吗？"

从一线工人成长为济钢"掌门人"的薄涛，曾直言济钢"死过一回"。

面对没有成功先例可循的复杂局面和不明确的发展路，当时薄涛提出，"三年再造一个新济钢"。

如今再看这样的目标，这不只是鼓舞士气的豪言壮语，而是济钢已经翻过的一座"山"。

"产城融合"的样本

城市钢厂如何转型发展？面对这个难题，自 2017 年钢铁主业关停后，济钢便开始持续探索。

经历过转型阵痛，"产城融合"成为济钢发展的主线，发展主业也在不断明确。从停产初期的"结构调整、转型升级存续产业，多元主打、培育发展新兴产业"到 2019 年基本确立"高端装备制造、新材料、现代城市服务"三大主业定位，再到以空天、先进材料、新城建为主业，2021 年划入济南市后，在"工业强市"战略引领下，济钢确立了以数字信息、智能制造、现代服务为龙头的三大产业体系，初步形成了支撑高质量发展的产业主体框架。

"去产能不是去企业，加快新旧动能转换是关键。"济钢集团党委书记、董事长薄涛说，济钢积极探索"产城融合"的发展道路，奋力蹚出一条城市钢厂转型的发展新路，充分吸取历史的经验教训，坚持把新济钢的发展与城市的规划、发展、需求相融合，逐步形成以存续产业、新增产业、未来产业为支撑的绿色可持续发展的产业架构，转型之路越来越清晰、决心越来越坚定。

"置之死地而后生"。经过5年新旧动能转换，济钢存续产业纷纷"脱胎换骨"。比如，冷弯型钢自建立就鲜少盈利，而主业关停后，却迸发新活力，年产量从转型之初的6万吨提升至25万吨；济钢物流营收规模逐年翻番，由25亿元增至180亿元；城市矿产面对转型之初主营业务90%以上灭失的困境，主动出击，对外积极开展合作经营，营收增长至转型之初的3倍多，月营收突破13亿元；萨博汽车在济钢钢铁主业停产前产值仅在5000万元，近几年，以科研项目为抓手快速发展，营收规模近10亿元；冶金研究院转型之初营收在1700多万元，近些年快速拓展建立了标准物质、理化检测等六大业务板块，今年营收有望达1亿元……

新增产业"多点开花"。济钢顺行综合服务区和新能源充电站全面建成，巡游出租车总量达580辆，在济南市行业排名第2；环保新材料产业园用时5个半月完成矿山基建施工，创国内同类大型矿山建设工期最短纪录，投产当年产量即达780万吨……

与此同时，济钢不断探索跨界融合，未来产业正在崛起，含金量不断提升，最具代表性的即空天信息产业。济钢防务用时140天即完成注册，已连续两年实现盈利，填补了国家在部分空天信息领域的产业空白。首

辆车载要地净空防御系统完成交付；济钢防务面向环保新材料数字矿山建设需求，成功研制高精度北斗定位产品和数字地球三维可视化平台；齐鲁卫星公司针对卫星媒体融合等8个领域开展技术研发，形成了齐鲁星惠产品体系。

无钢胜有钢

随着存续产业、新增产业、未来产业持续发展，二次创业的济钢发展不断迈上新台阶。

短短5年间，济钢经营规模以每年37%的增长率快速递增，营收从2018年的147亿元，增至2019年的225亿元，2020年克服疫情影响实现293亿元，营收基本恢复到钢铁主业停产前水平，实现了"三年再造一个新济钢"的目标。随着2022中国企业500强名单公布，济钢以2021年447亿元的营收登榜，发展跃上新高峰。

随着济钢发展规模持续壮大，职工收入也稳步增长，从钢铁主业停产时的人均7.9万元/年，增至2021年的人均13.17万元/年，四年增长了66.7%，其中内退职工人均月收入增长600元左右。

其实早在2018年，济钢转型发展的成效已让众多职工重燃斗志。当年，济钢城市矿产公司营收39.87亿元，成为济钢转型排头兵。"钢铁主业停产最初的迷茫和悲伤情绪早就一扫而光。"时任济钢城市矿产公司机关党支部书记、党群部副部长的刘法敏说。近日，得知济钢登榜中国企业500强，已调任日照济钢金属科技有限公司的刘法敏告诉新黄河记者："2017年济钢转型发展之后很多职工当时很迷茫，如今济钢竟然是中国企业500强了，很意外，很惊喜，很自豪。"

曾在济钢钢铁主业发展黄金期荣获全国劳动模范的姜和信，在主业停产后，转型为山东鲁冶瑞宝电气自动化有限公司创新工作室负责人，开始重新打拼。谈及济钢登榜中

国企业 500 强，姜和信告诉新黄河记者："我感到非常振奋。原来济钢生产钢铁时规模比较大，那时进入中国企业 500 强相对容易些。5 年前钢铁主业停产，济钢原来的辅业变成主业，同时重新开辟新市场。市场打拼我们都是门外汉，这几年相当不容易，但济钢人有一种拼搏精神、一团火精神、不怕困难的精神，通过从上到下的创新与市场打拼，经过 5 年奋斗出这样的成绩，非常不容易，我认为是实至名归。"

新济钢加速奔跑

重回中国企业 500 强，新济钢正汇聚更多的期待。而持续的高质量发展，是所有企业面对的永恒发展命题。

经过 5 年奋战，济钢已实现从"排放型"到"消纳型"企业的转身，仍在持续深耕新旧动能转换。今年上半年，济钢已实现营收 210.41 亿元。

"新旧动能转换关键是创新。济钢转到新的产业，有些产业已朝气蓬勃，让人充满信心。"姜和信说，钢铁主业关停前，他不需要跑市场，如今既需要做好技术创新也要跑市场，"开拓市场一直比较难，尽管如此，我们一直在知难而上，持续奋斗。"

近期济钢召开的第二十一届一次职代会上提出，新济钢已进入转型发展以来最为关键的发展阶段，要克服一切困难，想尽一切办法，咬紧牙关，奋力攻坚；要加快形成更多响亮的"济钢名片"，打造更多更强的"单项冠军"，加快形成新济钢产业集群。

谈及未来发展，薄涛表示，坚持产城融合、跨界融合战略主线。依托济钢特色产业链条建链、强链，努力成为济南市制造产业的"种子孵化器"和"集聚承载体"；以新一代创新技术驱动企业转型和指数型增长，多措并举做好"创造文章""创新文章"；加快培育绿色低碳新兴产业，让"绿色低碳"成为高质量转型发展的鲜明"底色"。

而透过济钢的发展，当我们将视角延展至济南乃至整个山东，其崛起的意义不只是一家企业重塑辉煌。在二次创业路上，济钢获得了济南市与山东省真金白银的纾困支持及政策加持。从某种意义上看，济钢的再次崛起，一定程度上折射着济南和山东推进新旧动能转换、产业结构转型升级的决心与合力。

从 2018 年发端的山东新旧动能转换，如今仍在浩浩荡荡走向纵深，在这个巨大的浪潮中，济钢的"壮士断腕""腾笼换鸟""浴火重生"，可谓济南乃至山东新旧动能转换的样板之一。从它的再次崛起，我们看到，存续的传统产业因为创新实现转型升级迸发新活力，高端新产业的导入加速了企业的发展，产城融合的发展路径正推动城市与企业双向赋能。

更高质量的发展呼唤发展能级的持续跃升。如今，"在深化新旧动能转换基础上，加快推动绿色低碳高质量发展"已成为国务院赋予山东的重大战略使命。显然，找到有效发展路径的济钢，已在这条路上加速奔跑。

（原载 2022 年 9 月 19 日济南报业《新黄河》，记者：黄　敏）

一线调研·济钢的"无钢"转型记

面对复杂的发展环境，中国经济彰显出新动能澎湃的强大韧性。然而新动能是如何快速生长起来的？这其中不仅有适时把握新一轮科技革命的努力，还有新旧动能转换的发展思路创新。

今天的一线调研，一起来看一座老钢厂革旧鼎新，焕发新动能的转型之路。

新旧动能转换中的"铁腕"行动

在济南东郊的一片小区中行走，如果不注意门牌，可能不知不觉就走入了一家钢铁厂。与传统印象中烟囱林立、尘土横飞、机器轰鸣的场景不同，济钢的这个园区绿树成荫、小河环绕，静谧地与周边小区和谐相融。

济钢集团有限公司总经理苗刚说："这是一个老厂区，再早是我们生产铁矿石的，地下有35公里的巷道。原来我们生产的是和钢铁相关的矿石产品，从地下负400米采掘上来的，我们现在叫纵向提升，往空天信息来发展。"

曾经铁矿石的检测线，如今已被这条国内首个具备完全自主知识产权的空间行波管自动化装配试验线所替代，高精度、世界领先的技术，支撑着这里稳定、批量下线着卫星核心零部件。

新动能澎湃的背后，是企业走过的一次"破旧立新"的转型之路。1958年建厂的济钢，鼎盛时期，年产钢达到了1200万吨，位列全国十大钢铁企业之中。然而在发展中，钢铁行业的产能过剩，让企业不仅增速放缓，钢铁主业占比九成的单一产业结构，也让企业每逢遇到市场波动都感到深深不安。

而这样的发展之困，在当时，也是中国经济众多产业的共性，到了迫切需要调整结构、引擎切换的阶段，该怎么做？国家开启了供给侧结构性改革。引导淘汰落后产能，腾出更多资源用于发展新的产业。

新旧动能如何转换？国家将山东定为综合试验区，济钢也成了一个重要的试验场。

济南市发展和改革委员会济钢转型发展工作专班成员史晓楠说："我们省市两级共同引导济钢去产能，济钢当时有将近三百亿元的产值，关了它应该是壮士断腕。"

关停钢铁主业，济钢产值从三百多亿元断崖式下滑到六十几亿元。2万多名济钢员工的职业发展也遇到了前所未有的转折。

济钢集团有限公司员工陈书超说："干了十几年的工作，突然就没有了，不知道下一步要干什么。"

从"靠钢吃饭"到"无钢发展"

曾经的全国十大钢铁企业，如今却成为全国首家生产线整体关停的千万吨级城市钢厂，济钢的改革既彻底又突然。从"靠钢吃饭"到"无钢发展"，济钢下一步该怎么办？

帮助济钢转型，济南市发改委成立了工作专班，进驻结业。

济南市发展和改革委员会济钢转型发展工作专班成员史晓楠说："共同制订了十四条安置政策，谋求了当时的十大转型项目。还是在利用它原有传统产业的优势里边去发展的，当时我们是这么设想的。"

纸面上的规划需要在现实中磨合。发展金属深加工、汽车拆解、出租车、环保新材料项目，最初济钢围绕着企业的存续产业进行盘活。

济钢转型发展十大项目相关负责人魏涛说："我们最初还是希望通过类似原来资源型一些项目，想解决先活过来的问题。"

当政策和办法都应用尽用后，经济效益却一般，政府和企业都意识到，济钢还没有找到真正可以长久发展的动能。

济南市发展和改革委员会济钢转型发展工作专班成员史晓楠说："这个过程中，我们也逐步认识到济钢这么大批量的转型发展，其实不光是在原有的一些基础上小范围进行升级。"

济钢转型发展十大项目相关负责人魏涛说："动能不足、效率不高、机制不活的这个痛点。爬坡过坎这个关键时刻，核心的动能所在是在创新这一块。二次创业重塑济钢。"

新动能澎湃 济钢"无钢"胜"有钢"

经济生态的重塑，是最难的部分。腾笼后，换什么样的产业？走过"关停主业、存续发展"阶段的济钢，开启了二次创业，追求凤凰涅槃。

如今，济钢每个季度都会召开一场这样的评审会，会上多个领域的专家针对济钢22个子公司和相关业务部门完成目标任务的情况，进行"创新"和"价值"两个维度的量化评审。

济钢集团有限公司总经理苗刚说："就是这个事儿，创造的点在哪？创新性的点在哪？创造的价值在哪？这个价值有时候能量化到具体的产值利润上，但是很多价值也体现在创新的思维，是为了把大家创新的潜力充分地挖掘出来，也是我们新动能的主要来源。"

评审指挥棒的引领，让济钢对业务发展方向的判断，注重创造利润，同时也注重创新的突破。根据评审结果，企业也在不断调整每个阶段发展的着力点。

在五年来的评审报告中，记者看到了这样的变化。2018年，评审的类别之一是"主业培育"；2020年，这一项变为了考核"主业提升"，再到2021年重点评审子公司的"创新驱动"能力，而如今企业开始了聚焦子公司"一企一业"创造的价值进行评判。这也让大家看到了济钢新动能实现了从"无中生有"到"有中做实"再到"实中做精"的优化发展。

新的模式，激励着不断探索。如今，济钢围绕着数字信息产业、智能制造产业、现代服务三大产业领域聚焦发展。掌握了空间行波管制造等一批核心技术能力，产业结构实现了多元发展。2021年，济钢营业收入达到377亿元，较上年增长28.66%，产值超过了停产前的水平。

而让企业和政府更没有想到的是，涅槃重生的济钢成了济南市先进制造业的"种子孵化器"，作为空天信息产业链的"链主"企业，正带动着上百家上下游企业，焕发出更广大的新兴市场主体勃勃生机。

国家统计局最新发布了2021年我国经济发展新动能指数，测算结果显示，2021年我国经济发展新动能指数为598.8，比上年增长35.4%。而当我们看到济钢这个六十多年老钢厂焕发新动能的历程时，我们才真正明白，到底是什么主导和推动着所有的变化。用新的方式去重塑和构造传统经济动能，用新技术、新思维推动新发展。一个个微观市场主体，给了我们转型中国的答案。

（原载央视新闻频道《朝闻天下》）

特载

会议报告

概况

大事记

专项工作

专业管理

党群工作

生产经营

先进与荣誉

媒体看济钢

统计资料

附录

统计资料

TONGJI ZILIAO

"九新"价值创造体系（新内涵）

新作风：

职工：立足本职、胸怀全局，创新领先、创效一流，
  "双创型"职工

主要产品介绍

序号	单位	经营业务名称	产品种类/技术/服务范围 （包括具体规格或标准）	已获资质、能力、品牌等	备注
1	型材公司	（1）方形管	F30 mm×30 mm～F300 mm×300 mm，厚度3～16 mm	（1）资质证书：营业执照，CE 欧盟认证、FPC 新加坡认证、ABS 美国船级社认证、LR 英国船级社认证、CCS 中国船级社认证、DNVGL 挪威德国船级社认证、BV 法国船级社认证、KR 韩国船级社认证、NK 日本船级社认证、ISO 9001 质量体系认证等各类认证证书； （2）执行标准：GB/T 6725—2017、GB/T 6728—2017、GB/T 26080—2010、GB/T 6723—2017、GB/T 13793—2016、GB/T 3091—2015、YB/T 4291—2012、YB/T 4624—2017、JG/T 178—2005、MT/T 557—1996、JIS G3466—2010、BS EN 10219—2006、BS EN 10210—2006； （3）品种包括：普碳、低合金高强度、耐腐蚀、耐低温、耐高温、复合材料等； （4）具备年产30万吨以上冷弯型材的能力，未来打造50万吨以上产能，集"高端化、智能化、信息化、绿色化、品牌化"于一身，打造集型钢研发、生产、延伸加工、技术服务、销售等于一体的全产业链高端产品智能制造企业	
		（2）矩形管	J20 mm×40 mm～J400 mm×250 mm，厚度3～16 mm		
		（3）圆管	ϕ40 mm～ϕ219 mm，厚度2～10 mm		
		（4）U 型肋	上口宽度200～360 mm，下底宽度160～240 mm，肢高宽度200～300 mm，厚度5～12 mm		
		（5）U 型槽	底宽 B：80～250 mm 高度 H：80≤H≤300 mm 产品厚度 t：3～12 mm		
		（6）尖角方钢	F75 mm×75 mm～F118 mm×F118mm，厚度5～10 mm		
		（7）纵剪带	宽度70～2000 mm，厚度2～16 mm		
		（8）开平板	宽度400～800 mm，厚度4～12 mm		
		（9）C 型钢	底面100～250mm，高度50～150 mm，短边10～50 mm，厚度3～8 mm		
2	泰航合金	（1）套筒窑石灰	粒度4～10 cm炼钢用石灰	氧化钙大于90%，年产43.8万吨	
		（2）合金产品经营	（1）中碳锰铁、中碳铬铁、金属锰、高碳锰铁、硅锰、铌铁、硅铁、碳化硅、萤石、锰矿石、增碳剂、硅钡、钼铁、钒氮合金、铬系合金等； （2）铝线、铝粒、铝块、硅铝钡、硅铝钡钙； （3）硅锰包芯线、硅铁包芯线、纯钙包芯线、碳铁包芯线、钛铁包芯线、高钙线	全国首批铁合金行业准入企业	

序号	单位	经营业务名称	产品种类/技术/服务范围（包括具体规格或标准）	已获资质、能力、品牌等	备注
3	环保材料	（1）石灰石	粒度：0-5 石子：5~10 mm，1-2 石子：10~20 mm，1-3 石子：10~30 mm	（1）执行标准：GB/T 14684—2011《建设用砂》、GB/T 14685—2011《建设用卵石、碎石》；（2）创新型中小企业、"专精特新"中小企业和高新技术企业，具有采矿许可证	
		（2）机制砂	机制砂 0~4.75 mm		
		（3）风选石粉	风选石粉：小于 0.075 mm		
		（4）矿山爆破工序承包、山皮土筛分	矿山爆破工序承包、山皮土筛分	（1）爆破作业许可证二级资质，和住建部门核发的地基与基础专业承包二级资质；（2）高新技术企业	
4	鲍德石灰石	石灰石	粒度 40~80 mm、25~40 mm、18~25 mm、7~18 mm 石灰石	石灰石氧化钙含量 50% 以上，筛下料氧化钙含量 48% 以上	
5	鲁新建材	矿渣微分	矿渣微粉	（1）执行标准：GB/T 18046—2017；（2）质量管理体系、环境管理体系、职业健康安全管理体系、山东省"专精特新"企业、山东省瞪羚企业、高新技术企业	
6	国铭铸管	（1）生铁	铸造生铁、球墨铸铁	执行标准：GB/T 718—2005、GB 1412—2005	
		（2）球墨铸管	给水管、热力管、污水管、顶管、自锚管、聚氨酯管、环氧树脂密封层管	（1）通过的产品认证：中水润科节水产品认证、新华节水产品认证、SGS（ISO 2531/EN545）产品认证、SGS（EN598）产品认证、SGS（EN545）产品认证、SGS（CE）产品认证、SGS（ISO 10804）产品认证、TUV（ISO 2531/EN545）产品认证、BV（ISO 2531/EN545）产品认证、BV（NBR 7675）产品认证；（2）许可证：特种设备制造许可证、水泥内衬卫生许可证批件、国铭铸管内衬聚氨酯卫生许可批件；（3）2017 年荣获"中国铸铁管十大品牌"，2021 年度荣获山东知名品牌、省级国铭铸管股份有限公司技术中心、临沂市工业企业"一企一技术"研发中心	
7	济钢气体	（1）氧	液氧、氧气、医用液氧	（1）《安全生产许可证》；（2）《移动式压力容器充装许可证》；（3）《药品再注册批件·氧》；（4）《药品再注册批件·液氧》；（5）《食品生产许可证》	
		（2）氮	液氮、氮气、食品添加剂		
		（3）氩	工业高纯液氩		
		（4）稀有气体	氪气含量≥99.999%、氙气含量≥99.9995%		

序号	单位	经营业务名称	产品种类/技术/服务范围 （包括具体规格或标准）	已获资质、能力、品牌等	备注
8	国际工程	（1）咨询	冶金行业项目建议书、可行性研究报告、碳管理服务	冶金工程咨询单位甲级资信	
		（2）设计	（1）冶金行业设计； （2）建筑行业（建筑工程）设计； （3）环境工程（水污染防治工程、污染修复工程、大气污染防治工程）设计； （4）电力行业（火力发电（含核电站常规岛设计）、新能源发电、送电工程、变电工程）设计； （5）市政行业设计； （6）压力管道设计	（1）冶金行业设计甲级； （2）建筑行业（建筑工程）设计甲级； （3）环境工程（水污染防治工程、大气污染防治工程、污染修复工程）设计专项乙级； （4）电力行业（火力发电（含核电站常规岛设计）、新能源发电、送电工程、变电工程）设计专业乙级； （5）市政行业设计乙级； （6）特种设备设计许可证（压力管道）； （7）冶金工程施工总承包一级	
		（3）总承包	（1）冶金行业工程施工总承包； （2）建筑行业（建筑工程）施工总承包； （3）环境工程（水污染防治工程、污染修复工程、大气污染防治工程）施工总承包； （4）电力行业（火力发电（含核电站常规岛设计）、新能源发电、送电工程、变电工程）施工总承包； （5）市政行业施工总承包		
		（4）勘察	（1）工程勘察业务（岩土工程（勘察））； （2）地基基础工程专业承包、施工劳务	（1）工程勘察专业类（岩土工程（勘察））设计甲级资质； （2）地基基础工程专业承包贰级； （3）施工劳务不分等级	
		（5）设备供货	新型节能环保焦罐等干熄焦部分非标设备产品	节能环保焦罐荣获"2020年山东省品牌创新成果"品牌	
		（6）运维	冶金、焦化节能环保项目运维		

续表

序号	单位	经营业务名称	产品种类/技术/服务范围 （包括具体规格或标准）	已获资质、能力、品牌等	备注
9	萨博汽车	（1）军品	（1）军用工程机械、工程保障装备、渡河配套器材、伪装器材、工程工具器材等； （2）军用气源车、指挥所工事、伪装勘察检测车、工程车辆救援箱组、装备保障野战宿营方舱（含车）、工程装备保养车、舟桥修理车、拆装车、构工作业支援车等； （3）电缆收放车、核事故救援机器人车、运血车、移动生物实验室、主食加工方舱等	（1）武器装备质量管理体系认证； （2）装备承制单位注册资格证； （3）二级保密资格单位； （4）年产 500 辆	
		（2）民品	（1）红钢坯热送车、铁水罐运输车； （2）救险车（现场抢修）、指挥车（通信、照明等）、维修保障车（移动维修车）、生活保障方舱、车（住宿、办公）、工程保障车辆（提供电力、气源等）、电动平车等； （3）环保环卫车（公路清扫）、垃圾处理车等； （4）医疗服务车、救护车； （5）前突车、泡沫消防车、水罐消防车等应急车辆及装备； （6）石油装备控制室、集装箱、工具箱	（1）特种车辆公告及3C证书； （2）国标质量管理体系证书； （3）生产能力：1000 个方舱，500 台改装车； （4）商标：飓风牌 SABSV； （5）环境管理体系； （6）职业健康安全管理体系； （7）高新技术企业证书； （8）两化融合管理体系； （9）山东省高端品牌培育企业； （10）山东省优质品牌； （11）济南市瞪羚企业、济南市制造业单项冠军、山东省"专精特新"中小企业、山东省科技领军企业	
10	智能科技	（1）高低压配电成套设备	（1）高低压电器设备：KYN61-40.5、KYN28A-12、Mvnex、Blokset、GGD、GCY、GCS、WPS、XL21、JXF、BGR、MNS 型； （2）各种照明配电箱、操作台、封闭母线桥等	（1）3C 认证； （2）ISO 9000 质量体系认证	
		（2）电力工程施工总承包	（1）单机容量 10 万千瓦及以下发电工程施工； （2）110 kV 及以下送电线路和变电站工程施工； （3）110 kV 以下电压等级电力设施的安装、维修； （4）35 kV 以下电压等级试验的资质	（1）电力工程施工总承包叁级资质； （2）《承装（修、试）电力设施许可证》承（装、修）试三级资质	

序号	单位	经营业务名称	产品种类/技术/服务范围（包括具体规格或标准）	已获资质、能力、品牌等	备注
10	智能科技	（3）电力运行维护	110 kV 及以下变电站、供配电线路、变压器、高低压电机、变频控制、低压仪控、厂区路灯、计量的运维	（1）《承装（修、试）电力设施许可证》承（装、修）试三级资质； （2）电力工程施工总承包叁级资质	
		（4）建筑机电安装工程专业承包	（1）单项合同额 1000 万元以下的机电设备、线路、管道安装； （2）电气及自动化、仪器仪表、办公计算机及耗材、空调、网络、视频监控、智能门禁等设备的施工、运维、改造	（1）建筑机电安装工程专业承包叁级资质； （2）《承装（修、试）电力设施许可证》承（装、修）试三级资质	
		（5）智慧城市服务	（1）智能变电站、信息化管理系统、智慧档案管理系统、智慧园区管理系统软硬件等各类信息化管理系统的建设、运行、维护、检修、维修、应急处置、升级、备品备件等； （2）智能化仓库，定制非标自动化系统，AGV 系统以及各类产线传动、自动化系统的设计、安装、编程调试及运行维护、检修、维修等； （3）空调（含中央空调）、暖气、锅炉、冷库等的运行、维护、检修、维修、应急处置、升级、建设、备品备件等； （4）智能路灯、计算机、打印机、仪表等设备的备品备件、维修、运行、维护服务等； （5）能源计量系统、办公自动化及网络系统、电信系统等的建设、运行、维护、检修、维修、应急处置、升级、备品备件等	（1）建筑机电安装工程专业承包贰级资质； （2）《承装（修、试）电力设施许可证》承（装、修）试三级资质； （3）电力工程施工总承包贰级资质	
		（6）新能源装备智能制造	提供太阳能光热采暖和供热、光伏发电、充电桩换电站、储能系统等系统建设的专业解决方案，包括设计、生产、安装、维护、检修、维修、应急处置、升级、备品备件等	（1）建筑机电安装工程专业承包贰级资质； （2）《承装（修、试）电力设施许可证》承（装、修）试三级资质； （3）电力工程施工总承包贰级资质	

续表

序号	单位	经营业务名称	产品种类/技术/服务范围（包括具体规格或标准）	已获资质、能力、品牌等	备注
10	智能科技	（7）新产品、新装置	工业机器人智能实训系统、电工职业技能智能考培综合装置、智能巡检小车、上升管自动点火设备、焦化厂高温封闭空间内窥设备等设备系统	（1）建筑机电安装工程专业承包贰级资质； （2）《承装（修、试）电力设施许可证》承（装、修）试三级资质； （3）电力工程施工总承包贰级资质	
11	建设公司	（1）混凝土	预拌商品混凝土的加工、销售	（1）ISO 质量管理体系认证； （2）ISO 环境管理体系认证； （3）ISO 职业健康安全管理体系认证； （4）建筑企业资质证书：预拌混凝土专业承包不分等级	
		（2）各类建材配套供应	砂石、水泥、矿粉、门窗、电气、保温板、建筑钢材等的销售		
		（3）建筑及安装工程施工	建筑工程施工、冶金工程施工、防水防腐保温工程、钢结构工程、建筑机电安装工程	（1）建筑企业资质证书：建筑工程施工总承包贰级； （2）冶金工程施工总承包贰级； （3）防水防腐保温工程专业承包贰级； （4）钢结构工程专业承包贰级； （5）建筑机电安装工程专业承包贰级； （6）施工劳务不分等级	
		（4）园区管理	房屋、场地租赁、停车场服务等		
12	研究院	（1）标准样品	（1）冶金标样； （2）环境标样； （3）食品标样	（1）中国认可委 CNAS 标准样品生产者； （2）冶金标样生产及销售认可； （3）有色标样生产及认可； （4）"山冶"济南名牌； （5）山东名牌； （6）ISO 9000 体系认证	
		（2）第三方检测	（1）环境检测； （2）理化检测； （3）工程检测； （4）食品检测	（1）质量技术监督局 CMA 资质认定授权； （2）CMA 检验检测机构资质认定； （3）中国认可委 CNAS 实验室认可	
		（3）能力验证	（1）实验室能力验证； （2）培训与技术咨询服务	中国认可委 CNAS 能力验证提供者	

序号	单位	经营业务名称	产品种类/技术/服务范围（包括具体规格或标准）	已获资质、能力、品牌等	备注
12	研究院	（4）计量校准	计量校准	（1）质量技术监督局 CMA 资质认定授权； （2）CMA 检验检测机构资质认定； （3）中国认可委 CNAS 实验室认可； （4）山东省冶金产业计量测试中心	
		（5）检测设备	检测设备研发及销售		
13	济钢供应链	（1）进出口贸易	出口贸易：镀锌板、彩涂板、镀锌瓦、方管等钢材，及铜、镍、纺织品、化工、建材等； 进口贸易：再生钢铁、矿石、煤炭、石油、铜等	（1）贸易量 80 万吨/年，具备 67000 吨/月出口能力； （2）集团公司唯一规模以上国际贸易进出口业务平台，拥有国际贸易业务专业运营团队。其中，济钢国际商务中心是集团公司唯一的海外贸易、融资平台	
		（2）国内贸易	钢材贸易：钢板、热轧卷板、冷轧卷板、螺纹钢、线材、H 型钢、无缝钢管、马口铁等钢材，以及再生钢铁； 非钢贸易：玉米、原料油、沥青	（1）钢材贸易量 110 万吨/年能力； （2）非钢贸易量 80 万吨/年能力	
		（3）水陆联运	大宗原料水陆联运	（1）108 万吨/年运作能力； （2）专业人才有保障，具备运作能力； （3）船舶代理资质	
		（4）物流运输	汽车成品、散料运输，集装箱、敞车火车运输	（1）汽车物流运输 120 万吨/年； （2）拥有火车发运专业人才，具备运作能力； （3）中欧班列开行、中亚班列开行、中老班列开行	
		（5）火车下站吊装仓储	钢材	仓储能力 40 万吨/年	
14	济钢物流	（1）废钢废铝业务	废钢废铝采购、供应	废旧物资与废旧金属回收与利用资质	
		（2）大宗原料贸易	矿石、球团、煤炭等	（1）矿石贸易 100 万吨/年能力； （2）煤炭贸易 100 万吨/年能力； （3）专业人才团队	

续表

序号	单位	经营业务名称	产品种类/技术/服务范围（包括具体规格或标准）	已获资质、能力、品牌等	备注
14	济钢物流	（3）化工产品	沥青	（1）沥青贸易50万吨/年能力； （2）专业人员团队	
		（4）保税仓储	货物种类：保税橡胶、期货橡胶、塑料颗粒等； 业务范围：保税/期货橡胶仓储、报关报检等	周转量8000吨/年能力	
15	济钢城市服务	（1）资产运营	商业综合体、体育场馆、便民服务中心等运营与管理	运营资产以山东济南为主，遍布上海、江苏、海南等地	
		（2）食品餐饮业务	（1）烘烤类：月饼、面包、糕点； （2）蒸制类：馒头、花样面点等各类高、中、低档礼盒； （3）团餐配送：传统自助餐、营养餐、盒餐； （4）蛋糕定制	（1）食品生产许可证，可生产五仁等十几种月饼产品，面包与桃酥等多种糕点产品，十余种花样面点及面点礼盒产品； （2）GB/T 19001—2016/ISO 9001：2015质量管理体系认证； （3）济南市历城区食品协会理事单位； （4）建有中央配餐加工中心，具备为多家大型企业、政府机关、产业园区提供自助餐、营养餐、盒餐等多种模式服务能力； （5）原材料纯天然无添加任何防腐剂蛋糕	
		（3）广告、出版印刷	（1）出版物印刷、包装装潢印刷； （2）工艺美术品加工； （3）国内广告业务、标牌制作； （4）党建室设计与安装； （5）演出背景布置及庆典服务	（1）国内广告业务许可证； （2）山东省出版物印刷许可证； （3）配有全套德国进口"海德堡"印刷设备	
		（4）园林绿化	（1）具备为政府机关、大型工矿企业提供绿化景观工程设计、施工及养护管理服务； （2）具备为政府机关、各类企业提供多种类型花卉租摆服务	（1）全国冶金行业绿化委员会常务会员单位； （2）服务单位获得"国家级绿化模范单位""国家级花园式工厂"等荣誉称号； （3）济南绿色生态保护促进会副会长单位	
		（5）纯净水、矿泉水	桶装纯净水、瓶装纯净水、活性水、矿物质饮用水	（1）经营许可证； （2）济南市名牌产品； （3）具备年生产能力220万桶，600万标箱能力	

序号	单位	经营业务名称	产品种类/技术/服务范围 （包括具体规格或标准）	已获资质、能力、品牌等	备注
16	保安公司	（1）地铁安检业务	为济南轨道交通集团提供地铁安检服务	保安服务许可证	
		（2）安保业务	业务范围：门卫，巡逻，守护，安全检查，区域秩序维护，消洁服务，物业服务等单位门岗值守，人员进出管理，进出车辆的管理，场区内巡逻，执行单位门岗防疫要求	保安服务许可证	
		（3）光触媒业务	复合型光触媒，持续降解室内空气中的甲醛、苯系物、TVOC等有机污染物	（1）取得"荃芜"品牌使用权； （2）甲醛去除率（QB/T 2761—2006），中科检，资质申请中，预计5月下旬获得，皮肤无刺激实验《消毒技术规范》，中科检，资质申请中，预计5月下旬获得	
17	四新产发	项目孵化	（1）高新技术企业培育； （2）科技企业（团队）引入	（1）山东省省级众创空间； （2）山东省省级科技孵化器； （3）每培育1家高新技术企业奖励10万元（最高100万元/年）； （4）入驻科技企业（团队）可以申请科技资源共享服务创新券	
			创新创业服务	（1）济南市创业创新活动券服务机构； （2）济南市市级创业孵化基地； （3）创新创业每年最高奖励10万元； （4）新旧动能高质量现场教学点	
18	人力资源公司	（1）教育培训	（1）一般行业主要负责人、安全管理，低压电工，金属熔化焊接与热切割作业；起重机械司机、起重机指挥、叉车司机培训取证、复审业务； （2）承办集团公司等定制培训业务	山东省应急管理厅培训考试机构教师人员资质	
		（2）人力资源业务	劳务派遣、劳务外包、职业介绍、创业指导、人才寻访、素质测评	劳务派遣资质、人力资源服务许可证	
		（3）档案管理服务	档案审核、整理、电子化等业务	档案管理人员资质	

续表

序号	单位	经营业务名称	产品种类/技术/服务范围 （包括具体规格或标准）	已获资质、能力、品牌等	备注
18	人力资源公司	（4）管理咨询	人力资源、安全、能源等管理咨询、现场诊断业务	安全及其他专业人员资质	
		（5）技术服务	企业专题专项技术服务业务	安全及其他专业人员资质	
		（6）人才评价	管理人员、技术/技能人员、职业经理人等人才评价业务	延续全国冶金行业职业技能鉴定站资质，并正在申报技能人才评价中心资质	
19	城市矿产	（1）再生资源综合利用	废钢、废铝、废纸等再生资源回收、加工、销售	（1）第九批"工信部废钢铁加工行业准入公告企业"； （2）年再生资源综合利用量300万吨	
		（2）大宗原燃料贸易	矿粉、煤炭等	（1）矿粉年贸易量200万吨； （2）煤炭年贸易量30万吨	
		（3）物流运输	汽车成品、散料运输，保岗运输	（1）铁水运输：800万吨/年； （2）散料运输：276万吨/年； （3）产成品运输：200万吨/年； （4）厂内其他保岗运输：360万吨/年	
		（4）仓储服务	钢材、煤炭仓储	（1）钢材仓储：8万吨/年； （2）煤炭仓储：30万吨/年	
		（5）钢材贸易	热轧卷板、冷轧卷板、镀锌卷板、彩涂板、中厚板等	（1）年贸易量160万吨； （2）专业的业务团队	
20	济钢顺行	（1）新能源汽车销售	新能源车辆整车（环卫车、工程车、叉车、物流车等车型）销售、新能源车辆充电桩成套设备	比亚迪、徐工、宇通、瑞驰等品牌新能源商用车厂家授权销售	
		（2）汽车租赁	提供长期租车、临时租车等多种形式的车辆租赁服务，还可配备驾驶员服务	拥有租赁用车辆134台，涵盖小轿车、商务车、中巴、大客等车型	
		（3）汽车维修保养	大、中、小型汽车，特种车辆维修保养	具备二类维修资质	
		（4）货运代理	代理货物运输	具备普通货运经营资质	
		（5）场站运维服务	新能源车辆充换电场站运维服务		

序号	单位	经营业务名称	产品种类/技术/服务范围（包括具体规格或标准）	已获资质、能力、品牌等	备注
21	国际商务	国际贸易离岸业务	（1）钢铁相关产品：铁矿石、锰矿、方坯、板坯、钢板、钢卷等； （2）有色金属相关产品：铜精矿、电解铜、镍及镍制品、铝土矿、铝锭等； （3）石油化工：原油、燃料油及石油焦等； （4）其他类：焦煤、石英砂等	（1）年贸易额达100亿元人民币以上； （2）拥有新加坡海外公司平台和专业人员团队	
22	济钢防务	（1）卫星应用	农牧渔业遥感监测、大气环保监测、秸秆焚烧火点遥感监测、森林防火遥感监测	（1）资质证书：GJB 9001C—2017武器装备质量管理体系认证、ISO 9001—2015质量管理体系认证、GB/T 24001—2016环境管理体系、ISO 20000信息技术服务管理体系认证、ISO 27001信息安全管理体系认证、GB/T 45001—2020职业健康安全管理体系、GB/T 29490—2013知识产权管理体系认证、GB/T 27922—2011售后服务认证、GB/T 31950—2015诚信管理体系、民用无人驾驶航空器经营许可证、AAA企业信用等级证书、AAA级诚信供应商评价证书、AAA级诚信经营示范单位证书、AAA级招投标企业信用等级证书、AAA级质量服务诚信单位证书、AAA级质量服务信誉单位证书、AAA级重服务守信用单位证书、AAA级重合同守信用企业证书、AAA级重质量守信用单位证书、AAA级资信等级证书； （2）机构认证：博士后科研工作站、山东省新型研发机构、山东省瞪羚企业、山东省"专精特新"中小企业、"科创中国"行动先进单位、山东省新旧动能转换综合试验区建设先进集体、高新技术企业、济南人力资源人力资本发展促进会理事单位、山东省软件行业协会普通会员单位、山东电子学会团体会员单位、山东省保密协会常务理事、中国国防工业企业协会常务理事单位、济南市历城区工商业联合会（总商会）副会长单位； （3）商标信息106项； （4）发明专利52项； （5）软件著作权15项	
		（2）要地净空防御系统	5 km雷达搜索，3 km电子干扰，1.5 km光电跟踪，1 km激光毁伤，有效应对无人机、航模、空飘气球等低慢小目标，为要地构建起立体防御体系		
		（3）智能光电产品	便携式激光排爆系统，便携式激光清障系统，TDOA无人机定位，无人机定位捕获，干扰诱骗一体化，高能定向激光毁伤，低慢小目标探测雷达，无人机信号侦测		
		（4）低空监视	山东省低空监视服务网暨产业示范项目，低空网+产业链，无人机应用智能化管理平台		
		（5）无人机装备	纵列式双旋翼无人直升机，水陆两栖固定翼无人直升机，喷气式侦查无人机，察打一体无人机，亚音速察打一体无人机，亚音速无人机，手抛式巡飞弹，航空反潜装备		
		（6）无线电管控	无线电频谱监测测向设备，无线电侦查干扰设备，无人机侦查压制系统，辐射源侦干测一体化设备，卫星通信辐射源定位与目标识别系统，无线电云监测系统，智能定位系统		

续表

序号	单位	经营业务名称	产品种类/技术/服务范围（包括具体规格或标准）	已获资质、能力、品牌等	备注
22	济钢防务	（7）智慧机场信息化	雷达系统，机场跑道异物智能监测系统，道路沉降监测系统，智能驱鸟系统		
		（8）数据处理产品	对象存储系统		
		（9）AI智能系列	面向化工、工贸行业的"工业互联网+安全生产"云平台		
23	鲍亨钢铁（越）	来料加工及自营业务	（1）来料加工：主要是分条加工，开平裁剪加工；（2）自营业务：利用自购钢卷为客户提供原材料初级加工	年营业收入约2500万元人民币	
24	济（马）钢板	中厚板生产加工销售	中厚板产品生产加工销售，具备30万吨/年生产能力	获得 ISO 9001：2015、欧盟和新加坡 FPC 质量体系认证、劳氏船级社及美国 ABS 船级社的认证、印尼 SNI 认证及马来西亚 SIRIM 认证等，产品符合 ASTM、JIS、BS、DIN、EN 和 GB 等国际标准	

2022 年主要产品产量业务量完成情况统计表

序号	单位名称	2022 年计划		2022 年实际		2022 年计划完成率/%	
		产量/吨	营业收入/万元	产量/吨	营业收入/万元	产量	营业收入
1	济钢型材	300000	189580	170259	98912	56.75	52.17
2	环保材料	8000000	65550	8212652	73063	102.66	111.46
3	泰航合金	486000	320130	479993	257035	98.76	80.29
（1）	泰航本部	450000	268230	448584	487	99.69	0.18
（2）	泰航日照	18000	20900	16029	236012	89.05	1129.24
（3）	复合材料	18000	31000	15380	20537	85.44	66.25
4	鲁新建材	2400000	76730	2118704	75725	88.28	98.69
5	鲍德石灰石	850000	7720	889699	11179	104.67	144.81
6	济钢气体		4620		10638		230.26
7	国铭铸管	1550000	501400	1507296	450350	97.24	89.82
8	济（马）钢板	150000	50729	142871	69625	95.25	137.25

序号	单位名称	2022 年计划		2022 年实际		2022 年计划完成率/%	
		产量/吨	营业收入/万元	产量/吨	营业收入/万元	产量	营业收入
9	鲍亨钢铁（越）	12000	4001	13873	2728	115.61	68.19
10	国际工程		106940		129915		121.48
11	萨博汽车		33690		23466		69.65
12	研究院		10000		10090		100.90
13	智能科技		35000		21030		60.09
14	建设公司		27230		15460		56.77
15	济钢物流		130000		157637		121.26
16	济钢供应链		1020000		539729		52.91
17	城市矿产		1382800		1406137		101.69
18	济钢顺行		4000		5146		128.65
19	城市服务		7650		9916		129.62
20	保安公司		7910		6699		84.69
21	人力资源		5860		5286		90.20
22	四新产发		960		2170		226.09
23	国际商务		1110000		966186		87.04
24	济钢防务		60000		139503		232.51
	合　计	13748000	5162500	13535348	4487625.648	98.45	86.93

2022年末专业技术人员基本情况统计表

项　目	代码	合计	女	少数民族	中共党员	博士	硕士	港澳台及外籍人士	学历·研究生	学历·大学本科	学历·大学专科	学历·中专	学历·高中及以下	年龄·35岁及以下	年龄·36~40岁	年龄·41~45岁	年龄·46~50岁	年龄·51~54岁	年龄·55岁及以上
甲	乙	1	2	3	4	5	6	7	8	9	10	11	12	13	14	15	16	17	18
总计	1	1517	409	22	914	5	182		102	1076	270	59	10	82	180	135	241	467	412
其中:1.在管理岗位工作的	2	643	66	6	558	0	83		30	478	112	19	4	5	45	24	91	228	250
2.具有职业资格的	3	277	93	4	170	2	39		28	209	35	5	0	20	50	27	36	89	55
高级职务	4	463	127	8	308	4	111		45	399	19	0	0	0	27	47	49	194	146
其中:正高级职务	5	14	0	0	13	0	5		0	14	0	0	0	0	0	0	1	3	10
中级职务	6	701	202	8	410	1	53		42	503	143	12	1	35	113	65	124	199	165
初级职务	7	325	76	6	175	0	18		15	167	90	47	6	47	40	22	60	65	91
未聘任专业技术职务	8	30	4	0	21	0	0		0	7	19	1	3	0	0	1	9	10	10
工程技术人员	9	1038	233	15	626	5	159		88	749	155	43	3	59	129	94	146	324	286
卫生技术人员	10	2	1	0	1	0	0		0	1	1	0	0	0	0	0	1	1	0
教学人员	11	7	1	0	4	1	1		2	4	1	0	0	0	0	0	0	2	5
经济人员	12	252	82	4	159	0	13		8	163	65	11	5	9	29	21	58	66	69
会计人员	13	97	59	3	34	0	6		4	68	23	2	0	14	19	12	12	24	16
统计人员	14	12	8	0	3	0	0		0	8	4	0	0	0	0	0	1	7	4
翻译人员	15	5	3	0	0	0	0		0	3	2	0	0	0	0	0	1	2	2
图书档案、文博人员	16	5	3	0	2	0	1		1	4	0	0	0	0	0	0	1	3	1
新闻出版人员	17	1	1	0	0	0	0		0	1	0	0	0	0	0	1	0	0	0
艺术人员	18	4	2	0	1	0	0		0	2	1	1	0	0	0	0	0	4	0
政工人员	19	94	16	0	82	0	2		2	73	15	2	2	0	3	7	21	34	29

（制表　金泽洁　审核　孟庆钢）

2022 年末专业技术人员职称情况统计表

系列	总数	其中				
		正高级	高级	中级	初级	
					助级	员级
工程技术人员	1038	13	372	468	181	4
卫生技术人员	2		1		1	
教学人员	7		3	4		
经济人员	252		28	142	58	24
会计人员	97		21	40	35	1
统计人员	12		4	5	3	
翻译人员	5			5		
图书档案、文博人员	5		3		1	1
新闻、出版人员	1			1		
艺术人员	4		1	3		
政工人员	94	1	17	31	45	
总计	1517	14	450	699	324	30

（制表　刘骞　审核　孟庆钢）

2022 年末职工队伍状况统计表

序号	单位名称	用工总数	小计	在册职工					女职工
				小计	在岗职工			不在岗	
					小计	管理工技	生产服务		
	合计	9168	8848	4342	1736	2606		4506	1834
①	机关部室（13 个）	296	293	277	277	0		16	83
②	直属单位（2 个）	291	291	286	43	243		5	39
③	子公司（23 个）	8581	8264	3779	1416	2363		4485	1712
	机关部室（13 个）	296	293	277	277	0		16	83
1	办公室	33	30	30	30	0		0	7
2	组织部/人力资源部	24	24	23	23	0		1	8
3	纪委/监察专员办公室	10	10	10	10	0		0	2
4	宣传部/团委	9	9	8	8	0		1	2

续表

序号	单位名称	用工总数	小计	在册职工				女职工
				小计	在岗职工		不在岗	
					管理工技	生产服务		
5	工会	13	13	11	11	0	2	6
6	财务部	42	42	42	42	0		27
7	资本运营部	58	58	47	47	0	11	13
8	规划发展部/对外事务部	31	31	31	31	0	0	5
9	安全环保部/应急管理部	27	27	27	27	0	0	0
10	审计部/风险控制部	13	13	13	13	0	0	3
11	法务部/公司律师事务部	8	8	8	8	0	0	3
12	离退部	18	18	17	17	0	1	6
13	董事会专门委员会办公室	10	10	10	10	0	0	1
	直属单位（2个）	291	291	286	43	243	5	39
1	保卫部	278	278	273	35	238	5	33
2	新闻传媒中心	13	13	13	8	5	0	6
	子公司（23个）	8581	8264	3779	1416	2363	4485	1712
1	人力资源公司	4485	4485	72	68	4	4413	887
2	济钢物流	42	41	41	37	4	0	15
3	济钢顺行	127	81	81	22	59	0	10
4	济钢国际	363	316	311	284	27	5	84
5	研究院	161	140	140	127	13	0	63
6	萨博汽车	161	152	152	65	87	0	18
7	"四新"产发公司	31	31	30	30	0	1	8
8	建设公司	38	38	37	27	10	1	10
9	济钢城市服务	201	201	191	61	130	10	80
10	保安公司	832	832	825	27	798	7	196
11	泰航合金公司	298	298	292	96	196	6	83
12	环保新材料	438	435	432	61	371	3	59
13	鲍德石灰石	139	94	93	22	71	1	8
14	城市矿产	386	254	224	73	151	30	25
15	鲁新建材	147	147	146	48	98	1	32
16	济钢智能科技	242	229	227	74	153	2	46
17	济（马）钢板	18	18	16	10	6	2	0
18	济钢气体	31	31	30	18	12	1	4
19	济钢供应链	120	120	118	98	20	2	24
20	济钢型材	147	147	147	34	113	0	19

续表

序号	单位名称	用工总数	小计	在册职工					女职工
				小计	在岗职工			不在岗	
						管理工技	生产服务		
21	空天投资	4	4	4	4	0		0	2
22	国际商务中心	6	6	6	6	0		0	3
23	济钢防务	164	164	164	124	40		0	36

（制表　郑海霞　审核　孟庆钢）

2022 年授权专利

序号	专利类型	专利名称	发明人	申请日	授权公告日	专利号	专利权人
1	发明	一种自动装卸单车的转运车辆	宋培勋	2021-01-30	2022-02-25	202110132008.3	济南萨博特种汽车有限公司
2	发明	一种便于拆卸的新能源特种车绝缘检测仪	李敏敏　郭晓光　梁峰　赵亮　吴新安　王延伟　赵建泉　刘琨伟　王彬　王鑫　宋维程	2021-09-13	2022-04-01	202111066631.X	济南萨博特种汽车有限公司
3	发明	一种阻燃石头纸及其制造方法	朱涛　曲丽娜　张静　李红燕	2021-03-02	2022-04-12	202110226493.0	济南鲁新新型建材股份有限公司
4	发明	一种高温态钢渣高效处理系统及处理工艺	程志洪　李兵　王永强　程宇　陈以豹　王明磊	2020-09-22	2022-04-15	202010999986.3	济钢国际工程技术有限公司
5	发明	一种新能源特种车高效换电站	李学伟　李敏敏　梁峰　郭晓光　赵建泉　耿忠亮　王延伟　王鑫　李小清　卢浩　崔涛	2021-09-13	2022-04-29	202111066652.1	济南萨博特种汽车有限公司
6	发明	一种污水净化采样装置	倪守生　黄诚　李勇　聂红梅　史涛	2021-04-23	2022-11-11	202110463334.2	山东省冶金科学研究院有限公司

续表

序号	专利类型	专利名称	发明人	申请日	授权公告日	专利号	专利权人
7	发明	一种可多级筛选的建筑用砂石筛选装置	张先胜　刘　锐 鹿传兵　苗本润 陈贯卓　杨八一	2021-10-20	2022-12-09	202111219016.8	山东济钢环保新材料有限公司
8	发明	一种具有刮料功能的新能源混凝土运载车	王　鑫　程　亮 王延伟　严凤涛 赵建泉　赵　亮 李　丽	2022-09-05	2022-12-13	202211080756.2	济南萨博特种汽车有限公司
9	实用新型	一种新型扩展方舱	李中泽　张晓然 李　群　李敏敏 李振峰	2021-08-06	2022-01-04	202121829762.4	济南萨博特种汽车有限公司
10	实用新型	一种矿渣微粉取样装置	朱　涛　曲丽娜 卢文银　张　静 李红燕　李辰丽	2021-08-16	2022-01-04	202121913589.6	济南鲁新新型建材股份有限公司
11	实用新型	PLC电气化自动控制装备	郭庆斌　徐　峰 孔令斌　颛孙同勋 邵明师	2021-07-02	2022-01-11	202121491904.0	济南鲁新新型建材股份有限公司
12	实用新型	一种高炉出铁沟	康　鹏　姜和信 高　涛　赵文玉 陈树勇　王唯杰 白　雪　朱春慧	2021-09-27	2022-01-14	202122357640.6	山东鲁冶瑞宝电气自动化有限公司
13	实用新型	一种车载笔记本电脑固定装置	宋维程　李小清 吴新安　李　群 李　晋　李敏敏 刘　振	2021-02-05	2022-01-18	202120332410.1	济南萨博特种汽车有限公司
14	实用新型	一种可移动箱体	王　瑞　李小清 宋维程　张晓然 李　园　郭晓光	2021-05-11	2022-01-18	202120997145.9	济南萨博特种汽车有限公司
15	实用新型	一种地震救援携行推车	张硕磊　宋维程 李小清　李　园 刘　磊　梁　峰 李敏敏　刘琨伟	2021-05-19	2022-01-18	202121074296.3	济南萨博特种汽车有限公司
16	实用新型	一种直缝焊管外毛刺去除装置	王丰祥　王泰来 王建刚　张兴桥 王振伟　邹国顺 孔祥周　赵康宁 张　平　王　锋 陈书浩　路鹏飞	2021-07-28	2022-01-21	202121730921.5	济钢集团有限公司/冷弯
17	实用新型	一种破障推土铲	李相贵　卢　浩 李　群　吴新安 李云飞	2021-03-18	2022-01-25	202120552300.6	济南萨博特种汽车有限公司

序号	专利类型	专利名称	发明人	申请日	授权公告日	专利号	专利权人
18	实用新型	一种舷外机储运装置	郭晓光　侯沙沙 李中泽　胡定飞 陈若宇	2021-05-11	2022-01-25	202120999012.5	济南萨博特种汽车有限公司
19	实用新型	一种直缝焊管生产线外焊缝抛光装置	王泰来　张兴桥 王建刚　张　峰 贾泽民　王振伟 颜继生　郝延林 刘建新　廉　鹏 杨宏钰　王　峰 路鹏飞	2021-07-28	2022-01-25	202121732151.8	济钢集团有限公司/冷弯
20	实用新型	一种用于生产尖角方管的生产装置	王振伟　王泰来 朱建勇　孔祥周 张　平　雷　刚 颜继生　刘　奇 秦利国　廉　鹏 陈书浩	2021-07-29	2022-01-25	2021217477930.X	济钢集团有限公司/冷弯
21	实用新型	一种便于拆卸的在线字头标识装置	王丰祥　王泰来 王建刚　张兴桥 王振伟　孔祥周 张　峰　郝延林 赵康宁　杨宏钰 刘建新　杨　强	2021-07-29	2022-01-25	202121744942.2	济钢集团有限公司/冷弯
22	实用新型	一种新型方舱合舱装置	刘　振　李振峰 马德学　张俊刚	2021-08-06	2022-01-25	202121828880.3	济南萨博特种汽车有限公司
23	实用新型	一种铲车自主上料装置	朱　涛　曲丽娜 卢文银　张　静 李红燕　李辰丽	2021-08-16	2022-02-01	202121912238.3	济南鲁新新型建材股份有限公司
24	实用新型	一种便于拆装维护的配电柜	王海燕　闫　群 唐茂堃　方　谊 滕朋朋	2021-08-27	2022-02-08	202122055135.6	山东鲁冶瑞宝电气自动化有限公司
25	实用新型	一种用于干熄焦气体循环管道的在线除灰装置	王龙飞　徐　升 孙嘉颖　于　华 李清强　王兴勃	2021-08-10	2022-02-11	202121862585.X	济钢国际工程技术有限公司
26	实用新型	一种用于干熄炉快速均匀烘炉装置	王龙飞　高忠升 王常金　徐　升 张连斌　王永强 于　华　古腾达 石　芸　褚　晨	2021-08-10	2022-02-18	202121854904.2	济钢国际工程技术有限公司

续表

序号	专利类型	专利名称	发明人	申请日	授权公告日	专利号	专利权人
27	实用新型	一种红钢运输保温车	李 丽　王延伟 郭晓光　赵建泉 亓 晨	2021-08-27	2022-02-18	202122051598.5	济南萨博特种汽车有限公司
28	实用新型	一种配电柜安装辅助装置	姜和信　康 鹏 陈树勇　赵文玉 高 涛　白 雪 王唯杰　朱春慧	2021-09-27	2022-02-18	202122357005.8	山东鲁冶瑞宝电气自动化有限公司
29	实用新型	一种砂石分离装置及其砂石传输机构	盛培展　邵长亮 杨传举　左 平 马国梁　姜 鹏	2021-10-28	2022-03-11	202122607279.8	山东济钢环保新材料有限公司
30	实用新型	一种砂石骨料的环保生产控制系统	姜东泉　陈其勇 刘 行　杨八一 侯培兴	2021-10-28	2022-03-11	202122606587.9	山东济钢环保新材料有限公司
31	实用新型	一种大型饱和蒸汽发电供汽系统	张 岩　李慧敏 孙 航　于 华 万 从　郭振伟	2021-10-19	2022-03-15	202122512775.5	济钢国际工程技术有限公司
32	实用新型	一种等离子电弧烧废装置	姜和信　康 鹏 赵文玉	2021-08-18	2022-04-01	202122008622.7	山东鲁冶瑞宝电气自动化有限公司
33	实用新型	一种环保智能化建材骨料生产线	杨八一　张先胜 陈贯卓　刘 亮 王 静　姜东泉	2021-09-18	2022-04-05	202122558909.1	山东济钢环保新材料有限公司
34	实用新型	用于生产骨料堆积的自动骨料堆积装置	靳玉启　杨 勇 李 玮　邵长亮 马昌岭	2021-09-18	2022-04-05	202122558908.2	山东济钢环保新材料有限公司
35	实用新型	骨料筛分输送系统	张先胜　郝思生 陈凤敏　张国强 韩明年	2021-09-22	2022-04-05	202122508277.3	山东济钢环保新材料有限公司
36	实用新型	一种骨料输送带粘料回收设备	邵长亮　靳玉启 马昌岭　鄄 硕 陈其勇	2021-09-26	2022-04-05	202122543970.4	山东济钢环保新材料有限公司
37	实用新型	一种骨料在线检测装置	杜靖昌　张大成 侯庆斌　侯其龙 李秀红	2021-09-29	2022-04-05	202122508279.2	山东济钢环保新材料有限公司
38	实用新型	一种矿渣粉装车粉尘回收设备	朱 涛　卢文银 曲丽娜　马 健 郭庆斌	2021-11-15	2022-04-08	202122783007.3	济南鲁新新型建材股份有限公司

序号	专利类型	专利名称	发明人	申请日	授权公告日	专利号	专利权人
39	实用新型	一种节能焦罐的新型长寿命环保复合材料钢结构	王裕龙 尹世友 李光珂 栾元迪 张伟伟 秦川 潘鹤 马明锴 石磊 赵莹莹	2021-12-13	2022-04-19	202123122669.2	济钢国际工程技术有限公司
40	实用新型	一种机场用除胶车	刘琨伟 赵传飞 李中泽 胡定飞	2021-06-03	2022-05-06	202121235721.2	济南萨博特种汽车有限公司
41	实用新型	一种气源汽车	李敏敏 孔凡猛 郭晓光 李学伟 侯沙沙	2021-06-01	2022-05-10	202121205027.6	济南萨博特种汽车有限公司
42	实用新型	一种万能试验机用夹持工装	李天海 黄诚 李晓桐 隗涛 宋婷婷 耿后安 江舟	2021-10-14	2022-05-10	202122476858.3	山东省冶金产品质量监督检验站有限公司
43	实用新型	一种新型机动车硬牵引装置	李中泽 王鑫 刘振 赵建泉 王延伟 亓晨 郭晓光 李敏敏 侯沙沙	2021-11-03	2022-05-10	202122668995.7	济南萨博特种汽车有限公司
44	实用新型	一种磨球筛分装置	蒋绪川 刘威 朱涛 靳连文 邵明师 卢文银 曲丽娜 游淇 邓雨晨 杨成祥	2021-11-25	2022-05-13	202122913868.9	济南鲁新新型建材股份有限公司；济南大学
45	实用新型	一种新型转运装置	李敏敏 王延伟 季宏杰 亓晨	2022-01-13	2022-05-13	202220082800.2	济南萨博特种汽车有限公司
46	实用新型	一种砂石细度取样检测装置	郝思生 张先胜 刘锐 孙健 李延平	2021-10-22	2022-06-03	202122543959.8	山东济钢环保新材料有限公司
47	实用新型	一种振动式砂石分离机筛分板安装结构	杨勇 杨传举 乔继军 潘金旗 苗本润	2021-10-22	2022-06-03	202122543969.1	山东济钢环保新材料有限公司
48	实用新型	一种应用于皮带机的气流清扫器	鹿传兵 鄢硕 马国梁 刘洪臣 李全章	2021-11-22	2022-06-07	202122865597.4	山东济钢环保新材料有限公司
49	实用新型	一种应急通讯多功能前突车	李小清 叶建军 赵建泉 张晓然 李园	2022-01-21	2022-06-28	202220165881.2	济南萨博特种汽车有限公司
50	实用新型	一种防辐射线束过壁件	李中泽 王延伟 赵建泉 亓晨	2022-01-21	2022-06-28	202220166298.3	济南萨博特种汽车有限公司

续表

序号	专利类型	专利名称	发明人	申请日	授权公告日	专利号	专利权人
51	实用新型	一种轨道开闭式红钢保温运输车	李 丽　李敏敏 李小清　郭晓光	2022-03-29	2022-06-28	202220696732.9	济南萨博特种汽车有限公司
52	实用新型	一种新型红钢保温运输车	李 丽　李敏敏 李学伟　李中泽	2022-03-31	2022-06-28	202220730910.5	济南萨博特种汽车有限公司
53	实用新型	一种智能化无人值守定量装车系统	杜靖昌　张大成 左 平　侯其龙 侯庆斌　赵晓宇	2021-03-28	2022-06-29	202220683680.1	山东济钢环保新材料有限公司
54	实用新型	一种滚轴筛用主轴轴套	邵长亮　鹿传兵 马昌岭　潘金旗 鄟 硕　侯娟令	2021-03-28	2022-06-29	202220683431.2	山东济钢环保新材料有限公司
55	实用新型	一种低温液体应急蒸发系统	杨兆亮　李宗辉 张家勇　张 勇	2022-04-11	2022-07-22	202220830327.1	济钢鲍德气体有限公司
56	实用新型	一种空分装置的氮水预冷系统	杨兆亮　李宗辉 张家勇　张 勇	2022-04-14	2022-07-22	202220865495.4	济钢鲍德气体有限公司
57	实用新型	一种可移动式干熄焦集尘罩	栾元迪　王常金 荣金方　曹生前 贺西娟　薛德余 石 芸　尚 军 桂玉明	2022-03-03	2022-07-26	202220470283.6	济钢集团国际工程技术有限公司
58	实用新型	一种低温液化空温式汽化系统	杨兆亮　李宗辉 张家勇　张 勇 王宣会　李殷鹏 仇晓田	2022-03-17	2022-07-29	202220591699.3	济钢鲍德气体有限公司
59	实用新型	一种汽车改装用激光定位工装	郭晓光　赵建泉 亓 晨	2022-02-24	2022-08-02	202220380604.3	济南萨博特种汽车有限公司
60	实用新型	一种高原氧气制储一体车	卢 浩　吴新安 李 晋　李 群 宋维程　李相贵	2022-02-25	2022-08-23	202220400961.1	济南萨博特种汽车有限公司
61	实用新型	一种新型车辆座椅	李中泽　胡定飞 李敏敏　李学伟	2022-04-25	2022-08-30	202220957433.6	济南萨博特种汽车有限公司
62	实用新型	一种车载减震双层病床	李 群　宋维程 郝广发　张晓然	2022-05-12	2022-08-30	202221128526.4	济南萨博特种汽车有限公司
63	实用新型	高温拉伸试样标点装置	黄 诚　夏 迎 隗 涛　李天海 李晓桐　江 舟 刘 超	2022-03-31	2022-09-06	202220729495.1	山东省冶金产品质量监督检验站有限公司

续表

序号	专利类型	专利名称	发明人	申请日	授权公告日	专利号	专利权人
64	实用新型	一种便于清理的螺旋上料装置	王四江 曲丽娜 焦何生 靳连文 吕成祥 卢文银	2022-04-11	2022-09-06	202220821093.4	济南鲁新新型建材股份有限公司
65	实用新型	一种组装式上料皮带	曲丽娜 靳连文 王四江 焦何生 吕成祥 卢文银 杨 超	2022-04-11	2022-09-06	202220821120.8	济南鲁新新型建材股份有限公司
66	实用新型	测定矿石中金含量的活性炭吸附抽滤系统	吴丽娟 张 莉 高洪吉 杨 繁 孟丽丽 杜倩倩 丁晓彤 魏景林	2022-04-24	2022-09-06	202220991745.9	山东省冶金科学研究院有限公司
67	实用新型	一种便于检修的装卸设备	曲丽娜 焦何生 吕成祥 靳连文	2022-05-11	2022-09-06	202221127393.9	济南鲁新新型建材股份有限公司
68	实用新型	一种燃气输送用连接机构	焦何生 曲丽娜 吕成祥 邵明师 陈静君	2022-05-13	2022-09-06	202221138725.3	济南鲁新新型建材股份有限公司
69	实用新型	一种批量分装煤粉标准样品的装置	王非非 高洪吉 张 莉 孟丽丽 蒋洪娇 陶 智 刘君丽 王莹莹	2022-05-17	2022-09-23	202221186966.5	山东省冶金科学研究院有限公司
70	实用新型	一种用于标准溶液瓶的拧盖装置	王非非 杨 繁 李 静 楚新玉 吴丽娟 孙咏芬 李 君 韩福建	2022-05-17	2022-09-27	202221187016.4	山东省冶金科学研究院有限公司
71	实用新型	一种批量分装标准溶液的装置	王非非 张 莉 高洪吉 杨 繁 李 静 崔晓翠 叶俊莹	2022-05-17	2022-09-27	202221187018.3	山东省冶金科学研究院有限公司
72	实用新型	一种可调节搬运角度的担架	季宏杰 李敏敏 李学伟 耿忠亮	2022-07-05	2022-10-14	202221731368.1	济南萨博特种汽车有限公司
73	实用新型	一种胶凝材料生产用下料装置	王四江 曲丽娜 焦何生 靳连文 吕成祥	2022-05-11	2022-11-04	202221113510.6	济南鲁新新型建材股份有限公司
74	实用新型	一种上料皮带的连接组件	曲丽娜 焦何生 靳连文 吕成祥 卢文银	2022-05-13	2022-11-08	202221138661.7	济南鲁新新型建材股份有限公司

序号	专利类型	专利名称	发明人	申请日	授权公告日	专利号	专利权人
75	实用新型	金属板材弯曲试验机用支撑辊机构	黄诚 李鉴 李晓桐 耿后安 王琛 伍文文	2022-04-11	2022-11-11	202220817000.0	山东省冶金产品质量监督检验站有限公司
76	实用新型	一种油管设备指挥方舱	李园 耿忠亮 肖滕 赵丰 舒飞	2022-05-27	2022-11-22	202221301450.0	济南萨博特种汽车有限公司
77	实用新型	一种核防护全挂车	李中泽 郭晓光 赵丰	2022-08-16	2022-11-22	202222148134.0	济南萨博特种汽车有限公司
78	实用新型	一种防应力集中的模块化塔机起重臂	贾泽民 石瑞虎 王泰来 王锋 张峰 秦利国 肖旭 刘畅 陈书浩	2022-07-01	2022-11-25	202221686277.0	山东济钢型材有限公司
79	实用新型	一种能够防洒落的新能源渣土车	赵传飞 李丽 王彬 王鑫 郭晓光 程亮 梁峰 李学伟 李敏敏	2022-09-07	2022-11-29	202211091594.2	济南萨博特种汽车有限公司
80	实用新型	一种新型车辆稳定系统	李敏敏 王鑫 李井磊 付李	2022-10-08	2022-12-13	202222645564.3	济南萨博特种汽车有限公司
81	实用新型	一种带辅助定位结构的电气自动化用旋转机械手臂	闫群 唐茂堃 白洪光 王海燕 耿红杰	2022-09-05	2022-12-23	202222351104.X	山东鲁冶瑞宝电气自动化有限公司

2022 年科技进步奖

序号	项目名称	完成单位	主要研制人员名单	获奖等级
1	超大型干熄焦的开发与应用	国际工程	高忠升 王常金 徐升 王龙飞 贺西娟 于华 李清强 石芸 荣金方 侯丽丽 宗欣 柳江春	一等奖
2	超高温超高压干熄焦工艺技术开发与应用	国际工程	高忠升 栾元迪 桂玉明 薛德余 石芸 王龙飞 韩圆圆 付裕 赵璇 梁学怡 侯丽丽 李凡	一等奖
3	一种综合性移动式野外生活保障系统的研究与应用	萨博汽车	赵传飞 梁峰 李敏敏 耿忠亮 张继贞 卢浩 宋维程 李云飞 李晋	一等奖

续表

序号	项目名称	完成单位	主要研制人员名单					获奖等级
4	稀土钢光谱分析用标准物质的研制	研究院	高洪吉 蒋洪娇	杨 繁 杜倩倩	李 智 丁晓彤	孟丽丽 刘 艳	陶 智 孙咏芬	一等奖
5	基于互联网技术的集团运营智能管控平台设计与开发	资本运营部、财务部	高 翔 王京玲 时义祥	王同彦 张 超 张良刚	李 勇 史 涛	于艳君 杨 超	苏春越 韩文殿	一等奖
6	高铬铸铁系列光谱分析用标准物质的研制	研究院	吴丽娟 李 君	孟丽丽 杨吉平	李 静 崔晓翠	叶俊莹 齐永来	韩福建	一等奖
7	露天矿山基建施工及开采方案优化技术研究与应用	环保材料	王明勤 杨八一	姜东泉 魏冰方	孙跃光 刘万余	陈其勇	刘 行	一等奖
8	一种集成高效在线精品机制砂生产方法的研究与应用	环保材料	张先胜 杨八一	靳玉启 乔继军	邵长亮 韩明年	陈贯卓 张永利	杜靖昌	二等奖
9	不锈钢中氧氮氢成分分析用标准物质的研制	研究院	杨 繁 王素芬	高洪吉 叶俊莹	陶 智 楚新玉	崔晓翠 李 君	杜倩倩	二等奖
10	电缆自动收放车的研究与应用	萨博汽车	赵传飞	李敏敏	吴新安	张继贞	付 李	二等奖
11	生态环境综合服务项目研究与推广	研究院	郭寿鹏 郭 军	范 泽 李丹琪	齐应欢 张 契	张 琪 冯 磊	邓羡羡	二等奖
12	干熄焦新型高效一次除尘器技术的开发与应用	国际工程	于 华 张 伟	徐 升	张 岩	毕延林	褚 晨	二等奖
13	一种维修保养系列基站的发展和研制	萨博汽车	梁 峰 刘琨伟	李小清	张晓然	李中泽	叶建军	二等奖
14	炼钢转炉及连铸超低排放项目技术研发与应用	国际工程	陈五升 柳江春	程志洪 朱延群	陈树国 崔庆涛	陈以豹 袁秋梅	王雅玲	二等奖
15	LW1200 产线生产效率与产品质量提升	型材公司	王丰祥 王建刚	王泰来 杨 强	贾泽民 廉 鹏	王振伟 刘 聪	张兴桥	二等奖
16	自动控制技术在智慧水务中的应用	瑞宝电气	赵汉生 刘 岩	孙喜亮 李大顺	高 阳 张 辉	魏玉杰 王洪涛	孙 刚	二等奖
17	某型号生物安全实验室研制	萨博汽车	李学伟	毕俊杰	李相贵	卢 浩		三等奖
18	合金钢光谱标准样品冶炼工艺研究与应用	资本运营部、研究院	倪守生 李 勇	李 智	韩文殿	杨 超	所文升	三等奖
19	热处理炉低氮燃烧技术研发与应用	国际工程	陈五升 孟文浩	徐金来	谷海龙	刘鑫杰	程 艳	三等奖
20	C 型原料场超低排放诊断与改造技术研究与应用	国际工程	刘洪东 魏凤霞	李 兵	战立刚	刘鑫杰	胡德生	三等奖
21	高精密圆管及推方产品的开发与应用	型材公司	王丰祥 王建刚	邹国顺	王泰来	王振伟	张兴桥	三等奖
22	利旧创新供热单元 助推主业健康发展	鲁新建材	朱 涛	颛孙同勋	徐 峰	郭庆斌	寇延安	三等奖
23	玉米粉中黄曲霉毒素 B1 成分分析标准物质的研制	研究院	吴丽娟 丁晓彤	蒋洪娇	杨吉平	韩福建	孙咏芬	三等奖

序号	项目名称	完成单位	主要研制人员名单	获奖等级
24	双工况制氧机开发与应用	气体公司	李宗辉　杨秀玉　焦何生　杨兆亮　张家勇 张　勇	三等奖
25	一二次融合成套环网箱系统在居配工程的适应性开发	瑞宝电气	刘建平　李厚国　杜　鹏　白洪光　于　军 裴　波	三等奖
26	材料性能试验机多元化校准能力的研究与开发	研究院	耿后安　李　欣　万　莹　徐凯欣　马文莉 孟庆晨	三等奖

2022 年济钢专利奖

序号	专利名称	获奖单位	发明人	专利类型	获奖等级
1	一种免维护干熄焦焦罐的制备方法	国际工程	马明锴　王裕龙　孔令彬　王　伦　栾元迪	发明	一等奖
2	一种土壤底泥样品自动加工处理装置	研究院	郭寿鹏　张　契　邓羡羡　齐应欢　张　琪	发明	一等奖
3	一种红钢保温运输车	萨博汽车	李　丽　卢　浩　李　群　宋维程　吴新安 李　晋　李相贵	实用新型	二等奖
4	一种用于生产尖角方管的生产装置	型材公司	王振伟　王泰来　朱建勇　孔祥周　张　平 雷　刚　颜继生　刘　奇　秦利国　廉　鹏 陈书浩	实用新型	二等奖
5	一种光谱标样加工系统	研究院	倪守生　李　勇　聂红梅　张　莉　高洪吉	发明	二等奖
6	一种线缆/线管收放车	萨博汽车	吴新安　卢　浩　李相贵　李　晋　宋维程 李　群	实用新型	三等奖
7	一种用于焊接尖角方钢的三辊挤压装置	型材公司	王丰祥　王泰来　张兴桥　王建刚　王振伟 贾泽民　张　峰　廉　鹏　王国才　杨宏钰 赵康宁　郝延林	实用新型	三等奖
8	一种四轴承冷弯侧辊机构	型材公司	王丰祥　王泰来　王振伟　廉　鹏　王建刚 张兴桥　张　峰　贾泽民　刘　奇	实用新型	三等奖
9	一种螺栓保证载荷试验残余变形量专用测量装置	研究院	孙世强　宋婷婷　王　琛　李晓桐　黄　诚	实用新型	三等奖
10	一种适用于场地污染土壤修复的土壤改良剂及其制备方法和应用	国际工程	穴俊连　栾元迪　李　兵　王永强　张春苗 董振鲁　王明磊　刘洪东　程志洪　谷海龙 孙　璐　孙　航　程　宇　张皓淳	发明	三等奖

2022 年管理创新成果获奖名单

序号	成果名称	完成单位	团队人员名单	获奖等级
1	从布局入手，精准研判，快速定位，因势利导靶向破除壁障，联动运行提升绩效	环保材料	王明勤　靳玉启　杨　勇　姜言明　张国强　张兆泉　牛　玉	一等奖
2	"采产销技"协同联动，冷弯产品综合成材率较 2022 年提升 0.5 个百分点	型材公司	王丰祥　王　锋　郝延林　王建刚　张　平　秦利国	一等奖
3	以合同为核心、总计划为抓手，提升总承包项目全过程管控能力	国际工程	高忠升　栾元迪　王永强　程　宇	一等奖
4	大幅度降低贸易收入占比，实现集团公司规模效益和融资效益双保障	财务部	曹孟博　宋　锋　苗　苗　王玉全　李晓礼　张　颖　马　成	一等奖
5	以动力变革创新非主业资产清理思路，优化集团公司股权投资结构	资本运营部	鲁宏洲　孙凤雷　宋　锋　施京萍　刘　易　马　龙	一等奖
6	创新应用"四清"工作法，实现采购动力变革	炉料公司	王铭南　于启涛　杨兴友　韩　强　王　伟　刘宜霖　张向阳	一等奖
7	构建"品牌+供应链"运营模式擦亮济钢集团钢铁品牌	济钢供应链	魏信栋　马　磊　邱文超　张尔康　毛新锋　李成新	一等奖
8	创新营销模式助推公司快速闯入应急新领域	萨博汽车	崔　涛　刘琨伟　秦　凯　史　根	一等奖
9	践行九新价值创造体系推动转型企业高质量发展	研究院	倪守生　殷占虎　宿肖丽　柳欣萌　孙亚霜　蒋文静	一等奖
10	创新监管模式，推行环保管家服务	安环部	修志伟　王　冰　李同宣　冯会昌	一等奖
11	深化实施强大总部建设，实现集团与子分公司双向赋能	组织部/人力资源部	薄　涛　苗　刚　王广海　郑海霞　刘　骞	一等奖
12	以基本管理单元创造力的培育推动"动力变革"取得显著成效	组织部/人力资源部	王明勤　王广海　季宏杰　何柳萌　周　晶　胥广学　孙　蕾	一等奖
13	构建劳模特色产业工人技能形成体系	瑞宝电气	赵　磊　姜和信　杨春雨　王　菊　程　芳　白　雪　张　乐　郭　洋　刘　岩	二等奖
14	搭建国际供应链业务平台，助力供应链产业做大做强	济钢供应链	魏信栋　周　军　郑　佳　施京萍　毛新锋　马　磊　宫晶晶　张海东　韩　惠	二等奖
15	穷尽思维，全维度攻坚，成功破解土地陈年旧账清收难题	规划部	刘长生　安　科　鞠传华	二等奖

续表

序号	成果名称	完成单位	团队人员名单	获奖等级
16	工程项目全过程管理评审	审计部	苗　刚　张素兰　刘富增　季宏杰　常大勇　王　珂	二等奖
17	基于职工收入翻番导向的绩效管理体系的构建	组织部/人力资源部	王明勤　王广海　江荣波　李　杰　徐　帅	二等奖
18	坚持问题导向，形成部门联动，防范逾期应收风险	法务部	张晓晨　王　松　江荣波　郑香增　马　成	二等奖
19	挖掘内部潜能，激发废钢加工"工贸一体化"运营动能	城市矿产	高　鹏　刘法敏　赵　刚　季　鹏	二等奖
20	创无形价值，筑升有形经营平台高度	萨博汽车	赵传飞　严凤涛　赵　亮　王　鑫　郭晓光　管延科　舒　飞	二等奖
21	激发各类要素动力活力　全面提升集团运营质量	资本运营部	王国才　时义祥　郑香增　杜荧荧	二等奖
22	全方位对标　全面质量管控　全面提升效益	环保材料	张先胜　靳玉启　郝思生　杨　勇　马国梁　鹿传兵　李延平	二等奖
23	搭建创新创业数字赋能中心——智慧园区综合服务平台	创智谷/建设公司	魏　涛　刘　倩　赵　健　王莺博　乔英宝　张念彬	二等奖
24	工程预结算审查"双统一"管理创新模式在济钢转型发展中的研究与实施	审计部	刘富增　张军娟　谷　民　肖国平	二等奖
25	围绕数字化转型，高标准实施智慧济钢规划设计	资本运营部	苗　刚　高　翔　王同彦　王京玲　李　勇　于艳君　苏春越	二等奖
26	推进应急规范化建设，打造管控疫情灾情风险的新机制新平台	保卫部	董　波　杜增强　王善泉　张树兵	二等奖
27	利用校企合作办学开辟高端人才培养新途径	组织部/人力资源部	季宏杰　郑海霞　刘　骞	二等奖
28	深挖科研项目，实现军工资质产品扩项	萨博汽车	赵传飞　赵　亮　李敏敏　郭晓光　管延科　王　鑫	二等奖
29	以专业管理+精准服务推进空天信息产业基地一期一步项目建设	规划部	郭　强　常大勇　战玉生　张贺全　张　靓　耿成鹏　赵明峰　王纯杰　刘　健	二等奖
30	人力资源公司推行"五定"改革，深化"动力变革"，圆满完成"效益保卫战"冲刺目标	人力资源公司	刘庆玉　田亚农　张炳光　姜　蕾　王学诚　刘广友	三等奖
31	集团型企业重构管理体系的探索与实践	资本运营部	苗　刚　高　翔　王同彦　李　勇　杨成召　张家峰　郑香增　王福源	三等奖
32	多部门联动创新管理流程，解决历史遗留问题节税615万元	财务部	宋　锋　苗　苗　王玉全　李　伟　张晓晨　李晓礼　马　成	三等奖
33	构建网络化、信息化、数字化办公平台	研究院	倪守生　李　勇　聂红梅	三等奖

续表

序号	成果名称	完成单位	团队人员名单	获奖等级
34	创建多元经营"星型模型"实现高质量发展	创智谷/建设公司	魏 涛　贾 珂　郭耀荣　王婷婷　谭悦磊　赵芳剑　牛大伟	三等奖
35	依托生产大数据,对干熄焦工程设计质量进行跟踪、诊断及改进	国际工程	王常金　姚红英　张海生　贺西娟　张应龙　曹生前　李慧敏　刘 飞　陈 亮	三等奖
36	开展税收筹划,降低企业税收负担	财务部	宋 锋　苗 苗　孙 浩　夏 悦　李沛峰	三等奖
37	基于"政产学研用"创新融合下校企合作模式的探索与实践	鲁新建材	朱 涛　卢文银　靳连文　邵明师	三等奖
38	创新解决历史遗留问题思路,完成无证不动产办证,助力集团公司新旧动能转换	资本运营部	刘学燕　周 军　马 龙　安 科　张军娟　孙凤雷　马宝来	三等奖
39	开展能源管理评审 提高能源管理绩效	资本运营部	王国才　孟贤锋　杨成召　张良刚　时义祥	三等奖
40	拓展出口产业链,提升国际贸易竞争力	济钢供应链	郑 佳　李自云　徐振华　杨传萌　韩 宁	三等奖
41	转变思路内部挖潜,创新集团层面融资手段	财务部	曹孟博　李 健　郭经纬　岳 涵　寇振茜	三等奖
42	以标准建设管理引领创新链价值链深度融合	资本运营部	韩文殿　杨 超　李 勇　李善磊	三等奖
43	创新建厂元勋关爱模式,打造济钢精神传承新载体	离退部	刘庆玉　徐同勋　陈路明　解学启　孙 芳　于会勇	三等奖
44	基于业务合作为链点的产业招商引资新路径形成与实施	"四新"产业园	王国才　王明勤　于海博　张先胜　张国营　孔凡朔	三等奖
45	高质量转型发展运营管控体系的构建实践	资本运营部	徐守亮　王国才　李善磊　孟贤锋　张希胜　刘 青　郝雅丽　王 磊　李 萍　时义祥　张良刚　杨成召	三等奖
46	适应外部形势变化,济钢产业发展路径的策划与研究	规划部	郭 强　闫永章　徐 鑫　孟庆晓　尚玉民　刘昌伟　游佳慧	三等奖
47	发挥集团公司整体优势,盘活3.19亿逾期债权,实现资产资源高效利用	财务部	宋 锋　苗 苗　张 颖　刘 贤　张 娜　王 靖	三等奖
48	监督下沉、汇聚合力架设监督执纪"探照灯"	纪委	孟庆钢　王法国　于素云　葛 颖　王 颖	三等奖
49	去根治理安全隐患,提升本质化安全水平,持续实现安全生产"六个零"目标	安环部	修志伟　徐田龙　刘自民　成佳方　蒋文志　常庆海	三等奖
50	购销管理体系的构建实践	资本运营部	徐守亮　王国才　李善磊　孟贤锋　史 涛　刘 青　郝雅丽　王 磊　李 萍	三等奖

续表

序号	成果名称	完成单位	团队人员名单	获奖等级
51	多模式扩充运营资金，助推公司高质量发展规模效益双提升	济钢供应链	宫晶晶　魏文艳　崔美霞	三等奖
52	模式创新+协同研发，提高原料钢卷性价比，实现"提质降本"双收益	型材公司	王丰祥　贾泽民　王　锋　秦利国　郝延林	三等奖
53	找准"产"和"才"嫁接切入点实现"三链"共赢	"四新"产业园	韩晰宇　张金秋　王国才　于海博　刘冰曙　刘　芳　张国营　王志刚　孟庆晓	三等奖
54	实施"青优人才"线上积分管理机制，全面激励青年发掘人才后备军	工会/团委	王京巨　辛　敬	三等奖
55	利用"Al济钢"微信公众平台　整合济钢宣传媒体资源形成聚合力　实现宣传效应全覆盖最大化	宣传部	李维忠　路文亮　王彤彤　谭　震　朱晓邦	三等奖
56	完善风险防控机制，提高新济钢风险化解能力	审计部	刘富增　王　珂　王　松　张晓晨　宋　英　马郑文　杨召军	三等奖
57	创新"学习强国"使用与推广办法研究	宣传部	李维忠　张洪雷　王彤彤　吴　斌	三等奖
58	拓展思路加快外部维修市场开发	济钢顺行	刘柱石　初明吉　吴　通　王海松	三等奖

（撰稿　刘　易　审稿　杨传举）

2022年职工合理化建议优秀成果

2022年第一季度集团公司职工合理化建议优秀成果

序号	单位	主创人（1人）	协作人（不超过3人）	成果名称	等级
1	环保材料	马国梁	沙　珉　郭刚涛　郭英峰	加工线技术改造，保质提产效益提升	1
2	财务部	李　健	郭经纬　岳　涵　寇振茜	创新打造快速贴现平台，集中规模创效	1
3	规划部	安　科	鞠传华	抓住时机，创新借力，快速恢复23宗土地使用权	1
4	济钢顺行	程　宁	刘柱石　魏　莹	利用信息数据的综合分析，优化设施利用效率，实现场站充电量和收益翻倍增长	2
5	萨博汽车	张俊刚		伪勘车后尾工具箱防漏雨改进	2
6	创智谷	曲洪柱	战玉生　刘　健　孙　雷	主动攻坚，争取支持，暂免"四新"产业园一期土地闲置费102万元	2

序号	单位	主创人 （1人）	协作人 （不超过3人）			成果名称	等级
7	国际工程	刘洪东	李 兵	刘鑫杰		料棚无组织扬尘智能管控系统技术应用	2
8	国际工程	王裕龙	潘 鹤	张 伟		方形节能环保焦罐内衬优化	2
9	国际工程	周长朴	薛德余	张应龙	王福义	优化装置竖向布置设计、适应场地、降低造价和施工难度	2
10	国际工程	贾儒彬	孙家营			新型轻质化太阳能板在光伏发电中的应用	2
11	保安公司	杨艳坤	董 波	曹学杰	刘振学	创新工作载体，激发党组织活力，提升党建工作科学化水平	2
12	创智谷	贾 珂	赵芳剑	郭耀荣	王婷婷	运用反脆弱思维，逆向开发市场，2022年1季度实现营收3732万元	2
13	创智谷	张 健	刘 青	刘 静	邢兆民	双子座携手破局，共建"济钢铁军"工程市场拓展新模式	2
14	鲁新建材	亓振来	田宏强	常叶菊	杨景波	销量淡季不淡，利润全额奉献	2
15	鲁新建材	黄东旭	窦广超	雷金辉		独立自主安装减速机扭矩传感器	2
16	人力资源公司	姜 蕾	王 琰	郑福青	朱淑欣	人力资源公司拓展融资渠道，实现轻资产公司无担保贷款	2
17	济钢文旅	李 东	齐朝阳	单健健		采用"保证金+第三方公司担保+法人股东个人无限连带责任担保"模式资金高效流转	2
18	研究院	张 琪	齐应欢	邓羡羡	李丹琪	废旧仪器再利用——恶臭气体自动进样装置改造	2
19	瑞宝电气	赵 磊	姜和信	王 菊	白 雪	争创济南市全员创新企业，获取创新经费10万元	2
20	瑞宝电气	杨洪林	李式伟	唐蕾功		配电箱一次线电动折弯加工装置	2
21	环保材料	杨 勇	张国强	刘圣海		生产工序调整 助力产品质量提升	2
22	环保材料	郭刚涛	张 健	焦玉刚	初广振	制作冬季油脂保温装置 实现设备润滑高效	2
23	环保材料	鹿传兵	孙跃光	栾景信	厉彦福	优化矿山开采过程工艺，提高产品质量价值最大化	2
24	城市矿产	吴彦平	金 峰	王永红	吕文建	地面清洁设备的改造	2
25	济钢供应链	邱文超	牟 建	张凯成		山东华丰监管+供应链+品牌合作新模式，提高利润	2
26	宣传部	张洪雷	冯秀燕			发布济钢集团有限公司企业形象标识	2
27	财务部	孙 浩	夏 悦	李沛峰		集团公司残疾人就业保障金免交	2
28	资本运营部	万 亮	李宣亮	陈金林		系统梳理+有效闭环，完成改造项目结余款项回收	2
29	资本运营部	张良刚	刘正华	时义祥	杨成召	破除垄断模式，开辟日照石灰销售新渠道	2
30	资本运营部	马宝来	张洪宝	施京萍	孙凤雷	努力打造空天信息产业集聚生态，推动提升产业发展动能	2

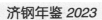

续表

序号	单位	主创人 （1人）	协作人 （不超过3人）	成果名称	等级
31	离退部	杨俊国	解学启　杨立军	创新"四式联学四度提升"宣讲模式，让"九新"价值创造实践在离退休职工中落地生根	2
32	济钢顺行	杜宪卫	刘延军	合作建设 CNG 加气站，增加公司经营效益	3
33	济钢顺行	何忠生	苏　文　曹忠　潘　亮	建设慢充均衡充电桩，提升公司风险管控水平	3
34	萨博汽车	卢　浩		不锈钢拉丝薄板拉毛工艺创新	3
35	萨博汽车	宋维程		一种拉拔仪取代方法及随处安装工艺改进	3
36	萨博汽车	付　李		军用方舱屏蔽结构改进	3
37	萨博汽车	耿忠亮		一种专用方舱人机工程的优化设计	3
38	国际工程	徐金来	谷海龙　孙雅文　袁秋梅	六安 3500mm 生产线辊道优化设计	3
39	国际工程	牟敦强	孙家营　张海生　张　林	基于 Reviet 软件在干熄焦项目中的协同设计应用与优化	3
40	国际工程	张　璐	万　丛　郭振伟	热力系统疏水回收改造	3
41	保安公司	张　伟	杨文学　王际君	安全诊断，督导服务，整改提升，确保托管园区租赁业户安全合法生产经营	3
42	创智谷	贾　珂	柴相刚　李　伟　赵　康	通过精心准备、耐心谈判、达成和解，实现节支 55.38 万元、增效 36 万元	3
43	创智谷	董连祥	李传友　牛大伟	降成本，循环利用废弃物，保护环境	3
44	鲁新建材	王经梅	张　红　董元娟　刘　伟	利用集团结算平台满足公司原料冬储资金需求	3
45	鲁新建材	黄建东	付延霞　王经梅	盘活资金，提升创效	3
46	鲁新建材	马　健	胡小龙　林祥栋　赵永旺	2 线外循环输送机安全环保封闭改造	3
47	保卫部	高吉祥	刘发兴　谢　锋　王　燕	图文播报技能赋能形势任务教育短视频化	3
48	人力资源公司	杨宏波	严　胜　苗　琦　周　兵	开展专业化培训外包服务、满足市场个性化培训需求，开拓新的培训业务经济增长点	3
49	人力资源公司	周　波	王英杰　蔡　梅　于　玲	社会效益与经济效益并重，积极拓展干部人事档案服务外部市场	3
50	人力资源公司	张国华	郝山德　刘　敏　肖　虹	开展技能人才自主评价，提供技能人才智力支持	3
51	鲍德炉料	刘世锋	王茂周　胡新战　李　立	动力配电柜自主制作升级改造的实施	3
52	济钢文旅	杜绚丽	李焕亮　李丽华	用文化增添色彩，提升和宾馆顺楼自助餐增量	3
53	济钢文旅	夏广新		创新构建能源体系化管理	3
54	研究院	李　静	孙咏芬　李　静　刘君丽	甲醇中六种苯系物溶液标准物质的开发应用	3
55	研究院	王　琛	李晓桐　伍文文　李天海	船体结构用高频焊接钢管检验检测技术开发与应用	3
56	瑞宝电气	田恒忠	郭　洋　李　猛　张　乐	变压器差动保护误动原因分析及防范措施	3
57	瑞宝电气	郭　洋	滕朋朋　艾　永　魏玉杰	架空线防雷措施改进	3
58	瑞宝电气	左德忠		折弯机上模板直线度测量	3

序号	单位	主创人 (1人)	协作人 (不超过3人)	成果名称	等级
59	瑞宝电气	李 元	解鸿博 张 倩	基于三维建模技术的配电柜模块化设计和结构优化	3
60	环保材料	文小明	鹿传兵 赵新虎 邵长亮	辊轴筛入料缓冲改造	3
61	环保材料	鹿传兵	柴政刚 张春明	挖斗国产化攻关，降低单元成本费用	3
62	环保材料	左 平	赵中秋 崔健清 王 旭	人员登记更高效 入厂之路更畅通	3
63	城市矿产	孟德锋	孙国刚 高劲松 张 磊	积极拓展石灰石运输市场，弥补货源亏缺衔接性创效	3
64	城市矿产	刘俊青	徐方成 王 若	加装G7视屏监控装置，确保废钢倒运安全	3
65	济钢物流	付廷滨	张嘉乾	优化资金成本，保指标完成	3
66	济钢物流	关永成	王建军 史飞龙	延展经营品类、丰富经营业态	3
67	济钢供应链	雷 刚	刘 宁 刘 奇	市场挖潜拓渠道，开辟登机廊桥用管市场	3
68	济钢供应链	訾宇斌	吕 超 李旭冉	发展终端，技工贸融合初体验	3
69	济钢供应链	颜继生	刘建新 路鹏飞 范 伟	1200下线区接头、停机管收集台架改造的建议	3
70	办公室	王 海	江昕蔚 郭玉玲 王 辉	创新档案信息管理模式，为推动济钢快速稳定发展和建设和谐企业提供保障	3
71	组织部	王家琳	李 键 陈 飞 苑 圆 王志钢	打破技能人才壁垒，贯通人才发展通道。创新高效开展2021年度职称推荐申报工作，加快集团公司专业技术人才和高技能人才队伍建设	3
72	组织部	李晓虎	张 倩 张 启	积极应对缓办退休政策影响，保持职工队伍稳定	3
73	组织部	胥广学	何柳萌 周 晶 孙 蕾	建立"效益保卫战"周调度机制，推动集团公司完成全年任务目标	3
74	纪委	王 颖	邹 彤	查案治本，提升案件查办"附加值"	3
75	宣传部	李振清	朱晓邦 李佳欣 赵冬梅	"探寻红色记忆 传承红色基因" 挖掘济钢老党员红色故事	3
76	工会	杨春雨	王爱华 刘丽云 刘鸿春	充分发挥工会组织"娘家人"作用，科学有序参与疫情防控工作，坚决打赢新冠肺炎疫情防控阻击战	3
77	工会	丁志勇	刘红霞 刘鸿春	创新职工文化活动形式，营造浓厚节日气氛，进一步丰富职工精神文化生活	3
78	工会	刘丽云	王爱华 杨春雨 刘鸿春	利用上级资源 加大女职工培训	3
79	资本运营部	李 勇	于艳君 王京玲 张 超	以智能生产为核心，规范智能制造标准体系建设	3
80	规划部	刘昌伟	袁 林 卢 峰 王圣文	统筹管理防疫物资，筑牢济钢防疫防线	3
81	安环部	成佳方	修志伟	关于加强未遂、险肇事故管理的建议	3
82	离退部	於德英	殷桂文	以"人"为本，"别样"服务暖民心	3

2022 年第二季度集团公司职工合理化建议优秀成果

序号	单位	主创人 （1人）	协作人 （不超过3人）			成果名称	等级
1	国际工程	秦 川	李光珂	曾 静	程晓莹	联合体模式在大型总承包项目中的运用	1
2	瑞宝电气	朱 雷	闫 群	王海燕	唐茂堃	SuperWORKS 电气设计软件建立标准化电气图库	1
3	工会/团委	杨春雨	王爱华	刘丽云	刘鸿春	以争先创优劳动竞赛为契机，践行国企担当，贡献济钢力量	1
4	组织部/人力资源部	江荣波	李 杰			实施双契约管理模式，赋能子公司发展	2
5	组织部/人力资源部	陈 飞	苑 圆	王家琳	王志钢	构建集团公司重大事项报告体系，严明组织纪律和工作纪律，打造上下贯通、执行有力的严密组织体系	2
6	纪委	邹 彤				为济钢高质量发展清弊除障、赋能护航的执纪监督新模式	2
7	工会/团委	刘红霞	刘鸿春			开展"凝心"工程，进一步强化职工思想引领力，形成推动高质量发展新合力	2
8	资本运营部	施京萍	孙凤雷	马宝来	尹秀锦	收购境外公司，搭建济钢集团国际贸易业务及融资新平台	2
9	资本运营部	时义祥	郑香增			以规范秩序、防控风险和质量提升为目标开展贸易业务梳理，强力推进集团公司营收结构优化	2
10	规划部	刘昌伟	朱 涛	常大勇	袁 林	创新思维模式，优化绿化提升方案	2
11	规划部	徐 鑫	尚玉民			创新构建产业架构，引领产业新发展	2
12	济钢文旅	张海东	韩晰宇	陈法海		践行国企担当，做好疫情防控后勤保障。	2
13	济钢文旅	王 静	杜绚丽			践行国企担当，疫情经营创新	2
14	"四新"产业园	曲洪柱	战玉生	刘 健	孙 雷	主动攻坚，争取支持，暂免"四新"产业园一期土地闲置费102万元	2
15	萨博汽车	吴新安				一种超薄抽拉式踏板的研制与应用	2
16	环保材料	李海明	张立勇	程 雷		皮带机安全防护设施改造项目	2
17	环保材料	马国梁	郭刚涛	郭英峰	李 林	调整出厂参数，实现降本增效	2
18	环保材料	姜 宾	李保正	曹修河	刘延胜	废旧炸药袋回填炮孔，节约炸药，减少污染	2
19	济钢顺行	程 宁	刘柱石			加强精细化营销管理，充分整合资源，促进 CNG 加气站业务量显著提升	2
20	济钢顺行	杜宪卫	刘延军			借助集团内外部资源平台，助力提升业务拓展创收能力	2
21	鲍德气体	杨兆亮	张家勇	曹桂松	刘传辉	"菜单化"生产组织模式与技术改造并进，降低机组运行电耗	2
22	研究院	丁晓彤	孟丽丽	吴丽娟	蒋洪娇	微碳、低碳铬铁标准样品的研发及应用	2
23	供应链	王建刚	颜继生	刘建新	范 伟	自制打包带自动剪切机	2

续表

序号	单位	主创人(1人)	协作人(不超过3人)	成果名称	等级
24	供应链	王 锋	郝延林 王建刚 秦利国	采扁铁方式打包，降低费用提升利润	2
25	鲍德炉料	刘世锋	杜 彬 张卫东 张双河	通过技术改造使不锈钢管道与废旧冷却塔无缝结合，达到预期成套设备使用效果	2
26	国际工程	郭振伟	孙 航 万 丛 张 璐	电站发电主厂房起重机轨顶标高设计优化	2
27	鲁新建材	于水良	卢文银 高 旭 颛孙同勋	创新思维，系统改进，降低原料成本	2
28	宣传部	刘公强	张 涛 谭 震 李佳欣	利用济钢抖音企业号 提升济钢知名度、美誉度和品牌影响力	3
29	萨博汽车	毕俊杰		一种综合控制系统的开发与应用	3
30	研究院	王向阳	支 浩 刘雪朋	奶粉中蛋白质的测定能力验证项目及样品的开发	3
31	供应链	廉 鹏	邓杨玉 李丙玉	五台飞锯测速编码器统一型号，减少备件种类	3
32	国际工程	马 晨	李慧敏 王福义 荣金芳	五龙焦化干熄焦装置跨现有输焦通廊布置设计	3
33	鲁新建材	孙爱萍	胥维刚	通过研究环保政策，申请移除重点排污名录名单，节约环保支出费用80万元	3
34	董事会	徐 帅	李善磊	优化机构设置提高为董事会服务的能力	3
35	组织部/人力资源部	陈 飞	严 胜 王志钢 马受锦	开展内退党员全员培训，强化内退党员作用发挥	3
36	纪委	王 颖	葛 颢	创新活动载体，明察严防确保风清气正过端午	3
37	宣传部	路文亮	张 涛 王彤彤 李振清	"AI济钢"微信公众号在疫情升级封控期间发挥重要宣传平台作用	3
38	宣传部	张洪雷	张 涛 王彤彤 吴 斌	济钢集团荣获济南市"学习强国"先进集体	3
39	工会/团委	辛 敬		在庆祝建党百年系列活动中引导团员青年汲取智慧力量、助力企业发展	3
40	财务部	李晓礼	管 萍 张 玉	深度挖掘子分公司挂账费用，制定消化原则，列排消化计划，监控督导上半年考核口径全部消化完毕，确保真实反映经营绩效水平	3
41	资本运营部	马 龙	刘 易 所文升 张雪燕	以全员攻坚竞赛为抓手，激发职工"新铁军"精神，打响创效先锋枪	3
42	资本运营部	万 亮	李宣亮 陈金林	把握顾客注重价值，实现内燃机车高价转让	3
43	资本运营部	万 亮	王 凯	发挥目标化管理优势，实现资产持续创效	3
44	安环部	成佳方	修志伟 徐田龙	注重行为安全引导，规避不安全行为及其引起的事故发生	3
45	风控部	崔 刚	李庆泽	推进9大类专项管理风险管控水平，加强和完善监督机制，助力公司高质量发展	3
46	离退部	徐同勋	陈路明 于会勇	自动自发，多种方式关爱建厂元勋，彰显集团公司尊老敬老家国情怀	3

续表

序号	单位	主创人（1人）	协作人（不超过3人）	成果名称	等级
47	济钢文旅	谢润华	王有福　王兰凤	不动火实施防护栏杆建设	3
48	济钢文旅	焦爱国	张　涛　孙兴国	济钢烘焙微商城服务职工开拓市场	3
49	保卫部	路　坤	董波　刘发兴　谢锋	支援社区疫情防控应急处置力量梯次配置方案	3
50	保卫部	祁　岩	姜化东　韩秋梅　张群	激发"头雁"效应引领岗位建功活动方案	3
51	保卫部	杜增强	董波　王善泉　高凯	分类筛选、精准辨识掌控新冠疫情传播扩散信息，促进提升靶向定位、快速迅捷阻断疫情风险的应急时效	3
52	人力资源公司	杨宏波	严胜　苗琦　周兵	创新培训模式、充盈培训方案，切实内退职工素质提升社会意义	3
53	人力资源公司	郭庆鹏	谢允澄　孙文涛　韩欣	践行"九新"新内涵，聚焦"安全生产月"，强化培训主业，确保安全管理人员100%持证上岗	3
54	人力资源公司	王福源	王同彦　张炳光　李勇	以管理体系认证为载体，提升基础管理水平	3
55	济钢物流	付廷滨	王　静　刘　波	缩减内贸，拓展外贸，适时实现贸易过渡转型	3
56	创智谷	李传友	董连祥	一劳永逸，提前风险管控，确保济钢供应链型材公司雨季安全生产	3
57	创智谷	贾　珂	赵芳剑　郭耀荣　王婷婷	进行产品星型布局，建立生态立方体，2季度实现营收2716.2万元、毛利142.17万元	3
58	"四新"产业园	张亚楠	张国营　徐　鑫	开拓创新，搭建园区招商运营产业生态要素资源库	3
59	萨博汽车	窦保中	赵国岭	一种酸洗专用"八爪"吊装梁的应用	3
60	萨博汽车	张俊刚		一种工程车、杰瑞控制室"字母"工装的应用	3
61	萨博汽车	肖　滕	李云飞	一种多功能轻量化货箱的优化设计与应用	3
62	环保材料	左　平	崔健清　陈众　钱帅	除尘器滤袋龙骨优化改造	3
63	环保材料	鹿传兵	柴政刚　刘建军　刘万余	矿山区域基建渣石排险资源综合利用	3
64	济钢顺行	马　辉	宋　霞	积极利用税收优惠政策降低税负，实现公司收益最大化	3
65	鲍德气体	杨兆亮	张　勇	多措并举，实现疫情期间液体销售量逐步提升	3
66	研究院	伍文文	李晓桐　王琛　李天海	钢中非金属夹杂物金相图谱开发	3
67	研究院	耿后安	马文莉　徐凯欣	采样器综合校准装置的新功能开发	3
68	研究院	邓羡美	齐应欢　张琪　李丹琪	土壤样品前处理过程的优化	3
69	供应链	肖　旭	闫洪　赵康宁　刘畅	LW1200线铣切锯频繁过流报警故障分析	3
70	供应链	李学鹏	张斌　于海宏	LED点灯单元电路逆向开发	3
71	鲍德炉料	王　铮	张海涛　朱慧	设计制作自动翻转机，降低"新建年产2400吨无缝包芯线"项目投资费用	3
72	鲍德炉料	徐宝华	李鹏	优化网络结构，提升网络性能及稳定性	3

序号	单位	主创人 （1人）	协作人 （不超过3人）	成果名称	等级
73	国际工程	陈 硕	王 丽　张军浩	及时关注税收政策，利用增值税加计抵减新政策优化税收筹划	3
74	国际工程	桂玉明	石 芸　荣金方	河南周口干熄焦项目工艺设备专业协同设计优化	3
75	保安公司	李玉艳	刘振学	构建"新媒体+基层党建宣传"平台　丰富基层党建工作内容	3
76	保安公司	王茂蕤	曹学杰　姜 伟　牛家朋	疫情严峻形势下，实施驻站保岗，践行国企担当	3
77	城市矿产	丛艳来	张新鹏　陶进辉	精细调整生产结构，解合富余的劳务人员，降本增效项目	3
78	城市矿产	刘俊青	单益庆　刘法敏	合理调动人员分配，提升公司整体效益	3
79	城市矿产	刘俊青	单益庆　刘法敏	夹具改进，提高效率，降低成本	3
80	鲁新建材	黄建东	胡小龙　陈 兵　马 玉	掺加辅材降低成本	3
81	鲁新建材	马 健	林祥栋　赵家斌	精心组织，节能降耗57万	3
82	鲁新建材	李 伟	张 红　刘 伟　董元娟	利用银行融资解决公司资金需求	3
83	瑞宝电气	刘 岩	郭 洋　滕朋朋　张学智	PDMS在电缆桥架设计中的推广应用	3
84	瑞宝电气	田恒忠	郭 洋　李 猛　刘 岩	电力变压器高压试验及故障处理优化	3
85	瑞宝电气	张学智	胡晓蕾　艾 永　魏玉杰	短接检修法在电力继电保护调试与故障检修的推广应用	3
86	瑞宝电气	魏玉杰	赵汉生　张 辉　孙 刚	远程I/O传输技术在工业自动控制中的应用	3
87	瑞宝电气	白 雪	庞金华　王唯杰	立足岗位实际，实现政策创效	3

2021年第三季度集团公司职工合理化建议优秀成果

序号	单位	主创人 （1人）	协作人 （不超过3人）	成果名称	等级
1	济钢物流	关永成	王建军　史飞龙	开拓"济钢牌"沥青，完善"品牌+工厂"运营模式	1
2	资本运营部	张良刚	时义祥　杨成召	实施库存管理专项行动防控经营风险，推动集团公司库存管理规范	1
3	规划部	侯成涛	王 鑫　朱甲一	海砂制取高纯石英砂项目新公司注册成立	1
4	济钢顺行	马立山	梁平生	制安防护板，护航纯电动	2
5	环保材料	马国梁	刘汉标　郭刚涛　郭英峰	中转库库底收尘改造	2
6	环保材料	马国梁	杨 勇　沙 珉　郭刚涛	组合使用定频变频卸料器　实现选粉入料的均衡可控	2
7	国际工程	郭 莉	孙 航　桂玉明　宫亚芳	河南安钢周口干熄焦项目阵发性超高温烟气的自动调节式喷雾降温净化系统	2

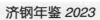
续表

序号	单位	主创人 (1人)	协作人 (不超过3人)	成果名称	等级
8	国际工程	孙雅文	李兵　孔振兴　徐金来	烧结工程集成新技术市场开拓及创益	2
9	研究院	崔晓翠	杨繁　孟丽丽　陶智	铝合金光谱分析用标准物质的研发及应用	2
10	研究院	刘雪朋	支浩　王向阳　宋婷婷	土壤中六价铬的测定能力验证项目及质控样品的开发	2
11	鲍德炉料	王铮	张海涛　李明波　朱慧	无缝线高频焊接冷却水盒的结构优化，降低生产电耗	2
12	济钢气体	杨兆亮	曹桂松　杨琳	以"两敢"精神为指引，成功实现医用氧（液态）产品合规上市销售	2
13	济钢智能科技	陈树勇	赵文玉　康鹏　姜和信	焦炉砖煤气道内窥镜的研发与推广	2
14	济钢智能科技	张银刚	王菊　于镇　艾永	10kV 母线桥接头新型绝缘护套的研发与应用	2
15	组织部/人力资源部	王志钢	陈飞　郑海霞　苑圆	推进党校建设发展优化升级，赋能企业改革发展	2
16	工会	刘丽云	王爱华　杨春雨　刘鸿春	深化新型导师带徒方案，纵深推进产业工人队伍建设改革	2
17	资本运营部	杨超	史涛　韩文殿	创新性实施重大科研项目需求"揭榜挂帅"制	2
18	资本运营部	施京萍	乔卫恒	抓机遇，借外力，突破低值无效资产股权转让瓶颈，实现持有中联钢股权上交所挂牌	2
19	规划部	徐鑫	李键　袁景亮　刘倩	借力空天信息产业发展高峰论坛，展现济钢转型风采，贡献"济钢力量"	2
20	法务部	张晓晨	许归凡　解婉荣	"一案一意见"法律意见书新模式，精准助力管理提升	2
21	鲁新建材	黄建东	高旭	创新产品生产模式，配掺辅材，降本提质增效	2
22	四新产发	曲洪柱	战玉生	主动攻坚，精准破题，空天信息产业基地一期获取济南市标准厂房认证	2
23	城市矿产	张慧萍	王恒山	加大应收账款清收力度，提高资金利用率	2
24	济钢物流	张景祥	李宇娟　谢惠远　王岱琮	健全业务链，创新"大包服务"业务	2
25	济钢顺行	马辉	宋霞	积极利用普惠金融政策满足资金需求，降低融资成本	3
26	济钢顺行	程宁		盘活利用东门闲置地块资源　大力推进新能源充换电基础设施建设	3
27	环保材料	姜东泉	陈其勇　刘新乐	改进安全平台绿化复垦工艺，降本增效	3
28	环保材料	鹿传兵	张大成　张春明　刘万余	沃尔沃挖掘机液压系统等配件国产化替代攻关	3
29	环保材料	鹿传兵	张大成　张春明　亓振国	D440 型露天高风压潜孔钻机湿式除尘改造	3
30	国际工程	郑贤峰	孙彦伟　李红卫　白朝亮	济钢国际云南煤业、安钢周口干熄焦总承包项目设备精细化和专业化采购管理，实现总承包项目利润最大化	3

续表

序号	单位	主创人（1人）	协作人（不超过3人）	成果名称	等级
31	国际工程	曾 静	李 敏 张慧慧 吴 尚	总承包项目通过过程结算来控制项目施工进度付款风险	3
32	国际工程	高会新	梁学怡 侯丽丽 梁丽丽	PLC 系统设计流程优化	3
33	萨博汽车	李中泽		产品通用化、系列化、组合化设计的研究	3
34	萨博汽车	耿忠亮		一种宿营方舱的居住舒适性的优化设计	3
35	萨博汽车	张俊刚		项目组管理模式（高端产品制造）	3
36	研究院	郭 军	齐应欢 张 琪 邓羡羡	莱钢应急水样监测方案优化	3
37	研究院	伍文文	李晓桐 王 琛 王迎春	CrMo 系合金钢晶界腐蚀剂研制	3
38	人力资源公司	严 胜	杨宏波 苗 琦 周 兵	组织全体内退党员党性修养及爱企守纪意识提升培训，综合提升企业文化宣传、管理提升、市场开拓	3
39	人力资源公司	周 波	王英杰 于 玲 李 娜	主动对接济南轨道交通集团特殊工种审核项目增加公司外部市场效益	3
40	保卫部	杜增强	王善泉 侯红梅	前移延伸核酸检测服务，实现检测成本降低与检测效率提升	3
41	济钢智能科技	孟辛西	方 谊 闫 群 唐雷功	KYN28 中置柜分支母线标准化优化设计	3
42	济钢智能科技	王洪涛	魏玉杰	高端智能制造控制器系统与工业自动化系统的协同	3
43	济钢智能科技	田恒忠	郭 洋 李 猛 魏玉杰	电力互感器感应电防护措施	3
44	济钢智能科技	刘 岩	王 菊 白 雪 李 猛	低压母线桥外部系统结构优化设计	3
45	济钢城市服务	王兰凤	王有福	小粘贴，发挥大作用——职工餐卡换上新济钢 logo 标识	3
46	济钢城市服务	杜绚丽	李焕亮 王 静	加强市场营销、拉伸覆盖面，充分发挥价值创造	3
47	保安公司	刘振学	魏英杰	加强政策研究，利用国家稳岗补贴政策，实现公司创效 53.58 万元	3
48	董事会	李善磊	徐 帅	高效召开董事会 提升公司治理科学化水平	3
49	组织部/人力资源部	江荣波	李 杰	坚持高目标引领、强激励导向，鼓励经营质效较好单位效益再提升	3
50	组织部/人力资源部	陈 飞	苑 圆	创新人才柔性引进，推动集团公司高质量发展	3
51	纪委	于素云	葛 颢 王 颖	扩大济钢纪检监察工作影响力和美誉度，赋能护航济钢高质量发展	3
52	纪委	葛 颢	王 颖	依托数据管理系统，提升日常监督效能	3
53	宣传部	路文亮	王彤彤 赵冬梅	"九新"新内涵解读指端化，诠释宣贯入脑入心入基层	3

序号	单位	主创人（1人）	协作人（不超过3人）	成果名称	等级
54	宣传部	冯秀燕	张洪雷	积极参加"国企楷模·我们的榜样"评选活动并成功入选4人	3
55	工会	杨春雨	王爱华　刘丽云　刘鸿春	高质量推进全员创新，争当全市企业职工创新创效工作的排头兵	3
56	工会	丁志勇	刘红霞　刘鸿春	成功举办"喜迎党的二十大"济钢职工运动会各单项比赛和趣味比赛	3
57	资本运营部	李　勇	张　超　苏春越	深入推进价值创造，助力集团总部效率提升，实现信息化整体效益最大化	3
58	资本运营部	万　亮	丁玉国　张雪燕	加强市场调研，合理利用征收政策，二汽改办公楼征收增值创效	3
59	规划部	谢　勇	张亚楠	构建产业项目落地攻坚督导体系，打造济钢发展新引擎	3
60	风控部	王　珂	张军娟　单立军	构建风险"吹哨"机制，加强风险防范	3
61	风控部	张军娟	肖国平　谷　民	快速落实公司要求　用专业技术措施降低工程建设成本	3
62	风控部	曹　瑞	曹　瑞　郝雅丽　王　铮	推行审计整改"周调度、月总结"工作机制，各专业部门联动高效推进审计问题整改	3
63	离退部	徐同勋		开发跨平台传递功能，实现新增退休职工信息全面安全快速移交	3
64	法务部	卜　倩	张晓晨　解婉荣	优化OA合同管理模块功能，提升合同管理质量	3
65	鲁新建材	马　健	林祥栋　赵家斌	实施PROFIBUS-DP改造，提高产线运转率	3
66	鲁新建材	张　红	刘　伟　董元娟　陈　花	利用银行承兑敞口贷款解决公司资金需求	3
67	鲁新建材	李永刚	侯　捷　段其禄　韩晓辉	创新销售思维，进军高端市场	3
68	建设公司	贾　珂	赵芳剑　郭耀荣　王婷婷	实现砂石骨料贸工技一体化，3季度实现营收1130万元、毛利44万元	3
69	四新产发	刘　倩	王莺博　刘冰曙　贾冬蕾	四新产发发挥平台作用，主办搭建第八届电商大会济钢集团展位，提升集团品牌形象，获得社会效益、经济效益双丰收	3
70	城市矿产	弭广彩	张金涛	装载机打润滑油手动改气动	3
71	城市矿产	李国华	刘　东　孙德强	矿粉散料自卸车车厢内部改造增加货厢内部容积	3
72	城市矿产	刘俊青	刘法敏　刘　峰　季　鹏	电动车牌自动识别，提升过磅效率	3
73	城市矿产	刘俊青	刘法敏　董全忠　单益庆	仓储分区，增量提效	3
74	济钢物流	于　雪	孟熙航	实行动态供应商管理办法	3

济钢集团
JIGANG GROUP

附 录

FULU

特载

会议报告

概况

大事记

专项工作

专业管理

党群工作

生产经营

先进与荣誉

媒体看济钢

统计资料

附录 ☞

"九新"价值创造体系（新内涵）

新纪律：

恪守"军规"，严守"禁令"，问题"去根"

一、2022 年公司文件目录

发文字号	标　题
济钢安字〔2022〕1 号	济钢集团有限公司关于印发《2022 年安全环保工作总体方案及计划》的通知
济钢安字〔2022〕2 号	济钢集团有限公司关于印发《2022 年度员工安全素质提升暨教育培训实施方案》的通知
济钢安字〔2022〕3 号	济钢集团有限公司关于印发《2022 年度安全生产费用提取和支出计划》的通知
济钢安字〔2022〕4 号	济钢集团有限公司关于调整集团公司安全生产委员会组成人员的通知
济钢安字〔2022〕5 号	济钢集团有限公司关于印发《全员安全生产责任清单》的通知
济钢安字〔2022〕6 号	济钢集团有限公司省级大气污染防治专项资金使用情况报告
济钢安字〔2022〕7 号	济钢集团有限公司关于印发《安全生产责任制》的通知
济钢安字〔2022〕8 号	济钢集团有限公司关于印发《安全生产提升年行动实施方案》的通知
济钢安字〔2022〕8 号	济钢集团有限公司关于印发《2022 年"安全生产月"活动实施方案》的通知
济钢安字〔2022〕10 号	济钢集团有限公司关于印发《2022 年"百日安全生产无事故"活动实施方案》的通知
济钢安字〔2022〕11 号	济钢集团有限公司关于印发《安全生产监督管理办法》的通知
济钢办字〔2022〕1 号	外报济南市文件
济钢办字〔2022〕2 号	济钢集团有限公司关于 2022 年度合同授权范围、审批权限及合同章使用权限的通知
济钢办字〔2022〕3 号	济钢集团有限公司关于向济南市国资委商请理顺因公出国手续办理的函
济钢办字〔2022〕4 号	济钢集团有限公司关于张文哲延期回国的请示
济钢办字〔2022〕5 号	济钢集团有限公司关于印发《固定资产投资项目后评价工作方案》的通知
济钢办字〔2022〕6 号	济钢集团有限公司关于调整计划生育协会的通知
济钢办字〔2022〕7 号	济钢集团有限公司关于调整计划生育委员会的通知
济钢办字〔2022〕8 号	济钢集团有限公司关于印发《济钢集团有限公司总部工作人员和权属单位负责人办公用房管理规定》的通知

济钢办字〔2022〕9 号	济钢集团有限公司关于印发《济钢集团有限公司总部公务接待管理办法》的通知
济钢办字〔2022〕10 号	济钢集团有限公司关于周强等 2 人办理赴新加坡工作签证的请示
济钢办字〔2022〕11 号	济钢集团有限公司关于理顺济钢集团因公出国手续办理的请示
济钢办字〔2022〕12 号	济钢集团有限公司关于印发《信访工作"三函"实施办法（试行)》的通知
济钢办字〔2022〕13 号	济钢集团有限公司关于为郭德元等 3 人办理赴俄罗斯因公出国手续的请示
济钢办字〔2022〕14 号	济钢集团有限公司关于中国重汽集团 2022 年第一次临时董事会的报告
济钢办字〔2022〕15 号	关于中国重汽集团拟召开 2022 年第二次临时董事会的报告
济钢办字〔2022〕16 号	济钢集团有限公司关于为单立军办理赴越南因公出国手续的请示
济钢办字〔2022〕17 号	济钢集团有限公司关于为郑佳等 3 人办理赴越南、菲律宾因公出国手续的请示
济钢编字〔2022〕1 号	济钢集团有限公司关于设置法务部公司律师事务部的通知
济钢编字〔2022〕2 号	济钢集团有限公司关于设置审计部的通知
济钢编字〔2022〕3 号	济钢集团有限公司关于冷弯型钢公司整合到济钢供应链公司的通知
济钢编字〔2022〕4 号	济钢集团有限公司关于组建资本运营部的通知
济钢编字〔2022〕5 号	济钢集团有限公司关于成立济南空天产业发展投资有限公司的通知
济钢编字〔2022〕6 号	济钢集团有限公司关于印发《济钢集团有限公司总师（总顾问）制实施方案》的通知
济钢编字〔2022〕7 号	济钢集团有限公司关于成立济钢新加坡有限公司的通知
济钢编字〔2022〕8 号	济钢集团有限公司关于成立济钢产业发展有限公司的通知
济钢编字〔2022〕9 号	济钢集团有限公司关于印发《济钢集团有限公司产业发展链长制组织推进方案》的通知
济钢编字〔2022〕10 号	济钢集团有限公司关于成立山东济钢私募基金管理有限公司的通知
济钢编字〔2022〕11 号	济钢集团有限公司关于调整济钢集团党校机构编制的通知
济钢编字〔2022〕12 号	济钢集团有限公司关于济钢鲍德气体有限公司等单位更名的通知
济钢编字〔2022〕13 号	济钢集团有限公司关于济南鲍德冶金石灰石有限公司等单位更名的通知
济钢编字〔2022〕14 号	济钢集团有限公司关于团委与党委宣传部合署办公的通知

济钢编字〔2022〕15 号	济钢集团有限公司关于济南鲍德炉料有限公司更名的通知
济钢编字〔2022〕16 号	关于调整济钢防务技术有限公司管理模式的通知
济钢编字〔2022〕17 号	济钢集团有限公司关于鲍亨钢铁（越）与供应链公司一体化运营的通知
济钢财字〔2022〕1 号	济钢集团有限公司关于做好 2021 年度财务决算工作的通知
济钢财字〔2022〕2 号	济钢集团有限公司关于下达 2022 年财务预算（内控）的通知
济钢财字〔2022〕3 号	济钢集团有限公司关于做好 2022 年企业财务快报工作的通知
济钢财字〔2022〕4 号	济钢集团有限公司关于《研究济南城投集团偿还山钢集团欠款有关工作专题会议纪要》的回函
济钢财字〔2022〕5 号	济钢集团有限公司关于下达 2022 年 2 月份财务预算的通知
济钢财字〔2022〕6 号	济钢集团有限公司关于下达 2022 年 3 月份财务预算的通知
济钢财字〔2022〕7 号	济钢集团有限公司关于印发《济钢集团有限公司担保管理办法》的通知
济钢财字〔2022〕8 号	济钢集团有限公司关于下达 2022 年 4 月份财务预算的通知
济钢财字〔2022〕9 号	济钢集团有限公司关于根据 2021 年度决算审计结果调整会计账簿及报表的通知
济钢财字〔2022〕10 号	济钢集团有限公司关于下达 2022 年 5 月份财务预算的通知
济钢财字〔2022〕11 号	济钢集团有限公司关于下达 2022 年 6 月份财务预算的通知
济钢财字〔2022〕12 号	济钢集团有限公司关于下达 2022 年 7 月份财务预算的通知
济钢财字〔2022〕13 号	济钢集团有限公司关于下达 2022 年 8 月份财务预算的通知
济钢财字〔2022〕14 号	济钢集团有限公司关于下达 2022 年 9 月份财务预算的通知
济钢财字〔2022〕15 号	济钢集团有限公司关于报送 2021 年度绩效完成情况的请示
济钢财字〔2022〕16 号	济钢集团有限公司关于做好 2023 年全面预算编报工作的通知
济钢财字〔2022〕17 号	济钢集团有限公司关于下达 2022 年 10 月份财务预算的通知
济钢财字〔2022〕18 号	济钢集团有限公司关于下达 2022 年 11 月份财务预算的

	通知
济钢财字〔2022〕19 号	济钢集团有限公司关于印发《济钢集团有限公司资产损失财务核销管理办法》的通知
济钢财字〔2022〕20 号	济钢集团有限公司关于下达 2022 年 12 月份财务预算的通知
济钢党发〔2022〕1 号	中共济钢集团有限公司委员会关于印发《济钢集团有限公司职工代表大会换届改选工作方案》的通知
济钢党发〔2022〕2 号	中共济钢集团有限公司委员会关于印发《建设"赋能型"党组织实施方案》的通知
济钢党发〔2022〕3 号	中共济钢集团有限公司委员会关于命名济钢集团 2021 年幸福和谐企业的的决定
济钢党发〔2022〕4 号	中共济钢集团有限公司委员会关于印发《党委运用监督执纪"第一种形态"工作细则（试行)》的通知
济钢党发〔2022〕5 号	中共济钢集团有限公司委员会关于做好 2021 年度党组织书记履行全面从严治党责任和抓基层党建工作述职评议的通知
济钢党发〔2022〕6 号	中共济钢集团有限公司委员会关于同意取消张尔康预备党员资格的批复
济钢党发〔2022〕7 号	中共济钢集团有限公司委员会关于同意冷弯型钢党支部张峰等 4 名同志转为中共正式党员的批复
济钢党发〔2022〕8 号	中共济钢集团有限公司委员会关于同意萨博汽车党支部李中泽等 2 名同志转为中共正式党员的批复
济钢党发〔2022〕9 号	中共济钢集团有限公司委员会关于同意济钢顺行党支部马立山同志转为中共正式党员的批复
济钢党发〔2022〕10 号	中共济钢集团有限公司委员会关于同意济钢物流党总支尹蕾同志转为中共正式党员的批复
济钢党发〔2022〕11 号	中共济钢集团有限公司委员会关于济钢国际物流有限公司党总支改建为党支部的通知
济钢党发〔2022〕12 号	中共济钢集团有限公司委员会济钢集团有限公司关于 2021 年度领导班子和领导干部综合考核评价结果的通报
济钢党发〔2022〕13 号	中共济钢集团有限公司委员会关于 2021 年度履行全面从严治党主体责任暨落实党建工作责任制检查情况的通报
济钢党发〔2022〕14 号	中共济钢集团有限公司委员会关于 2021 年度落实党风廉政建设责任制检查考核情况的通报
济钢党发〔2022〕15 号	中共济钢集团有限公司委员会关于集团公司领导班子成员工作分工的通知
济钢党发〔2022〕16 号	中共济钢集团有限公司委员会关于推荐薄涛同志作为济南市第十八届人大代表候选人初步人选的请示

济钢党发〔2022〕17 号　　中共济钢集团有限公司委员会关于同意中共济钢供应链
（济南）有限公司委员会组建选举的批复

济钢党发〔2022〕18 号　　中共济钢集团有限公司委员会关于调整保密委员会成员的
通知

济钢党发〔2022〕19 号　　关于发布济钢集团有限公司企业形象标识的通知

济钢党发〔2022〕20 号　　中共济钢集团有限公司委员会关于调整济钢集团新型冠状
病毒感染的肺炎疫情联防联控组织机构的通知

济钢党发〔2022〕21 号　　中共济钢集团有限公司委员会关于印发《鲍山论坛建设
实施方案》的通知

济钢党发〔2022〕22 号　　中共济钢集团有限公司委员会关于印发《党委理论学习
中心组 2022 年理论学习安排意见》的通知

济钢党发〔2022〕23 号　　中共济钢集团有限公司委员会关于评选 2021 年度先进
集体、先进个人的通知

济钢党发〔2022〕24 号　　中共济钢集团有限公司委员会关于印发《济钢集团有限
公司社会人才招聘管理办法（试行）》的通知

济钢党发〔2022〕25 号　　中共济钢集团有限公司委员会关于印发《"济钢十大杰出
青年"评选管理办法（修订）》的通知

济钢党发〔2022〕26 号　　中共济钢集团有限公司委员会关于调整济钢集团有限公司
精神文明建设委员会成员的通知

济钢党发〔2022〕27 号　　中共济钢集团有限公司委员会关于济钢供应链有限公司
第一届"两委"组成人员候选人预备人选的批复

济钢党发〔2022〕28 号　　中共济钢集团有限公司委员会关于印发《2022 年工作
要点》的通知

济钢党发〔2022〕29 号　　中共济钢集团有限公司委员会关于印发《济钢集团有限
公司"第一学习"制度》的通知

济钢党发〔2022〕30 号　　中共济钢集团有限公司委员会关于建立实施"第一议题"
学习制度的通知

济钢党发〔2022〕31 号　　中共济钢集团有限公司委员会关于印发《关于学习宣传
贯彻济南市党代会和两会精神的方案》的通知

济钢党发〔2022〕32 号　　中共济钢集团有限公司委员会关于中共济钢供应链有限
公司委员会、中共济钢供应链有限公司纪律检查委员会
更名的通知

济钢党发〔2022〕33 号　　中共济钢集团有限公司委员会关于济钢供应链（济南）
有限公司"两委"委员、书记、副书记选举结果的
批复

济钢党发〔2022〕34 号　　中共济钢集团有限公司委员会关于印发《基层党支部
评星定级管理办法（试行）》的通知

济钢党发〔2022〕35 号　　中共济钢集团有限公司委员会关于表彰 2021 年度文明
建设先进集体先进个人的决定

济钢党发〔2022〕36 号	中共济钢集团有限公司委员会关于调整劳动争议调解委员会的通知
济钢党发〔2022〕37 号	中共济钢集团有限公司委员会关于纪检监察内设机构设置专职人员编制和领导职数核定的报告
济钢党发〔2022〕38 号	中共济钢集团有限公司委员会关于调整济钢集团有限公司厂务公开领导小组成员的通知
济钢党发〔2022〕39 号	中共济钢集团有限公司委员会关于印发《践行"九新"价值创造体系全新内涵深化幸福和谐企业建设工作方案》的通知
济钢党发〔2022〕40 号	中共济钢集团有限公司委员会关于印发《践行"九新"价值创造体系全新内涵,深化"构建新型导师带徒体系,优化职工心力成长生态"工作方案》的通知
济钢党发〔2022〕41 号	中共济钢集团有限公司委员会关于印发《党的二十大维稳安保工作实施方案》的通知
济钢党发〔2022〕42 号	中共济钢集团有限公司委员会关于表彰党内先进集体及个人的决定
济钢党发〔2022〕43 号	中共济钢集团有限公司委员会关于印发《"九新"价值创造体系新内涵宣贯方案》的通知
济钢党发〔2022〕44 号	中共济钢集团有限公司委员会关于印发《济钢荣誉档案建设工作方案》的通知
济钢党发〔2022〕45 号	中共济钢集团有限公司委员会关于集团公司领导班子成员工作分工的通知
济钢党发〔2022〕46 号	中共济钢集团有限公司委员会关于印发《济钢集团青年发展友好型企业建设实施方案》的通知
济钢党发〔2022〕47 号	中共济钢集团有限公司委员会关于印发《激励干部担当作为容错清单》的通知
济钢党发〔2022〕48 号	中共济钢集团有限公司委员会关于印发《激励干部担当作为容错纠错实施办法》的通知
济钢党发〔2022〕49 号	中共济钢集团有限公司委员会关于印发《关于加强新时代廉洁文化建设的实施意见》的通知
济钢党发〔2022〕50 号	中共济钢集团有限公司委员会关于调整监督委员会成员及相关职责的通知
济钢党发〔2022〕51 号	中共济钢集团有限公司委员会关于举办"喜迎党的二十大"第二十三届济钢职工运动会的通知
济钢党发〔2022〕52 号	中共济钢集团有限公司委员会关于印发《2022 年度"敢于斗争、敢于胜利"职工职业技能大赛实施方案》的通知
济钢党发〔2022〕53 号	中共济钢集团有限公司委员会关于命名表彰五星级党支部的决定

济钢党发〔2022〕54 号　　　中共济钢集团有限公司委员会巡视巡察整改落实重检自查
　　　　　　　　　　　　　　　　情况报告

济钢党发〔2022〕55 号　　　中共济钢集团有限公司委员会关于同意直属党支部换届
　　　　　　　　　　　　　　　　（组建）选举及部分二级单位党组织增补委员工作的
　　　　　　　　　　　　　　　　批复

济钢党发〔2022〕56 号　　　中共济钢集团有限公司委员会关于同意确定郭华等 5 名
　　　　　　　　　　　　　　　　同志为发展对象的通知

济钢党发〔2022〕57 号　　　中共济钢集团有限公司委员会关于成立集团公司党委人才
　　　　　　　　　　　　　　　　工作领导小组的通知

济钢党发〔2022〕58 号　　　中共济钢集团有限公司委员会关于组建山东济钢型材有限
　　　　　　　　　　　　　　　　公司党总支及调整济钢国际物流有限公司党支部组织
　　　　　　　　　　　　　　　　关系的通知

济钢党发〔2022〕59 号　　　中共济钢集团有限公司委员会关于山东济钢矿产资源开发
　　　　　　　　　　　　　　　　有限公司党支部改建党总支及靳玉启同志任职的通知

济钢党发〔2022〕60 号　　　中共济钢集团有限公司委员会关于四新产发党支部等部分
　　　　　　　　　　　　　　　　二级单位党组织、纪检组织更名的通知

济钢党发〔2022〕61 号　　　中共济钢集团有限公司委员会关于深入学习宣传贯彻党的
　　　　　　　　　　　　　　　　二十大精神的通知

济钢党发〔2022〕62 号　　　中共济钢集团有限公司委员会关于同意确定田宏强同志为
　　　　　　　　　　　　　　　　发展对象的通知

济钢党发〔2022〕63 号　　　中共济钢集团有限公司委员会关于济钢顺行等单位党支部
　　　　　　　　　　　　　　　　委员会组成人员候选人预备人选的批复

济钢党发〔2022〕64 号　　　中共济钢集团有限公司委员会关于同意确定济钢防务党总支
　　　　　　　　　　　　　　　　郭华同志为中共预备党员的批复

济钢党发〔2022〕65 号　　　中共济钢集团有限公司委员会关于同意确定四新产发党支部
　　　　　　　　　　　　　　　　王莺博、刘冰曙等 2 名同志为中共预备党员的批复

济钢党发〔2022〕66 号　　　中共济钢集团有限公司委员会关于同意确定萨博汽车党支部
　　　　　　　　　　　　　　　　李相贵同志为中共预备党员的批复

济钢党发〔2022〕67 号　　　中共济钢集团有限公司委员会关于鲍德炉料"两委"名称
　　　　　　　　　　　　　　　　变更以及同意泰航合金党委增补党委委员候选人预备人
　　　　　　　　　　　　　　　　选的通知

济钢党发〔2022〕68 号　　　中共济钢集团有限公司委员会印发《关于规范领导干部
　　　　　　　　　　　　　　　　出生日期认定不一致退出现职问题的意见》的通知

济钢党发〔2022〕69 号　　　中共济钢集团有限公司委员会关于印发《"领航赋能　红
　　　　　　　　　　　　　　　　心筑梦"党建品牌创建活动实施方案》的通知

济钢党发〔2022〕70 号　　　中共济钢集团有限公司委员会关于印发《关于贯彻落实
　　　　　　　　　　　　　　　　中央八项规定精神的实施意见》的通知

济钢党发〔2022〕71 号　　　中共济钢集团有限公司委员会关于印发《贯彻落实中央
　　　　　　　　　　　　　　　　八项规定及其实施细则精神"十项措施"》的通知

济钢党发〔2022〕72 号	中共济钢集团有限公司委员会关于同意确定鲁新建材党支部田宏强同志为中共预备党员的批复
济钢党发〔2022〕73 号	中共济钢集团有限公司委员会关于同意济钢顺行党支部马宁同志转为中共正式党员的批复
济钢党发〔2022〕74 号	中共济钢集团有限公司委员会关于同意萨博汽车党支部马德学、刘琨伟、姜克长同志转为中共正式党员的批复
济钢党发〔2022〕75 号	中共济钢集团有限公司委员会关于济钢顺行等直属党支部换届选举结果的批复
济钢党发〔2022〕76 号	中共济钢集团有限公司委员会关于四新产发党支部组建选举结果和泰航合金党委增补选举结果的批复
济钢党发〔2022〕77 号	中共济钢集团有限公司委员会关于城市矿产等单位党委增补党委委员候选人预备人选的批复
济钢党发〔2022〕78 号	中共济钢集团有限公司委员会关于同意型材公司等单位党组织组建选举、增补委员选举工作的批复
济钢党字〔2022〕1 号	中共济钢集团有限公司委员会关于刘学燕同志任职的通知
济钢党字〔2022〕2 号	中共济钢集团有限公司委员会关于组建济钢供应链有限公司党委的通知
济钢党字〔2022〕3 号	中共济钢集团有限公司委员会关于黄善兵同志任职的通知
济钢党字〔2022〕4 号	中共济钢集团有限公司委员会关于李维忠等同志职务任免的通知
济钢党字〔2022〕5 号	中共济钢集团有限公司委员会关于王广海等同志职务任免的通知
济钢党字〔2022〕6 号	中共济钢集团有限公司委员会关于推荐杨传举同志任职的通知
济钢党字〔2022〕7 号	中共济钢集团有限公司委员会关于张莉等同志任职的通知
济钢党字〔2022〕8 号	中共济钢集团有限公司委员会关于推荐鲁宏洲同志任职的通知
济钢党字〔2022〕9 号	中共济钢集团有限公司委员会关于推荐王玉全同志任职的通知
济钢党字〔2022〕10 号	中共济钢集团有限公司委员会关于推荐郭强同志任职的通知
济钢党字〔2022〕11 号	中共济钢集团有限公司委员会关于钟秀菊同志任职的通知
济钢党字〔2022〕12 号	中共济钢集团有限公司委员会关于张玉华同志不再任职的通知
济钢党字〔2022〕13 号	中共济钢集团有限公司委员会关于王常金等同志职务任免的通知
济钢党字〔2022〕14 号	中共济钢集团有限公司委员会关于孙超等同志职务任免的通知
济钢党字〔2022〕15 号	中共济钢集团有限公司委员会关于王晓明等同志职务任免的通知

济钢党字〔2022〕16 号　　中共济钢集团有限公司委员会关于组建济钢产业发展有限公司党支部及魏涛等同志职务任免的通知

济钢党字〔2022〕17 号　　中共济钢集团有限公司委员会关于推荐李伟等同志任职的通知

济钢党字〔2022〕18 号　　中共济钢集团有限公司委员会关于陈继伟等同志任职的通知

济钢党字〔2022〕19 号　　中共济钢集团有限公司委员会关于赵正伟同志职务任免的通知

济钢党字〔2022〕20 号　　中共济钢集团有限公司委员会关于薄涛等同志任职的通知

济钢党字〔2022〕21 号　　中共济钢集团有限公司委员会关于魏信栋等同志职务任免的通知

济钢党字〔2022〕22 号　　中共济钢集团有限公司委员会关于王四江等同志职务调整的推荐函

济钢党字〔2022〕23 号　　中共济钢集团有限公司委员会关于盖永刚同志不再任职的通知

济钢党字〔2022〕24 号　　中共济钢集团有限公司委员会关于李维忠等同志职务调整的推荐函

济钢董事会〔2022〕1 号　　济钢集团有限公司董事会关于刘学燕等人员职务任免的通知

济钢董事会〔2022〕2 号　　济钢集团有限公司董事会关于成立董事会专门委员会的通知

济钢董事会〔2022〕3 号　　济钢集团有限公司董事会关于靳玉启等人员职务任免的通知

济钢董事会〔2022〕4 号　　济钢集团有限公司董事会关于苗刚等人员任职的通知

济钢董事会〔2022〕5 号　　济钢集团有限公司董事会关于张素兰等人员任职的通知

济钢董事会〔2022〕6 号　　济钢集团有限公司董事会关于徐强等人员职务任免的通知

济钢董事会〔2022〕7 号　　济钢集团有限公司董事会关于王晓明等人员职务任免的通知

济钢董事会〔2022〕8 号　　济钢集团有限公司董事会关于梁云彩等人员职务任免的通知

济钢董事会〔2022〕9 号　　济钢集团有限公司董事会关于苗刚等人员职务任免的通知

济钢董事会〔2022〕10 号　　济钢集团有限公司董事会关于魏涛等人员任职的通知

济钢董事会〔2022〕11 号　　济钢集团有限公司董事会关于推荐苗刚等人员任职的通知

济钢董事会〔2022〕12 号　　济钢集团有限公司董事会关于张金秋等人员职务任免的通知

济钢董事会〔2022〕13 号　　济钢集团有限公司董事会关于高翔等人员职务任免的通知

济钢规字〔2022〕1 号　　济钢集团有限公司关于印发《2022 年 2 月份转型发展重点项目推进计划》的通知

济钢规字〔2022〕2 号	济钢集团有限公司关于印发《产业项目落地攻坚工作方案》《2022 年"产业项目落地攻坚"评价与考核办法》的通知
济钢规字〔2022〕3 号	济钢集团有限公司关于申请成立济南市应急产业协会的请示
济钢人字〔2022〕1 号	济钢集团有限公司关于印发《管理提升工作方案和 2022 年度管理提升工作任务》的通知
济钢人字〔2022〕2 号	济钢集团有限公司关于印发《2022 年度职工教育培训计划》的通知
济钢人字〔2022〕3 号	济钢集团有限公司关于印发《2022 年绩效管理实施意见》的通知
济钢人字〔2022〕4 号	济钢集团有限公司关于印发《2022 年各单位工资总额考核办法（试行）》的通知
济钢人字〔2022〕5 号	济钢集团有限公司关于印发《2022 年"六大攻坚战"评价与考核办法》的通知
济钢人字〔2022〕6 号	济钢集团有限公司关于印发《总部及济钢产业园发展公司管理事项放权清单》的通知
济钢人字〔2022〕7 号	济钢集团有限公司关于印发《权属子分公司经理层 2022 年契约化管理实施方案》的通知
济钢人字〔2022〕8 号	济钢集团有限公司关于印发《驻国（境）外工作人员补贴规定》的通知
济钢人字〔2022〕9 号	济钢集团有限公司关于表彰 2021 年度"九新先进集体""二次创业先锋"的决定
济钢人字〔2022〕10 号	济钢集团有限公司关于印发《总部公务用车管理办法》的通知
济钢人字〔2022〕11 号	济钢集团有限公司关于表彰 2021 年优秀见习生的决定
济钢人字〔2022〕13 号	济钢集团有限公司关于印发《"质量变革"行动方案》的通知
济钢任字〔2022〕1 号	济钢集团有限公司关于杜鹏任职的通知
济钢任字〔2022〕2 号	济钢集团有限公司关于郝思生任职的通知
济钢任字〔2022〕3 号	济钢集团有限公司关于宋锋等人员职务任免的通知
济钢任字〔2022〕4 号	济钢集团有限公司关于李擎柱任职的通知
济钢任字〔2022〕5 号	济钢集团有限公司关于管池森等人员职务任免的通知
济钢任字〔2022〕6 号	济钢集团有限公司会关于宋锋等人员职务任免的通知
济钢任字〔2022〕7 号	济钢集团有限公司关于李廷正任职的通知
济钢任字〔2022〕8 号	济钢集团有限公司关于周强任职的通知
济钢任字〔2022〕9 号	济钢集团有限公司关于田亚农等人员职务任免的通知
济钢任字〔2022〕10 号	济钢集团有限公司关于魏涛等人员职务任免的通知
济钢任字〔2022〕11 号	济钢集团有限公司关于李擎柱免职的通知

济钢任字〔2022〕12 号　　　济钢集团有限公司关于蒋升华等人员职务任免的通知

济钢任字〔2022〕13 号　　　济钢集团有限公司关于周军等人员职务任免的通知

济钢任字〔2022〕14 号　　　济钢集团有限公司关于聘任闫梦龙等人员专业技术职务的
　　　　　　　　　　　　　　　通知

济钢法字〔2023〕1 号　　　　济钢集团有限公司关于 2023 年合同授权范围、审批权限
　　　　　　　　　　　　　　　及合同章使用权限的通知

济钢运字〔2022〕1 号　　　　济钢集团有限公司关于下达《2022 年多元化产业经营
　　　　　　　　　　　　　　　计划》的通知

济钢运字〔2022〕2 号　　　　济钢集团有限公司关于下达《2022 年 2 月份多元化产业
　　　　　　　　　　　　　　　经营考核计划及攻坚目标》的通知

济钢资产字〔2022〕1 号　　　济钢集团有限公司关于《山东省冶金地质水文勘察公司
　　　　　　　　　　　　　　　公司制改制方案》的批复

济钢资产字〔2022〕2 号　　　济钢集团有限公司关于印发《2022 年 2 月份资产管理
　　　　　　　　　　　　　　　工作计划》的通知

济钢资产字〔2022〕3 号　　　济钢集团有限公司关于《城市矿产公司渣土车、挖掘机
　　　　　　　　　　　　　　　等资产处置方案》的批复

济钢资产字〔2022〕4 号　　　济钢集团有限公司关于印发《资产评估项目备案管理
　　　　　　　　　　　　　　　实施办法（试行)》的通知

济钢科字〔2022〕1 号　　　　济钢集团有限公司关于印发《2022 年科技创新计划》的
　　　　　　　　　　　　　　　通知

济钢科字〔2022〕2 号　　　　济钢集团有限公司关于发布《高等级科技成果培育申报
　　　　　　　　　　　　　　　工作方案（试行)》的通知

济钢科字〔2022〕3 号　　　　济钢集团有限公司关于表彰 2021 年度科技创新、管理
　　　　　　　　　　　　　　　创新优秀成果和先进个人的决定

济钢科字〔2022〕4 号　　　　济钢集团有限公司关于下发《2023 年科技创新计划》的
　　　　　　　　　　　　　　　通知

济钢资字〔2022〕1 号　　　　济钢集团有限公司关于下达《2022 年 3 月份资本运营及
　　　　　　　　　　　　　　　多元化产业经营计划》的通知

济钢资字〔2022〕2 号　　　　济钢集团有限公司关于印发《济钢集团有限公司股权
　　　　　　　　　　　　　　　投资管理办法（试行)》《济钢集团有限公司股权投资
　　　　　　　　　　　　　　　项目负面清单（试行)》的通知

济钢资字〔2022〕3 号　　　　济钢集团有限公司关于协调拨付 2022 年度市级财政预算
　　　　　　　　　　　　　　　内资金支持济钢集团重组济南空天产业发展投资有限
　　　　　　　　　　　　　　　公司的请示

济钢资字〔2022〕4 号　　　　济钢集团有限公司关于济钢供应链（济南）有限公司
　　　　　　　　　　　　　　　购销业务过程授权的通知

济钢资字〔2022〕5 号　　　　济钢集团有限公司关于《济钢国际物流有限公司、济钢
　　　　　　　　　　　　　　　冷弯型钢公司、济钢供应链（济南）有限公司等单位
　　　　　　　　　　　　　　　重组的实施方案》的批复

济钢资字〔2022〕6 号	济钢集团有限公司关于济南空天产业发展投资有限公司股权划转的通知
济钢资字〔2022〕7 号	济钢集团有限公司关于申请山东钢铁集团有限公司协助提供国铭铸管股份有限公司 IPO 项目证监会反馈意见回复材料的函
济钢资字〔2022〕8 号	济钢集团有限公司关于印发《济钢集团有限公司企业产权登记管理暂行办法》的通知
济钢资字〔2022〕9 号	济钢集团有限公司关于下达《2022 年 4 月份资本运营及多元化产业经营计划》的通知
济钢资字〔2022〕10 号	济钢集团有限公司关于《山东省冶金科学研究院有限公司"科改示范行动"改革方案》及工作台账的报告
济钢资字〔2022〕11 号	济钢集团有限公司关于协助提供国铭铸管股份有限公司 IPO 材料的请示
济钢资字〔2022〕12 号	济钢集团有限公司关于对济钢供应链（济南）有限公司增资的批复
济钢资字〔2022〕13 号	济钢集团有限公司关于收购山钢新加坡有限公司 100% 股权申请备案的请示
济钢资字〔2022〕14 号	济钢集团有限公司关于无偿划转济南黄河爆破工程有限责任公司等单位股权的批复
济钢资字〔2022〕15 号	济钢集团有限公司关于下达《2022 年 5 月份资本运营及多元化产业经营计划》的通知
济钢资字〔2022〕16 号	济钢集团有限公司关于印发《济钢集团有限公司固定资产实物管理办法（修订版）》的通知
济钢资字〔2022〕17 号	济钢集团有限公司关于下达《2022 年 6 月份资本运营及多元化产业经营计划》的通知
济钢资字〔2022〕18 号	济钢集团有限公司关于下达《2022 年 7 月份资本运营及多元化产业经营计划》的通知
济钢资字〔2022〕19 号	济钢集团有限公司关于修订《济钢集团有限公司章程》的请示
济钢资字〔2022〕20 号	济钢集团有限公司印发《济钢集团有限公司关于披露权属上市公司及拟上市公司信息的管理办法（试行）》的通知
济钢资字〔2022〕21 号	济钢集团有限公司关于印发《济钢集团有限公司外派监事管理办法（试行）》的通知
济钢资字〔2022〕22 号	济钢集团有限公司关于《济南鲍德冶金石灰石有限公司合资设立济钢高科新材料（泉州）有限公司方案》的批复
济钢资字〔2022〕23 号	济钢集团有限公司关于设立济钢产业发展有限公司的批复

济钢资字〔2022〕24 号	济钢集团有限公司关于下达《2022 年 8 月份资本运营及多元化产业经营计划》的通知
济钢资字〔2022〕25 号	济钢集团有限公司关于济钢防务技术有限公司股权结构调整的通知
济钢资字〔2022〕26 号	济钢集团有限公司关于协议受让时代低空（山东）产业发展有限公司 51%股权的通知
济钢资字〔2022〕27 号	济钢集团有限公司关于印发《自建房安全专项整治实施方案》的通知
济钢资字〔2022〕28 号	济钢集团有限公司关于下达《2022 年 9 月份资本运营及多元化产业经营计划》的通知
济钢资字〔2022〕29 号	济钢集团有限公司关于印发《济钢集团有限公司权属企业混合所有制改革操作指引》（试行第二版）的通知
济钢资字〔2022〕30 号	济钢集团有限公司关于协调拨付 2022 年度市级财政预算内资金支持济钢集团重组济南空天产业发展投资有限公司的请示
济钢资字〔2022〕31 号	济钢集团有限公司关于下达《2022 年 10 月份资本运营及多元化产业经营计划》的通知
济钢资字〔2022〕32 号	济钢集团有限公司关于下达《2022 年 11 月份资本运营及多元化产业经营计划》的通知
济钢资字〔2022〕33 号	济钢集团有限公司关于下达《2022 年 12 月份资本运营及多元化产业经营计划》的通知
济钢资字〔2022〕34 号	济钢集团有限公司关于下达《2023 年 2 月份资本运营及多元化产业经营计划》的通知
济钢审字〔2022〕1 号	济钢集团有限公司印发《关于加强集团公司内部审计监督工作的实施意见》的通知

二、《济钢年鉴》（2023）组稿人员名单

邹玉萍	济钢集团办公室	刘发兴	保卫部
李 辉	济钢集团办公室	贾式娟	济南济钢人力资源服务有限公司
孙 蕾	济钢集团办公室	张利栋	济钢防务技术有限公司
李善磊	董事会办公室	王明明	时代低空（山东）产业发展有限公司
金泽浩	组织部/人力资源部	张 哲	济南空天产业发展投资有限公司
刘 骞	组织部/人力资源部	张 萍	济钢国际物流有限公司
戴 爽	组织部/人力资源部	冯 涛	山东济钢顺行新能源有限公司
王志钢	组织部/人力资源部	张连斌	济钢集团国际工程技术有限公司
郑海霞	组织部/人力资源部	王 凯	济钢集团国际工程技术有限公司
王永良	组织部/人力资源部	孙亚霜	山东省冶金科学研究院有限公司
于素云	纪委/监察专员办公室	赵 亮	济南萨博特种汽车有限公司
王 颖	纪委/监察专员办公室	李宏伟	济钢四新产业发展（山东）有限公司
张洪雷	宣传部/统战部/武装部/团委	胡 松	济钢集团山东建设工程有限公司
王彤彤	宣传部/统战部/武装部/团委	张海东	山东济钢城市服务有限公司
王成军	宣传部/统战部/武装部/团委	刘振学	山东济钢保安服务有限公司
赵文歆	宣传部/统战部/武装部/团委	孟 晓	山东济钢泰航合金有限公司
刘红霞	工会	姜 鹏	山东济钢环保新材料有限公司
周方军	财务部	吴继华	山东济钢矿产资源开发有限公司
刘 易	资本运营部	张新鹏	济钢城市矿产科技有限公司
张雪燕	资本运营部	孙冬冬	济南鲁新新型建材股份有限公司
谢 勇	规划发展部/对外事务部	王 锋	济钢供应链（济南）有限公司
訾宇斌	规划发展部/对外事务部	张 峰	山东济钢型材有限公司
张姝婷	规划发展部/对外事务部	杨 阳	济钢国际商务中心有限公司
卢 勇	安全环保部/应急管理部	匡 勇	山东济钢众电智能科技有限公司
王 珂	审计部	朱 雷	山东济钢众电智能科技有限公司
杨立军	离退休职工管理部	张国营	山东济钢气体有限公司
张晓晨	法务风控部/公司律师事务部	康延忠	济钢（马来西亚）钢板有限公司

《济钢年鉴》(2023)
审稿人员名单
（以姓氏笔画为序）

王广海	王国才	王晓明	王铭南	朱　涛	刘庆玉	刘柱石
刘富增	李丙来	李宗辉	李维忠	杨传举	何绪友	宋　锋
张　涛	张先胜	张金秋	张素兰	苗　刚	周　强	孟庆钢
赵建国	修志伟	都志斌	倪守生	徐守亮	殷占虎	高忠升
郭　强	梁云彩	董　波	董胜峰	蒋雪军	韩晰宇	鲁宏洲
靳玉启	谭学博	魏　涛	魏信栋